流域水污染防治规划决策支持系统
——方法与实证

蒋洪强　吴文俊　刘年磊

卢亚灵　张　伟　李红华　著

于　森

中国水利水电出版社

www.waterpub.com.cn

·北京·

内 容 提 要

本书全面系统介绍了流域水污染防治规划决策的模型方法和应用研究成果。全书共分 8 章，第 1 章对流域水污染防治规划和规划决策支持系统的概念、特点、分类、内容等进行了总结分析，对规划决策支持系统的科技需求及研究框架进行了细致阐述。第 2 章着重介绍了流域水环境形势诊断与预警模型的理论基础、研究思路，以及模型指标体系建立、基础数据来源和实证研究测算结果分析。第 3 章着重介绍了流域水环境压力预测与分析模型的研究思路、预测方法、参数系数确定以及实证研究的测算结果分析。第 4 章着重介绍了流域水污染物总量目标分配模型的理论基础、分配思路、指标体系及实证研究的分配结果分析。第 5 章着重介绍了流域水环境质量模拟预测模型的理论基础、研究思路、模拟方法和实证研究的模拟结果分析。第 6 章着重介绍了流域城镇污水处理厂建设方案优选评估模型的理论基础、研究思路、污水处理厂费用函数和相关参数以及实证研究的优化结果分析。第 7 章着重介绍了流域水污染防治规划投入效益测算的研究思路、投入产出模型、环境效益模型、基础数据来源和实证研究的测算结果分析。第 8 章着重从各子模块集成的角度，详细介绍了流域水污染防治规划决策一体化平台开发的框架、功能和开发成果。

本书适合水污染防治领域相关管理、研究、规划等人员参考，也适合高等院校相关专业师生参考。

图书在版编目（CIP）数据

流域水污染防治规划决策支持系统：方法与实证 /
蒋洪强等著. -- 北京：中国水利水电出版社，2016.12
ISBN 978-7-5170-5062-9

Ⅰ. ①流… Ⅱ. ①蒋… Ⅲ. ①流域污染－水污染防治
－决策支持系统 Ⅳ. ①X52

中国版本图书馆CIP数据核字(2016)第322143号

书　　名	流域水污染防治规划决策支持系统——方法与实证 LIUYU SHUIWURAN FANGZHI GUIHUA JUECE ZHICHI XITONG——FANGFA YU SHIZHENG
作　　者	蒋洪强　吴文俊　刘年磊　卢亚灵　张伟　李红华　于森　著
出版发行	中国水利水电出版社 （北京市海淀区玉渊潭南路 1 号 D 座　100038） 网址：www.waterpub.com.cn E-mail：sales@waterpub.com.cn 电话：(010) 68367658（营销中心）
经　　售	北京科水图书销售中心（零售） 电话：(010) 88383994、63202643、68545874 全国各地新华书店和相关出版物销售网点
排　　版	中国水利水电出版社微机排版中心
印　　刷	北京纪元彩艺印刷有限公司
规　　格	184mm×260mm　16 开本　23.25 印张　551 千字
版　　次	2016 年 12 月第 1 版　2016 年 12 月第 1 次印刷
定　　价	**98.00 元**

前言

　　在我国流域水污染防治工作起步于 20 世纪的 70 年代，以流域为对象的水污染治理以"九五"治淮为先导，标志着我国对流域水污染进行宣战，而我国的水污染防治规划也始于淮河，以 1993 年应对淮河水污染事故为标志。流域水污染防治规划是水环境防治的一个重要组成部分，1996 年修订的《中华人民共和国水污染防治法》明确提出"防治水污染应当按流域或者区域进行统一规划，水污染防治规划是防治水污染的基本依据"，这标志着我国以流域为对象的水污染防治方略基本建立。近 30 年来，我国的经济社会经历快速的发展，环境污染防治水平日益提升，对流域水污染防治的认识也逐步深入，截至目前我国已经历了 4 个"五年"规划期，流域水污染防治规划思路基本实现了由以往的单纯治理污染向污染治理和生态保护并重而转变，规划主战场由点源控制向点面源结合的方式转变，控制重点由末端治理向全过程控制转变，规划分区由单纯区域或流域管理向区域与流域相结合的方式转变，规划导向由污染物总量控制向环境质量控制转变。

　　水污染防治规划决策是众多环境规划决策（EPDSS）中的一种类型，它从识别水污染问题入手，制定治理目标和可行方案，并对方案进行优化筛选。经过 30 年的发展，我国水污染防治规划的理论方法取得了重要进展，加上决策支持技术在水污染防治规划中得到了深入的研究和大量应用，使得我国水污染防治规划的编制和实施也取得了前所未有的成绩，规划基础信息越来越扎实、模型方法越来越科学、指标分配越来越合理、方案和工程措施越来越优化、规划实施评估考核越来越加强、规划在环境保护和经济社会发展中的地位越来越高，规划决策支持技术总体呈现了由定性"拍脑袋"向定量科学决策发展、由简单线性模型向复杂非线性模型发展、由单目标决策向多目标决策发展的转变过程。但同时，仍可看到目前国内关于水污染防治规划决策技术的相关研究以及应用在层次性、代表性、系统性、表达性、集成性和权威性等方面还有待进一步提高，流域水污染防治规划和决策的不同技术方案还缺乏充分比较和论证，水污染现状分析-未来压力预测-水污染控制目标制定-水污染控制方案筛选-水环境保护投资之间的关系缺乏系统综合考虑。目前国内研究单个水环境决策模型的多，如水环境承载力预警、水环境质量模拟、多目标优化决策等，对于将环境系统和经济系统全面打通，耦合环境-经济模型研究来实现一体化模拟决策的研究少，互动模型难以建立，尤其是面向流域规划编制全过程的决策模拟更少，因而开发流域水污染防治规划决策支持系统有着重要的现实意义。

水污染防治规划是一项复杂的系统工程，涉及的学科种类多、基础数据多、目标指标多、任务层次多，是一项在时间、空间、目标、任务、进度等方面多位一体化的综合系统集成工程。"十三五"我国更加注重以流域水环境质量改善为导向，将总量削减与质量改善挂钩对编制流域水污染防治规划提出更高要求，这就需要用系统论、控制论、信息论等理论方法和计算机模拟技术，在规划决策支持平台框架内加以解决。为了适应新时期水污染防治工作对流域规划编制的要求，破解长时期以来规划决策支撑方法不强的难题，规范规划编制的决策模型和决策技术体系，"十二五"国家水体污染控制与治理科技重大专项"战略与政策研究"主题设立了"流域水污染防治规划决策支持平台研究"课题（课题编号 NO.2012ZX601002）。课题由环境保护部环境规划院牵头，松辽流域水环境保护所、黑龙江省环境保护科学研究院、中科宇图天下科技有限公司共同参与承担。环境保护部环境规划院国家环境规划与政策模拟重点实验室以此课题成果为基础，成立了蒋洪强研究员和吴文俊博士等牵头的《流域水污染防治规划决策支持系统——方法与实证》专著编写组，历经近2年时间对课题成果进行总结和梳理，由课题组全体骨干成员参与编撰并辛苦完成。本书全面介绍了水污染防治规划决策模型理论方法和应用研究成果，紧扣"水污染防治规划编制过程（现状—预测—目标—方案—投入—实施）"这一主线，结合松花江流域水环境基础数据库的建立，开展流域一体化决策模拟实证研究，既体现了国家重大科技专项的需求意愿，也代表了国家环境规划与政策模拟重点实验室对当前我国水污染防治规划决策的思考，体现了其对我国环境规划学科中水污染防治规划决策发展的创造性贡献。

全书共分8章，第1章对流域水污染防治规划和规划决策支持系统的概念、特点、分类、内容等进行了总结分析，对规划决策支持系统的科技需求及研究框架进行了细致阐述。第2章着重介绍了流域水环境形势诊断与预警模型的理论基础、研究思路，以及模型指标体系建立、基础数据来源和实证研究测算结果分析。第3章着重介绍了流域水环境压力预测与分析模型的研究思路、预测方法、参数系数确定以及实证研究的测算结果分析。第4章着重介绍了流域水污染物总量目标分配模型的理论基础、分配思路、指标体系及实证研究的分配结果分析。第5章着重介绍了流域水环境质量模拟预测模型的理论基础、研究思路、模拟方法和实证研究的模拟结果分析。第6章着重介绍了流域城镇污水处理厂建设方案优选评估模型的理论基础、研究思路、污水处理厂费用函数和相关参数以及实证研究的优化结果分析。第7章着重介绍了流域水污染防治规划投入效益测算的研究思路、投入产出模型、环境效益模型、基础数据来源和实证研究的测算结果分析。第8章着重从各子模块集成的角度，详细介绍了流域水污染防治规划决策一体化平台开发的框架、功能和开发成果。

鉴于流域水污染防治规划的复杂性，其理论和方法仍需进一步深入研究，加之时间和作者水平有限，书中难免存在不妥之处，敬请读者批评指正。

全书由蒋洪强研究员提出框架和撰写方案，指导主笔者完成各个章节初稿，然后进行逐章逐节数次修改、讨论、完善和最终统稿定稿。第1章，由吴文俊、蒋洪强负责；第2章，由卢亚灵负责；第3章，由吴文俊、于森、蒋洪强负责；第4章，由吴文俊、董战峰负责；第5章，由吴文俊、姚艳玲、姚瑞华负责；第6章，由刘年磊、邢佳负责；第7章，由张伟负责；第8章，由李红华、谢涛、郭晓、田恬负责。在本书撰写过程中，自始至终得到了国家水专项办以及环境保护部环境规划院王金南副院长的指导，在此一并表示感谢和致意。本书参考引用了大量的国内外研究成果和文献，但只列出了大部分文献，尚有部分未列出，在此向这些文献的作者表示歉意和感谢。

作 者

2016 年 9 月 20 日

目　　录

第1章 概　　述

我国流域水污染防治规划的制定和实施历史并不长，但随着水污染问题的日益突出以及人们对水环境保护认识的不断深化，对水环境问题的健康影响不断重视，将流域水污染防治规划作为协调水污染防治和人类发展的纽带已越来越被世人所接受。从"九五"治淮开始，中国的流域水污染防治规划由起步慢慢走向成熟，对于流域水污染防治规划的决策支持技术也日益丰富和多种多样，沿着整个规划的全流程，逐步覆盖了规划形势分析、压力预测、目标确定、任务制定、规划绩效后评估等流域规划编制、实施和考核的全过程。规划决策支持技术总体呈现了由定性"拍脑袋"向定量科学决策发展、由简单线性模型向复杂非线性模型发展、由单目标决策向多目标决策发展的转变过程。

1.1　水污染防治规划

水环境是人类赖以生存的重要资源，是社会和经济持续发展的基础。目前，水体污染已成为我国面临的最主要的水环境问题之一，作为协调水环境与经济、社会可持续发展的水污染防治规划，越来越引起人们的重视。在我国的环境规划体系中，水污染防治规划一直是规划的重中之重。我国的水污染防治工作起步于 20 世纪 70 年代，而水污染防治规划则始于淮河，以 1993 年应对淮河水污染事故为标志，我国制定了"三河三湖"水污染防治"九五"计划，截至目前已经历了 4 个"五年"规划，我国水污染防治规划经历了曲折向前的发展历程，规划明确规定地方政府对当地的水环境质量负责，这对于治理地区水污染发挥了积极的作用[1,2]。本章结合水污染防治规划的编制，主要介绍水污染防治规划概念、特点、分类和规划主要内容等。

1.1.1　概念

水污染防治规划是指在水污染排放和环境质量现状评估以及水环境压力预测基础上，制定特定时期和范围水环境保护目标，确定实现水环境保护目标的任务、工程和政策措施的过程。目前，水污染防治规划是全国环境保护专业规划之一，同时也是全国环境保护规划的重要组成部分，在实践中与水污染防治规划相关的还有水环境保护规划、水环境综合整治规划、水质达标规划、主要水污染物排放总量控制规划、水资源环境保护规划、水生态保护规划等形式。同时，一些综合性的环境规划中，水污染防治规划往往是重要的规划内容。这些与水污染防治相关的规划目标间存在着一些差异，但它们之间也存在着相互关联。从规划的内涵来看，广义角度的水环境保护规划通常要宽于水污染防治规划，它还可以包含水资源保护和水生态保护的内容，但目前在国家层面的主要形式是水污染防治规划，本章也主要以水污染防治规划作为主要类型给予分析和介绍。

水污染防治规划目的在于实施水污染物总量控制和水环境质量目标管理，制定保证水环境质量达标的经济结构调整方案、污水处理厂建设方案、污染源治理方案等[3]。通过分析和协调水污染系统各组成要素间的关联关系，并综合考虑与水质达标有关的自然、技术、社会、经济诸方面的联系，对排污行为在时间、空间上进行合理的安排，以达到预防水污染问题发生，促进水环境与经济、社会可持续发展的目的。水污染防治规划可以是针对当前的水体严重污染现状所做出的补救性规划，也可以是面向未来经济与社会发展所进行的预防性规划，前者侧重于污染控制，后者侧重于污染预防。

1.1.2　范围

1.1.2.1　空间范围

水污染防治规划的空间范围是指规划所涉及的地域的广度，它与水污染控制区、水污染控制单元相对应。由于水污染防治规划属于政府行为，规划的空间范围通常与行政区的地域管辖范围相互对应。从行政资源利用及责任落实的角度，特别是对污染源的控制管理，将规划区与行政区相对应是较为有利的。但是水环境的污染与治理是一项系统性很强的工程，任何一个区域或地区的规划都与水污染防治规划息息相关。一个地域的水环境质量改善受到上游区域水污染控制状况的影响，同时也必然会对下游区域产生影响，这种影响可能是正面的，也可能是负面的。因此，与其上下游的相关区域进行协商是必要的。

一个水污染控制区的范围可能对应一个行政区或多个行政区，也可能一个行政区包含两个或多个水污染控制区。由于水的流向遵从自然流域属性，所以水污染控制区范围须兼顾流域汇水单元与行政区划。行政区是水污染防治规划的基础，为了处理好与上下游行政区之间、行政区与水污染控制区之间的关系，在规划过程中要做好各方面的协调工作，协调的主要内容在于确定区域边界的水质目标和共同的污染控制措施。这项工作要由相关行政区的政府主管部门通过协商的办法解决。

1.1.2.2　时间范围

水污染防治规划的时间范围是指规划的年限，通常分为基准年、近期目标年和远期目标年，有的项目还设有规划远景年。

基准年的数据是规划的基础，一般选择具备比较完整数据资料的最近年份，如采用某一"五年规划"的末年作为基准年。近期目标年和远期目标年由决策者给定，一般近期规划强调对具体工程措施与项目的安排与配置，突出实践操作性，除年度规划按年设定目标外，近期目标年距基准年应不小于 5 年。五年规划由于同我国国民经济与社会发展规划体系同步，是应用较多的规划。远期规划具有宏观性、战略性，远期目标年距基准年一般应不小于 10~15 年。

1.1.3　特点

水污染防治规划以水环境和水污染防治为主要研究对象，和环境规划类似，水污染防治规划具有综合性、动态性、区域性和约束性的特点[4-6]。

1.1.3.1　综合性

水污染防治规划的综合性反映在其涉及的学科领域广泛、信息来源多、影响因素众多、对策措施综合、部门协调复杂。随着人类对水环境保护认识的提高和实践经验的积累，水污染防治规划的综合性及其集成性正在越来越显著的加强。当代环境保护的兴起和发展是从治理污染、消除公害开始的,并大体经历了三个阶段:以单纯运用工程技术措施治理污染为特征的第一阶段,以污染防治相结合为核心的第二阶段,以环境系统规划与综合管理为主要标志的第三阶段,水污染防治也大体遵循这一发展历程,21世纪的水污染防治规划将是自然、工程、技术、经济、社会相结合的综合体,同时也是水利、环保等多部门的集成产物。

水污染防治规划的综合性反映在它的方法学和支撑软件环境的需求方面。水污染防治规划涉及水污染排放现状调查、水环境质量评价、水环境趋势预测、水环境保护方案等制定工作,要综合运用到地理学、水文气象、水环境物理学等反映污染物规律的学科理论来描述水污染物的运动轨迹、建立污染源与水环境质量之间的关系,此外也要用到环境经济学、环境法、环境管理等知识进行水环境政策设计、水环境规划方案的分析,还要用到数学模型工具、计算机技术进行水环境信息管理与规划方案的优化。那种单纯注重数学模型的复杂演算,只注重工程措施,只对某局部环节作分散的研究,或者只对宏观对策做理论上的论述,都是难以解决问题的;系统工程学在解决规划系统的分解和综合的问题上可以发挥其十分重要的作用;同时在各个环节上需要发挥多学科技术的综合优势,特别是要逐渐建立起一套对定性因素或定性定量交织结合因素的处理方法、手段和工具。需要指出,除了传统学科的作用外,以博弈论为核心的环境冲突分析方法在解决环境规划所面临的经济与环境保护、环境资源分配等的矛盾冲突问题上将起越来越重要的作用。未来的环境规划的支撑软件将向着能提供综合和集成信息,便于各类人员参与又便于更新、调整的方向发展。

水污染防治规划的综合性还反映在规划过程的各个技术环节之间关系紧密,各环节互相影响、相互制约。因而规划工作应当从水污染防治规划的整体出发进行全面考察研究,单一从某一环节或者污染物要素入手,进行串联叠加难以获得有价值的系统结果。

1.1.3.2　动态性

水污染防治规划具有较强的动态性。它的影响因素在不断变化着,无论是水环境问题(包括现存的和潜在的)还是社会经济条件等都在随时间发生着难以预料的变动,基于一定条件(现状或预测水平)制订的水污染防治规划,随着社会经济发展方向、发展政策、发展速度以及实际水环境状况的变化,势必要求水污染防治规划工作具有快速的响应和更新能力。因此,连续的决策过程是水污染防治规划的重要内在特征。

目前的水污染防治规划缺乏动态的编修机制,基本上是静态的、应付的。很多想法只存在于领导或管理者的头脑中,并没有以一个动态编修机制来明确和体现,指导具体的水环境保护和水环境管理活动,水污染防治规划应该具有的动态性体现不足,亟须要从理论、方法、原则、工作程序、支撑手段、工具等方面逐步建立起一套滚动式水污染防治规划管理系统以适应规划不断更新、调整、修订的需求,水污染防治规划不只是蓝图,还要成为水环境保护工作活动的指南。

滚动修订模式的目的是为了缓解和抵消未来的不确定因素,不确定因素的来源有三个:一是由规划所不能控制的外部变化引起的经济活动不确定性和水环境问题不确定性;二是由规划实施的内部环节产生,可能由不当的干预行动所引起,但归根结底,后者在很大程度上是由前者所引起的;三是由于规划环境的改变生,包括政策环境的改变等。

1.1.3.3　区域性

水环境问题的区域性特征十分明显，因此水污染防治规划必须注重"因地制宜"。所谓地方特色，主要体现在：水环境及其污染控制系统的结构不同；主要污染物的特征不同；社会经济发展方向和发展现状、速度不同；水污染控制方案评价指标体系的构成及指标权重不同；各类模型中参数、系数的时地修正不同；各地的技术条件和基础数据条件不同。

不同地区具有不同的主要污染物，即使污染物相同其特征也不同；描述污染物迁移转化规律的不同，各类模型中参数、系数的地区修正也不同；由于水环境问题的社会经济影响不同，水污染控制技术水平也不相同，对环境保护投资支撑的力度也不同。因此水污染防治规划的决策、编制和实施必须要融入地方特征，鉴于我国的水环境管理主要是依靠行政手段，因此后续的流域水污染规划分区以综合考虑管理层次和流域、区域范围作为主要依据。

1.1.3.4　约束性

约束性是政府组织制定和实施水污染防治规划的一个显著特征。从规划的最初立项、规划编制直至最后的规划方案决策分析，制订实施规划的每一个技术环节中，经常会面临从各种可能性中进行选择的问题。完成这一选择的重要依据和准绳是我国现行的有关环境政策、法律、法规、制度、条例和标准。水污染防治规划一经制定，并经权力机构讨论通过和颁布，就具备法律效应，具有国家法律作后盾的强制性。水污染防治规划所规定的内容，对有关部门、有关单位、有关的人和事都具有约束力。也即国家机关、企业、团体、公民个人，在规划范围内，都相应地享受权利和承担义务，违背规划行事就要相应承担法律责任。

水污染防治规划的制定，既然是按照法定程序进行的，它的修改同样要按照法定程序进行。如果遇到客观情况发生重大变化，必须修改时，经过规划制定单位提出有科学依据的成熟修改方案，提请同级政府人大会议讨论通过，才有效力。水污染防治规划虽具有法律性质，但在具体执行中，主要是由相应行政部门执行，在必要时采取限期治理或关、停、并、转、迁等措施。对某些重大水污染事故，除追究责任人的法律责任之外，还应当根据实际可能和水环境需要，命令有关单位在一定期间内采取一定的补救措施。这些宣传教育和行政命令，都是执行水污染防治规划所不可缺少的。

1.1.4　分类

水污染防治规划的分类取决于规划的空间尺度、时间周期、水体类型、主控污染物及规划层级[7]，各类型规划均有其特点。

（1）按照空间尺度进行划分。按照空间尺度可以分为流域水污染防治规划、区域（城市）水污染防治规划、水污染控制设施规划三种类型。流域具有时间上的稳定性、空间上的可识性，是实施水污染防治规划最合理的单元，对其进行规划管理，既有利于综合考虑整个流域的水环境容量及水资源承载力，又有利于兼顾上下游、左右岸之间的关系。在全国重点流域水污染防治"十二五"规划中，明确了流域范围包括松花江、淮河、海河、辽河、黄河中上游、太湖、巢湖、滇池、三峡库区及其上游、丹江口库区及上游等 10 个流域。区域水污染防治规划一般以行政区划为单元，对某个地区（城市）内的污染源提出控制措施，在获取统计性资料及信息分析处理方面更为方便，但同区域自然属性的协调性差。水污染控制设施规划是以某个具体的水污染控制系统为对象，对包括企业用水、污水处理、清洁生产、再生水循环利用、排污控制等在内的系统进行规划，规划应在充分考虑经济、社会和环境诸因素的基础上，寻求投资少、效益大的建设方案，它是流域与区域水污染防治规划的重要组成部分，属微观层面的规划与管理。

（2）按照时间周期进行划分。水污染防治规划与管理按照时间周期不同可以划分为长期（＞10 年）、短期（5～10 年）和年度规划三种。长期规划与管理具有宏观性、战略性，是一种战略性规划。五年规划与管理同我国国民经济与社会发展规划体系同步，是应用较多的规划。年度规划与管理强调对具体工程措施与项目的安排与配置，突出实践操作性，是一种近似于实施方案或行动计划的规划。由于我国环境管理总体上还比较粗糙，因此目前的水污染防治规划大多是中期（如 5 年）规划。国家层面以及一些地方层面（如上海）针对政府和地区需求，也往往制定一些时间周期为 3 年期的行动计划。

（3）按照水体类型进行划分。按照水体类型可以分为饮用水水源地环境保护规划、地下水污染防治规划、河流水污染防治规划、湖库水污染防治规划以及近岸海域污染防治规划五种类型。饮用水水源地环境保护是重中之重，饮用水水源地环境保护规划以饮水安全为重点，旨在加强饮用水水源地污染防治和管理能力建设，建立完善水源地保护相关技术方法、法律法规，解决目前危害饮用水安全的重大问题。地下水污染防治规划旨在通过边调查边治理，逐步建成以防为主的地下水污染防治体系，解决地下水污染突出问题。河流、湖泊水污染防治规划以及近岸海域污染防治规划旨在防治地表水体污染，相互衔接，一方面可针对海域水质和生态保护目标，对河流、湖泊等流域规划提出相应要求，另一方面河流、湖泊等流域规划任务可能在近岸海域规划区产生效应，因而其任务设置上可避免与流域规划相重复。

（4）按照主控污染物类型进行划分。按照主控污染物类型可以分为主要污染物总量控制规划及专项污染物防治规划。以"十一五"及"十二五"国家主要污染物总量控制规划为例，"十一五"期间国家水污染防治主控污染物为 COD，"十二五"期间国家水污染防治主控污染物在"十一五"基础上增加一项指标，为 COD 及 $NH_3 - N$；各专项污染物防治规划则包括重金属污染综合防治规划等。一些地方在制定湖泊污染防治规划时，也把总氮和总磷作为规划控制污染物。

（5）按照规划编制和管理隶属关系进行划分。按照隶属关系可以分为国家水污染防治规划、省（自治区）市水污染防治规划、水源保护区污染防治规划以及从部门到行业的不同层次，形成一个多层次的结构体系，在这个规划体系中上一层次的规划是下一层次规划的依据和综合，对下一层次的规划起指导和约束作用，而下一层次规划是上一层次规划的条件和分解，并且是其有机的组成成分和实现的基础。

1.1.5　编制内容

水污染防治规划包含一些一般性、共性的编制内容，但具体还需要根据规划问题和目标导向来确定规划内容。水污染防治规划编制内容总体涵盖形势诊断、压力预测、目标确定、重点任务识别、工程项目筛选和保障措施等，其中主要的一般性内容包括形势诊断、压力预测、目标确定和重点任务识别[8]。下面简要的就水污染防治规划编制的一般性内容展开介绍。

（1）水污染形势诊断与分析主要包含水环境数据收集与水环境问题诊断分析两部分内

容。其中，水环境状况数据收集和分析主要包括经济社会的数据分析、水体使用功能分析、水环境质量评价、废水及主要污染物识别、水污染治理水平评估、非点源污染影响评估、重点污染源筛选、生态水量及纳污能力调查等；水环境问题诊断分析则要求首先开展重点控制单元的筛选，并在筛选的基础上基于控制单元梳理水环境问题。

（2）水污染预测与压力分析则主要包含经济社会发展压力预测与水环境压力预测两部分内容。其中，经济社会发展压力预测主要指的是人口预测和经济预测（如 GDP 预测）等；水环境压力预测主要未来的废水排放量、水污染物排放量、水环境质量、水环境监管压力及水环境风险压力的预测。

（3）水污染防治规划目标指标包含两个方面，一个是规划目标的制定，另一个是规划指标体系。水污染防治规划目标的制定要结合当前最新的水环境保护战略思想、当期的国家环境保护规划、上一级的水环境保护规划以及当前我国水环境状况和未来水环境保护战略措施，充分借鉴发达国家经验的基础上，综合提出我国的水污染防治战略总体目标、阶段目标、领域目标以及相应的指标，具体又分为总体目标和阶段目标；水污染防治规划的指标体系包含内容较多，既包括代表水污染物总量控制的常规污染控制指标和特征污染物控制指标，也包括代表水环境质量安全的地表水环境质量指标和其他水环境质量指标、饮用水安全指标，代表水生态系统安全的水资源利用指标和水生物多样性指标，还包括代表水环境综合管理水平的城镇、工业、农业水环境管理指标。

（4）水污染防治规划的重点任务可根据规划的各个时期以及不同规划重点领域进行设计，也可根据当前水环境保护重点工作的缓急程度进行设计。一般包括良好水体保护任务、重污染水体综合整治任务、城镇污水处理设施建设及运营任务、点源水污染控制任务、非点源水污染控制任务、控制单元水污染综合治理任务、水环境监管能力建设任务等。

1.2　水污染防治规划决策支持系统

1.2.1　概念

决策是指人们为了实现某一特定的目标，在拥有系统信息的基础上，根据各种客观条件和种种备选行动方案，借助于科学的理论和方法，进行必要的计算、分析和判断，从备选行动方案中选择一个有利于实现特定目标的最佳行动方案，或选择一个有利于实现特定目标的、决策者认为满意的行动方案。

决策支持系统（DSS）的概念最初由美国麻省理工学院的 Keen 和 Michael 于 1978 年首次提出，这也标志着决策支持系统作为一门学科的开端。对于决策支持系统，直到现在还没有严格的定义。Michael 指出："DSS 为一种在线分析处理化的交谈式系统，协助决策者使用资料与模式，解决非结构化的问题"，Keen 与 Scott 认为 "DSS 使用在线分析处理协助解决半结构化的问题，支援但不取代人类，目的是改善决策而不是决策效率"[9]。Bonczek 等认为 "DSS 可能为人类资讯处理器、机械处理器或人机资讯处理系统"[10]。概括起来，DSS 是以运筹学、管理学、控制论及行为科学为基础，以决策主题为重心，以计算机技术、人工智能处理技术、互联网搜索技术和自然语言处理等多种技术为手段，建立决策主题相关的规则库、知识库、模型库、方法库，以人机交互方式辅助决策者解决半结构化和非结构化决策问题的信息系统。

环境规划决策支持系统（Environmental Planning Decision Support System，EPDSS）是决策支持系统应用最早的领域之一，是决策支持系统引入环境规划和决策的产物，从决策支持系统理论提出以来，国内外在水污染防治规划决策、大气污染防治规划决策、环境应急系统以及在研究环境与经济的协调发展等宏观环境决策方面都进行了大量的研究工作[4]。水污染防治规划决策是众多环境规划决策（EPDSS）中的一种类型，水污染防治规划的决策分析是在识别水污染主要问题，制定水污染治理目标和可行性方案后，根据一定的决策和优化原则，对各种方案进行分析、优化和筛选，以期选择出各方满意或环境、经济、社会效益最优的对策和方案的过程。水污染防治规划决策是水污染防治规划制定过程的最后一个环节。

1.2.2 特点

水环境系统是一个复杂的人工和自然的复合系统，和环境规划决策系统类似，水污染防治规划决策问题也必然涉及环境、经济、政治、社会和技术等多种因素。因此，水污染防治规划决策也具有以下一般性决策问题的典型特征。主要表现在以下 3 个方面[5,11]。

（1）非结构化的特征。按照决策问题所具有的复杂性和解决问题的难易程度，大体可分为结构化决策、半结构化决策和非结构化决策 3 种类型。结构化决策又称为程序化决策，其基本表现在：决策问题结构良好、可以运用数学模型较精确地刻画描述；决策具有明确定义的目标并且存在着明确判断目标的准则，同时存在一个为人所公认的最佳方案；决策具有一定的决策规则，可按照某种通用的、固定的程序与方法进行；能够广泛地借助于数学方法和计算机、适宜自动化的方式进行。非结构化决策也称为非程序化决策。其主要特点在于：所涉及的信息知识具有很大程度的模糊性和不确定性；问题的性质无法以准确的逻辑判断予以描述；缺乏例行的决策规则，难以识别决策过程的各个方面；依据固定的程序方法，其结果重现性较差。这种非结构决策，其决策问题复杂，决策者的行为对决策活动的效果具有相当的影响，很难用数学方法和自动化方式进行。介于结构化决策和非结构化决策之间的决策问题，称之为半结构化决策。就水环境系统中的各类决策问题而言，既有结构化决策也有非结构化决策问题，但就水污染防治规划决策而言，往往更多地具有半结构化或非结构化的决策问题特征。

（2）多目标的特征。水环境系统的决策问题普遍呈现出多个目标的特征，即目标间存在着冲突性或矛盾性，即某一个目标的改进往往会导致其他目标实现程度的降低；目标之间存在着不可公度性，即多个目标没有统一的度量标准。水污染防治规划的方案选择，往往涉及广泛的环境、经济、社会甚至政治等多种因素的考虑，各个目标之间普遍存在着冲突性和不可公度性。不同的规划决策主体对决策目标的理解也不尽相同。例如，一个流域的水污染防治目标选择中，作为平衡多种利益主体的政府方，其决策目标是既要实现流域内水环境质量改善的最大化，又要实现流域内水污染防治成本的最小化。但是，对流域内的公众来说，其决策目标通常只是水环境质量改善的最大化或者水污染物削减量的最大化，而相应对于流域内污染企业来说，决策目标往往是水污染削减成本的最小化。很显然，流域内公众和企业的决策目标表现出一定的冲突特点。

（3）多价值观念的特征。在水污染防治规划决策现实社会中，人的价值观念在评价各种性质不同的问题、因素时将起到重要的作用，从而直接影响决策方案的选择。这里所谓的"价值"，它可泛指规划主体对评价对象所具有的作用、意义的认识和估计。价值观念是人们在各种各样的客观现实中对大量事物观察分析抽象得出的。一方面，在具体问题上，由于规划主体对评价对象的条件、目的、立场、观点等各有不同，从而造成对价值认识和估计的不同；另一方面，又由于人类的社会化，对于价值的主观认识估计又会不同程度地反映现实价值观念的共性和客观性。因此，基于价值评价来对复杂因素进行综合分析，就成为决策活动中的一个显著特征。在水污染防治规划的方案选择过程中，通常需要通过价值的估量来对各种行动的影响做出评价，从而才能做出满意的决策。实际上，水污染防治规划决策的多目标特征就是决策主体价值观念在不同维度上的直接反映。

1.2.3　分类

自 20 世纪 70 年代提出决策支持系统以来，其已经得到了很大发展。和一般性的决策系统类似，水污染防治规划决策支持系统总体上也分为 12 类[12,13]，从目前发展情况看，主要包括：

（1）数据驱动的决策支持系统（Data - Driven DSS）。这种 DSS 强调以时间序列访问和操纵组织的内部数据，也有时是外部数据。它通过查询和检索访问相关文件系统，提供了最基本的功能。后来发展了数据仓库系统，又提供了另外一些功能。数据仓库系统允许采用应用于特定任务或设置的特制的计算工具或者较为通用的工具和算子来对数据进行操纵。再后发展的结合了联机分析处理（OLAP）的数据驱动型 DSS 则提供更高级的功能和决策支持，并且此类决策支持是基于大规模历史数据分析的。主管信息系统（EIS）以及地理信息系统（GIS）属于专用的数据驱动型 DSS。

（2）模型驱动的决策支持系统（Model - Driven DSS）。模型驱动的 DSS 强调对于模型的访问和操纵，比如：统计模型、金融模型、优化模型和/或仿真模型。简单的统计和分析工具提供最基本的功能。一些允许复杂的数据分析的联机分析处理系统（OLAP）可以分类为混合 DSS 系统，并且提供模型和数据的检索，以及数据摘要功能。一般来说，模型驱动的 DSS 综合运用金融模型、仿真模型、优化模型或者多规格模型来提供决策支持。模型驱动的 DSS 利用决策者提供的数据和参数来辅助决策者对于某种状况进行分析。模型驱动的 DSS 通常不是数据密集型的，也就是说，模型驱动的 DSS 通常不需要很大规模的数据库。模型驱动的 DSS 的早期版本被称作面向计算的 DSS。这类系统有时也称为面向模型或基于模型的决策支持系统。

（3）知识驱动的决策支持系统（Knowledge - Driven DSS）。知识驱动的 DSS 可以就采取何种行动向管理者提出建议或推荐。这类 DSS 是具有解决问题的专门知识的人—机系统。"专门知识"包括理解特定领域问题的"知识"，以及解决这些问题的"技能"。与之相关的概念是数据挖掘工具，一类在数据库中搜寻隐藏模式的用于分析的应用程序。数据挖掘通过对大量数据进行筛选，以产生数据内容之间的关联。构建知识驱动的 DSS 的工具有时也称为智能决策支持方法。

（4）基于 Web 的决策支持系统（Web - Based DSS）。基于 Web 的 DSS 通过"瘦客户

端"Web 浏览器（诸如 Netscape Navigator 或者 Internet Explorer）向管理者或商情分析者提供决策支持信息或者决策支持工具。运行 DSS 应用程序的服务器通过 TCP/IP 协议与用户计算机建立网络连接。基于 Web 的 DSS 可以是通讯驱动、数据驱动、文件驱动、知识驱动、模型驱动，或者混合类型。Web 技术可用以实现任何种类和类型的 DSS。"基于Web"意味着全部的应用均采用 Web 技术实现。"Web 启动"意味着应用程序的关键部分，比如数据库，保存在遗留系统中，而应用程序可以通过基于 Web 的组件进行访问，并通过浏览器显示。

（5）基于仿真的决策支持系统（Simulation – Based DSS）。基于仿真的 DSS 可以提供决策支持信息和决策支持工具，以帮助管理者分析通过仿真形成的半结构化问题。这些种类的系统全部称为决策支持系统。DSS 可以支持行动、金融管理，以及战略决策。包括优化以及仿真等许多种类的模型均可应用于 DSS。

（6）基于 GIS 的决策支持系统（GIS – Based DSS）。基于 GIS（地理信息系统）的 DSS 通过 GIS 向管理者或商情分析者提供决策支持信息或决策支持工具。通用目标 GIS 工具，如 ARC/INFO、MAPInfo 以及 ArcView 等是一些有特定功能的程序，可以完成许多有用的操作，但对于那些不熟悉 GIS 以及地图概念的用户来说，比较难于掌握。特殊目标 GIS 工具是由 GIS 程序设计者编写的程序，以易用程序包的形式向用户组提供特殊功能。以前，特殊目标 GIS 工具主要采用宏语言编写。这种提供特殊目标 GIS 工具的方法要求每个用户都拥有一份主程序（如 ARC/INFO 或者 ArcView）的拷贝用以运行宏语言应用程序。现在，GIS 程序设计者拥有较从前丰富得多的工具集来进行应用程序开发。程序设计库拥有交互映射以及空间分析功能的类，从而使得采用工业标准程序设计语言来开发特殊目标 GIS 工具成为可能，这类程序设计语言可以独立于主程序进行编译和运行（单机）。同时，Internet 开发工具已经走向成熟，能够开发出相当复杂的基于 GIS 的程序让用户通过客户端网络进行使用。

（7）通信驱动的决策支持系统（Communication – Driven DSS）。通信驱动型 DSS 强调通信、协作以及共享决策支持。简单的公告板或者电子邮件就是最基本的功能。组件比较 FAQ（常见问题解答）定义诸如"构建共享交互式环境的软、硬件"，目的是支撑和扩大群体的行为。组件是一个更广泛的概念——协作计算的子集。通信驱动型 DSS 能够使两个或者更多的人互相通讯，共享信息，以及协调他们的行为。

（8）基于数据仓库的决策支持系统（DataWare – Based DSS）。数据仓库是支持管理决策过程的、面向主题的、集成的、动态的、持久的数据集合。它可将来自各个数据库的信息进行集成，从事物的历史和发展的角度来组织和存储数据，供用户进行数据分析，并辅助决策，为决策者提供有用的决策支持信息与知识。基于数据仓库理论与技术的 DSS 的主要研究课题包括：①数据仓库（DW）技术在 DSS 系统开发中的应用以及基于 DW 的 DSS 的结构框架；②采用何种数据挖掘技术或知识发现方法来增强 DSS 的知识源；③DSS 中的 DW 的数据组织与设计及 DW 管理系统的设计。总的说来，基于 DW 的 DSS 的研究重点是如何利用 DW 及相关技术来发现知识并向用户解释和表达，为决策支持提供更有力的数据支持，有效地解决了传统 DSS 数据管理的诸多问题。

（9）群体决策支持系统（Group Decision Supporting System，简称 GDSS）。群体决策支

持系统是指在系统环境中，多个决策参与者共同进行思想和信息的交流以寻找一个令人满意和可行的方案，但在决策过程中只由某个特定的人做出最终决策，并对决策结果负责。它能够支持具有共同目标的决策群体求解半结构化的决策问题，有利于决策群体成员思维和能力的发挥，也可以阻止消极群体行为的产生，限制了小团体对群体决策活动的控制，有效地避免了个体决策的片面性和可能出现的独断专行等弊端。群体决策支持系统是一种混合型的DSS，允许多个用户使用不同的软件工具在工作组内协调工作。群体支持工具的例子有：音频会议、公告板和网络会议、文件共享、电子邮件、计算机支持的面对面会议软件，以及交互电视等。GDSS 主要有四种类型：决策室、局域决策网、传真会议和远程决策。

（10）分布式决策支持系统（Distributing Decision Supporting System，简称 DDSS）。这类 DSS 是随着计算机技术、网络技术以及分布式数据库技术的发展与应用而发展起来的。从架构上来说，DDSS 是由地域上分布在不同地区或城市的若干个计算机系统所组成，其终端机与大型主机进行联网，利用大型机的语言和生成软件，而系统中的每台计算机上都有 DSS，整个系统实行功能分布，决策者在个人终端机上利用人机交互，通过系统共同完成分析、判断，从而得到正确的决策。DDSS 的系统目标是把每个独立的决策者或决策组织看作一个独立的、物理上分离的信息处理节点，为这些节点提供个体支持、群体支持和组织支持。它应能保证节点之间顺畅的交流，协调各个节点的操作，为节点及时传递所需的信息以及其他节点的决策结果，从而最终实现多个独立节点共同制定决策。

（11）智能决策支持系统（Intelligence Decision Supporting System，简称 IDSS）。智能决策支持系统是人工智能和 DSS 相结合，应用专家系统技术，使 DSS 能够更充分地应用人类的知识或智慧型知识，如关于决策问题的描述性知识、决策过程中的过程性知识、求解问题的推理性知识等，并通过逻辑推理来帮助解决复杂的决策问题的辅助决策系统。IDSS 的系统目标是：将人工智能技术融于传统的 DSS 中，弥补 DSS 单纯依靠模型技术与数据处理技术，以及用户高度卷入可能出现意向性偏差的缺陷；通过人机交互方式支持决策过程，深化用户对复杂系统运行机制、发展规律乃至趋势走向的认识，并为决策过程中超越其认识极限的问题的处理要求提供适用技术手段。根据 IDSS 智能的实现可将其分为：基于 ES 的 IDSS；基于机器学习的 IDSS；基于智能代理技术 Agent 的 IDSS，；基于数据仓库、联机分析处理及数据挖掘技术的 IDSS 等。

（12）自适应决策支持系统（Adaptive Decision Support System，简称 ADSS）。自适应决策支持系统是针对信息时代多变、动态的决策环境而产生的，它将传统面向静态、线性和渐变市场环境的 DSS 扩展为面向动态、非线性和突变的决策环境的支持系统，用户可根据动态环境的变化按自己的需求自动或半自动地调整系统的结构、功能或接口。对ADSS 研究主要从自适应用户接口设计、自适应模型或领域知识库的设计、在线帮助系统与 DSS 的自适应设计四个方面进行，其中问题领域知识库能否建立是 ADSS 成功与否的关键，它使整个系统具有了自学习功能，可以自动获取或提炼决策所需的知识。对此，就要求问题处理模块必须配备一种学习算法或在现有 DSS 模型上再增加一个自学习构件。归纳学习策略是其中最有希望的一种学习算法，可以通过它从大量实例、模拟结果或历史事例中归纳得到所需知识。此外，神经网络、基于事例的推理等多种知识获取方法的采用也将使系统更具适应性[14,15]。

1.2.4 研究现状

目前，国内外专门性的水污染防治规划决策支持系统（WEDSS）还比较少，像美国 Basin 等大型决策系统，也仍未针对规划编制的全过程进行开发设计，研究的关注点更多是在各种单项功能的环境决策系统（EDSS）上，更多的是针对规划过程中某一具体问题，如水质管理，或某一关键技术环节进行开发设计。从 20 世纪 70 年代起，国际上开始研究 EDSS，WEDSS 是一种重要的集成类型 EDSS，在过去 30 多年里，计算机、人工智能、数据采集与管理、远程通信等技术得到飞速发展，而信息高速公路和计算机网络的建设，为 EDSS 的研发与应用创造了良好的外部条件和广阔前景[16]，国内外在 EDSS 的理论研究和实际应用上都已取得了一定的成就。

1977 年，美国研制了河流净化规划决策支持系统 GPLAN，这是最早的 EDSS 之一。GPLAN 实现了模型库与数据库管理系统之间的自动接口，并将人工智能应用于模型的排序与构造，但总体上其功能还是相当有限的[17]。在葡萄牙政府资助下，Cardoso 等将苹果公司信息处理工具 Hypercard 用于开发西欧 Tejo 海湾水质管理的决策支持系统 Hypetejo，成功地运用了 Hypercard 软件强大的用户界面设计、数据及图形式数字化地图处理功能，实现了海湾污染扩散和面源污染计算，以及污水处理系统优化等功能[18]。Gough 等为保护新西兰 Ellesmere 湖湿地生态环境而开发了湖泊环境管理 DSS，该系统实现了对湖泊水环境的监测、评价和调节，为湖泊水环境管理提供了依据[19]。MULINO DSS 则是由 Mysiak 等开发的水资源管理 DSS。该 EDSS 是一个针对复杂水环境问题的多指标决策系统，主要是为了解决日益复杂的水环境管理决策问题，同时还建立了流域可持续发展管理的框架[20]。另外，Davis 等开发的水库水质保护 DSS[21]，Booty 等开发的北美五大湖有机污染 DSS[22]，Nauta 等开发的海湾水资源综合管理 DSS 和 Adenson - Diaz 等开发的污水收集系统设计 DSS 等 EDSS[23,24]在用户界面设计、空间数据分析和人工智能诸方面都各有特色。

国内孟凡海和吴泉源以 GIS 遥感技术（remote sensor，RS）DSS 为基础构建了龙口市水资源管理决策支持系统。系统的建立使水资源决策更加科学化和自动化，使有限的水资源得到可持续利用[25]。曾凡棠等采用了地理信息系统、数据库管理系统、模型库管理系统和专家系统等技术，开发了一个适用于潮汐河网区水环境管理和决策的软件系统，用于协助政府部门进行有效、科学的水环境管理，提高复杂潮汐河网地区的水环境管理和决策水平[26]。于长英等开发了大连城市水资源管理决策支持系统，它以数据库、模型库、知识库、方法库为基础，以 GIS 为技术支撑建立的大连城市水资源管理决策支持系统，实现了对水资源空间数据、属性数据信息的实时监测、更新，为城市水资源合理配置提供了动态化、信息化、智能化管理[27]。崔宝侠针对辽宁省水资源短缺、污染严重的现状，为了提高水环境的管理水平、促进水资源的可持续发展，在 GIS 平台上设计了水环境评价决策支持系统，其主要工作是在系统中结合了遥感图像的处理，并将处理结果用于水环境的评价[28]。崔磊等结合地理信息系统技术，遵循系统功能层和数据层并行设计的技术路线，研究与开发了区域水环境信息管理系统，系统集成了数据库管理系统、地理信息系统和人工神经网络水质预测模型，能够实时、直观地对区域水环境信息进行可视化表达，并根据系统警报阈值和应对建议的值,为水资源的监测和管理提供决策支持功能[29]。郑铭等在 GIS 平台上集成开发了水资源管理决策系统,主要针对长江镇江段采用河流数字网络模型、水质模型与 GIS 的耦合,对时空实时处理提出了解决方法。同时,利用该系统可以对水资源进行监控和管理;对空间特性和属性信息进行查询、分类、汇总、统计分析,可以分析水质变化和未来趋势,实时监控水质情况和污染源,防止污染,并进行辅助决策分析[30]。

国内外水资源水环境相关 EDSS 研发的若干实例见表 1-1。

表 1-1　　　　　　　国内外水资源水环境相关 EDSS 研发的若干实例

EDSS 名称	研究人员	主要功能或内容
河流水质规划 DSS（GPLAN）	Haseman[17]	河流净化规划
海湾水质管理 DSS（Hypetejo）	Cardoso[18]	污染扩散和面源污染计算,污染处理系统优化
流域政策分析 DSS	Davis 等[21]	流域土地利用与土地管理政策及对水库水质的影响分析
环境影响评价 DSS（SILVIA）	Colomi 等[31]	环境影响评价
湖泊管理 DSS	Gough 等[19]	湖泊环境管理、监测与评价
湖泊有机污染 DSS（RAISON）	Booty 等[22]	水环境管理决策、实施并检查零排放和有效削减策略
海湾水资源综合管理 DSS	Nauta 等[23]	海湾水资源管理
水资源管理 DSS（MULINO DSS）	Mysiak[20]	水资源、水环境管理
污水收集系统设计 DSS	Adenso-Diaz 等[24]	污水收集系统设计
城市环境实用 DSS（UEDSS）	孙启宏等[32,33]	城市环境评价、环境综合整治规划、污水处理厂布局
区域水环境 DSS	彭志良等[34]	水流特征与水质预测、污水处理厂布局
城市环境规划 DSS	王宏伟等[35]	城市环境规划
水环境 EIA-DSS	沈昌亚等[36]	水环境影响评价
污水海洋处置 MIS	赵章元等[37]	海水质量评价、海洋污水处置规划
中国省级 EDSS	徐贞心等[38]	环境质量评价、环境经济决策
珠江三角洲潮汐河网 DSS	曾凡棠等[26]	污染源分析、水环境功能区划、水环境影响评价
三峡-葛洲坝水环境 DSS	张友静等[39]	长江截流前后的数据管理
太湖流域水质管理 DSS（Taihu DSS）	翟淑华等[40]	太湖流域河网水量、水质模拟及预测
铜川新区水环境管理 DSS	阮仕平等[41]	城市水环境管理
南宁城市环境管理 DSS	吴小寅等[42]	城市环境信息管理
国家环境质量 DSS	王金南[43]	国家环境质量决策支持

注　表格实例参考罗宏、吕连宏,《EDSS 及其在 EIA 中的应用》[44]。

1.2.5　发展趋势

(1) 更加强大的数据挖掘技术。水污染防治规划涉及诸多数据,既有社会、经济、人口、地质、水文、气象等相关数据,同样包括空气质量和水质监测、污染源普查、污染物排放及环保投资等生态环境数据。随着人类社会不断进步,经济以及科学技术的不断发展,环境规划中涉及的相关数据和信息也将呈"爆炸"式增长。目前,传统的数据库系统和决策支持系统大多仅实现单数据源的相关功能,对多源海量数据的统计及内在联系分析功能较弱。采用传统的数据分析方法，不仅耗费大量的计算时间，而且完全依赖于预先对数据关系的假设和估计，已经不能满足人们日益增长的对数据中隐含信息的要求。如何有效管理这些数据资源并挖掘出蕴含其中的丰富信息，提高环境管理水平，提高信息的利用率将是环境规划决策支持系统未来所面临的重要问题。因此，以人工智能、数据库和数理统计等学科为基础的数据挖掘技术将逐渐应用于水污染防治规划决策支持系统中，并为水污染防治规划提供极具价值的强大分析功能。

（2）更加广泛全面的 GIS 技术应用。随着 GIS 在水污染防治规划中应用的深入，代表未来发展趋势的三维 GIS、时态 GIS、webGIS、分布式 GIS、3S 集成等技术将不断加入到环境规划的业务中，为环境规划与决策制定提供更加科学、可视化效果更好地空间分析决策支持。如三维 GIS 的出现促使人们越来越多地要求从真三维空间来处理环境规划及管理相关问题。随着计算机图形学和硬件技术的迅猛推进，特别是 Google Earth 的推出，使水污染防治规划与管理领域应用三维 GIS 成为未来发展的重要趋势。三维 GIS 以地理环境为依托，透过视觉效果，探讨空间信息所反映的规律知识。它完全再现管理环境下的真实情况，把所有管理对象都置于一个真实的三维世界中，实现数据的可视化，真正做到了管理意义上的"所见即所得"。它比二维图像更直观，空间分析能力能加突出，结合环境分析模型，能全面的审核和评价环境规划方案的优劣、视觉效果以及与周围环境的协调等。因此，随着三维 GIS 可视化功能和空间数据分析能力的不断增强，并与决策支持系统（DSS）相互结合，三维 GIS 必将成为未来环境规划辅助决策支持的重要工具。另外，时态 GIS 可以提供同一区域多时间段的地理环境状况信息，webGIS 可以实现环境规划信息的互联网发布及空间可视化表现，3S 技术集成可以实现区域空间内包括植被、地貌、水体、居民点和工业分布等多源信息叠加和定位，等等。

（3）更多专业模型的嵌入与耦合。未来水污染防治规划决策支持系统在不断提高空间展示效果的同时将进一步提高其规划科学性，这就需要更多专业模型的嵌入和耦合，从而使得规划决策制定更加合理以及符合实际情况。决策支持系统嵌入专业模型应主要在现状评估、预测以及方案优化中，如在现状评估阶段可以引入地理空间统计模型实现污染物排放清单和现状生态容量等内容；在预测阶段和引入 CGE 模型、灰色分析模型以及系统动力学模型实现污染物排放、经济结构发展等内容的预测，同时包括不同要素污染物治理那个模拟及预测；在规划决策仿真阶段可以引入投入产出、多目标最优化决策等模型方法实现环境决策的合理制定。

（4）更加简单丰富的用户界面。美观、简单的用户界面可以增强系统用户更好的操作性，因此，未来水污染防治规划决策支持系统将实现更加丰富、简洁人机交互功能，提供用户的操作体验。如加入 flash 功能的动态图表、动态地图功能，采用三维、实景、航拍等多源数据为基础的地图服务功能，实现工作流的业务流程一体化辅助功能等。丰富的用户界面不但可以增强用户的体验效果，同时还可以更好地引导用户实现更多复杂、专业的功能，而免去其对专业功能背后的复杂繁琐的原理所需要的时间和精力。

（5）更加注重规划编制的协同功能。一个好的水污染防治规划往往需要不同相关者之间实现高效的交流与沟通，因此，规划支持系统需要提供更多规划编制辅助功能，增强多部门协同能力，避免规划相互冲突与重复、规划相关人员沟通不充分、规划缺乏重点，从而无法抓住问题所在，进而影响水污染治理的质量。这其中就需要规划支持系统提供更加高效的协同功能：一方面规划编制者之间需要协调工作，如相邻区域的环境规划者、不同要素规划编制者等；另一方面，规划编制者、规划决策者、专家以及地方环保管理人员之间需要协调更加高效的协同工作。规划编制者需要在专家的意见上综合评价规划决策者的决策方案，同时仍需要与地方环保管理者进行充分沟通，从而保证规划方案能够切实解决地方环保问题。因此，需要环境规划决策支持系统提供更多的协同工作功能以应对规划编制多方人员的沟通与协作，提供环境规划编制的科学性以及编制工作的高效性。

1.3　科技需求与框架路线

水污染防治规划已成为我国环境保护工作的重要组成部分和手段，为了应对水环境的严峻挑战，国家制定了"十二五"期间主要水污染物 COD 和氨氮分别削减 8％和 10％的目标，并编制发布了"十二五"重点流域水污染防治规划。目前国家正在开展"十三五"重点流域水污染防治规划编制，"十三五"更加注重流域水环境质量改善导向，总量削减与质量改善挂钩对编制流域水污染防治规划提出更高要求，这就需要用系统论、控制论、信息论等理论方法和计算机模拟技术，在规划决策支持平台框架内加以解决，避免以往国家中长期水环境保护战略制定过程的"拍脑袋"型决策，使国家的水环境管理工作具有科学依据和一定程度的规范性，从而使国家、流域、区域和部门能够在大时空尺度上统筹水环境管理，破解目前我国水污染难题。

"十二五"期间，国家水体污染控制与治理科技重大专项（以下简称"水专项"）专门设置了"流域水污染防治规划决策支持平台研究课题"（以下简称"决策平台课题"），"决策平台课题"重点开发了流域水环境数据库系统、流域水环境经济形势诊断指数、流域中长期水环境一体化（经济社会-水污染物排放-水环境质量）预测模拟系统、流域水环境规划目标分配模拟系统、基于多目标优化决策的流域城镇污水处理厂建设方案优选系统、流域水污染防治规划投入贡献度测算系统等子系统，并将各系统集成为规划决策支持平台，最终在松花江流域开展示范应用，从而为国家的水污染防治规划搭建起一个高效、科学、实用的决策技术平台，提升国家水环境战略的决策支撑能力。本书中的全部观点和论述均是由课题组全体骨干成员结合"决策平台课题"的研究成果，进行总结、提升、凝练而得到。

1.3.1　科技需求

经过 20 多年的发展，我国水环境规划的理论和方法研究取得了重要进展，水环境规划的编制和实施也取得了前所未有的成绩。由于决策支持技术在水污染防治规划中得以深入研究和大量应用，使我国水污染防治规划的基础信息越来越扎实、模型方法越来越科学、规划指标分配越来越合理、规划方案和工程措施越来越优化、规划实施评估考核越来越加强、规划在环境保护规划和经经济社会发展中的地位越来越高。水污染防治规划已成为我国环境保护工作的重要组成部分和手段，对于促进流域、城市水环境与经济社会的协调发展，保障环境保护活动纳入国民经济和社会发展起到了十分重要的作用。

由于水污染防治规划是一项复杂的系统工程，涉及的学科种类多、基础数据多、目标指标多、任务层次多,是一项在时间、空间、目标、任务、进度等方面多位一体化的综合系统集成工程。国内关于水污染防治规划决策技术支持的相关研究和应用在层次性、代表性、系统性、表达性、集成性和权威性等方面还有待进一步提高,流域水污染防治规划和决策的不同技术方案还缺乏充分比较和论证,水污染现状分析-未来压力预测-水污染控制目标制定-水污染控制方案选择-水环境保护投资之间的关系缺乏系统综合考虑,互动模型难以建立。

随着"十三五"及未来经济社会的持续快速发展,我国水污染日益加剧、水环境不断恶化、水资源严重短缺,已成为制约我国经济社会发展的瓶颈,需要积极开展水环境近期和中长期预测技术、水环境质量模拟预测技术、水环境经济形势诊断技术、水污染防治规划方案评估技术等水污染防治规划技术以及相关技术支撑平台的研究和应用,从而大大提高国家流域水环境管理的科学性,为制定国家水环境保护战略和实施方案提供有力的基础支撑,为国家水环境的可持续利用以及水环境安全提供有效保障,也利于形成国家水环境保护和水污染防治的长效机制。

1.3.2 研究目标与技术路线

1.3.2.1 研究目标

在"十一五"国家社会经济与水环境信息系统研究、国家中长期社会经济与水环境情景研究、国家水环境形势短期预警系统研究和水污染控制技术经济决策支持系统研究等相关成果的基础上,"十二五"流域水污染防治规划决策技术支持平台以流域规划编制过程为主线,以松花江流域为研究对象,继续深入开展平台研究。通过流域水环境形势景气指数、基于污染减排与环境质量改善的流域水环境预测模拟系统、流域水污染物总量控制目标分配模拟系统、基于多目标决策的城镇污水处理厂建设规划多方案优选系统、流域水污染防治规划投入贡献度测算系统等子系统的研究建立和集成,并以松花江流域为应用示范,最终开发建立流域水污染防治规划决策技术支持平台,提升流域水污染控制的决策支撑能力。分阶段实施的路线如图1-1所示。

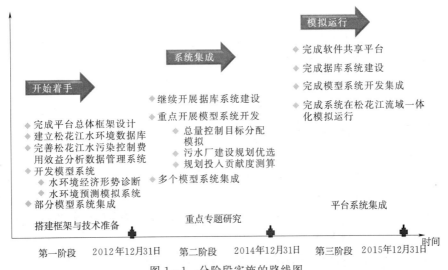

图1-1 分阶段实施的路线图

1.3.2.2　技术路线

对于水污染防治规划决策支持系统（WEDSS），根据流域水污染防治规划的实际需求，通常希望从以下几个方面得到支持：①现状评价，判断当前环境形势如何，以发现问题；②未来预测，预测未来经济、人口和环境的发展趋势，为识别环境压力和制定目标提供基础；③规划目标制定。制定水污染防治规划的目标指标，研究目标指标的可行性；④规划方案和政策制定，根据目标指标，拟定规划方案、投资方案和政策措施；⑤对规划方案与政策进行分析评估，对污染治理投资的效果进行评价。

对于流域水污染防治规划决策支持平台的构建，主要基于水污染防治规划编制过程和实际需求，从认识问题、确定目标、拟订方案、分析评估等方面出发，构建整个模型框架和平台，主要包括三个方面：一是从基础信息数据的获取方面，建立流域水环境经济数据库系统；二是从水环境形势分析、未来趋势预测、规划目标制定、规划方案情景比选、规划投入政策模拟等方面建立水环境形势分析指数模型、水环境预测模拟模型系统、水污染物总量控制目标分配模拟模型、水环境规划方案优选评价模型、水环境规划投入贡献度测算模型等模型系统；三是开展模型集成与试点示范研究，将各子模型系统进行集成，并实现在松花江流域的模拟运行。流域水污染防治规划决策支持平台开发技术路线如图 1-2 所示。面向流域规划编制过程服务的决策支持平台如图 1-3 所示。

1.3.3　研究框架

面向流域规划全过程，将流域水污染防治规划决策系统总体分为形势诊断、污染物预测、水质模拟预测、目标总量分配、污水处理厂建设规划方案优选、投入贡献度测算六大模块，并在这些模块的基础之上，对整个系统平台进行集成。

1.3.3.1　系统总平台框架

总系统平台的集成研究目标：深入研究水污染防治规划决策支持系统的结构功能，建立水环境信息数据库、水环境技术经济分析数据库等流域数据库系统，建立流域规划决策支持模型库系统（包括水环境经济形势诊断预警模型、水环境预测模拟模型系统、水环境规划目标分配模拟模型系统、水环境规划方案优选评估模型系统、水环境规划投入贡献度测算模型系统等），并对数据库系统、模型库系统、用户界面系统等进行集成，最终构建起结构功能较为齐全的流域水污染规划决策支持软件平台，并以松花江流域为示范进行模拟运行。流域水污染防治规划决策支持平台逻辑框架和技术架构如图 1-4 和图 1-5 所示。

1.3.3.2　水环境经济形势诊断与预警子系统

流域水环境形势诊断与预警子系统的研究目标是：在"十一五"国家水环境形势短期预警系统子课题研究基础上，以流域为对象，继续深入开展经济-资源-环境复合的流域水环境形势分析与预警研究。建立一套实用的、完整的、有效的反映流域水环境形势的指标体系和预警模型，并以松花江流域为示范研究编制流域水环境形势诊断指数，为流域水污染防治规划决策提供基础支持。

建立流域水环境形势诊断与预警系统的基本思路是：广泛借鉴宏观经济形势诊断指数模型的研究经验，基于对社会-经济-水环境这个复杂系统的研究分析，从协调度、适应性、

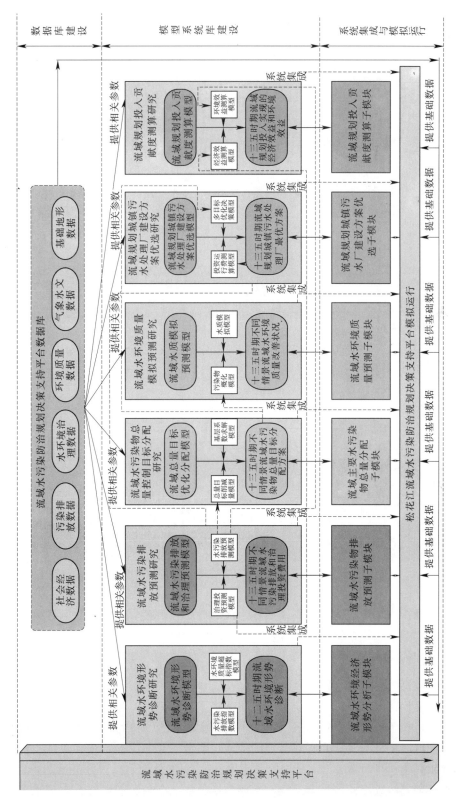

图 1-2　流域水污染防治规划决策支持平台开发技术路线图

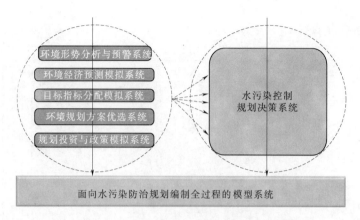

图 1-3 面向流域规划编制过程服务的决策支持平台

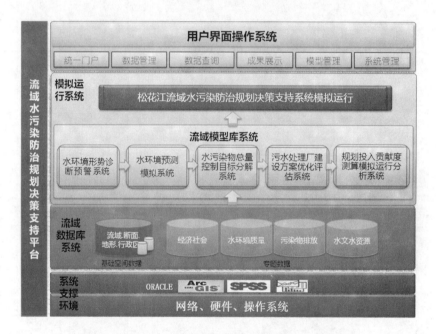

图 1-4 流域水污染防治规划决策支持平台逻辑框架

耦合性等方面分析水环境经济复合系统中各组成部分相互关系，创新建立水环境形势诊断分析与预警的指标体系，最终建立水环境形势诊断与预警模型方法。流域水环境形势诊断与预警研究框架如图 1-6 所示。

1.3.3.3 水环境经济预测模拟子系统

流域水环境经济预测模拟子系统的研究目标主要是对未来流域中长期水环境变化趋势进行预测，分析在不同的经济社会发展情景下的水资源、水污染物排放和水环境质量变化趋势，揭示流域经济社会发展和水环境之间的内在联系，并据此确定未来流域水污染总量控制目标和水环境质量目标。

流域水环境经济预测模拟模型系统，主要包括经济社会预测子系统、水环境预测子系

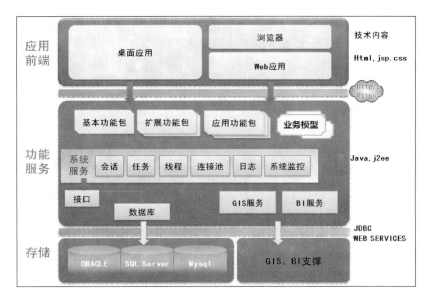

图1-5 流域水污染防治规划决策支持平台技术架构

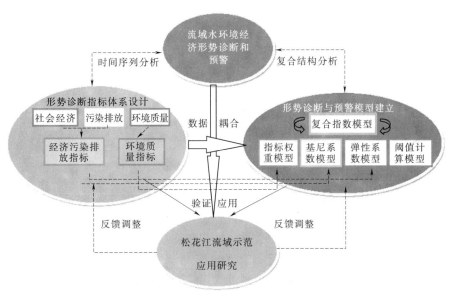

图1-6 流域水环境形势诊断与预警研究框架

统等两个部分。在该模型系统中，经济社会活动起着主导作用，经济总量、结构、增长速度和产业布局对水环境有着决定性的影响，生产、消费行为既对水环境产生压力，同时也提供了水污染治理的能力。未来对水环境的需求将主要来自于经济社会领域，而对水环境的改善也依赖于经济结构、生产和消费结构的调整来实现。可以说，经济社会活动的规模和范围决定着未来水环境状态。因此，通过计量经济模型建立经济社会活动与水环境状态之间的联系，并通过对未来经济增长不同情景、发展方式的不同转变、技术进步、工程治理措施等因素的预测，进而预测与之相关联的水污染产生与排放总量的变化和态势，是本研究的起点和依据。同时，从经济发展—污染物排放—环境质量改善一体化的角度，集中到流域范围，研究建立流域水环境质量模拟预测模型和方法，深入解析水污染物减排与水环境质量改善的输入响应关系，是本项研究的难点和落脚点。基于此，本子系统主要研究内容如图1-7和图1-8所示。

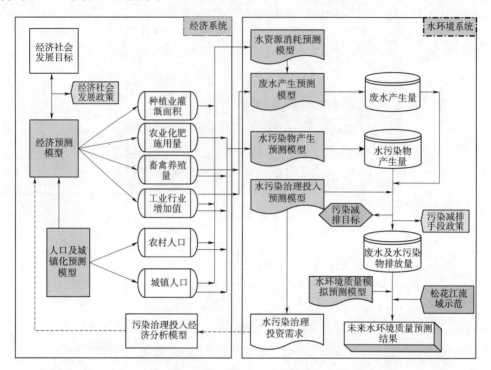

图1-7 流域水环境经济预测研究框架

1.3.3.4 总量控制目标分配子系统

流域水污染物总量控制目标分配模拟子系统的研究目标是：从污染物总量控制与环境质量改善相结合角度，深入研究和创新流域水污染防治规划目标——水污染物总量控制目标（主要是COD和氨氮）的分配模拟方法，并以松花江流域为示范进行研究。

水污染物总量目标分配是一项系统工程，它涉及社会经济、技术、自然环境、管理、资源等各种领域的问题，而且与各地社会经济发展空间受限水平紧密相关，因此，在水污染物总量的分配过程中，要处理好各种矛盾，制定出既在经济技术上可行，又公平合理的分配方案。各地的污染排放特征、社会经济科技条件、污染物减排能力和环境容量禀赋基础不同，决定了各地污染物削减方案应该坚持"共同但有区别的责任"，即共同承担污染物总量削减责任，但是应考虑区域差异性特征。这个原则是污染物总量分配的基石。污染物总量分配应该坚持何种具体原则，应与总量控制要实现的政策目标紧密一致。作为水环境管理的一项重要政策手段，体现水污染物总量控制的主要政策目标有四个：①在符合国家总体社会经济发展和环境管理目标前提下，循序渐进实施总量控制；②不同流域和地区实施不同的总量管制要求；③促进产业结构的调整，实现环境资

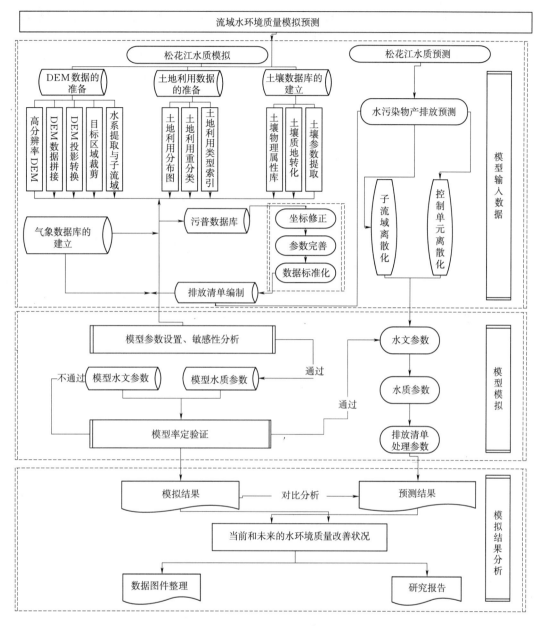

图 1-8　流域水环境质量模拟预测研究框架

源的合理配置，优化产业布局；④考虑各地削减能力，系统优化总量分配削减方案，提高总量控制手段的政策效率。

　　为此，水污染物总量分配模型方法的选择，应该坚持以下原则：①分配方法要充分考虑各地区水环境达标，这是总量分配方案设计的前提；②分配方法要具有可操作性，总量控制分解要体现各地区同等的减排努力，即体现各地区排放控制的技术潜力，这是总量分配方案设计的根本；③分配方法要体现公平性，人人都有发展的权利，获得高生活水平的权利和污染物排放权利，总量分配方案应体现此点，这是总量分配方案设计的核心；④要体现各地区的异质性特征，这是总量分配方案设计的重点；⑤分配方法要适当体现效率性，要考虑各地区经济水平，减排的资金投入能力和公众生活水平的受影响程度。这要求总量分配方法在公平原则前提下，适当注重分配方法的系统优化。在方法选择过程中，不同的分配原则之间会相互抵触，很难同时兼顾多个原则，应以异质性原则为基础，以公平性原则为前提，以其他原则作为分配方案设计的受限条件，对方案进行协调。流域水污染物总量控制目标分配研究框架如图1－9所示。

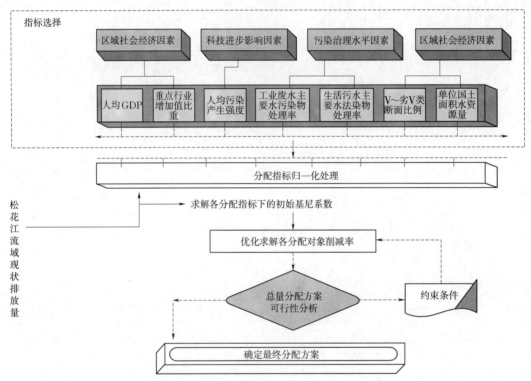

图 1－9　流域水污染物总量控制目标分配研究框架

1.3.3.5　规划污水厂方案优选评估子系统

　　流域规划城镇污水处理厂建设方案优选评估子系统的研究目标是：针对当前流域水污染防治规划方案筛选技术方法薄弱的问题，进一步加强流域水污染防治规划决策方案的费用效益分析方法研究，并以城镇污水处理厂建设方案为突破点，建立流域城镇污水处理厂建设方案的优化决策方法，在松花江流域开展示范应用。流域污水厂建设方案优选评估研究框架如图1－10所示。

1.3.3.6　规划投入效益测算子系统

　　流域水污染防治规划投入效益测算子系统的研究目标是：研究建立水污染防治规划投入对经济社会和环境的贡献效益测算模型方法，揭示流域水污染防治规划投入与经济社会发展和环境保护之间的内在联系，并以松花江为示范应用，模拟分析松花江流域"十二五"期间水污染防治规划投入对经济社会发展及环境改善的贡献效益，从而为流域水污染防治规划决策提供基础支持。流域水污染防治规划投入效益测算研究框架如图1－11所示。

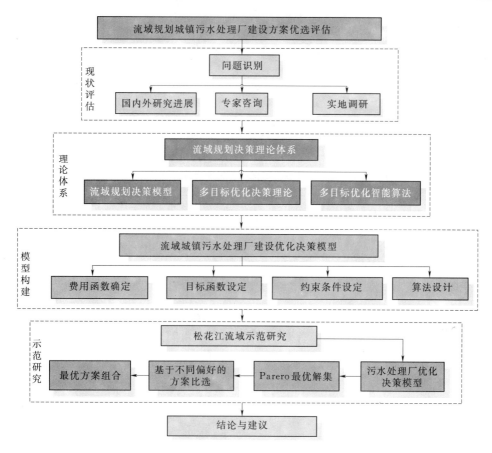

图 1-10　流域污水厂建设方案优选评估研究框架

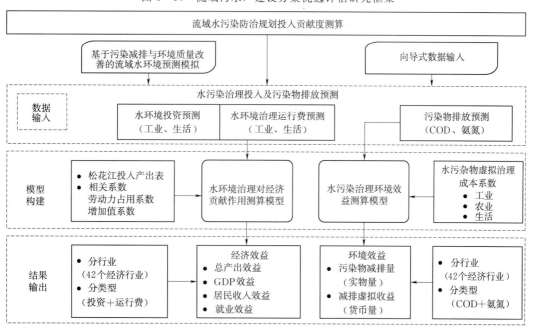

图 1-11　流域水污染防治规划投入效益测算研究框架

参 考 文 献

［1］ 王金南，吴文俊，蒋洪强，等．中国流域水污染控制分区方法与应用［J］．水科学进展，2013，24（4）：459 - 468.

［2］ 徐敏，王东，赵越．我国水污染防治发展历程回顾［J］．环境保护，2012，（1）：63 - 67.

［3］ 雷丹妮，李嘉．水污染防治规划理论方法综述［J］．四川环境，2006，25（3）：109 - 112.

［4］ 王金南，蒋洪强，等．环境规划学［M］．北京：中国环境出版社，2014.

［5］ 郭怀成，尚金城，张天柱．环境规划学［M］．北京：高等教育出版社，2009.

［6］ 马晓明．环境规划理论与方法［M］．北京：化学工业出版社，2004.

［7］ 程声通．水污染防治规划原理与方法［M］．北京：化学工业出版社，2010.

［8］ 王金南．国家"十二五"环境规划技术指南［M］．北京：中国环境出版社，2013.

［9］ Keen P G W, Morton M SS. Decision Support Systems：An Organizational Perspective. Reading［J］. Addison - Wesley Pub. Co.（Reading, Mass.），1978.

［10］ Bonczek R H, Holsapple C W, Bonczek R H. FOREWORD - Foundations of Decision Support Systems［M］. Academic Press, 1981：590 - 591.

［11］ 张慧勤，过孝民．环境经济系统分析——规划方法与模型［M］．北京：清华大学出版社，1993.

［12］ 王一军．环境决策支持系统的关键技术研究［D］．长沙：中南大学，2009.

［13］ 王永伟，刘芳宇，时淑英，等．水资源管理决策支持系统的应用及其发展趋势［J］．农业与技术，2010，30（4）：15 - 17.

［14］ 吴新年，陈永平．决策支持系统发展现状与趋势分析［J］．情报资料工作，2007，（1）：57 - 60.

［15］ 刘博元，范文慧，肖田元．决策支持系统研究现状分析［J］．系统仿真学报，2011（7）：241 -244.

［16］ 刘首文，冯尚友．环境决策支持系统研究进展［J］．上海环境科学，1995（4）：20 - 23.

［17］ Haseman W D. GPLAN：An Operational DSS［J］. Data Base, 1977, 8（3）：73 - 78.

［18］ Silva M C D, Rodrigues A C, ReméDio J M, 等：Decision Support System for Estuarine Water - Quality Management［J］. Journal of Water Resources Planning & Management, 1990, 116（3）：417 - 432.

［19］ Gough J D, Ward J C. Environmental Decision - Making and LakeManagement［J］. Journal of Environmental Management, 1996, 48（1）：1 - 15.

［20］ Mysiak J, Giupponi C, Rosato P. Towards the development of a decision support system for water resource management［J］. Environmental Modelling & Software, 2005, 20（2）：203 - 214.

［21］ Davis J R, Nanninga P M, Biggins J, 等. Prototype Decision Support System for Analyzing Impact of Catchment Policies［J］. Journal of Water Resources Planning & Management, 1991, 117（4）：399 - 414.

［22］ Booty W G, Lam D C L, Wong I W S, 等. Design and implementation of an environmental decision support system［J］. Environmental Modelling & Software, 2001, 16（5）：453 - 458.

［23］ Nauta T A, Bongco A E, Santos - Borja A C. Set - up of a decision support system to support sustainable development of the Laguna de Bay, Philippines［J］. Marine Pollution Bulletin, 2003, 47（1 - 6）：211 - 218.

［24］ Adenso - Diaz B, Tuya J, Goitia M. EDSS for the evaluation of alternatives in waste water collecting systems design［J］. Environmental Modelling & Software, 2005, 20（5）：639 - 649.

［25］ 孟凡海，吴泉源．3S 技术与水资源环境管理决策支持系统［J］．中国人口：资源与环境，2001，（S1）：141 - 142.

［26］ 曾凡棠，林奎，沈茜，等．环境决策支持系统的设计及其在水质管理中的应用［J］．地理学报，2000，55（6）：652 - 660．

［27］ 于长英，付万，李元华，等．大连城市水资源管理决策支持系统应用研究［J］．东北财经大学学报，2007（4）：38 - 41．

［28］ 崔宝侠．基于GIS的水环境评价决策支持系统研究［D］．沈阳：东北大学，2005．

［29］ 崔磊，赵璇，王本．区域水环境信息管理系统的开发和应用［J］．清华大学学报：自然科学版，2008，48（3）：440 - 444．

［30］ 郑铭，秦高峰，沈翼军．基于GIS的水资源管理决策系统的设计［J］．农机化研究，2007，（1）：119 - 122．

［31］ Colormi A，Laniado E，Muratori S．Decision support systems for environmental impact assessment of transport infrastructures 1［J］．Transportation Research Part D Transport & Environment，1999，4（1）：1 - 11．

［32］ 孙启宏，乔琦．城市环境实用决策支持系统（UEDSS）的研制［J］．环境科学研究，1994，7（4）：51 - 54．

［33］ 孔益民，孙启宏．基于GIS技术开发的DSS系统数据结构设计［J］．环境科学研究，1997，10（5）：26 - 30．

［34］ 彭志良，林奎，曾凡棠．环境管理决策支持系统的研究［J］．环境科学，1996，17（5）：48 - 52．

［35］ 王宏伟，程声通．基于GIS的城市环境规划决策支持系统［J］．环境工程学报，1997，5（6）：17 - 18．

［36］ 沈昌亚，柴发合．以DSS技术为基础的水环境影响评价系统的设计［J］．环境科学，1996，17（5）：75 - 79．

［37］ 赵章元，蔡梅．建立我国污水海洋处置管理信息系统［J］．环境科学研究，1997，10（2）：23 - 27．

［38］ 徐贞元，孙启宏，孔益民，等．中国省级环境决策支持系统的系统分析［J］．环境科学研究，1997，10（5）：18 - 25．

［39］ 张友静，张元教，姚琪．三峡—葛洲坝区间水环境决策支持系统的开发［J］．河海大学学报（自然科学版），2001，29（2）：87 - 90．

［40］ 翟淑华，秦佩瑛．太湖流域河网水质管理决策支持系统［J］．水资源保护，2002，（3）：60 - 62．

［41］ 阮仕平，党志良，胡晓寒，等．基于GIS的铜川新区水环境管理决策支持系统研究［J］．干旱区资源与环境，2004，18（5）：38 - 42．

［42］ 吴小寅，余戈，陈莉，等．决策支持系统应用于城市环境管理［J］．四川环境，2004，23（5）：104 - 106．

［43］ 王金南．国家环境质量决策支持系统的研制与开发［J］．环境科学研究，1991，4（6）：25 - 28．

［44］ 罗宏，吕连宏．EDSS及其在EIA中的应用［J］．环境科学研究，2006，19（3）：139 - 144．

第 2 章　流域水环境形势诊断与预警模型

流域水污染防治规划决策支持系统是关于流域规划的全流程系统，该系统第一步便是对流域水环境形势进行分析诊断，以此为基础进行流域压力预测、水质目标确定、排放总量分配等规划工作。本章是国家水专项流域水污染防治规划决策支持平台研究课题的一部分，以松花江流域为示范，探索研究流域水环境形势分析与诊断方法，深入分析流域水环境形势诊断与预警技术，为流域规划决策支持平台做好基础工作。在环境形势分析中，社会经济要素与环境的相互影响比较复杂，如何反映社会经济对于环境的作用较为关键。本研究拟建立流域水环境形势诊断的指标体系，选择合适方法进行形势综合诊断和预警，以此把握社会经济指标与环境联动态势的关系，为流域水污染防治规划提供决策支持。

2.1　研究背景

近几十年来，随着经济社会的持续快速发展，我国水资源严重短缺，水污染日益加剧，水环境不断恶化，已成为制约我国经济社会发展的瓶颈。《2015 年中国环境状况公报》显示，2015 年我国七大水系 700 个国控断面中，Ⅰ～Ⅲ类、Ⅳ类、Ⅴ类和劣Ⅴ类水质的断面比例分别为 72.1%、14.3%、4.7%、8.9%。劣Ⅴ类断面主要集中在海河、淮河、辽河和黄河流域，主要污染指标为化学需氧量、五日生化需氧量和总磷。松花江流域 86个国控断面中，无Ⅰ类水质断面，Ⅱ类占 8.1%，Ⅲ类占 57.0%，Ⅳ类占 26.7%，Ⅴ类占 2.3%，劣Ⅴ类占 5.8%。主要污染指标为高锰酸盐指数、化学需氧量和总磷。

要加强水污染物总量控制、改善水环境质量、科学合理编制流域水污染防治规划，建立并应用规划决策支持平台进行相关模拟计算，是一个很好的办法。由于在流域规划过程中，需要进行水污染排放预测、水环境质量模拟、目标总量方案分配、规划方案优选、环保投入效益测算，因此把这些关键步骤嵌入流域规划决策支持平台，进行定量化模拟预测，可以提高计算的科学性。以上环节的计算，基础工作需要进行流域水环境形势分析与判断。通过流域水环境形势现状和预警诊断，分析影响水环境形势的社会经济、水环境质量和排放总量要素指标，就环境异常状态进行识别，对于水污染排放预测、水环境质量模拟、目标总量分配、规划方案优选等模拟过程的要素识别和情境设置，很有必要，可以提高以上模拟的准确性，避免以往流域水环境保护战略制定过程的"拍脑袋"型决策，使水环境管理工作具有科学依据和一定程度的规范性，也有利于形成国家水环境保护和水污染防治的长效机制，为制定国家水环境保护战略和实施方案提供有力的基础支撑。此外，流域水环境形势诊断，对于增强对水环境变化的预警和应对能力，提高国家流域水环境管理的科学性和应急水平，具有重要意义。因此，流域环境形势分析，不但是流域规划决策支持平台的基础，也是流域水污染防治规划决策的基础。

2.2 水环境形势分析研究进展

2.2.1 流域经济环境系统

水环境包括地球上分布的各种水体以及与其密切相连的各环境要素。水环境主要由地表水环境和地下水环境两部分组成。前者包括河流、湖泊、水库、海洋、池塘、沼泽、冰川等。后者包括泉水、浅层地下水、深层地下水等[1]。从自然规律看，水环境是在各种自然地理要素作用下形成的水循环系统，是一个流域复合生态系统的主要控制性因素，对人为产生的物理与化学干扰极为敏感；一个流域的水循环规律的改变可能引起在资源、环境、生态方面的一系列不利效应；流域产流机制改变，在同等降水条件下，水资源总量可能呈逐步递减趋势；径流减少易导致水环境容量减少、水质等级降低等问题[2]。

从环境经济学的角度来说，流域水环境是构成流域环境的基本要素之一，是沿岸人类社会赖以生存和发展的重要场所[3]。从系统理论的角度看，流域水环境系统是与社会经济系统相互交织、相互制约、相互作用而成的一个复杂的系统。影响水环境形势的因素众多，并且这些因素之间的关系也错综复杂。在流域经济环境系统的基本框架中，水环境是一个重要的组成部分，它是社会经济发展的基础条件，不仅为生活、生产提供资源，而且也承担了上述活动产生的污水的纳污功能，并为污染物的自净修复和水流的交换提供场所[4]。另外，水环境同时也承受着来自外面的压力，社会经济的高速发展使水环境受到胁迫。人们在不断追求高质量生活的同时，水资源过度消耗和排污加剧，往往使得社会经济发展与水环境质量关系不协调，主要表现就是水环境质量的下降。同时，这两点的作用信息又通过人为干预对社会经济水环境系统形成反馈，表现为环境基础设施的建设和环境治理投资的加大、先进水处理技术的引进等等。因此，流域经济环境系统之间存在着复杂的相互作用，只有各个系统间协同发展，才能推动水环境的可持续发展。

鉴于流域经济环境系统复杂的相互关系，本研究的流域水环境经济形势分析，拟把社会经济与环境系统看做一个整体进行形势分析。在此过程中选择能够表示流域环境形势又能表示经济与水环境关系的指标尤为关键。

2.2.2 流域经济-环境系统研究进展

经济社会系统-水资源水环境系统是相互作用的系统。随着工业化和城镇化的推进，社会经济发展的无限性和环境资源的有限性的矛盾越来越突出[5]，主要表现为社会经济发展造成资源能源消耗、环境污染对生态环境产生胁迫作用，生态环境通过资源限制、人口驱逐对社会经济发展产生约束。因此，研究社会经济与水资源水环境的关系，从而使两者保持良性的可持续发展成为热点问题之一。对于两个系统的关系，目前较多的是对社会经济发展与生态环境相关关系、耦合协调关系、效益关系等的研究。20世纪90年代初美国环境经济学家 Grossman 和 Krueger 等利用统计数据提出环境库兹涅茨曲线概念，通过环境质量指标与收入之间的关系统计，发现污染物与收入呈倒 U 形关系[5]，世界银行基于此提出了环境库兹涅茨曲线是描述经济发展与环境污染水平演替关系的计量模型[6]，我国在近 20 年大量应用这一模型对区域经济发展与环境污染关系进行研究[7-9]。耦合度定量模型也是应用较为广泛的研究经济发展与环境关系的方法，应用较多的数学方法主要有基于灰色关联度分析的方法[10]、基于数理统计的方法[11]、基于系统动力学的方法[12]等。余瑞林[13]等利用耦合协调的演化度模型分析了武汉城市圈社会经济—资源—环境耦合协调水平。梁红梅[9]等根据系统科学理论与方法，用耦合模型评估深圳市土地利用社会经济效益与生态环境效益的关系；课题组还对深圳市、宁波市社会经济效益与生态环境效益的耦合关系进行了比较研究[14]。此外，还有其他一些方法，如张俊凤基于协整理论，采用改进熵值法、误差修正模型、方差分解等方法评价了用地扩张的社会经济效益和生态环境效益，分析了二者的动态关系[15]；黄建山等采用重心迁移的方法计算了 1989—2003 年陕西省社会经济重心与环境污染重心的演变路径，从移动方向、移动距离、路径对比、斜率分析、空间相关性分析等多角度阐述了社会经济重心与环境污染重心的动态变化及空间联系[16]。

　　流域水资源是人类重要的生存和生产资源之一，是人类的聚居地，人口一般都比较密集。随着我国流域水体污染形势的日益严峻，人类在关注流域经济和社会发展的同时，对流域环境的保护也越来越重视。目前流域社会系统-水资源水环境系统研究，主要集中在流域社会经济活动对水环境影响评价、水资源与社会经济生态环境协调发展评价、经济社会水环境效益评估、水环境条件约束下的经济发展模式优化研究、水生态环境与社会经济复合系统的协同进化研究等。郝永志等[17]基于多系统灰色关联评估理论及其模型，对博斯腾湖流域社会经济活动对湖泊水环境影响进行了综合评价；赵翔等[18]用灰色关联方法和专家咨询法，建立了水资源与社会经济生态环境协调发展的和谐度评价模型，对余姚市水资源与社会经济生态环境协调程度进行评价；徐鹏等[19]在流域社会经济-水环境系统动力学模拟基础之上，对南四湖社会、经济和水环境子系统的规模、结构、布局和变化速率进行现有规划情景下的预测，通过流域社会经济的水环境效应评估方法，计算其动态变化规律；盛虎等[20]基于系统动力学模型，进行了滇池流域自然资源和环境容量约束下的社会经济环境系统优化研究；郑旭等[21]基于环境库涅兹曲线模型原理，建立营口市经济与环境关系研究，解析营口市工业发展与环境污染排放指标的演变轨迹和变化原因；谢森[22]在应用库兹涅茨曲线对巢湖流域社会经济发展和水环境现状分析的基础上，运用交互式解译法（ODTL）求解多目标模型，得到巢湖流域合理的人口构成、经济结构、污染物排放限额、水资源配置和土地利用分配；郑旭[23]应用环境库涅兹曲线模型，对辽宁环渤海地区社会经济发展与水环境污染关系进行了研究，通过诊断污染结构，进行了社会经济发展与水环境污染负荷输出贡献分析，水环境条件约束下的经济发展模式优化研究、流域社会经济的水环境效应评估研究；马向东等[24]以协同学理论为基础，用有序度模型和复合系统的协同进化模型，进行了黑龙江垦区的水生态环境与社会经济复合系统的协同进化研究。

　　以上研究可以看出，无论是流域社会经济-水资源水环境关系研究，还是其他系统相关研究，大多集中于不同子系统随时间的相互影响程度的判定，或者是不同子系统的协调度研究，还有一些是基于环境资源的约束下的社会经济发展模式优化研究。直接基于社会经济的水环境形势研究的文章相对较少，但是以上研究的案例可以为本研究提供某种借鉴，比如前期现状研究思路或者指标构建的方法等。

2.2.3　环境形势研究进展

早期该类研究主要集中于对当时环境现状的定性或定量判断。邓寿鹏[25]从历史发展的角度分析了世界范围内环境形势的变化，认为应该加强合作、共谋战略促进全球环境文明；陈洲其[26]从宏观角度分析了我国人口压力下的资源环境现状，并提出了人口数量控制和人口结构改善下我国可持续发展和资源环境保护的战略重点；杨朝飞[27]对我国环境质量和排放总量形势进行了定量评价，并进行了环境形势特点总结。还有学者对单要素环境形势进行分析，杨朝飞[28]对我国生态环境状态进行了总结，重点阐述我国目前面临的生态环境形势，提出科学的生态保护观点和重大生态问题对策建议；段飞舟等[29]对我国大气环境质量形势进行了宏观分析，提出了大气环境评价的发展方向。王妍等[30]借鉴宏观经济景气分析的方法，构建了环境与经济形势景气分析框架；通过构建二氧化硫污染排放与经济景气分析指标体系，划分出针对污染物排放的先行和一致性指标，同时对其进行景气指数分析，预测预警未来环境的发展态势。逯元堂[31]等对全国各省的环境形势进行了比较深入的研究，在分析经济环境系统关联的基础上，基于国家尺度宏观经济变化，从污染排放的空间、行业、增长速度等方面构建了包括三项集成指数的诊断指标，建立每项指标的支撑指标，并进行诊断标准划分，最后计算分析各省 COD、SO_2、行业环境基尼系数和污染排放弹性系数及综合诊断系数。

水环境形势分析方面，直接的研究也较少。相关研究大多集中在水环境质量评价和水环境容量、水环境承载力方面。赵国庆[32]根据水质监测数据，对包钢周围的水环境现状和水资源承载力进行评估，并通过现状水质评价与污染物排放量的分析与规划目标年的水质预测，得到区域水污染物允许排放量并制定具体规划目标。张超[33]对福建罗源湾水质及超标因子进行了分析，并计算其环境容量，为环境管理提出对策。翟平阳[34]对松花江流域的水环境形势现状进行定性描述，并对水环境污染原因进行分析，提出污染防治建议。

将社会经济与环境有机结合，分析在一定经济发展条件下，环境的变化形势与支撑能力，进而提出相应的对策措施，对于流域社会经济发展与环境保护非常重要。目前，针对我国流域尺度的社会经济与水环境综合诊断形势分析研究很少，因此有必要对其进行深入分析。

2.2.4　形势预警研究进展

经济领域常用景气指数表征经济运行的规律。景气指数又称为景气度，是对特定指标通过定量方法加工汇总，综合得出反映某一特定调查群体或某一社会经济现象所处的状态或发展趋势的一种指标[35]。国外对景气指数的研究起源于 19 世纪 80 年代。1888 年巴黎统计学大会上，法国经济学家开始测定法国 1877 年到 1881 年的经济波动，用黑、灰、淡红和大红几种颜色表示不同的波动形势。此后各个国家都开始了景气指数编制工作。美国发布了巴布森经济活动指数，哈佛大学编制了"经济晴雨表"和"哈佛指数"，瑞典经济统计学家编制了瑞典商情指数，英国伦敦与剑桥经济研究所编制了英国商业循环指数，德国景气研究所发布了德国一般商情指数。这些景气指数主要是偏重于宏观经济方面。

例如德国 IFO 商业景气指数，对包括制造业、建筑业及零售业等各行业部门均进行调查，依企业目前的状况，以及短期内企业的计划及对未来半年的看法而编制，为观察德国经济状况的重要领先指标。国内对景气指数的研究始于 20 世纪 80 年代。目前的研究主要集中于宏观经济、工业、房地产等行业，例如宏观经济景气指数、企业景气指数、国房景气指数等。经济方面比较有影响力的指数有南开经济景气指数、中经景气指数等，其中南开经济景气指数由南开大学经济研究所长期编制发布，该指数从货币经济的角度，分析经济景气状况，预测宏观经济走势。国家统计局发布的企业景气指数，是根据企业家对本企业综合生产经营情况的判断与预期而编制的指数，用以综合反映企业的生产经营状况。

一般来说，经济学家在对经济周期进行研究时，是根据观测到的大量经济指标，并运用计量模型和数学上的统计方法来预测经济周期的一些基本特征，然后建立经济监测预警系统，由此来刻画宏观经济或者其他方面的态势。目前，国际上普遍采用合成指数、扩散指数、主成分分析和 S－W 型景气指数等方法对经济周期波动进行监测[36]。W. C. Mitchell[37]从理论上讨论了利用经济景气指标对宏观经济进行监测的可能性，提出了经济变量之间可能存在的时间变动关系，并与 A. F. Burns[38]在 1938 年初步尝试构建先行景气指数，最终正确地预测出经济周期转折点出现的时间。G. H. Moore 在 Mitchell 和 Burns 研究的基础上，从近千个经济指标中最终选出了 21 个具有代表性的先行、一致和滞后三类指标，开发了扩散指数（DI），其中先行扩散指数在当时能够提前 6 个月对经济周期的衰退进行预警，但是不能表示经济周期波动的幅度[39]。为了弥补这一缺陷，J. Shiskin 和 G. H. Moore[40]合作编制了合成指数（CI），并且在 1968 年开始正式使用，合成指数有效地克服了扩散指数的不足，它不仅能够很好地预测经济周期的转折点，而且能够指出经济周期波动的强度。

借鉴景气指数原理，可以建立流域水环境经济形势的指标体系，选出先行、一致和滞后三类指标，通过先行指标预测流域水环境经济形势。表征上看，先行指标的变化早于参照系的变化，一致指标与参照系呈同步变化；从内部关系看，指标影响力和灵敏度的大小决定了其在时间序列上所表现的先于或同步于参照系的状态[30]。通过对各类指标的进一步分析，一般是通过编制扩散和合成指数，来判断流域水环境经济形势。扩散指数评价和衡量了指标的波动和变化状态，反映景气动向，在数值上是处于上升状态的指标数占指标总数的百分比；合成指数将各敏感性指标的波动幅度综合起来，通过合成各指标的变化率的方式，把握景气变动的大小。水专项"十一五"国家中长期社会经济与水环境情景研究即采用此方法。

形势预警态势还应该突出环境现状及其变化特征，对环境管理也应具有导向作用。目前资源环境承载形势监测预警机制研究中，多把资源环境承载能力现状及其变化趋势结合起来，进行预警判断[41]。国土部门的地质环境承载能力评价与监测预警研究中，将承载状态级别与发展趋势类型结合起来，对地质环境超载程度综合预警级别进行划分，最后得出蓝色、黄色、橙色、红色 4 个预警级别。该方法可以作为水环境形势预警的参考。

总结以上 4 节可知，虽然社会经济-环境系统作为一个研究整体已经得到很多关注，但是环境经济形势如何定义、社会经济与环境要素如何有机结合、形势结果如何表征还有待深入研究。

2.3 指标体系构建

2.3.1 指标定义

目前环境形势并没有统一和权威的定义，一般常用环境污染排放形势、环境质量形势等表示，表明污染排放或者环境质量随时间变化的趋势。本研究指经济与环境相互作用下的水污染排放和环境质量综合形势，用无量纲的综合形势指数表示。经济粗放发展导致的污染排放强度增大、污染排放不均衡、水环境质量变差等都会导致综合形势指数变大，环境形势变差。由于多数流域指标基于控制单元数据汇总计算，为便于分析流域形势变化的原因，同时计算各控制区、控制单元经济环境形势指数。控制区、控制单元环境经济形势物理含义与流域环境形势相似，也是指经济与环境相互作用下的水环境污染排放和环境质量形势，指数越大，形势越差。

2.3.2 基本思路

流域水环境形势诊断应以流域可持续发展为依据，以实现水环境的可持续发展要求为目的。水环境系统是基于环境经济学理论建立的一个包含自然、社会和经济在内的复合系统。具体表现在：自然环境方面—水环境是不可缺少的自然生态系统，好的水环境形势是自然资源循环利用不可或缺的一部分；社会经济—水环境系统通过水资源的形式直接支撑社会经济系统，是社会经济发展的必备因素。因此，水环境经济形势的指标体系应以与水环境密切相关的指标作为依据，也是水环境形势分析指标体系构建的核心思想。

2.3.3 建立原则

对水环境形势综合诊断与预警的研究，必须立足于水环境系统的现状、发展的现实基础、对未来宏观发展趋势的影响。因此在大量调研的基础上，本研究提出应该按照系统性、科学性、客观性等原则构建水环境形势预警的指标体系，具体如下：

（1）系统性原则。指标体系必须能够反映水环境发展与社会经济运行的综合状况，能够客观地反映系统发展的状态，同时又要避免指标间的重叠性，形成一个系统的有机体，保证指标体系的全面性和规范性，使之符合水环境经济系统发展的需要。

（2）科学性原则。指标体系应建立在科学的基础上，数据来源要准确、处理方法要科学，具体指标应该能够反映社会经济水环境系统的现实情况和未来的发展趋势。指标体系的结构与指标选取均不应存在明显的问题。

（3）层次性原则。指标体系必须要层次清晰，逻辑关系明确，具有一定的内在联系，既要全面体现核心指标，又要兼顾辅助指标，从而使指标有机地联系起来，组成一个层次分明的整体，以保证指标体系的合理性和代表性。

（4）客观性原则。指标体系必须通过定性和定量相结合的方法，来反应水环境系统的形势变化。指标既要有定性的研究和描述，又要有定量的模拟、计算、统计和分析，而且尽可能使定性指标定量化，实现指标定性和定量分析的有机结合，从而保证指标体系的现实性和精确性。

（5）动态性原则。水环境系统的发展并不是一成不变的，随着周围环境的改变，它的特点也会随之改变，因此所确定的指标体系应充分考虑系统的动态变化，能综合地反映水环境系统的现状及发展趋势，便于进行预测与管理。

（6）可操作性原则。指标体系应把简明性和复杂性很好地结合起来，要充分考虑到数据的可获得性和指标量化的难易程度，既能全面反映水环境系统的各个内涵，又能尽可能地利用统计资料和有关规范标准。有关数据要有案可查，在较长时期和较大范围内都能适用，能够为水环境形势研究提供依据。

2.3.4　指标体系构建

2.3.4.1　形势诊断指标体系

针对监测断面—＞控制单元—＞控制区—＞流域四个层面构建水环境形势的诊断与预警框架，具体指标从社会经济—污染排放—环境质量角度选取，形成水环境质量形势、水污染排放形势两个大的指标，基于这两大指标计算控制单元、控制区、流域水环境指数，表征其水环境形势。

监测断面层面选取若干水环境质量监测指标，计算各指标的超标指数，进而计算监测断面的环境质量综合超标指数，表征该监测断面的水环境质量形势。控制单元层面选取水环境质量形势指标和水污染排放形势指标，控制单元环境质量指标值为控制单元内的各监测断面的该指标的平均值；水污染排放指标用单位 GDP 排放强度、人均排放强度、单位面积排放强度综合表征。控制区和流域层面的水环境形势指标体系与控制单元层面相同，包括水环境质量形势指标和水污染排放形势指标，水环境质量的各指标值用不同监测断面的该指标的平均值表征，水污染排放指标用单位 GDP 排放强度、人均排放强度、单位面积排放强度综合表征。水环境形势诊断指标体系如图 2 - 1 所示。

水环境质量方面，采用水污染物浓度超标指数作为评价指标。影响水环境质量的因素复杂多样，从水环境污染因子的角度出发，根据国家水污染物总量控制工作、水环境统计现状以及反映地表水环境质量状况的主要水质监测指标，选取《地表水环境质量标准》（GB 3838—2002）中的有机污染水质监测指标——溶解氧（DO）、高锰酸盐指数（COD_{Mn}）、五日生化需氧量（BOD_5）、化学需氧量（COD_{Cr}）、氨氮（$NH_3 - N$）和总磷（TP）等六项监测指标（总氮（TN）一般用于评价湖库水环境质量，故没有选择）。超标指数根据各指标的监测值与现有水环境质量三级标准限值相比计算。

水污染排放方面，基础指标包括社会经济指标和污染排放指标两大类，前者包括各控制单元的 GDP、人口、国土面积，后者包括 COD 和氨氮排放量。通过 COD 和氨氮排放量与 GDP 比较，计算单位 GDP COD 排放强度和单位 GDP 氨氮排放强度，进而计算其单位 GDP 综合排放强度；通过 COD 和氨氮排放量与人口比较，计算人均 COD 排放强度和人均氨氮排放强度，进而计算其人均综合排放强度；通过 COD 和氨氮排放量与国土面积比较，计算单位面积 COD 排放强度和单位面积氨氮排放强度，进而计算其单位面积综合排放强度。

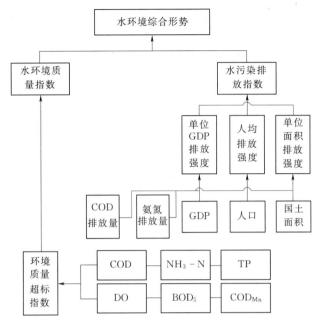

图 2-1　水环境形势诊断指标体系

2.3.4.2　形势预警指标体系

对流域、控制区及控制单元层面的水环境形势进行预警。预警指标主要根据水环境形势诊断现状指标及其变化发展趋势进行构建。如图 2-2 所示，流域层面预警指标包括流域水环境形势等级现状及其变化趋势两个子指标，前者通过形势诊断计算得出，后者通过当年流域水环境形势等级与上年比较得出。控制区和控制单元层面预警指标与之类似。

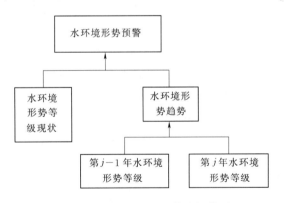

图 2-2　水环境形势预警指标体系

2.4　形势诊断与预警方法

2.4.1　水环境形势诊断方法

（1）技术路线。水环境形势诊断技术路线如图 2-3 所示。

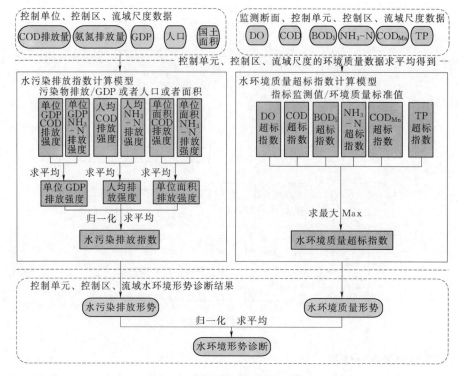

图 2-3　水环境形势诊断技术路线

（2）计算方法。

1）水环境形势诊断指数计算。水环境形势诊断指数通过两个指标表示：经济人口与污染物排放总量的水污染排放指数，水环境质量形势指数（水环境质量超标指数）。方法为指标等权重加权求和。诊断指数：

$$Q = Q_1 W_1 + Q_2 W_2 \qquad (2-1)$$

式中：Q_1 为水环境质量形势指数；W_1 为其权重；Q_2 为水污染排放指数；W_2 为其权重。

综合指数是两个指数的加权值。本研究取 $W_1 = W_2 = 0.5$。

2）水环境质量形势指数计算。水环境质量形势指数通过监测指标的超载率表征。以溶解氧（DO）、高锰酸盐指数（COD_{Mn}）、五日生化需氧量（BOD_5）、化学需氧量（COD_{Cr}）、氨氮（NH_3-N）和总磷（TP）等主要污染物的年均浓度作为环境承载量，以各项污染物的标准限值来表征环境系统所能承受人类各种社会经济活动的阈值（限值采用《地表水环境质量标准》中规定的Ⅲ类水质标准），各项污染指标的水环境质量超载率计算公式如下：

当 $i = 1$ 时：

$$R_{水ik} = S_i / C_{ik} - 1 \qquad (2-2)$$

当 $i = 2, 3, 4, 5, 6$ 时：

$$R_{水ik} = C_{ik} / S_i - 1 \qquad (2-3)$$

式中：i 表示污染物，$i = 1, 2, \cdots, 5, 6$ 分别对应 DO、COD_{Mn}、BOD_5、COD、NH_3-N、

TP；k 表示某一监测断面，$k=1$，2，…，N，N 表示监测断面个数；$R_{水ik}$ 表示第 k 个断面第 i 项水污染物的超载率；C_{ik} 表示第 k 个断面第 i 项水污染物的年均浓度，S_i 表示第 i 项水污染物的Ⅲ类水质标准限值。

对于监测断面，水环境质量形势指数（水环境综合超载率）评价模型：

$$Q_1 = \max(R_{水ik}) \qquad (2-4)$$

对于控制单元、控制区或者流域的 DO、COD_{Mn}、BOD_5、COD、$NH_3 - N$、TP 的环境质量值，用其境内所有监测断面的相应指标的平均值表征，然后采用与监测断面相同的评价方法计算超载率。

3）水污染排放指数计算。本研究通过单位 GDP 排放强度、人均排放强度、单位面积排放强度表征水污染排放指数。通过该指标，可以判断社会经济发展与污染物排放的不协调性，进而判断其环境形势。对于水污染排放过高的地区，采取淘汰、转移落后产能措施、提高污染治理水平等措施，减少对环境的污染。该指标公式为

$$Q_2 = Q_{GDP}W_{21} + Q_{POP}W_{22} + Q_{Area}W_{23} \qquad (2-5)$$

式中：Q_{GDP} 表示单位 GDP 排放强度，用污染物排放量与 GDP 的比值表示，W_{21} 为其权重；Q_{POP} 表示人均排放强度，用污染物排放量与人口的比值表示，W_{22} 为其权重；Q_{Area} 表示单位面积排放强度，用污染物排放量与所对应区域的国土面积表示，W_{23} 为其权重。这里 W_{21}、W_{22}、W_{23} 都取 1/3。

单位 GDP 排放强度 Q_{GDP} 为

$$Q_{GDP} = Q_{1COD} \times W_{1COD} + Q_{1氨氮} \times W_{1氨氮} \qquad (2-6)$$

式中：Q_{1COD} 为单位 GDP COD 排放强度，W_{1COD} 为其权重；$Q_{1氨氮}$ 为单位 GDP 氨氮排放强度，$W_{1氨氮}$ 为其权重。

如果某一年份单位 GDP 排放强度过高，则表明该地区污染物排放相对经济发展不均衡，其污染物排放量过多（经济则没有相应的发展）。对于这种粗放式发展，需要采取一定措施提高经济发展效率。

人均排放强度 Q_{POP} 为

$$Q_{POP} = Q_{2COD}W_{2COD} + Q_{2氨氮}W_{2氨氮} \qquad (2-7)$$

式中：Q_{2COD} 为单位人口（人均）COD 排放强度，W_{2COD} 为其权重；$Q_{2氨氮}$ 为人均氨氮排放强度，$W_{2氨氮}$ 为其权重。

如果某一年份人均排放强度过高，则表明该地区污染物排放相对社会发展不均衡，其污染物排放量过多。对于这种情况，需要采取一定措施降低污染排放强度。

单位面积排放强度 Q_{Area} 为

$$Q_{Area} = Q_{3COD}W_{3COD} + Q_{3氨氮}W_{3氨氮} \qquad (2-8)$$

式中：Q_{3COD} 为单位面积的 COD 排放强度，W_{3COD} 为其权重；$Q_{3氨氮}$ 为单位面积的氨氮排放强度，$W_{3氨氮}$ 为其权重。

如果某一年份单位面积排放强度过高，则表明该地区污染物排放量过多，而境内没有相应的纳污能力。

2.4.2 水环境形势预警方法

（1）技术路线。水环境形势预警技术路线如图 2-4 所示。

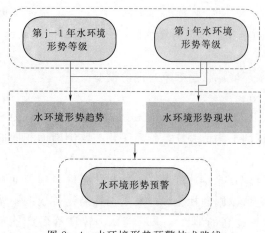

图 2-4　水环境形势预警技术路线

（2）计算方法。控制单元、控制区或者流域的水环境形势预警，主要根据水环境形势现状及其变化发展趋势（水环境形势趋势）进行判断，将预警级别划分为蓝色、黄色、橙色、红色 4 个等级。

水环境形势现状即当年某一地区水环境形势判断等级。对于水环境形势发展趋势，根据环境形势现状与上一年的对比，划分为变优、稳定、变劣 3 种类型。趋势 ρ 判断公式为：

$$\rho = \begin{cases} 变优, & if\ (Q_{f等级}\ 好于\ Q_{j-1等级}) \\ 稳定, & if\ (Q_{f等级}\ 等于\ Q_{j-1等级}) \\ 变劣, & if\ (Q_{f等级}\ 劣于\ Q_{j-1等级}) \end{cases} \quad (2-9)$$

$Q_{j等级}$ 表示第 j 年某一地区的水环境形势判断等级，分为"优""良""中""差""很差"五个等级。

水环境形势预警从"良""中""差""很差"几个等级入手，结合发展趋势进行。水环境形势状态为"优"时，不预警。预警级别划分依据见表 2-1。

表 2-1　　　　　　　　　　　水环境形势预警级别

预警级别		水环境形势现状				
		优	良	中	差	很差
发展趋势	变优	不预警	不预警	蓝色	黄色	—
	稳定	不预警	蓝色	黄色	橙色	红色
	变劣	—	黄色	橙色	红色	红色

注　蓝色、黄色、橙色、红色 4 个预警级别，严重程度依次加重，蓝色为最低级别预警，红色为最高级别预警。

2.4.3　形势判断阈值的确定方法

计算水环境形势现状值后，要对其进行分级，甄别其所属级别状态，为水环境管理者提供定性判断，根据其变化情况进行预警。所以状态判断的阈值确定很关键。首先把水环境质量、水污染排放、水环境形势都分为"优""良""中""差""很差"五个等级，然后进行综合阈值判断。

2.4.3.1　水环境质量形势阈值确定

水环境质量形势指标值为各指标监测值与《地表水环境质量标准》（GB 3838—2002）的相应指标三级标准对比得出，因此不同水环境质量形势级别的判断也主要依据《地表水环境质量标准》（GB 3838—2002）的不同等级与三级标准对比进行，标准限值见表 2-2。

表 2-2　　　　　　　　　　地表水环境质量标准基本项目标准限值　　　　　　　　单位：mg/L

指标	I 类	II 类	III 类	IV 类	V 类
溶解氧，≥	饱和率 90%（或 7.5）	6	5	3	2
高锰酸盐指数，≤	2	4	6	10	15

续表

指标	Ⅰ类	Ⅱ类	Ⅲ类	Ⅳ类	Ⅴ类
化学需氧量（COD），≤	15	15	20	30	40
五日生化需氧量（BOD_5），≤	3	3	4	6	10
氨氮（NH_3-N），≤	0.15	0.5	1.0	1.5	2.0
总磷（以 P 计），≤	0.02	0.1	0.2	0.3	0.4

选取Ⅰ类、Ⅱ类、Ⅲ类、Ⅳ类标准限值与Ⅲ类标准限值的比值减 1 作为"优"与"良"、"良"与"中"、"中"与"差"、"差"与"很差"阈值的参考，参考值见表 2-3。

表 2-3 各指标水环境质量形势等级阈值

指标	"优"与"良"	"良"与"中"	"中"与"差"	"差"与"很差"
溶解氧，≥	−0.33	−0.17	0.00	0.67
高锰酸盐指数，≤	−0.67	−0.33	0.00	0.67
化学需氧量（COD），≤	−0.50①	−0.25	0.00	0.50
五日生化需氧量（BOD_5），≤	−0.50①	−0.25	0.00	0.50
氨氮（NH_3-N），≤	−0.10①	−0.85	0.00	0.50
总磷（以 P 计），≤	−0.90	−0.50	0.00	0.50

① 由于《地表水环境质量标准》（GB 3838—2002）中，化学需氧量（COD）、五日生化需氧量（BOD_5）、氨氮（NH_3-N）的Ⅰ类、Ⅱ类标准一致，"优"与"良"、"良"与"中"的阈值相等。所以根据专家意见，"优"与"良"的阈值适当调低。

根据表 2-3 的结果，咨询专家意见确定水环境质量综合形势等级阈值，见表 2-4。为便于与水污染排放指数阈值加权计算，确定水环境形势指数阈值，对水环境质量形势指数阈值进行标准化，见表 2-5。

表 2-4 水环境质量形势等级阈值

指 标	"优"与"良"	"良"与"中"	"中"与"差"	"差"与"很差"
水环境质量形势	−0.60	−0.30	0.00	0.50

表 2-5 水环境质量形势等级阈值标准化

指 标	"优"与"良"	"良"与"中"	"中"与"差"	"差"与"很差"
水环境质量形势	−0.03	0.02	0.07	0.15

2.4.3.2 水污染排放形势阈值确定

根据专家意见，选取 2014 年全国人均 COD、氨氮排放强度，单位 GDP COD、氨氮排放强度，和单位面积 COD、氨氮排放强度作为"良"与"中"的阈值，将 2020 年建成小康社会的全国人均、单位 GDP 和单位面积的 COD、氨氮排放强度目标作为"中"与"差"的阈值。"优"与"良""差"与"很差"阈值根据以上阈值适当减少、增加确定，见表 2-6。由于不同指标单位不同，不能直接进行计算，因此对其进行标准化，见表

2-7。由于人均排放强度为人均 COD 排放强度和人均氨氮排放强度的平均值，单位 GDP 排放强度为单位 GDP COD 排放强度、单位 GDP 氨氮排放强度的平均值，单位面积排放强度为单位面积 COD 排放强度和单位面积氨氮排放强度的平均值，水污染排放指数为人均排放强度、单位 GDP 排放强度、单位面积排放强度的平均值，因此相应指数等级阈值采取同样的计算方法。

表 2-6　　　　　　　　　各指标水污染排放形势等级阈值

指　　标	"优"与"良"	"良"与"中"	"中"与"差"	"差"与"很差"
人均 COD 排放强度	117.09	142.42	167.76	193.09
人均氨氮排放强度	12.17	14.81	17.44	20.07
单位 GDP COD 排放强度	1.47	2.54	3.61	4.68
单位 GDP 氨氮排放强度	0.15	0.26	0.37	0.49
单位面积 COD 排放强度	1.92	2.16	2.40	2.63
单位面积氨氮排放强度	0.20	0.22	0.25	0.27

表 2-7　　　　　　　　　各指标水污染排放形势等级阈值标准化

指　　标	"优"与"良"	"良"与"中"	"中"与"差"	"差"与"很差"
人均 COD 排放强度	0.04	0.05	0.07	0.08
人均氨氮排放强度	0.20	0.27	0.35	0.42
人均排放强度	0.12	0.16	0.21	0.25
单位 GDP COD 排放强度	−0.01	0.03	0.06	0.10
单位 GDP 氨氮排放强度	0.01	0.08	0.14	0.21
单位 GDP 排放强度	0.00	0.05	0.10	0.15
单位面积 COD 排放强度	0.14	0.16	0.17	0.19
单位面积氨氮排放强度	0.12	0.13	0.15	0.16
单位面积排放强度	0.13	0.14	0.16	0.18
水污染排放指数	0.08	0.12	0.16	0.19

2.4.3.3　水环境形势阈值确定

水环境形势指数，为水环境质量指数与水污染排放指数的平均值。采取同样方法计算水环境形势等级阈值（见表 2-8），即水环境质量形势等级阈值（标准化值）与水污染排放形势等级阈值（标准化值）的平均值。

表 2-8　　　　　　　　　水环境形势等级阈值

指　　标	"优"与"良"	"良"与"中"	"中"与"差"	"差"与"很差"
水环境形势	0.03	0.07	0.11	0.17

2.5　实证研究——松花江流域水环境形势诊断与预警

2.5.1　流域概况

松花江流域位于中国东北地区的北部，东西长920km，南北宽1070km，介于北纬41°42′～51°38′、东经119°52′～132°31′之间。流域西部以大兴安岭与额尔古讷河分界，北部以小兴安岭与黑龙江为界，东南部以张广才岭、老爷岭、完达山脉与乌苏里江、绥芬河、图们江和鸭绿江等流域为界，西南部是松花江和辽河的松辽分水岭。松花江流域跨越内蒙古、黑龙江、吉林和辽宁（面积很少）四省区，流域面积55.68万km²，占黑龙江总流域面积184.3万km²的30.2%。松花江流域含3个子流域，其中嫩江29.70万km²，二松7.34万km²，松干18.64万km²。流域中部是松嫩平原，海拔50～200m，是流域内的主要农业区，也是工农各业最发达地区。流域内山区占42.7%，丘陵区占29.1%，平原占27.4%，其他占0.8%。松花江与黑龙江、乌苏里江下游的广大平原组成有名的三江平原。

松花江流域共含黑龙江控制区、吉林控制区、内蒙古控制区三大控制区。各控制区又含若干控制单元，其中黑龙江控制区包含安邦河双鸭山市控制单元、松花江哈尔滨市市辖区控制单元等16个控制单元；吉林控制区包含第二松花江白山市控制单元、第二松花江吉林市控制单元、嫩江白城市控制单元等8个控制单元；内蒙古控制区包含阿伦河呼伦贝尔市控制单元、蛟流河兴安盟控制单元、雅鲁河呼伦贝尔市控制单元等9个控制单元。整个流域含33个控制单元。

2.5.2　形势诊断与预警指标体系

（1）形势诊断指标体系。根据第2.3.4.1节的指标体系，松花江流域水环境形势诊断指标体系见表2-9。

表2-9　　　　　　　　　　松花江流域水环境形势诊断相关指标

一级指标	二级指标	三级指标	四级指标	五级指标
水环境形势诊断指标	水污染排放形势指标	人均排放强度指标	人均COD排放强度	COD排放量
				人口
			人均氨氮排放强度	氨氮排放量
				人口
		单位GDP排放强度指标	单位GDP COD排放强度	COD排放量
				GDP
			单位GDP氨氮排放强度	氨氮排放量
				GDP
		单位面积排放强度指标	单位面积COD排放强度	COD排放量
				面积
			单位面积氨氮排放强度	氨氮排放量
				面积

续表

一级指标	二级指标	三级指标	四级指标	五级指标
水环境形势诊断指标	水环境质量形势指标	DO 环境质量指数	DO 超载率	DO 年均浓度
		BOD_5 环境质量指数	BOD_5 超载率	BOD_5 年均浓度
		COD_{Mn} 环境质量指数	COD_{Mn} 超载率	COD_{Mn} 年均浓度
		COD 环境质量指数	COD 超载率	COD 年均浓度
		NH_3-N 环境质量指数率	NH_3-N 超载率	NH_3-N 年均浓度
		TP 环境质量指数	TP 超载率	TP 年均浓度

（2）形势预警指标体系。根据第 2.3.4.2 节的指标体系，松花江流域水环境形势预警指标体系见表 2-10。

表 2-10 松花江流域水环境形势预警相关指标

一级指标	二级指标	三级指标
水环境形势预警指标		水环境形势等级
	水环境形势等级趋势	第 j 年水环境形势等级指标
		第 $j-1$ 年水环境形势等级指标

2.5.3 数据来源

根据空间数据可得性，统计数据一致性等因素，松花江流域水环境形势诊断与预警研究的时间从 2011 年开始，时间尺度为年，目前结果更新到 2014 年；空间为流域、控制区和控制单元尺度（水环境质量形势分析具体到监测断面）。由于我国 COD 和氨氮排放量统计数据在 2011 年进行调整，增加了农业源排放统计，为保持不同年份水环境形势结果的可比性，所以选择 2011 年为计算的起始年份；由于目前 COD 和氨氮排放量等环境统计数据的时间尺度为年，因此本研究以年为时间尺度。

本研究的社会经济数据包括 GDP 和人口等，主要来自黑龙江省、吉林省、内蒙古自治区及相关各市的统计年鉴；监测断面各指标年均浓度数据来自环保监测部门；COD 和氨氮排放量数据来自环保统计部门；监测断面和控制单元、流域范围等空间数据来自环保规划部门，其他空间数据（DEM）等来自中科院地理所数据中心。

2.5.4 水环境形势诊断

本节分别计算监测断面水环境质量形势，控制单元、控制区及流域水环境形势指数，然后判断其形势等级。根据控制单元、控制区及流域水环境形势等级，进行水环境形势预警。

2.5.4.1 监测断面水环境质量形势诊断

首先根据公式（2-2）～公式（2-4）和表 2-3、表 2-4 对监测断面不同指标的水环境质量形势进行计算与等级判断，然后对监测断面综合水环境质量形势进行判断，得到松花江流域各监测断面 2011—2014 年水环境质量形势结果。

（1）2011 年。2011 年松花江流域范围内的监测断面，水环境质量形势一般，如图 2-5 所示。4 个监测断面环境质量形势达到"良"，17 个断面形势"一般"，10 个断面"差"，8 个断面"很差"。环境质量形势较好的断面主要分布在内蒙古和黑龙江西北部的各控制单元，形势"很差"的断面主要分布在黑龙江东北部双鸭山、佳木斯附近及中部哈尔滨附近。从各单指标看，生化需氧量、氨氮、总磷环境形势较好，分别有 10 个、10 个、9 个断面为"优"；高锰酸盐指数、化学需氧量环境形势相对较差，"差"与"很差"两个级别的断面个数之和分别为 11 个和 14 个。

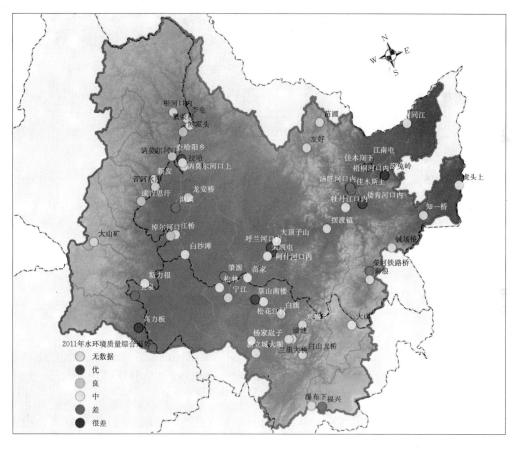

图 2-5　2011 年松花江流域监测断面环境质量综合形势

（2）2012 年。与 2011 年类似，2012 年松花江流域范围内的监测断面，水环境质量形势一般，如图 2-6 所示。11 个监测断面环境质量形势达到"良"，28 个断面形势"一般"，10 个断面"差"，8 个断面"很差"。环境质量形势较好的断面主要分布在内蒙古和黑龙江西部各控制单元，形势"很差"的断面主要分布在黑龙江东北部及中部地区，这些地区重污染行业较多，人口相对集中。从各单指标看，2012 年松花江流域依然是生化需氧量、氨氮、总磷环境形势较好，分别有 19 个、19 个、23 个断面为"优"；高锰酸盐指数、化学需氧量环境形势相对较差，"差"与"很差"两个级别的断面个数之和分别为 13

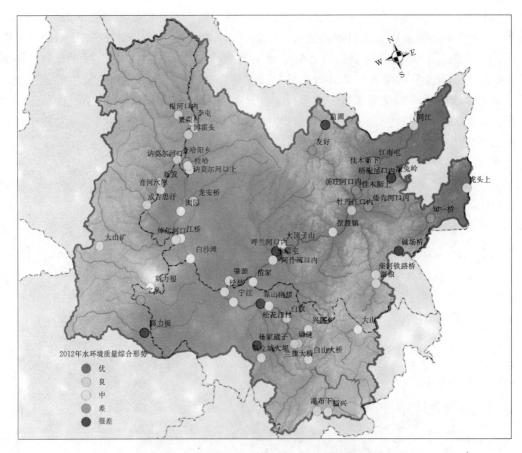

图 2-6　2012 年松花江流域监测断面环境质量综合形势

个和 18 个。

（3）2013 年。与 2012 年相比，2013 年松花江流域范围内的监测断面的水环境质量形势有一定程度的恶化，如图 2-7 所示。7 个监测断面环境质量形势达到"良"，比 2012 年减少 4 个；31 个断面形势"一般"，比 2012 年增加 3 个；11 个断面"差"，比 2012 年增加 1 个；8 个断面"很差"，与 2012 年一致。环境质量形势较好的断面主要分布在内蒙古和黑龙江西部的各控制单元，流域东南部也有部分监测断面较好，其他地区监测断面水环境质量形势一般或者较差。2013 年松花江流域各断面部分单指标也有不同程度恶化，溶解氧、高锰酸盐、化学需氧量的优良形势断面比例下降。该年依然是生化需氧量、氨氮环境形势较好，分别有 21 个、20 个断面为"优"；总磷有一定恶化，"优"的断面个数由 23 个下降为 12 个；高锰酸盐指数、化学需氧量环境形势相对较差，"差"与"很差"两个级别的断面个数之和分别为 17 个和 16 个。

（4）2014 年。与前两年相比，2014 年松花江流域范围内的监测断面的水环境质量形势继续变差，如图 2-8 所示。2 个监测断面环境质量形势达到"良"，比 2013 年减少 5 个，比 2012 年减少 9 个；30 个断面形势"一般"，比 2013 年减少 1 个；11 个断面"差"，

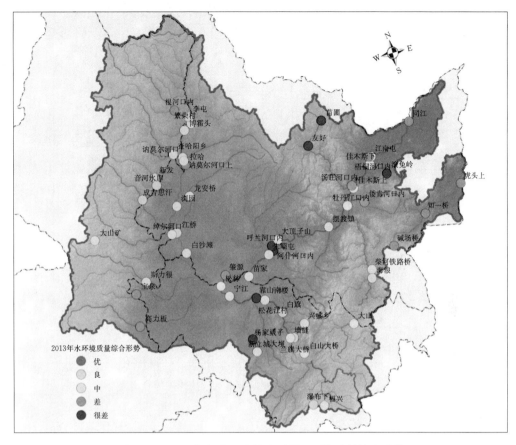

图 2-7 2013年松花江流域监测断面环境质量综合形势

比 2013 年增加 1 个；14 个断面"很差"，比 2012 年、2013 年增加 6 个。环境质量形势较好的断面主要分布在内蒙古和黑龙江西部的部分断面，其他地区监测断面水环境质量形势一般或者较差。从各单指标看，2014 年松花江流域各断面依然是生化需氧量、氨氮环境形势较好，分别有 21 个、20 个断面为"优"；高锰酸盐指数、化学需氧量环境形势相对较差，"差"与"很差"两个级别的断面个数之和分别为 22 个和 20 个，相比 2013 年形势变差。

2.5.4.2 控制单元水环境形势诊断

（1）水环境质量形势。各控制单元的 DO、COD_{Mn}、BOD_5、COD、NH_3-N、TP 指标值，根据控制单元内的监测断面对应的指标值确定，即控制单元内所有监测断面的对应指标的平均值为该控制单元的值。然后根据公式（2-2）～公式（2-4）和表 2-3、表 2-4 进行控制单元水环境质量综合形势指标计算，并根据表 2-3、表 2-4 对其进行等级判断。

1）2011 年。2011 年，没有水环境质量形势为"优"的控制单元，如图 2-9 所示。4 个控制单元为"良"，分别为绰尔河兴安盟控制单元、诺敏河呼伦贝尔市控制单元、乌裕尔河黑河齐齐哈尔市控制单元、雅鲁河呼伦贝尔市控制单元；13 个控制单元为"中"；

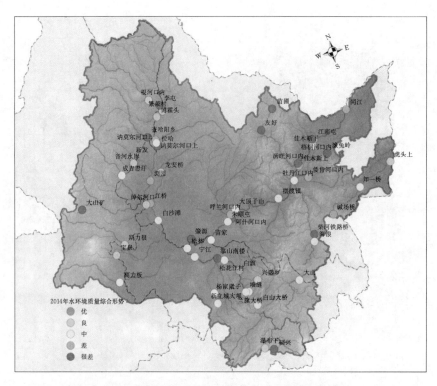

图 2-8　2014 年松花江流域监测断面环境质量综合形势

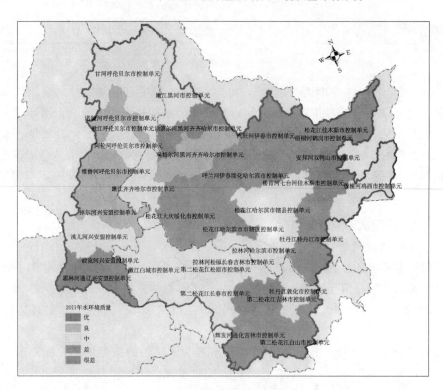

图 2-9　2011 年松花江流域各控制单元水环境质量形势

10个控制单元为"差";6个控制单元"很差",分别为安邦河双鸭山市控制单元、第二松花江吉林市控制单元、霍林河通辽兴安盟控制单元、讷谟尔河黑河齐齐哈尔市控制单元、松花江哈尔滨市市辖区控制单元、倭肯河七台河佳木斯市控制单元。"优""良""中""差""很差"的比例分别为0、12.1%、39.4%、30.3%、18.2%。水环境质量形势较差的地区主要分布在流域东部和中部,流域西部部分控制单元水环境质量形势相对较好。

2)2012年。与2011年相同,2012年松花江流域没有水环境质量形势为"优"的控制单元,如图2-10所示。6个控制单元为"良",分别为阿伦河呼伦贝尔市控制单元、第二松花江白山市控制单元、甘河呼伦贝尔市控制单元、诺敏河呼伦贝尔市控制单元、乌裕尔河黑河齐齐哈尔市控制单元、雅鲁河呼伦贝尔市控制单元。与2011年相比,绰尔河兴安盟控制单元水环境质量形势变差,阿伦河呼伦贝尔市控制单元、第二松花江白山市控制单元、甘河呼伦贝尔市控制单元变好。14个控制单元为"中";7个控制单元为"差";6个控制单元"很差",分别为安邦河双鸭山市控制单元、第二松花江吉林市控制单元、第二松花江长春市控制单元、霍林河通辽兴安盟控制单元、松花江哈尔滨市市辖区控制单元、汤旺河伊春市控制单元。"优""良""中""差""很差"的比例分别为0%、18.2%、42.4%、21.2%、18.2%。水环境质量形势较差的地区主要分布在流域东北部和中北部,流域西北部控制单元水环境质量形势相对较好。

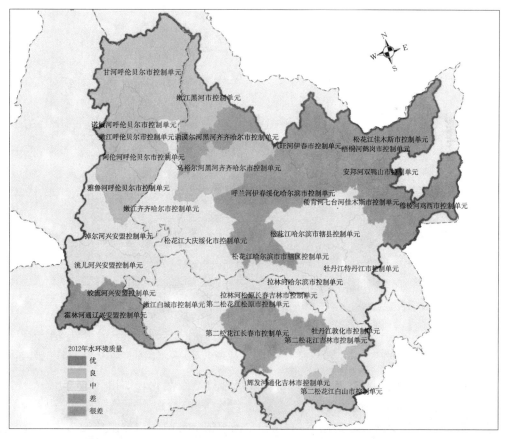

图2-10 2012年松花江流域各控制单元水环境质量形势

3）2013 年。2013 年松花江流域没有水环境质量形势为"优"的控制单元，如图 2-11 所示。4 个控制单元为"良"，分别为阿伦河呼伦贝尔市控制单元、第二松花江白山市控制单元、拉林河松原长春吉林市控制单元、雅鲁河呼伦贝尔市控制单元。与 2012 年相比，甘河呼伦贝尔市控制单元、诺敏河呼伦贝尔市控制单元、乌裕尔河黑河齐齐哈尔市控制单元水环境质量形势变差，主要在西北部的内蒙古控制区内；拉林河松原长春吉林市控制单元变好，在吉林省控制区内。16 个控制单元为"中"；7 个控制单元为"差"；6 个控制单元"很差"，分别为安邦河双鸭山市控制单元、第二松花江吉林市控制单元、第二松花江长春市控制单元、蛟流河兴安盟控制单元、松花江哈尔滨市市辖区控制单元、汤旺河伊春市控制单元。"优""良""中""差""很差"的比例分别为 0%、12.1%、48.5%、21.2%、18.2%。水环境质量形势较差的地区主要分布在流域中部和东北部，内蒙古控制区和吉林控制区部分控制单元水环境质量形势相对较好。

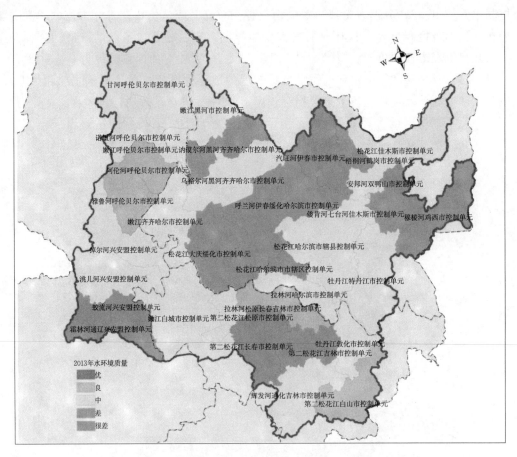

图 2-11　2013 年松花江流域各控制单元水环境质量形势

4）2014 年。2014 年松花江流域水环境质量形势继续恶化，如图 2-12 所示。"优""良""中""差""很差"的控制单元个数分别为 0、1、17、7、8，比例分别为 0%、3.0%、51.5%、21.2%、24.2%。只有乌裕尔河黑河齐齐哈尔市控制单元为"良"，内蒙古控制区和吉林控制区原来为"良"的控制单元都有不同程度恶化，黑龙江控制区东北部控制单元也有所恶化。水环境质量形势较差的地区主要分布在流域北部和东部，南部部分控制单元水环境质量形势相对较好。

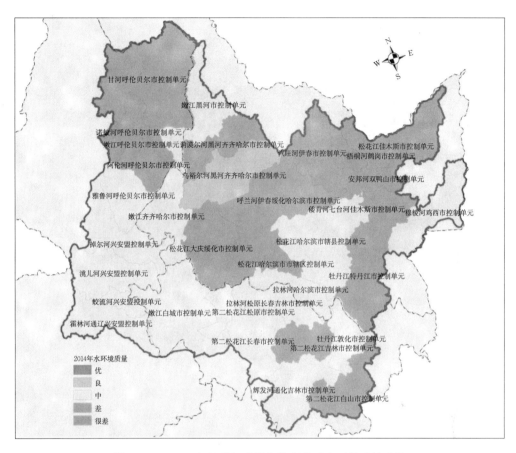

图 2-12 2014 年松花江流域各控制单元水环境质量形势

（2）水污染排放形势。

1）2011 年。水污染综合排放形势方面，2011 年整个流域形势很差，除个别控制单元形势较好外，大部分控制单元形势"很差"，如图 2-13 所示。嫩江黑河市控制单元为"优"，蛟流河兴安盟控制单元、讷谟尔河黑河齐齐哈尔市控制单元 2 个为"良"，其余 30 个控制单元"很差"，占比分别为 3.0%、6.1%、90.9%。形势相对较好的控制单元主要分布在黑龙江控制区北部和内蒙古控制区南部个别控制单元，其余大部分控制单元形势较差。

2）2012 年。2012 年整个流域水污染综合排放形势很差，与 2011 年相似，除个别控制单元形势较好外，大部分控制单元形势"很差"，如图 2-14 所示。嫩江黑河市控制单元依然为"优"，蛟流河兴安盟控制单元变为"中"，第二松花江松原市控制单元、嫩江白城市控制单元、嫩江呼伦贝尔市控制单元为"差"，其余 28 个控制单元为"很差"，占比分别为 3.0%、3.0%、9.1%、84.8%。形势相对较好的控制单元主要分布在黑龙江控制区北部个别控制单元，其余大部分控制单元形势一般或较差。

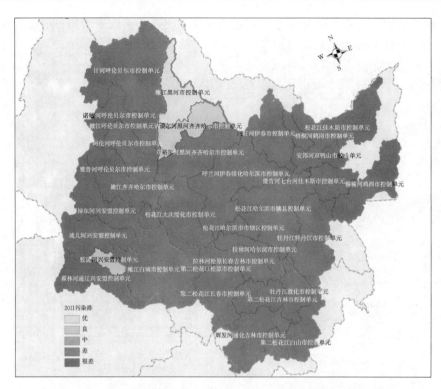

图 2-13　2011 年松花江流域各控制单元水污染综合排放形势

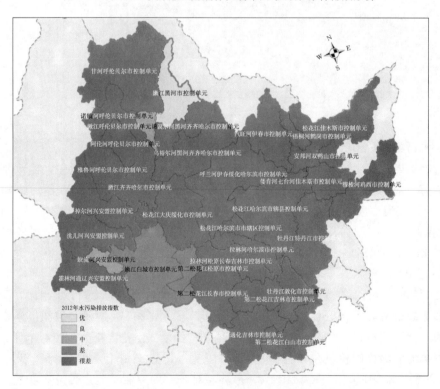

图 2-14　2012 年松花江流域各控制单元水污染综合排放形势

3）2013 年。2013 年整个流域水污染综合排放形势很差，与前两年相比，个别控制单元形势好转，如图 2-15 所示。嫩江黑河市控制单元依然为"优"，蛟流河兴安盟控制单元由"中"变为"优"；嫩江白城市控制单元、嫩江呼伦贝尔市控制单元由"差"变为"中"；第二松花江松原市控制单元依然为"差"，牡丹江敦化市控制单元、讷谟尔河黑河齐齐哈尔市控制单元、洮儿河兴安盟控制单元由"很差"变为"差"；其余 25 个控制单元为"很差"。形势相对较好的控制单元主要分布在黑龙江控制区北部和内蒙古控制区南部个别控制单元，其余大部分控制单元形势一般或较差。

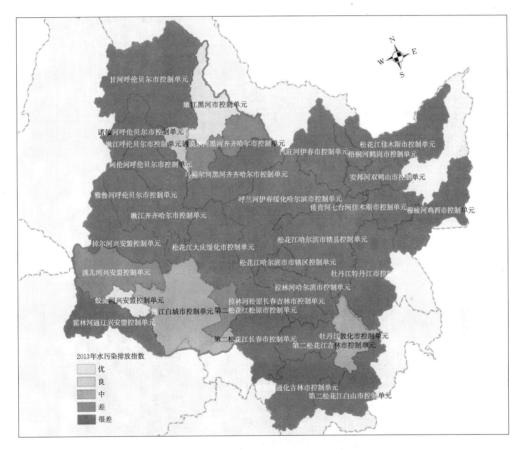

图 2-15　2013 年松花江流域各控制单元水污染综合排放形势

4）2014 年。2014 年整个流域水污染综合排放形势很差，与 2013 年相比没有变化，如图 2-16 所示。嫩江黑河市控制单元、蛟流河兴安盟控制单元为"优"；嫩江白城市控制单元、嫩江呼伦贝尔市控制单元由为"中"；第二松花江松原市控制单元依然为"差"，牡丹江敦化市控制单元、讷谟尔河黑河齐齐哈尔市控制单元、洮儿河兴安盟控制单元由"很差"变为"差"；其余 25 个控制单元为"很差"。

（3）水环境形势诊断。

1）2011 年。2011 年松花江流域水环境形势整体严峻，如图 2-17 所示。整个流域没有形势为"优"的断面，只有 1 个断面为"良"，1 个断面为"中"，13 个为"差"，18 个

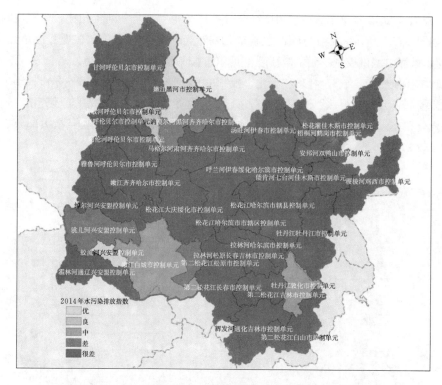

图 2-16　2014 年松花江流域各控制单元水污染综合排放形势

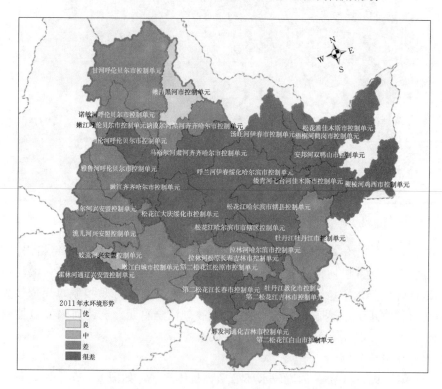

图 2-17　2011 年松花江流域各控制单元水环境形势

为"很差"。优良率只有3.0%，"差"与"很差"的比例分别为39.4%、54.5%。形势相对较好的控制单元主要位于流域西部和东南部，中部和东北部各控制单元形势较差。

2011年，松花江流域各控制单元的水环境形势见表2-11。

表2-11　　　　　　　　　　2011年松花江流域各控制单元水环境形势

水环境形势	控制单元名称
优	—
良	嫩江黑河市控制单元
中	蛟流河兴安盟控制单元
差	甘河呼伦贝尔市控制单元、嫩江呼伦贝尔市控制单元、诺敏河呼伦贝尔市控制单元、雅鲁河呼伦贝尔市控制单元、绰尔河兴安盟控制单元、洮儿河兴安盟控制单元、讷谟尔河黑河齐齐哈尔市控制单元、牡丹江牡丹江市控制单元、第二松花江松原市控制单元、辉发河通化吉林市控制单元、拉林河松原长春吉林市控制单元、牡丹江敦化市控制单元、嫩江白城市控制单元
很差	阿伦河呼伦贝尔市控制单元、霍林河通辽兴安盟控制单元、汤旺河伊春市控制单元、倭肯河七台河佳木斯市控制单元、松花江佳木斯市控制单元、梧桐河鹤岗市控制单元、松花江大庆绥化市控制单元、安邦河双鸭山市控制单元、穆棱河鸡西市控制单元、嫩江齐齐哈尔市控制单元、乌裕尔河黑河齐齐哈尔市控制单元、呼兰河伊春绥化哈尔滨市控制单元、拉林河哈尔滨市控制单元、松花江哈尔滨市市辖区控制单元、松花江哈尔滨市辖县控制单元、第二松花江白山市控制单元、第二松花江吉林市控制单元、第二松花江长春市控制单元

2）2012年。2012年松花江流域水环境形势依然严峻，如图2-18所示。整个流域没有形势为"优"的断面；1个断面为"良"；3个断面为"中"，比2011年增加2个，嫩江呼伦贝尔市控制单元、诺敏河呼伦贝尔市控制单元由"差"改善为"中"；13个为"差"；16个为"很差"，比2011年减少2个。优良率只有3.0%，"差"与"很差"的比例分别为39.4%、48.5%。形势相对较好的控制单元主要位于流域西北部，中部和东北部各控制单元形势较差。

2012年，松花江流域各控制单元的水环境形势见表2-12。

表2-12　　　　　　　　　　2012年松花江流域各控制单元水环境形势

水环境形势	控制单元名称
优	—
良	嫩江黑河市控制单元
中	蛟流河兴安盟控制单元、嫩江呼伦贝尔市控制单元、诺敏河呼伦贝尔市控制单元
差	阿伦河呼伦贝尔市控制单元、甘河呼伦贝尔市控制单元、雅鲁河呼伦贝尔市控制单元、洮儿河兴安盟控制单元、松花江佳木斯市控制单元、松花江大庆绥化市控制单元、牡丹江牡丹江市控制单元、第二松花江白山市控制单元、第二松花江松原市控制单元、辉发河通化吉林市控制单元、拉林河松原长春吉林市控制单元、牡丹江敦化市控制单元、嫩江白城市控制单元
很差	霍林河通辽兴安盟控制单元、绰尔河兴安盟控制单元、汤旺河伊春市控制单元、倭肯河七台河佳木斯市控制单元、梧桐河鹤岗市控制单元、安邦河双鸭山市控制单元、穆棱河鸡西市控制单元、讷谟尔河黑河齐齐哈尔市控制单元、嫩江齐齐哈尔市控制单元、乌裕尔河黑河齐齐哈尔市控制单元、呼兰河伊春绥化哈尔滨市控制单元、拉林河哈尔滨市控制单元、松花江哈尔滨市市辖区控制单元、松花江哈尔滨市辖县控制单元、第二松花江吉林市控制单元、第二松花江长春市控制单元

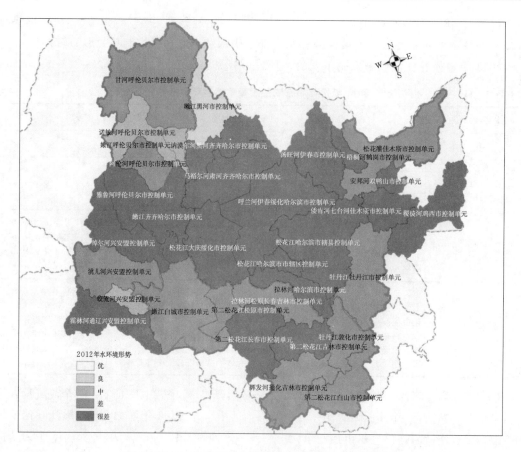

图 2-18　2012 年松花江流域各控制单元水环境形势

3）2013 年。相比前两年，2013 年松花江流域水环境形势有一定的好转，但是依然严峻，如图 2-19 所示。整个流域有 1 个断面为"良"；6 个断面为"中"，比 2012 年增加 3 个；12 个为"差"，比 2012 年减少 1 个；14 个为"很差"，比 2012 年减少 2 个。优良率只有 3.0%，但是"差"与"很差"的比例分别下降为 36.4%、42.4%。形势相对较好的控制单元主要位于流域西部，中部和东北部各控制单元形势较差。

2013 年，松花江流域各控制单元的水环境形势见表 2-13。

表 2-13　　　　　　　　　2013 年松花江流域各控制单元水环境形势

水环境形势	控制单元名称
优	—
良	嫩江黑河市控制单元
中	蛟流河兴安盟控制单元、嫩江呼伦贝尔市控制单元、洮儿河兴安盟控制单元、第二松花江白山市控制单元、牡丹江敦化市控制单元、嫩江白城市控制单元
差	诺敏河呼伦贝尔市控制单元、阿伦河呼伦贝尔市控制单元、甘河呼伦贝尔市控制单元、雅鲁河呼伦贝尔市控制单元、霍林河通辽兴安盟控制单元、松花江佳木斯市控制单元、讷谟尔河黑河齐齐哈尔市控制单元、牡丹江牡丹江市控制单元、拉林河哈尔滨市控制单元、第二松花江松原市控制单元、辉发河通化吉林市控制单元、拉林河松原长春吉林市控制单元

水环境形势	控制单元名称
很差	绰尔河兴安盟控制单元、汤旺河伊春市控制单元、倭肯河七台河佳木斯市控制单元、梧桐河鹤岗市控制单元、安邦河双鸭山市控制单元、穆棱河鸡西市控制单元、嫩江齐齐哈尔市控制单元、乌裕尔河黑河齐齐哈尔市控制单元、松花江大庆绥化市控制单元、呼兰河伊春绥化哈尔滨市控制单元、松花江哈尔滨市市辖区控制单元、松花江哈尔滨市辖县控制单元、第二松花江吉林市控制单元、第二松花江长春市控制单元

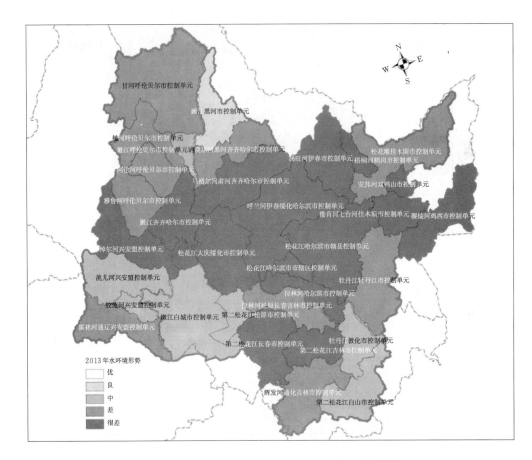

图 2-19　2013 年松花江流域各控制单元水环境形势

4）2014 年。2014 年松花江流域水环境形势依然严峻，如图 2-20 所示。整个流域有 2 个断面为"良"，比 2013 年增加 1 个；5 个断面为"中"，比 2013 年减少 1 个；11 个为"差"，比 2012 年减少 1 个；15 个为"很差"，比 2013 年增加 1 个。优良率为 6.1%，"差"与"很差"的比例分别为 33.3%、45.5%。形势相对较好的控制单元主要位于流域西北部个别控制单元，南部部分控制单元在整个流域也相对较好，中部和东北部各控制单元形势较差。

2014 年，松花江流域各控制单元的水环境形势见表 2-14。

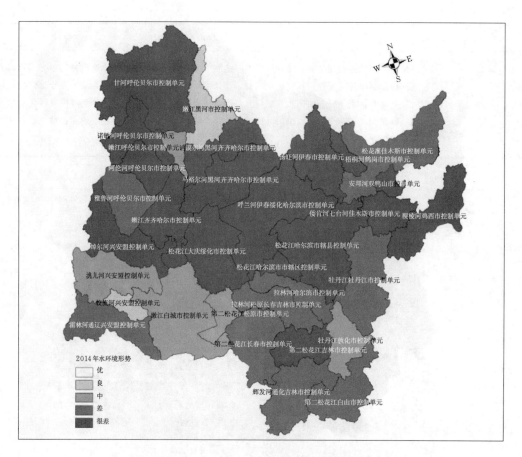

图 2-20 2014 年松花江流域各控制单元水环境形势

表 2-14　　　　　　　　　　**2014 年松花江流域各控制单元水环境形势**

水环境形势	控制单元名称
优	—
良	蛟流河兴安盟控制单元、嫩江黑河市控制单元
中	嫩江呼伦贝尔市控制单元、洮儿河兴安盟控制单元、牡丹江敦化市控制单元、嫩江白城市控制单元、第二松花江松原市控制单元
差	雅鲁河呼伦贝尔市控制单元、甘河呼伦贝尔市控制单元、霍林河通辽兴安盟控制单元、牡丹江牡丹江市控制单元、讷谟尔河黑河齐齐哈尔市控制单元、松花江佳木斯市控制单元、拉林河哈尔滨市控制单元第二松花江白山市控制单元、第二松花江长春市控制单元、辉发河通化吉林市控制单元、拉林河松原长春吉林市控制单元
很差	阿伦河呼伦贝尔市控制单元、诺敏河呼伦贝尔市控制单元、绰尔河兴安盟控制单元、汤旺河伊春市控制单元、倭肯河七台河佳木斯市控制单元、安邦河双鸭山市控制单元、穆棱河鸡西市控制单元、梧桐河鹤岗市控制单元、松花江大庆绥化市控制单元、嫩江齐齐哈尔市控制单元、乌裕尔河黑河齐齐哈尔市控制单元、松花江哈尔滨市市辖区控制单元、松花江哈尔滨市辖县控制单元、呼兰河伊春绥化哈尔滨市控制单元、第二松花江吉林市控制单元

2.5.4.3 控制区水环境形势诊断

（1）水环境质量形势。松花江流域三大控制区水环境质量形势一般，见表2-15。内蒙古控制区水环境质量形势相对最好，2011—2014年都为"中"，主要受高锰酸盐指数和化学需氧量两个指标影响；黑龙江控制区4年都为"差"，影响因素也是为高锰酸盐指数和化学需氧量；吉林控制区水环境质量形势2012年"很差"，其他年份"差"，主要受氨氮质量形势影响。

表2-15　　　　　　　　　　　松花江流域各控制区水环境质量形势

指　标	2011年	2012年	2013年	2014年
内蒙古控制区水环境质量综合形势	中	中	中	中
黑龙江控制区水环境质量综合形势	差	差	差	差
吉林控制区水环境质量综合形势	差	很差	差	差

（2）水污染排放形势。松花江流域的内蒙古控制区、黑龙江控制区、吉林控制区水污染排放形势都差，见表2-16。内蒙古控制区2011—2014年水污染排放形势都为"很差"，虽然单位面积排放形势为"优"，但是单位GDP排放形势"很差"，人均排放形势也较严峻，估总体水污染排放形势较差；黑龙江控制区单位GDP、人均、单位国土面积排放形势都较差，故4年水污染排放形势都为"很差"，也是整个流域水污染排放形势最差的控制区；吉林控制区2011—2013年水污染排放形势都"很差"，2014年"差"，形势改善，该控制区主要受单位GDP和单位面积排放形势影响。

表2-16　　　　　　　　　　　松花江流域各控制区水污染排放形势

指　标	2011年	2012年	2013年	2014年
内蒙古控制区水污染排放形势	很差	很差	很差	很差
黑龙江控制区水污染排放形势	很差	很差	很差	很差
吉林控制区水污染排放形势	很差	很差	很差	差

（3）水环境形势。松花江流域三个控制区水环境形势都较严峻，见表2-17。从形势等级看，2011—2014年内蒙古控制区水环境形势都为"差"；黑龙江控制区2011年为"很差"，2012—2014年为"差"，有所改善；吉林控制区2011年、2012年为"很差"，2013年、2014年为"差"。

从数值看，内蒙古控制区在2011—2013年水环境形势指数逐步降低，但是2014年相比2013年上升；黑龙江控制区变化规律与内蒙古控制区相同。这两个控制区需要加强水污染防治，降低水环境形势恶化风险。吉林控制区水环境形势指数在2012年有较大幅度增长，但是2013年、2014年逐步降低。

表 2 - 17 松花江流域各控制区水环境形势

指　　标	2011 年	2012 年	2013 年	2014 年
内蒙古控制区水环境形势指数	0.16	0.15	0.12	0.12
内蒙古控制区水环境形势	差	差	差	差
黑龙江控制区水环境形势指数	0.18	0.17	0.16	0.17
黑龙江控制区水环境形势	很差	差	差	差
吉林控制区水环境形势指数	0.16	0.23	0.17	0.15
吉林控制区水环境形势	很差	很差	差	差

（4）水环境形势影响因素分析。内蒙古控制区，水环境质量形势相对较好，主要是受水污染排放形势"很差"影响，导致内蒙古控制区水环境形势"差"。水污染排放方面，2011—2012 年主要受单位 GDP 和人均排放形势"很差"影响，2013—2014 年主要是单位 GDP 排放形势"很差"，影响水污染排放形势。

黑龙江控制区水环境形势比内蒙古控制区差。黑龙江控制区水环境形势较差主要受水污染排放形势"很差"影响，但是其历年水环境质量形势也"差"。水环境质量方面，主要受高锰酸盐指数和化学需氧量影响，导致水环境质量形势"差"。水污染排放方面，单位 GDP、人均、单位面积排放形势都"很差"，影响水污染排放形势。

吉林控制区水环境形势介于内蒙古控制区和黑龙江控制区之间。该控制区水环境形势较差，同时受水污染排放形势和水环境质量形势影响。水环境质量方面，主要受氨氮影响，导致水环境质量形势"差"。水污染排放方面，单位面积排放形势都"很差"，单位GDP、人均排放形势"差"，影响水污染排放形势。

吉林控制区 2012 年水环境形势比 2011 年、2013 年高，主要是因为该年水环境质量形势变差。分析 2012 年吉林控制区水环境质量，其氨氮水环境质量形势较差，导致最终的水环境质量综合形势较差。吉林控制区的各监测断面，主要是靠山南楼和杨家崴子 2012年氨氮浓度较高。

2.5.4.4　流域水环境形势诊断

（1）水环境质量形势。松花江流域水环境质量形势在"中""差"状态，见表 2 - 18。2011 年、2013 年为"中"，2012 年、2014 年为"差"。各监测指标方面，溶解氧、五日生化需氧量、总磷质量形势较好，2013 年、2014 年形势等级都为"良"；氨氮、化学需氧量质量形势一般，高锰酸盐指数质量形势在 2014 年变"差"。

表 2 - 18 松花江流域水环境质量形势

指　　标	2011 年	2012 年	2013 年	2014 年
溶解氧超标率	−0.41	−0.41	−0.40	−0.37
溶解氧质量形势	良	良	良	良
高锰酸盐指数超标率	−0.09	−0.05	−0.04	0.04

续表

指　标	2011 年	2012 年	2013 年	2014 年
高锰酸盐指数质量形势	中	中	中	差
五日生化需氧量超标率	−0.24	−0.26	−0.35	−0.40
五日生化需氧量质量形势	中	中	良	良
氨氮超标率	−0.20	0.03	−0.15	−0.20
氨氮质量形势	中	差	中	中
化学需氧量氧超标率	−0.04	0.00	−0.05	−0.04
化学需氧量质量形势	中	中	中	中
总磷超标率	−0.25	−0.30	−0.31	−0.36
总磷质量形势	中	中	良	良
流域水环境质量综合超标率	−0.04	0.03	−0.04	0.04
流域水环境质量综合形势	中	差	中	差

（2）水污染排放形势。松花江流域水污染排放形势"很差"，其中单位 GDP、单位面积排放形势历年都"很差"，人均排放形势在 2011—2013 年"很差"，2014 年有所好转，为"差"。松花江流域水污染排放形势严峻，见表 2-19。

表 2-19　　　　　　　　　　松花江流域水污染排放形势

指　标	2011 年	2012 年	2013 年	2014 年
单位 GDP 排放强度	0.20	0.20	0.17	0.18
单位 GDP 排放形势	很差	很差	很差	很差
人均排放强度	0.30	0.30	0.26	0.25
人均排放形势	很差	很差	很差	差
单位面积排放强度	0.21	0.20	0.19	0.19
单位面积排放形势	很差	很差	很差	很差
流域水污染排放指数	0.24	0.23	0.21	0.21
流域水污染排放形势	很差	很差	很差	很差

（3）水环境形势诊断。2011—2014 年松花江流域水环境形势"差"，形势较为严峻。从水环境形势指数看，2012 年比 2011 年增大，2013 年形势指数好转，2014 年又有所增大，形势恶化，见表 2-20。

表 2-20　　　　　　　　　　松花江流域水环境形势诊断

指　标	2011 年	2012 年	2013 年	2014 年
水环境形势指数	0.150	0.152	0.136	0.141
水环境形势预警	差	差	差	差

（4）水环境形势影响因素分析。松花江流域，水环境质量形势和水污染排放形势都不理想，特别是后者一直"很差"，导致流域水环境形势"差"；但是水环境质量形势也在"中""差"水平。水污染排放方面，单位 GDP、人均、单位面积 COD 排放形势"很差"，影响水污染排放形势，进而影响水环境形势。水环境质量方面，主要受高锰酸盐指数和氨氮影响。

2.5.5　水环境形势预警

2.5.5.1　控制单元水环境形势预警

（1）水环境质量形势预警。

1）2012 年。2012 年松花江流域各控制单元的水环境质量形势，如图 2-21 所示。3 个不预警，7 个蓝色预警，11 个黄色预警，5 个橙色预警，7 个红色预警，所占比例分别为 9.1%、21.2%、33.3%、15.2%、21.2%。

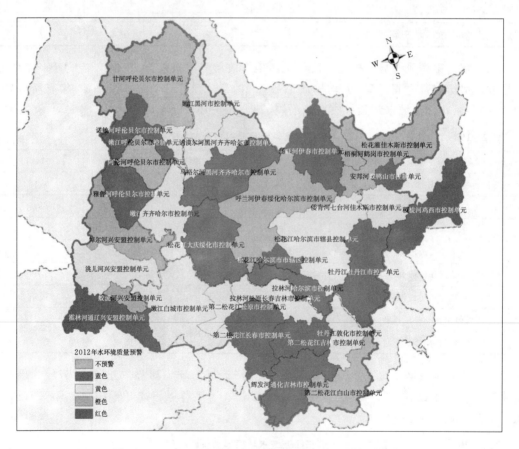

图 2-21　2012 年松花江流域各控制单元水环境质量形势

2）2013 年。2013 年松花江流域各控制单元的水环境质量形势，如图 2-22 所示。1 个不预警，4 个蓝色预警，13 个黄色预警，8 个橙色预警，7 个红色预警，所占比例分别为 3.0%、12.1%、39.4%、24.2%、21.2%。不预警和蓝色预警控制单元数量减少，黄色和橙色预警控制单元数量增加。

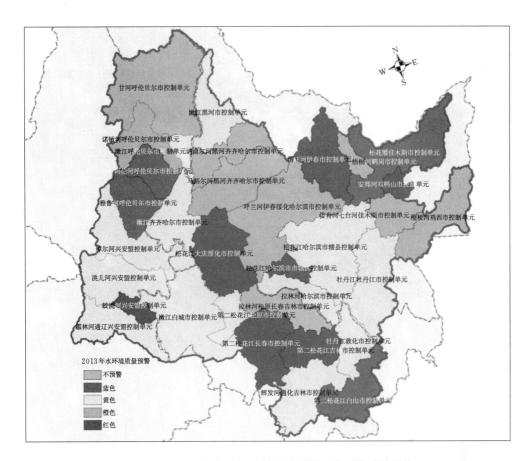

图 2-22　2013 年松花江流域各控制单元水环境质量形势

3）2014 年。2014 年松花江流域各控制单元的水环境质量形势，如图 2-23 所示。1 个不预警，4 个蓝色预警，11 个黄色预警，4 个橙色预警，13 个红色预警，所占比例分别为 3.0%、12.2%、33.3%、12.1%、39.4%。与 2013 年相比，黄色、橙色预警控制单元个数减少，红色预警个数增多。

（2）水污染排放形势预警。

1）2012 年。2012 年松花江流域各控制单元的水污染排放形势预警比水环境质量形势预警严峻，如图 2-24 所示。1 个控制单元不预警，无蓝色预警，3 个黄色预警，1 个橙色预警，28 个红色预警，所占比例分别为 3.0%、0%、9.1%、3.0%、84.8%。

2）2013 年。2013 年松花江流域各控制单元的水污染排放形势预警相比 2012 年好转，如图 2-25 所示。2 个控制单元不预警，2 个蓝色预警，3 个黄色预警，1 个橙色预警，25 个红色预警，所占比例分别为 6.1%、6.1%、9.1%、3.0%、75.8%。

3）2014 年。2014 年松花江流域各控制单元的水污染排放形势预警相比 2013 年稍严峻，如图 2-26 所示。2 个控制单元不预警，无蓝色预警，2 个黄色预警，4 个橙色预警，25 个红色预警，所占比例分别为 6.1%、0%、6.1%、12.1%、75.8%。

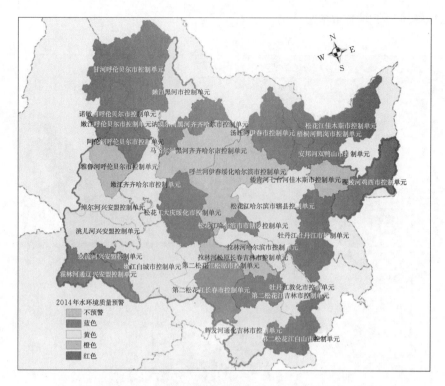

图 2-23　2014年松花江流域各控制单元水环境质量形势

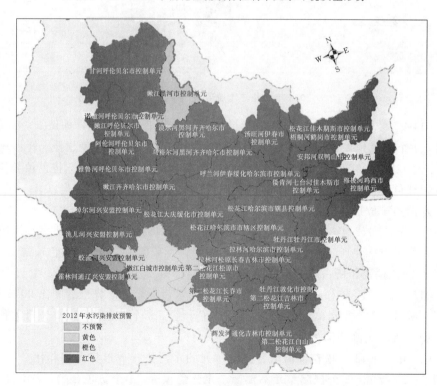

图 2-24　2012年松花江流域各控制单元水污染排放形势

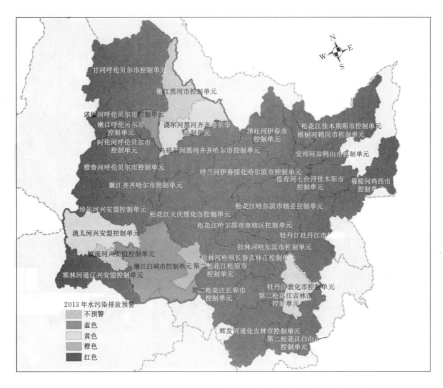

图 2-25 2013 年松花江流域各控制单元水污染排放形势

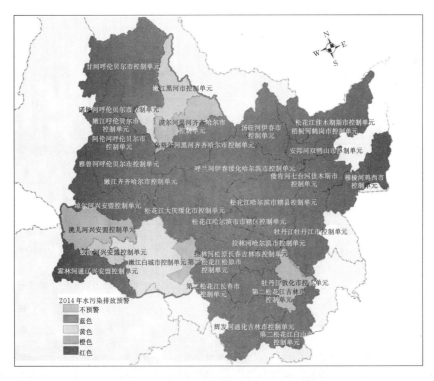

图 2-26 2014 年松花江流域各控制单元水污染排放形势

（3）水环境形势预警。

1）2012 年。2012 年松花江流域多数控制单元的水环境形势预警为红色，较严峻，如图 2-27 所示。统计得知，松花江流域有 3 个蓝色预警控制单元，5 个黄色预警，9 个橙色预警，16 个红色预警，所占比例分别为 9.1%、15.2%、27.3%、48.5%。

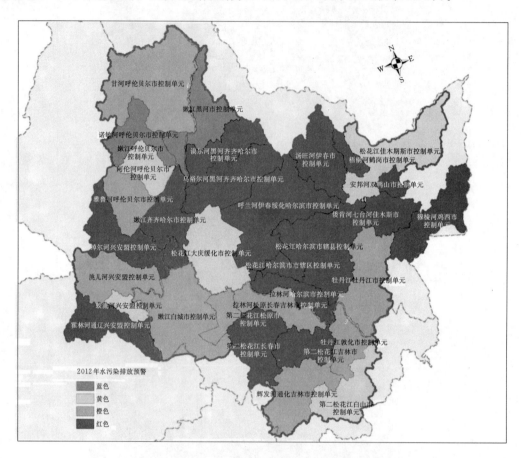

图 2-27　2012 年松花江流域各控制单元水环境形势预警

2012 年，松花江流域各控制单元的水环境形势预警状态见表 2-21。

表 2-21　　　　　　　2012 年松花江流域各控制单元水环境形势预警

水环境形势预警	控 制 单 元 名 称
不预警	—
蓝色预警	嫩江呼伦贝尔市控制单元、诺敏河呼伦贝尔市控制单元、嫩江黑河市控制单元
黄色预警	阿伦河呼伦贝尔市控制单元、蛟流河兴安盟控制单元、松花江佳木斯市控制单元、松花江大庆绥化市控制单元、第二松花江白山市控制单元
橙色预警	甘河呼伦贝尔市控制单元、雅鲁河呼伦贝尔市控制单元、洮儿河兴安盟控制单元、牡丹江牡丹江市控制单元、第二松花江松原市控制单元、牡丹江敦化市控制单元、辉发河通化吉林市控制单元、拉林河松原长春吉林市控制单元、嫩江白城市控制单元

水环境形势预警	控 制 单 元 名 称
红色预警	绰尔河兴安盟控制单元、霍林河通辽兴安盟控制单元、安邦河双鸭山市控制单元、梧桐河鹤岗市控制单元、穆棱河鸡西市控制单元、倭肯河七台河佳木斯市控制单元、乌裕尔河黑河齐齐哈尔市控制单元、讷谟尔河黑河齐齐哈尔市控制单元、汤旺河伊春市控制单元、嫩江齐齐哈尔市控制单元、拉林河哈尔滨市控制单元、松花江哈尔滨市市辖区控制单元、松花江哈尔滨市辖县控制单元、呼兰河伊春绥化哈尔滨市控制单元、第二松花江吉林市控制单元、第二松花江长春市控制单元

2) 2013年。2013年松花江流域控制单元的水环境形势预警较2012年有好转，但是形势依然不容乐观，如图2-28所示。统计得知，松花江流域有5个蓝色预警控制单元，5个黄色预警，8个橙色预警，15个红色预警，所占比例分别为15.2%、15.2%、24.2%、45.5%。

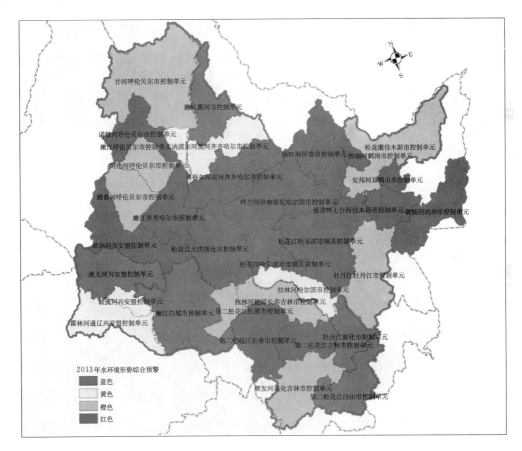

图2-28　2013年松花江流域各控制单元水环境形势预警

2013年，松花江流域各控制单元的水环境形势预警状态见表2-22。

表2-22　　　　　　　　**2013年松花江流域各控制单元水环境形势预警**

水环境形势预警	控制单元名称
不预警	—
蓝色预警	洮儿河兴安盟控制单元、嫩江黑河市控制单元、牡丹江敦化市控制单元、第二松花江白山市控制单元、嫩江白城市控制单元

续表

水环境形势预警	控制单元名称
黄色预警	嫩江呼伦贝尔市控制单元、蛟流河兴安盟控制单元、霍林河通辽兴安控制单元、讷谟尔河黑河齐齐哈尔市控制单元、拉林河哈尔滨市控制单元
橙色预警	雅鲁河呼伦贝尔市控制单元、阿伦河呼伦贝尔市控制单元、甘河呼伦贝尔市控制单元、松花江佳木斯市控制单元、第二松花江松原市控制单元、牡丹江牡丹江市控制单元、拉林河松原长春吉林市控制单元、辉发河通化吉林市控制单元
红色预警	诺敏河呼伦贝尔市控制单元、绰尔河兴安盟控制单元、汤旺河伊春市控制单元、倭肯河七台河佳木斯市控制单元、梧桐河鹤岗市控制单元、穆棱河鸡西市控制单元、安邦河双鸭山市控制单元、松花江大庆绥化市控制单元、嫩江齐齐哈尔市控制单元、乌裕尔河黑河齐齐哈尔市控制单元、松花江哈尔滨市市辖区控制单元、松花江哈尔滨市辖县控制单元、呼兰河伊春绥化哈尔滨市控制单元、第二松花江吉林市控制单元、第二松花江长春市控制单元

3）2014 年。2014 年松花江流域多数控制单元的水环境形势预警为红色，较 2013 年变差，如图 2-29 所示。统计得知，松花江流域有 1 个不预警控制单元，2 个蓝色预警控制单元，5 个黄色预警，9 个橙色预警，16 个红色预警，所占比例分别为 3.0%、6.1%、15.2%、27.3%、48.5%。

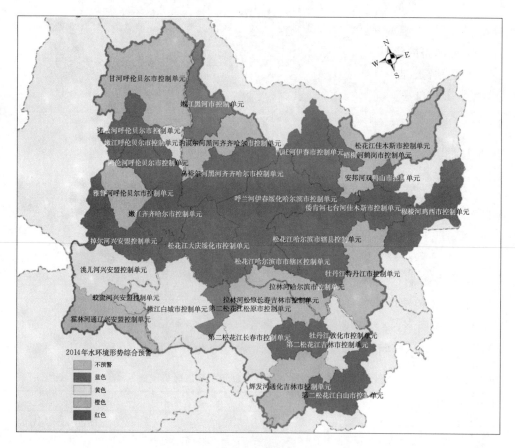

图 2-29　2014 年松花江流域各控制单元水环境形势预警

2014 年，松花江流域各控制单元的水环境形势预警状态见表 2-23。

表 2-23　　　　　　　　　　2014 年松花江流域各控制单元水环境形势预警

水环境形势预警	控 制 单 元 名 称
不预警	蛟流河兴安盟控制单元
蓝色预警	嫩江黑河市控制单元、第二松花江松原市控制单元
黄色预警	嫩江呼伦贝尔市控制单元、洮儿河兴安盟控制单元、牡丹江敦化市控制单元、第二松花江长春市控制单元、嫩江白城市控制单元
橙色预警	雅鲁河呼伦贝尔市控制单元、甘河呼伦贝尔市控制单元、霍林河通辽兴安盟控制单元、松花江佳木斯市控制单元、讷谟尔河黑河齐齐哈尔市控制单元、拉林河哈尔滨市控制单元、牡丹江牡丹江市控制单元、辉发河通化吉林市控制单元、拉林河松原长春吉林市控制单元
红色预警	诺敏河呼伦贝尔市控制单元、阿伦河呼伦贝尔市控制单元、绰尔河兴安盟控制单元、倭肯河七台河佳木斯市控制单元、乌裕尔河黑河齐齐哈尔市控制单元、梧桐河鹤岗市控制单元、安邦河双鸭山市控制单元、汤旺河伊春市控制单元、穆棱河鸡西市控制单元、松花江大庆绥化市控制单元、嫩江齐齐哈尔市控制单元、呼兰河伊春绥化哈尔滨市控制单元、松花江哈尔滨市市辖区控制单元、松花江哈尔滨市辖县控制单元、第二松花江白山市控制单元、第二松花江吉林市控制单元

2.5.5.2　控制区水环境形势预警

（1）水环境质量形势预警。松花江三个控制区水环境质量形势都存在预警，见表 2-24。预警级别最低的是内蒙古控制区，2012—2014 年为黄色预警。其次是黑龙江控制区，2012—2014 年为橙色预警。吉林控制区在 2012 年为红色预警，主要是因为该年吉林控制区水环境质量形势由 2011 年的"差"变为"很差"，现状形势差而且趋势恶化；2013 年预警级别为黄色；2014 年为橙色。

表 2-24　　　　　　　　松花江流域各控制区水环境质量形势预警

指　　标	2011 年	2012 年	2013 年	2014 年
内蒙古控制区	数据不足	黄色	黄色	黄色
黑龙江控制区	数据不足	橙色	橙色	橙色
吉林控制区	数据不足	红色	黄色	橙色

（2）水污染排放形势预警。松花江三个控制区水污染排放形势预警级别较高，见表 2-25。内蒙古控制区和黑龙江控制区，2012—2014 年为红色预警，这两个控制区在 2011—2014 年水污染排放都是都是"很差"，没有改善。吉林控制区在 2012—2013 年为红色预警，主要是因为 2011—2013 年吉林控制区水污染排放形势"很差"；2014 年预警级别降低为黄色，因为 2014 年其形势由 2013 年的"很差"改善为"差"。

表 2-25　　　　　　　　松花江流域各控制区水污染排放形势预警

指　　标	2011 年	2012 年	2013 年	2014 年
内蒙古控制区	数据不足	红色	红色	红色
黑龙江控制区	数据不足	红色	红色	红色
吉林控制区	数据不足	红色	红色	黄色

（3）水环境形势预警。松花江三个控制区水环境形势都存在预警，见表2-26。内蒙古控制区，2012—2014年为橙色预警，因为其2011—2014年水环境形势为"差"。黑龙江控制区2012年为黄色预警，主要是因为其水环境形势由2011年的"很差"改善为2012年的"差"；2013—2014年为橙色预警，因为2012—2014年水环境形势为"差"。吉林控制区预警级别变化较大，2012年为红色预警，主要是因为该年吉林控制区水环境形势由2011年的"差"恶化为"很差"；2013年预警级别为黄色，因为水环境形势由2012年的"很差"改善为"差"；2014年为橙色，因为2013年、2014年水环境形势都"差"。

表2-26　　　　　　　　　　　　　松花江流域各控制区水环境形势预警

指　　　标	2011年	2012年	2013年	2014年
内蒙古控制区	数据不足	橙色	橙色	橙色
黑龙江控制区	数据不足	黄色	橙色	橙色
吉林控制区	数据不足	红色	黄色	橙色

2.5.5.3　流域水环境形势预警

松花江流域在"十二五"期间的水环境形势预警都比较差（见表2-27），且改善不明显，应该加强流域水污染防治工作，尽快改善流域水环境形势。

松花江流域水环境质量形势预警方面，2012年、2014年为红色预警，因为当年水环境质量形势都由上一年的"中"恶化为"差"。2013年为蓝色预警，因为水环境质量形势由上一年的"差"改善为"中"。

2011—2014年的松花江流域水污染排放形势为"很差"，所以其2012—2014年的预警级别为红色。

2012—2014年松花江流域水环境形势综合预警级别为橙色，因为2011—2014年其水环境形势为"差"，没有改善。

表2-27　　　　　　　　　　　　　　松花江流域水环境形势预警

指　　　标	2011年	2012年	2013年	2014年
水环境质量形势预警	数据不足	红色	蓝色	红色
水污染排放形势预警	数据不足	红色	红色	红色
水环境形势综合预警	数据不足	橙色	橙色	橙色

2.6　结论与建议

2.6.1　主要结论

本研究通过理论分析，在此基础上构建流域、控制区、控制单元水环境形势诊断及预警指标体系、计算方法，并以松花江为例进行案例研究。

（1）理论方面。流域经济环境系统较为复杂。流域水环境经济形势分析把社会经济与环境系统看做一个整体，选择能够表示流域环境形势又能表示经济与水环境关系的指标尤为关键。目前无论是流域社会经济-水资源水环境关系研究，还是其他系统相关研究，大多集中于不同子系统随时间的相互影响程度的判定，或者是不同子系统的协调度研究，还有一些研究是基于环境资源的约束下的社会经济发展模式优化研究，对于本研究的研究思路或者指标构建具有借鉴意义。形势预警方面，目前资源环境承载形势监测预警机制研究中，多把资源环境承载能力现状及其变化趋势结合起来，进行预警判断，可以作为借鉴。

（2）指标体系方面。从监测断面→控制单元→控制区→流域四个层面构建水环境形势的诊断与预警框架，具体指标从社会经济—污染排放—环境质量角度选取，最终形成水环境质量形势、水污染排放形势两个大的指标，基于这两大指标分别计算控制单元、控制区、流域水环境形势指数，表征其水环境形势现状。其中水污染排放形势用单位 GDP 排放强度、人均排放强度、单位面积排放强度综合表示；水环境质量形势用监测断面水质超载率表示。

（3）计算方法方面。水环境形势诊断指数通过两个指标表示：经济、人口与污染物排放总量的水污染排放指数，水环境质量形势指数（水环境质量超标指数）。方法为指标等权重加权求和。水污染排放指数通过单位 GDP 排放强度、人均排放强度、单位面积排放强度表征，采用加权平均的方法。水环境质量形势指数通过监测指标的超载率表征。以溶解氧（DO）、高锰酸盐指数（COD_{Mn}）、五日生化需氧量（BOD_5）、化学需氧量（COD_{Cr}）、氨氮（NH_3-N）和总磷（TP）等主要污染物的年均浓度作为环境承载量，以各项污染物的标准限值来表征环境系统所能承受人类各种社会经济活动的阈值（限值采用《地表水环境质量标准》中规定的 Ⅲ 类水质标准），计算各项污染指标的水环境质量超载率。

（4）松花江流域水环境形势诊断与预警案例研究。以松花江流域 2011—2014 年数据为例，进行流域水环境形势诊断与预警研究。2011—2014 年松花江流域水环境形势"差"，形势较为严峻。从水环境形势指数看，2012 年比 2011 年增大，2013 年形势指数好转，2014 年又有所增大，形势恶化。松花江流域水环境质量形势和水污染排放形势都不理想，特别是后者一直"很差"，导致流域水环境形势"差"。水污染排放方面，单位 GDP、人均、单位面积 COD 排放形势"很差"，影响水污染排放形势，进而影响水环境形势。水环境质量方面，主要受高锰酸盐指数和氨氮影响。

2012—2014 年松花江流域水环境形势综合预警级别为橙色，因为 2011—2014 年其水环境形势为"差"，没有改善。松花江流域在"十二五"期间的水环境形势状态都比较差，且改善不明显，应该加强流域水污染防治工作，尽快改善流域水环境形势。

松花江流域形势相对较好的控制单元主要位于流域西北部个别控制单元，南部部分控制单元在整个流域也相对较好，中部和东北部各控制单元形势较差。预警级别较高的控制单元与水环境形势较差的控制单元有较高的重合度，主要分布在流域中北部地区；流域西部和南部预警级别相对中北部地区要低。

2.6.2 政策建议

（1）松花江流域水环境形势较差，还有很大提升空间。建议该流域调整产业结构，淘汰关闭落后企业，减少污染排放，从而降低单位 GDP 和国土面积污染排放强度，达到改善水环境质量和流域水环境形势的目的。同时推动地区发展方式的转变，重点依靠提升产业技术水平、引进高新技术产业实现经济发展方式的转变，降低单位 GDP 污染排放强度，改善水环境综合形势。

（2）在加强工业污染防治的同时，应把防治生活污染和农业面源污染（通过 2011 年前后数据对比发现，农业污染排放数据占比很高）作为改善地区水环境形势的重中之重。加强城镇环保基础设施建设，提高城镇生活污水处理水平；加强对农药、化肥科学使用的管理与监督，禁止使用高毒性、高残留的农药，鼓励使用和推广配方施肥、生物杀虫灭害等技术，加强农药安全使用管理；发展集约化畜禽养殖业，加强畜禽粪便的管理和处置工作。

（3）黑龙江和内蒙古控制区在调整产业结构、提高经济生产技术水平的同时，还要提高污水处理水平，减少污染排放，实现环境经济的协调发展，尤其要加强重污染行业（化工、纺织、农副食品加工、造纸）污染治理水平。另外，吉林控制区还要加大水环境质量改善力度，降低环境质量超载率，最大程度地使环境质量超载指数下降。同时，三个控制区都要加强生活污水处理，特别加强农业面源污染治理。

（4）水环境质量方面，在全面进行水污染防治、水环境质量改善的同时，重点针对高锰酸盐指数、氨氮、化学需氧量指标进行水质改善。高锰酸盐指数方面，黑龙江控制区，特别是伊春市的苗圃、双鸭山市的滚兔岭、齐齐哈尔市的拉哈、佳木斯市的梧桐河口内等断面周边的控制单元等应加强相关措施，降低高锰酸盐指数浓度。氨氮方面，黑龙江控制区和吉林控制区都有部分断面严重超标，如双鸭山市的滚兔岭、哈尔滨市的阿什河口内、长春市的靠山南楼断面，需采取相关措施。化学需氧量方面，长春市的靠山南楼断面超标较为严重，应加强防范。

（5）部分控制单元需要重点加强水污染防治。内蒙古控制区的阿伦河呼伦贝尔市控制单元、诺敏河呼伦贝尔市控制单元、绰尔河兴安盟控制单元，黑龙江控制区的汤旺河伊春市控制单元、倭肯河七台河佳木斯市控制单元、安邦河双鸭山市控制单元、穆棱河鸡西市控制单元、梧桐河鹤岗市控制单元、松花江大庆绥化市控制单元、嫩江齐齐哈尔市控制单元、乌裕尔河黑河齐齐哈尔市控制单元、松花江哈尔滨市市辖区控制单元、松花江哈尔滨市辖县控制单元、呼兰河伊春绥化哈尔滨市控制单元，吉林控制区的第二松花江白山市控制单元、第二松花江吉林市控制单元水环境形势差且预警级别很高，需要重点加强水污染防治。

参 考 文 献

［1］　龙期泰．论我国的水环境［J］．科技导报，1989（2）：11－14．

［2］　金栋梁，刘予伟．水环境评价概述［J］．水资源研究，2006，27（4）：33－35．

［3］　夏霆，朱伟．镇江市社会经济－水环境系统协调发展［J］．水资源保护，2007，23（4）：52－55．

［4］　郭怀成，唐剑武．城市水环境与社会经济可持续发展对策研究［J］．环境科学学报，1995，15（3）：363－369．

［5］　傅威，林涛．区域社会经济发展与生态环境耦合关系研究模型的比较分析［J］．四川环境，2010，29（3）：102－109．

［6］　黄金川，方创琳．城市化与生态环境交互耦合机制与规律性分析［J］．地理研究，2003，22（2）：

211 - 220.

[7] 袁雯，杨凯．上海城市环境经济系统发展过程的数量分析 [J]．地理研究，2001，21（1）：97 -106.

[8] 吴玉萍，董锁成，宋键峰．北京市经济增长与环境污染水平计量模型研究 [J]．地理研究，2002，21（2）：239 - 246.

[9] 梁红梅，刘卫东，刘会平，等．深圳市土地利用社会经济效益与生态环境效益的耦合关系研究 [J]．地理科学，2008，28（5）：636 - 641.

[10] 刘耀彬，李仁东，宋学锋．中国区域城市化与生态环境耦合的关联分析 [J]．地理学报，2005，60（2）：237 - 247.

[11] 王明全，王金达，刘景双，等．吉林省西部生态支撑能力与社会经济发展的动态耦合 [J]．应用生态学报，2009，20（1）：170 - 176.

[12] Odum H T，Elisabeth C. Modeling for all scales：an introduction to system simulation [C]. San Diego：academic Press，2000.

[13] 余瑞林，刘承良，熊剑平，等．武汉城市圈社会经济-资源-环境耦合的演化分析 [J]．经济地理，2012，32（5）：120 - 126.

[14] 梁红梅，刘卫东，刘会平，等．土地利用社会经济效益与生态环境效益的耦合关系——以深圳市和宁波市为例 [J]．中国土地科学，2009（2）：42 - 48.

[15] 张俊凤，徐梦洁，郑华伟，等．城市扩张用地社会经济效益与生态环境效益动态关系研究——以南京市为例 [J]．水土保持通报，2013，33（003）：306 - 311.

[16] 黄建山，冯宗宪．陕西省社会经济重心与环境污染重心的演变路径及其对比分析 [J]．人文地理，2006，21（4）：117 - 122.

[17] 郝永志，王君丽，贾尔恒，等．流域社会经济活动对博斯腾湖水环境影响评价 [J]．中国农村水利水电，2013（2）：1 - 3.

[18] 赵翔，陈吉江，毛洪翔．水资源与社会经济生态环境协调发展评价研究 [J]．中国农村水利水电，2009（9）：58 - 62.

[19] 徐鹏，高伟，周丰，等．流域社会经济的水环境效应评估新方法及在南四湖的应用 [J]．环境科学学报，2013，33（8）：2285 - 2295.

[20] 盛虎，刘慧，王翠榆，等．滇池流域社会经济环境系统优化与情景分析 [J]．北京大学学报：自然科学版，2012，48（4）：647 - 656.

[21] 郑旭，赵军，朱悦，等．营口市水环境污染与社会经济发展的关系研究 [J]．中国人口·资源与环境，2013，23（5）：87 - 91.

[22] 谢森．基于水环境容量的巢湖流域社会经济发展模式优化研究 [D]．湘潭市：湘潭大学，2010.

[23] 郑旭．辽宁环渤海地区社会经济发展与水环境污染关系研究 [D]．沈阳市：辽宁大学，2013.

[24] 马向东，孙金华，胡震云．生态环境与社会经济复合系统的协同进化 [J]．水科学进展，2009，20（4）：566 - 571.

[25] 邓寿鹏．环境意识，环境文明的觉醒与兴起——关于世界环境形势的近析 [J]．科技导报，1992（6）：18 - 19.

[26] 陈洲其．充分认识我国人口资源环境形势坚持走社会经济可持续发展之路 [J]．国土经济，2000（6）：5 - 7.

[27] 杨朝飞．中国环境形势评价与分析 [J]．中国环境管理干部学院学报，2012，21（6）：1 - 4.

[28] 杨朝飞．生态环境形势与对策 [J]．中国环境管理干部学院学报，2004（1）：1 - 7.

[29] 段飞舟，杜蕴慧，李时蓓．我国大气环境形势及大气环境评价研究展望 [J]．2012 中国环境科学学会学术年会论文集（第三卷），2012.

[30] 王妍，曾维华，吴舜泽．环境与经济形势的景气分析研究 [J]．中国环境科学，2011，31（9）：

1571 - 1577.

[31] 逯元堂，吴舜泽，薛鹏丽，等．经济环境形势综合诊断研究 [J]．中国人口．资源与环境，2008，18（6）：74 - 79.

[32] 赵国庆．包钢及周边地区水环境质量评价和水环境保护对策研究 [D]．西安建筑科技大学，2006.

[33] 张超．罗源湾水环境质量与环境容量研究 [D]．中国海洋大学，2011.

[34] 翟平阳．松花江流域水环境形势分析及预测 [J]．北方环境，2001（4）：26 - 28.

[35] 广东商学院流通经济研究所课题组．珠三角城市商业景气指数评价体系的设计与初步测算 [C]．第六届广东流通学术峰会暨"珠江三角洲流通业合作与发展高峰论坛"，2009.

[36] 芮莎，程琳．经济周期波动和景气指数研究综述 [J]．合作经济与科技，2011（13）：16 - 17.

[37] Mitchell W C. Business Cycles：The Problem and its Setting，National Bureau of Economic Research [J]. New York，1927.

[38] Fabricant S. Statistical indicators of cyclical revivals [M] //Statistical Indicators of Cyclical Revivals. NBER，1938：1 - 12.

[39] Moore G H. Statistical indicators of cyclical revivals and recessions [M] //Business Cycle Indicators，Volume 1. Princeton University Press，1961：184 - 260.

[40] Shiskin，J. and Moore，G. H. Composite Indexes of Leading，Coinciding，and Indicators，NBER [R]，1968.

[41] 樊杰，王亚飞，汤青等．全国资源环境承载能力监测预警（2014 版）学术思路与总体技术流程 [J]．地理科学，2015，35（1）：1 - 10.

第 3 章　流域水环境压力预测与分析模型

近几十年来，随着我国工业化的快速推进和城镇规模的不断扩大，水资源短缺、水体污染、水环境质量恶化等问题日趋严峻。河流污染成为威胁水环境质量和水资源安全的首要问题，是制约区域发展的最主要因素，水环境质量和水资源安全问题成为了未来发展中重要的战略性问题。松花江流域是我国重要的工农业基地，在国家宏观战略中占有重要地位，随着经济发展的不断推进，水环境问题日益突出，资源型和水质性缺水严重，已对经济发展和人民生活构成一定程度的影响，并成为区域可持续发展的潜在隐患。为了践行科学发展观，走绿色发展之路，实现松花江流域经济社会和生态保护协调发展，有必要对松花江流域在未来发展中的用水量及水污染物排放量经济合理预测，以此制定出合理的污染物排放总量控制目标，保证流域污染物排放量不超过水环境的承载能力，促进水环境保护和地区经济社会协调发展。

本章节以松花江流域为示范研究对象，基于松花江流域未来经济社会发展趋势变化，并结合流域经济增长不同情景、发展方式的不同转变、技术进步、工程治理措施等统筹搭建未来松花江流域经济发展及人口变化情况下用水量及污染物排放量的预测模型，并以此为基础测算污染治理投入，从而为"十三五"污染防治规划及总量减排目标制定提供科学借鉴意义。

3.1　研究背景

松花江是我国七大河流之一。河长居长江、黄河之后，排在第三；水资源总量居长江、珠江之后，亦居第三。松花江地处北温带季风气候区，流域介于北纬 $41°42'\sim51°38'$、东经 $119°52'\sim132°31'$ 之间，干流长 939km，流域面积 55.68 万 km^2，流域面积占东北地区总面积的 44.8%，占全国面积的 5.8%。松花江流域是"两省一区"重要的水源地，关系到几千万人民的福祉，关系到流域经济社会的可持续发展，是"两省一区"人民的母亲河。松花江具有饮用水，渔业、灌溉、航运、和景观等多种功能。

近年来，由于松花江流域经济的发展，人口的增加以及城市规模的扩大等，流域水体受到不同程度的影响。松花江流域目前面临的水环境质量问题有：

(1) 水环境质量形势严峻。"十二五"期间松花江干流各水期（丰、平、枯）水质大部分为Ⅳ类和Ⅴ类。主要污染因子为氨氮、高锰酸盐指数及石油类。枯水期时，松花江支流严重缺氧，水质污染明显，多数支流水域不能满足其使用功能。由于流域城市工业化进程的加快，工业废水排放大量增加，原有污水处理厂已不能满足当前污水处理要求，且污水处理设备简陋、生产工艺落后，使得大量的工业废水未经处理直接进入江河湖泊，严重影响了松花江流域水质。

(2) 布局性环境问题突出。松花江上游建有中国最大型的石油、化工基地和煤化工基地，排入松花江大量难降解的有机污染物如多环芳烃、氯苯类、硝基类污染物。近年来，上游又相继建设玉米深加工等大量排放有机物的企业，高锰酸盐指数、氨氮在劣Ⅴ类和Ⅴ类之间。由于缺乏区域间的有效协调，难以使有限的环境容量发挥最大的经济效益。由于流域经济的发展、人口的增加，大量排放的生活污水给污水处理厂带来压力，大部分的城市生活污水直接排入河流，造成河流污染加剧。

（3）面源污染占比例较大。松花江流域是农村人口经济问题相对集中的区域，化肥及农药大部分通过地表径流污染地下水和地表水，还有畜禽养殖业废水和农户生活污水等面源污染，对流域水质产生影响松花江流域有机污染严重，河流中致癌物质增多，饮用水水源地受到污染，使松花江流域的缺水形势更加严峻；河流中鱼的种类减少，渔业资源受到影响。

综上所述，松花江流域由于经济开发、人口增长及人类活动破坏等原因，水质已经不能满足水环境功能区划要求，有些区域已经呈现劣Ⅴ类水体。为遏制松花江流域水环境进一步恶化和改善其水环境质量，保障流域水环境的安全，展开对流域水资源消耗、水污染总量排放预测模拟研究，对松花江河流域实行水污染物总量控制具有现实意义。依据"一江一策"的流域治理思路，亟须建立适合松花江流域的水环境保护对策措施，探索低碳经济的发展模式和实施流域控制单元治污模式等问题研究，对松花江流域水环境进行保护。

本章研究是国家水体污染控制与治理科技重大专项"流域水污染防治规划决策支持平台研究"课题的一部分，旨在"十二五"中长期社会经济与水环境情景研究的基础上，以松花江流域为示范应用，深入开展系统性的流域水环境经济预测研究，完善流域经济社会-水资源-水环境之间的内在联系，建立能够刻画流域经济社会发展过程中，不同行业对水资源的消耗及水污染物排放预测模拟模型，从而为流域规划编制提供科学的决策支撑。

3.2　研究思路与框架

流域水环境压力预测模拟模型，主要针对未来流域中长期水污染物产排放趋势进行预测，分析在不同的经济社会发展情景下的水污染产生排放形势，揭示流域经济社会发展和水环境之间的内在联系，并据此确定未来流域主要水污染总量控制目标。流域水环境压力预测模拟模型系统，主要包括经济社会预测子系统、水资源消耗预测子系统、水环境污染预测子系统等三个部分。在该模型系统中，经济社会活动起着主导作用，经济总量、结构、增长速度和产业布局对水环境有着决定性的影响，生产、消费行为既对水环境产生压力，同时也提供了水污染治理的能力。未来对水环境的需求将主要来自于经济社会领域，而对水环境的改善也依赖于经济结构、生产和消费结构的调整来实现。可以说，经济社会活动的规模和范围决定着未来水环境状态。

本章结合流域经济增长不同情景、发展方式的不同转变、技术进步、工程治理措施等因素建立不同水污染物产生量、排放量和污染治理投入的动态模拟预测模型与方法，特别是对流域水污染物产生系数、排污系数、治理投资与运行费用系数的修正，并研究经济社会发展的不可控性、技术进步因素对流域污染减排目标实现的不确定性问题。流域经济与水环境预测情景研究技术路线如图 3-1 所示。

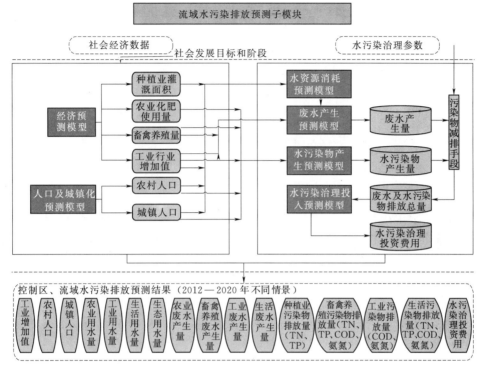

图 3-1 流域经济与水环境预测情景研究技术路线图

3.3 水资源压力预测

3.3.1 预测指标

（1）预测指标：用水量、新鲜水取水量、重复用水率。

（2）主要预测内容：

1）农业用水量预测：农业用水包括农田灌溉和林牧渔用水，农田灌溉用水量为除干支渠损失以外的新鲜水量，林牧渔用水包括果树、苗圃灌溉和鱼塘补水等。农田灌溉用水量根据有效灌溉面积和单位面积灌溉用水量测算，然后利用灌溉用水量占农业总用水量的比例测算农业总用水量。

2）工业用水量预测：工业用水量利用各行业增加值和各行业的单位增加值用水量测算（分新鲜水取水量和用水量两个指标预测）。

3）生活用水量预测：生活用水包括城镇和农村生活用水，其中城镇生活用水包括城市、县镇（县城建制镇）的居民住宅和公共设施用水以及环境补水，农村生活用水包括农村居民和牲畜用水。

3.3.2　模型技术方法

（1）农业用水量预测模型。

农田灌溉用水量＝有效灌溉面积×单位灌溉面积用水量；

农业用水量＝农田灌溉用水量/灌溉用水量占总农业用水量之比；

（2）工业用水量预测模型。工业总用水量：

工业总用水量＝Σ（行业增加值×行业用水系数）；

工业新鲜水取水量：

工业新鲜水用水量＝Σ（行业增加值×新鲜水用水系数）；

（3）生活用水量预测模型。生活需水量预测采用人均日用水量方法进行。计算公式如下：

$$LW_{ni}^t = Po_i^t LQ_i^t 365/1000 \tag{3-1}$$

式中：i 为用户分类序号，$i=1$ 为城镇，$i=2$ 为农村；t 为规划水平年序号；LW_{ni}^t 为第 i 用户第 t 水平年生活需水量，万 m^3；Po_i^t 为第 i 用户第 t 水平年的用水人口，万人；LQ_i^t 为第 i 用户第 t 年生活用水综合定额，L/（人·d）。

（4）生态用水量预测模型。

$$生态用水量＝（农业用水量＋工业用水量＋生活用水量）× \frac{r}{1-r} \tag{3-2}$$

式中：r 为生态系统占其他 3 类用水量的比例。

图 3-2 为水资源压力预测的技术路线图。

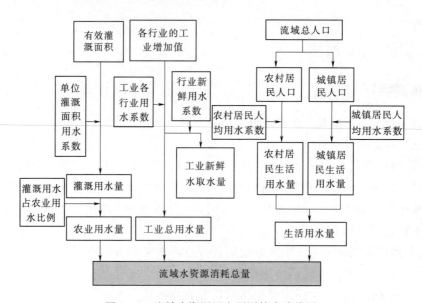

图 3-2　流域水资源压力预测技术路线图

3.3.3 模型参数确定方法及依据

3.3.3.1 农业用水量预测

（1）有效灌溉面积。以 2007—2011 年内蒙古自治区、吉林省、黑龙江省环境统计数据中所提供的有效灌溉面积为基础，通过时间序列的加权移动平均法预测得到 2016 年及 2020 年松花江流域各省（自治区）有效灌溉面积，详细方法如下：

设时间序列为 y_1，y_2，…，y_t…；加权移动平均公式为

$$M_{tw} = \frac{w_1 y_t + w_2 y_{t-1} + \cdots + w_n y_{t-n+1}}{w_1 + w_2 + \cdots + w_n} \tag{3-3}$$

式中：M_{tw} 为 t 期加权移动平均数；w_i 为 y_{t-i+1} 的权数，它体现了相应的 y 在加权平均数中的重要性，考虑到近期数据较远期数据包含有更多关于未来情况的信息，因此近期数据重要性大于远期数据，给予其较大的权数。

利用加权移动平均数来做预测，以第 t 期加权移动平均数来作为第 $t+1$ 期的预测值，公式如下：

$$\hat{y}_{t+1} = M_{tw} \tag{3-4}$$

式中：$\hat{y}_{t+1}$ 为第 $t+1$ 期的预测值。

2011 年松花江流域有效灌溉面积为 934.99 万 hm^2，预测得到的 2016 年及 2020 年单位灌溉面积用水量为 963.54 万 hm^2 和 1015.60 万 hm^2。

（2）单位灌溉面积用水量。根据 2007—2011 年《黑龙江统计年鉴》《吉林统计年鉴》《内蒙古统计年鉴》中统计数据，采用线性回归分析，利用最小二乘法确定直线方程，通过对时间序列拟合直线，然后利用数学上的最优化求解方法使得直线上的预测值与实际观察值之间的离差平方和 Q 最小：

$$Q = \sum_{t=1}^{n} (y_t - \hat{a} - \hat{b} x_t)^2 \tag{3-5}$$

解得：

$$\hat{a} = \overline{y} - \hat{b}\overline{x} \tag{3-6}$$

$$\hat{b} = \frac{\sum_{t=1}^{n} (x_t - \overline{x})(y_t - \overline{y})}{\sum_{t=1}^{n} (x_t - \overline{x})^2} \tag{3-7}$$

2011 年松花江流域单位灌溉面积用水量为 415m^3/亩，经过预测计算后得到 2016 年和 2020 年单位灌溉面积用水量为 387m^3/亩 及 375m^3/亩。分别较 2011 年下降 6.74% 和 9.64%。

3.3.3.2 工业用水量预测

（1）行业增加值。根据经济预测模型得到 39 个工业行业在 2016 及 2020 年增加值数额，见表 3-1。

表 3－1　　　　　　　　　　　工 业 各 行 业 增 加 值　　　　　　　　　单位：亿元

行　业	2012 年	2016 年	2020 年
煤炭开采和洗选业	747.54	1213.69	2138.31
石油和天然气开采业	2261.01	2549.46	3190.96
黑色金属矿采选业	81.56	151.36	303.34
有色金属矿采选业	64.10	113.31	223.74
非金属矿采选业	48.36	77.99	133.24
其他采矿业	0.17	0.20	0.25
农副食品加工业	548.44	881.74	1529.44
食品制造业	192.30	254.31	361.15
饮料制造业	129.69	176.71	256.88
烟草制品业	122.26	166.44	241.76
纺织业	36.56	46.92	68.88
纺织服装、鞋、帽制造业	14.58	22.24	43.38
皮革、毛皮、羽毛（绒）及其制品业	9.77	26.62	85.52
木材加工及木、竹、藤、棕、草制品业	146.71	234.22	396.09
家具制造业	26.11	42.16	79.97
造纸及纸制品业	35.51	50.96	78.15
印刷业和记录媒介的复制	10.09	11.67	14.32
文教体育用品制造业	3.34	6.18	13.00
石油加工、炼焦及核燃料加工业	259.60	330.55	463.27
化学原料及化学制品制造业	280.74	419.98	710.74
医药制造业	247.51	327.75	465.59
化学纤维制造业	14.52	17.54	22.20
橡胶制品业	12.80	19.70	33.76
塑料制品业	45.99	72.90	127.81
非金属矿物制品业	206.11	325.57	570.61
黑色金属冶炼及压延加工业	547.75	798.51	1263.93
有色金属冶炼及压延加工业	138.99	207.03	338.47
金属制品业	67.36	126.16	257.65
通用设备制造业	207.46	321.65	563.19
专用设备制造业	196.46	281.81	436.10
交通运输设备制造业	773.50	862.14	998.45
电气机械及器材制造业	96.35	147.98	256.07
通信设备、计算机及其他电子设备制造业	19.67	27.83	46.06

续表

行　　业	2012 年	2016 年	2020 年
仪器仪表及文化、办公用机械制造业	24.35	51.24	118.05
工艺品及其他制造业	13.07	25.73	55.15
废弃资源和废旧材料回收加工业	3.65	3.78	3.94
电力、热力的生产和供应业	795.00	1071.56	1555.98
燃气生产和供应业	19.77	30.87	49.57
水的生产和供应业	16.64	22.69	33.44

（2）工业各行业总用水系数。根据先前获得的 2007—2011 年工业各行业用水系数，进行趋势外推预测得到 2016—2020 年松花江流域工业各行业用水系数。根据数据特点其增长趋势符合幂指数模型，预测公式为

$$R_{iw(n)(i)} = ax^b \qquad (3-8)$$

式中：$R_{iw(n)(i)}$ 为行业用水系数预测值；a，b 为模型参数。

经预测得到 2016—2020 年松花江流域工业各行业总用水系数，见表 3-2。

表 3-2　　　　　　　　　　工业各行业总用水系数　　　　　　　单位：t/元

行　　业	2011 年	2016 年	2017 年	2018 年	2019 年	2020 年
煤炭开采和洗选业	0.0065	0.0047	0.0045	0.0044	0.0042	0.0039
石油和天然气开采业	0.0045	0.0034	0.0033	0.0032	0.0031	0.0029
黑色金属矿采选业	0.0263	0.0176	0.0170	0.0165	0.0153	0.0141
有色金属矿采选业	0.0264	0.0213	0.0210	0.0207	0.0201	0.0195
非金属矿采选业	0.0149	0.0120	0.0119	0.0118	0.0115	0.0113
其他采矿业	0.2946	0.3268	0.3287	0.3307	0.3347	0.3386
农副食品加工业	0.0122	0.0099	0.0097	0.0095	0.0092	0.0088
食品制造业	0.0150	0.0125	0.0123	0.0122	0.0118	0.0114
饮料制造业	0.0234	0.0202	0.0200	0.0199	0.0195	0.0192
烟草制品业	0.0027	0.0022	0.0022	0.0022	0.0021	0.0021
纺织业	0.0141	0.0120	0.0118	0.0117	0.0113	0.0110
纺织服装、鞋、帽制造业	0.0019	0.0016	0.0015	0.0015	0.0015	0.0014
皮革、毛皮、羽毛（绒）及其制品业	0.0044	0.0039	0.0039	0.0039	0.0038	0.0037
木材加工及木、竹、藤、棕、草制品业	0.0021	0.0015	0.0015	0.0014	0.0013	0.0012
家具制造业	0.0014	0.0014	0.0014	0.0014	0.0013	0.0013
造纸及纸制品业	0.1141	0.1011	0.1000	0.0990	0.0968	0.0947
印刷业和记录媒介的复制	0.0011	0.0009	0.0009	0.0009	0.0008	0.0008
文教体育用品制造业	0.0005	0.0005	0.0005	0.0005	0.0004	0.0004
石油加工、炼焦及核燃料加工业	0.1539	0.1408	0.1397	0.1387	0.1365	0.1343
化学原料及化学制品制造业	0.1185	0.0972	0.0955	0.0939	0.0905	0.0872

续表

行　业	2011 年	2016 年	2017 年	2018 年	2019 年	2020 年
医药制造业	0.0245	0.0211	0.0208	0.0205	0.0200	0.0194
化学纤维制造业	0.1448	0.1231	0.1214	0.1197	0.1162	0.1127
橡胶制品业	0.0122	0.0102	0.0100	0.0099	0.0095	0.0092
塑料制品业	0.0017	0.0015	0.0014	0.0014	0.0014	0.0013
非金属矿物制品业	0.0120	0.0098	0.0096	0.0094	0.0091	0.0087
黑色金属冶炼及压延加工业	0.1258	0.1118	0.1107	0.1095	0.1072	0.1049
有色金属冶炼及压延加工业	0.0196	0.0146	0.0142	0.0138	0.0131	0.0123
金属制品业	0.0158	0.0210	0.0216	0.0222	0.0233	0.0244
通用设备制造业	0.0012	0.0008	0.0007	0.0007	0.0007	0.0006
专用设备制造业	0.0030	0.0021	0.0020	0.0020	0.0018	0.0017
交通运输设备制造业	0.0040	0.0032	0.0031	0.0031	0.0029	0.0028
电气机械及器材制造业	0.0015	0.0013	0.0012	0.0012	0.0012	0.0011
通信设备、计算机及其他电子设备制造业	0.0036	0.0030	0.0029	0.0029	0.0029	0.0028
仪器仪表及文化、办公用机械制造业	0.0089	0.0068	0.0067	0.0065	0.0062	0.0059
工艺品及其他制造业	0.0011	0.0009	0.0008	0.0008	0.0008	0.0007
废弃资源和废旧材料回收加工业	0.0028	0.0035	0.0034	0.0034	0.0032	0.0030
电力、热力的生产和供应业	0.3710	0.3400	0.3309	0.3300	0.3256	0.3200
燃气生产和供应业	0.0411	0.0309	0.0302	0.0295	0.0280	0.0265
水的生产和供应业	0.0163	0.0100	0.0096	0.0093	0.0085	0.0077

　　（3）工业各行业新鲜水用水系数。根据先前获得的 2007—2011 年工业各行业新鲜水用水系数，进行趋势外推预测得到 2016—2020 年松花江流域工业各行业新鲜水用水系数。根据数据特点其增长趋势符合幂指数模型，最终预测结果见表 3-3。

表 3-3　　　　　　　　　工业各行业新鲜水用水系数　　　　　　　　单位：t/元

行　业	2011 年	2016 年	2017 年	2018 年	2019 年	2020 年
煤炭开采和洗选业	0.0022	0.0016	0.0015	0.0014	0.0013	0.0012
石油和天然气开采业	0.0008	0.0006	0.0006	0.0005	0.0005	0.0005
黑色金属矿采选业	0.0058	0.0041	0.0038	0.0036	0.0034	0.0033
有色金属矿采选业	0.0106	0.0076	0.0073	0.0071	0.0069	0.0066
非金属矿采选业	0.0037	0.0028	0.0026	0.0025	0.0024	0.0022
其他采矿业	0.1965	0.2692	0.2799	0.2907	0.2940	0.3000
农副食品加工业	0.0059	0.0046	0.0045	0.0043	0.0042	0.0041
食品制造业	0.0056	0.0044	0.0043	0.0041	0.0040	0.0039
饮料制造业	0.0099	0.0096	0.0095	0.0093	0.0093	0.0092
烟草制品业	0.0002	0.0002	0.0002	0.0001	0.0001	0.0001

续表

行　业	2011 年	2016 年	2017 年	2018 年	2019 年	2020 年
纺织业	0.0101	0.0087	0.0085	0.0082	0.0080	0.0079
纺织服装、鞋、帽制造业	0.0013	0.0011	0.0010	0.0010	0.0009	0.0009
皮革、毛皮、羽毛（绒）及其制品业	0.0032	0.0029	0.0028	0.0028	0.0027	0.0027
木材加工及木、竹、藤、棕、草制品业	0.0010	0.0007	0.0006	0.0006	0.0005	0.0005
家具制造业	0.0008	0.0008	0.0008	0.0008	0.0008	0.0008
造纸及纸制品业	0.0523	0.0450	0.0424	0.0411	0.0400	0.0395
印刷业和记录媒介的复制	0.0005	0.0004	0.0004	0.0003	0.0003	0.0003
文教体育用品制造业	0.0004	0.0003	0.0003	0.0003	0.0003	0.0003
石油加工、炼焦及核燃料加工业	0.0072	0.0050	0.0047	0.0043	0.0042	0.0040
化学原料及化学制品制造业	0.0112	0.0084	0.0080	0.0076	0.0071	0.0070
医药制造业	0.0047	0.0039	0.0038	0.0036	0.0036	0.0035
化学纤维制造业	0.0136	0.0105	0.0100	0.0096	0.0093	0.0091
橡胶制品业	0.0016	0.0012	0.0012	0.0011	0.0010	0.0010
塑料制品业	0.0004	0.0003	0.0003	0.0003	0.0003	0.0003
非金属矿物制品业	0.0030	0.0023	0.0022	0.0021	0.0021	0.0020
黑色金属冶炼及压延加工业	0.0073	0.0055	0.0051	0.0048	0.0045	0.0045
有色金属冶炼及压延加工业	0.0028	0.0019	0.0018	0.0017	0.0017	0.0015
金属制品业	0.0025	0.0023	0.0022	0.0022	0.0021	0.0021
通用设备制造业	0.0006	0.0004	0.0004	0.0003	0.0003	0.0003
专用设备制造业	0.0007	0.0005	0.0005	0.0004	0.0004	0.0004
交通运输设备制造业	0.0008	0.0005	0.0005	0.0004	0.0004	0.0004
电气机械及器材制造业	0.0003	0.0002	0.0002	0.0001	0.0001	0.0001
通信设备、计算机及其他电子设备制造业	0.0012	0.0012	0.0013	0.0013	0.0013	0.0013
仪器仪表及文化、办公用机械制造业	0.0012	0.0009	0.0008	0.0008	0.0007	0.0007
工艺品及其他制造业	0.0007	0.0006	0.0006	0.0005	0.0005	0.0005
废弃资源和废旧材料回收加工业	0.0017	0.0018	0.0019	0.0019	0.0019	0.0019
电力、热力的生产和供应业	0.0687	0.0600	0.0595	0.0590	0.0560	0.0530
燃气生产和供应业	0.0035	0.0025	0.0023	0.0022	0.0021	0.0020
水的生产和供应业	0.0103	0.0057	0.0052	0.0047	0.0045	0.0042

　　（4）重复用水率。影响工业需水的因素主要包括工业产品的结构与规模、工业总产值、生产工艺、生产设备及技术水平、节水技术等。其中万元工业产值用水量定额可反映生产工艺、生产设备及技术水平的变化，而工业重复用水率的提高则可反映出节水技术的提高及工业结构的调整。

确定工业用水重复率方法较多，目前较流行方法是利用数学模型与分析比较相结合，通过统计流域历年资料，建立数学模型进行预测。从国内外工业用水重复率统计资料来看，其增长过程一般符合生长曲线模型，可用庞伯兹公式来预测：

$$R(i) = R_{max} \times \exp[-b \times \exp(-kT)] \tag{3-9}$$

式中：$R(i)$ 为预测年工业用水重复率；R_{max} 为工业用水重复率上限值；T 为时间；b、k 为模型参数。

经过计算得到 2020 年的工业重复用水率为 0.767。

3.3.3.3　生活用水量预测

（1）城镇和农村居民人口。城镇和农村人口预测计算采用如下公式：

$$R_{规划} = R_{基准}(1+P)^n \tag{3-10}$$

式中：$R_{规划}$ 为规划水平年的人口数，万人；$R_{基准}$ 为采用基准年的人口数，万人；P 为年均人口增长率，%；n 为预测水平年和现状水平年间隔年数。

其中年均人口增长率预测主要以 2007—2011 年《黑龙江统计年鉴》《吉林统计年鉴》《内蒙古统计年鉴》中有关人口统计数据为基础，采用趋势外推方法并结合松花江流域各省（自治区）《国民经济和社会发展第十三个五年规划纲要》中关于人口增长的预测，得到 2020 年松花江流域城镇总人口达到 4219.70 万人，较 2012 年的 3868.00 万人增长 8.33%；农村人口由 2012 年的 3170.90 万人下降到 2020 年的 2903.80 万人。

（2）城镇和农村居民人均日用水量。数据来源于《中国水资源公报》，随着城镇人口不断增加，城镇人均日用水量总体呈现下降趋势，如图 3-3 所示。采用回归分析，趋势外推方法预测，预测结果显示 2016 年及 2020 年城镇人均日用水量分别为 197m³ 和 190m³，较 2012 年的 201m³ 下降 1.99% 和 5.47%。相反随着农村居民生活水平的提高，未来农村居民的生活用水量必然呈上升趋势，如图 3-4 所示。采用时间序列趋势外推方法预测，预测结果显示 2016 及 2020 年农村人均日用水量 104m³ 和 120m³，较 2011 年的 82m³ 增长了 26.82% 和 46.34%。

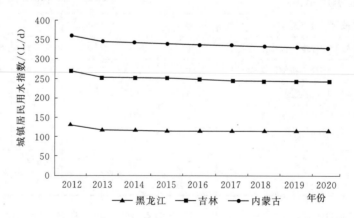

图 3-3　2012—2020 年松花江流域各省（自治区）城镇居民人均用水量预测

3.3.3.4　生态用水量预测

根据 2007—2011 年的《中国水资源公报》，近 4 年这一比例从 1.52% 提高到了 1.9%

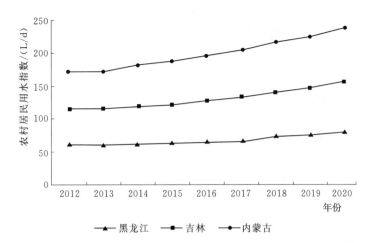

图 3-4 2012—2020 年松花江流域各省（自治区）农村居民人均用水量预测

左右，预计未来这一比例将呈上升趋势，到 2016 年达到 2.8%，到 2020 年达到 3%。

3.4 废水及污染物产排放压力预测

3.4.1 预测指标

主要预测废水和污染物（COD、NH_3-N、总氮、总磷）的产生量和排放量。

3.4.2 模型技术方法

（1）农业预测模型。

1）种植业废水。利用预测得到的种植业用水量与种植业生产耗水系数相乘得到废水产生量（假设废水产生量等于排放量）。

计算公式：

$$G_{pw} = C_{pw}(1 - R_{pc}) \tag{3-11}$$

式中：G_{pw} 为种植业的废水产生量，亿 m^3；C_{pw} 为种植业的用水量，亿 m^3；R_{pc} 为种植业的生产耗水系数。

2）种植业污染物预测模型。根据化肥施用量（需要预测）、化肥利用率（源强系数）以及种植业的污染物流失系数计算污染物排放量。预测污染物包括 TP 和 TN。

TP 预测方法：

$$\text{TP 排放量} = \text{TP 产生量} \times \text{TP 流失系数} \tag{3-12}$$

$$\text{TP 产生量} = \text{磷肥施用量} \times (1 - \text{磷肥利用率}) \times 0.4366 \tag{3-13}$$

$$\text{磷肥施用量} = \text{耕地面积} \times \text{单位耕地面积化肥施用量} \times \text{磷肥施肥结构} \tag{3-14}$$

TN 预测方法：

$$\text{TN 排放量} = \text{TN 产生量} \times \text{TN 流失系数} \tag{3-15}$$

$$\text{TN 产生量} = \text{氮肥施用量} \times (1 - \text{化肥利用率}) \tag{3-16}$$

（2）规模化畜禽养殖业预测模型。畜禽种类包括：猪、肉牛、奶牛、肉鸡、蛋鸡和羊。

1）废水产生量。根据预测畜禽养殖量（存栏量）、畜禽废水产生系数和排泄系数得到废水和污染物产生量，然后根据废水处理率、废水回用率以及流失系数得到废水排放量。

$$规模化畜禽养殖量＝畜禽养殖量×规模化养殖比例 \tag{3-17}$$

$$\begin{aligned}废水产生量＝规模化畜禽养殖量×（湿法工艺比例×湿法工艺的废水产生系数＋\\干法工艺比例×干法工艺比例的废水产生系数）\end{aligned} \tag{3-18}$$

$$废水排放量＝废水产生量－废水回用量 \tag{3-19}$$

$$废水回用量＝废水产生量×废水处理率×废水回用率 \tag{3-20}$$

2）污染物产生量（COD、NH_3-N、TP、TN）

按干法和湿法两种清粪工艺计算污染物去除量，然后根据污染物流失系数计算得到污染物排放量。预测污染物包括 COD、NH_3-N、TP 和 TN。

$$污染物排放量＝（污染物产生量－污染物去除量）×污染物流失系数 \tag{3-21}$$

$$污染物产生量＝规模化畜禽养殖量×排泄系数 \tag{3-22}$$

$$污染物去除量＝干法污染物去除量＋湿法污染物去除量 \tag{3-23}$$

$$干法污染物去除量＝污染物产生量×（1－湿法工艺比例）×干法污染物清除率 \tag{3-24}$$

$$湿法污染物去除量＝（污染物产生量－干法污染物去除量）×废水处理率×污染物削减率 \tag{3-25}$$

（3）工业。工业废水和污染物的预测：由于各个行业的工艺复杂，废水的产生量数据较难估算，在环境统计年鉴上，给出了各个行业的废水排放量，且废水的排放系数，即单位产值的排放量呈现出较好的规律性，故根据废水排放量的现状值直接估算目标年份的排放量是一种较好的方法。预测年份的工业增加值和工业废水产生排放系数、污染物产生系数相乘即得到工业废水排放量和污染物产生量。预测污染物包括 COD 和 NH_3-N。

1）废水和污染物产生量。用式（3-26）和式（3-27）计算：

$$G_{iw(i)}＝GE_{iw(i)}P_{i(i)}/10000 \tag{3-26}$$

$$G_{iww(i)}＝GE_{iww(i)}P_{i(i)}/1000 \tag{3-27}$$

式中：$G_{iw(i)}$ 为各行业的废水产生量，亿 t；$GE_{iw(i)}$ 为各行业的废水产生系数，t/万元；$P_{i(i)}$ 为各工业行业的增加值，亿元；$G_{iww(i)}$ 为各工业行业的废水污染物产生量（COD 和 NH_3-N），万 t；$GE_{iww(i)}$ 为各工业行业的废水污染物（COD 和 NH_3-N）产生系数，kg/万元。

2）废水和污染物排放量用式（3-28）和式（3-29）计算：

$$D_{iw(i)}＝G_{iw(i)}(1－R_{iw(i)}) \tag{3-28}$$

$$D_{iww(i)}＝G_{iww(i)}(1－R_{iww(i)}) \tag{3-29}$$

式中：$D_{iw(i)}$ 为各行业的废水排放量，亿 t；$R_{iw(i)}$ 为各行业的废水回用率，％；$D_{iww(i)}$ 为各行业污染物排放量，亿 t；$R_{iww(i)}$ 为各行业污染物处理率，％。

（4）农村生活。

1）废水产生及排放量。农村生活废水包括农村居民生活废水和散养畜禽废水两部分。其中，居民生活废水在预测用水量的基础上，根据农村生活耗水系数计算废水产生量，散养畜禽废水则直接通过散养畜禽量和散养畜禽的废水产生系数预测废水产生量，两部分废水产生量加和，考虑废水流失系数后得到废水排放量。

$$农村生活废水产生量＝农村居民废水产生量＋散养畜禽废水产生量 \quad (3-30)$$

$$农村居民废水产生量＝农村居民用水量×(1－耗水系数) \quad (3-31)$$

$$散养畜禽废水产生量＝散养畜禽量×废水产生系数 \quad (3-32)$$

$$农村生活废水排放量＝废水产生量×废水流失系数 \quad (3-33)$$

2）污染物产生量及排放量预测。污染物产生量根据农村人口、散养畜禽量和人畜污染物产生系数计算，然后根据沼气化率和污染物流失系数计算得到污染物排放量。预测污染物包括 COD、NH_3-N、TP 和 TN。

$$农村生活污染物产生量＝农村居民污染物产生量＋散养畜禽污染物产生量 \quad (3-34)$$

$$农村居民污染物产生量＝农村人口×生活污染物产生系数 \quad (3-35)$$

$$散养畜禽污染物产生量＝散养畜禽量×畜禽污染物产生系数 \quad (3-36)$$

$$污染物去除量＝农村居民生活污染物产生量×沼气化率 \quad (3-37)$$

$$污染物排放量＝(农村生活污染物产生量－污染物去除量)×污染物流失系数$$

$$(3-38)$$

（5）城镇生活。

1）废水产生及排放量。城镇生活废水产生量的预测和农村居民生活废水产生量的预测方法类似，在预测用水量的基础上，通过城镇居民生活耗水系数，计算得到废水产生量；然后根据生活废水占城镇管网废水的比例，计算总的城镇管网废水产生量，利用回用率目标计算处理回用量，计算得到废水排放量。

$$废水产生量＝城镇居民用水量×(1－城镇居民耗水系数) \quad (3-39)$$

$$废水排放量＝(废水产生量/生活废水占管网废水总产生量的比例)×$$
$$废水处理率×(1－废水回用率)$$

$$(3-40)$$

2）污染物产生及排放量（COD、NH_3-N、TP、TN）

$$污染物排放量＝污染物产生量－污染物去除量 \quad (3-41)$$

$$污染物产生量＝城镇人口×污染物产生系数 \quad (3-42)$$

$$污染物去除量＝污染物产生量×废水处理率×\sum(三类处理级别的比例$$
$$×各处理级别的污染物去除率)$$

$$(3-43)$$

（6）废水治理投资和运行费用的预测方法。

1）废水治理投资。

$$治理投资＝新增设计处理能力×单位废水治理投资系数 \quad (3-44)$$

$$新增设计处理能力＝当年设计处理能力－上年设计处理能力＋当年报废处理能力$$

$$(3-45)$$

$$当年报废处理能力＝设备折旧率×上年设计处理能力 \quad (3-46)$$

$$当年设计处理能力＝当年时间处理能力/处理设施正常运转率/运行安全系数＋$$
$$上年设计处理能力×0.05$$

$$(3-47)$$

$$当年实际处理能力＝当年废水处理量/365 \qquad (3-48)$$

2）废水治理运行费用

$$废水处理量＝废水产生量×废水处理率 \qquad (3-49)$$

$$运行费用＝废水实际处理量×单位废水运行费用系数 \qquad (3-50)$$

废水及水污染预测技术路线如图 3-5 所示。

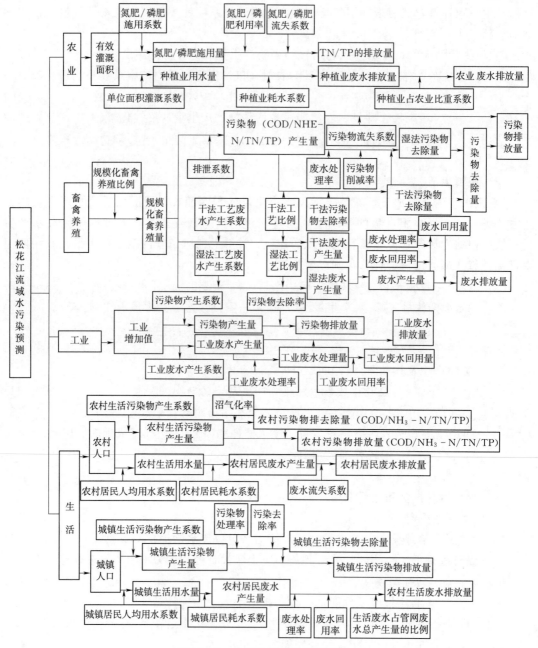

图 3-5 水污染预测技术路线图

3.4.3 模型参数确定方法

3.4.3.1 农业废水及水污染预测

（1）种植业。

1）耗水系数。耗水系数由全国水资源公报计算得出，再用趋势外推法推得。一般种植业的生产耗水系数取 0.655。预计 2020 年增长到 0.698，如图 3-6 所示。

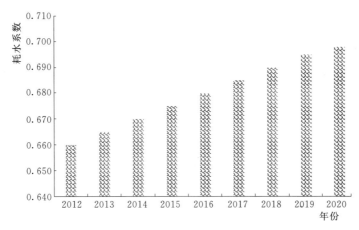

图 3-6 松花江流域 2012—2020 年种植业耗水系数预测趋势

2）单位耕地面积化肥施用量。根据统计数据，从 2004—2010 年，我国耕地的平均化肥施用量（折纯量）呈现逐年上升趋势，由 2004 年的 300kg/hm² 增长至 2010 年的 460kg/hm²，年平均增长率 5.49%，远超过单位面积亩产增长率。采用趋势分析法，并同时考虑到化肥利用效率的提高，环境保护的需求等（发达国家为防止化肥对水体污染规定的单位化肥施用量为 225kg/hm²），预测到 2020 年单位化肥施用量降至 383.12kg/hm²。

3）施肥结构。以 $N:P_2O_5:K_2O$ 达到 1:0.5:0.4 为目标，预计到 2020 年氮肥：磷肥：钾肥：复合肥的比例为 33.74%:12.97%:9.26%:24.13%。

4）化肥利用率。氮肥的利用率要高于磷肥，土壤中投入的磷肥只有 10%～20% 可被作物利用，其余大部分以农田排水和径流的方式进入地表水造成水体污染。氮肥利用率目前约为 33%，预计随着单位化肥施用量的减少以及施肥结构的调整，到 2020 年氮肥利用率提高到 50%，磷肥利用率提高到 25%，如图 3-7 所示。

（2）规模化畜禽养殖业。

1）畜禽养殖量。畜禽养殖量主要取决于消费需求、食品结构、畜禽生产能力、饲料供应和畜牧业科技进步等因素，对以上因素综合分析，今后肉类及禽蛋的增长幅度将呈稳中有降的态势，预计未来肉类和禽蛋的增长率呈下降趋势，奶类在"十二五"期间保持高速增长态势，此后逐步下降。据此提出 2012—2020 年主要畜禽产品的年均增长率，并预测畜禽养殖量，见表 3-4。

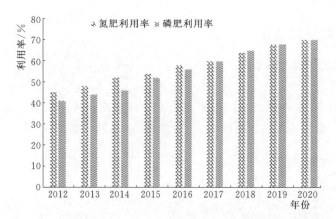

图 3-7　松花江流域 2012—2020 年种植业化肥利用率预测趋势

表 3-4　　　　　　　　　松花江流域 2012—2020 年主要畜禽产品养殖量

年份	生猪/万头	肉牛/万头	奶牛/万头	肉鸡/万只	蛋鸡/万只	羊/万只
2012	3398.8	1190.1	489.6	20211.6	15956.5	6643.0
2013	3506.1	1167.2	527.9	22056.4	17909.1	7295.1
2014	3807.4	1343.2	516.3	19739.7	16241.5	8049.8
2015	4171.5	1415.8	558.7	19655.6	16379.7	9018.2
2016	4409.8	1388.6	581.1	20641.8	17449.8	9139.2
2017	4599.6	1464.9	579.2	22173.9	19006.2	8917.1
2018	4832.8	1534.2	611.3	24129.3	21233.8	9036.0
2019	5255.9	1682.3	632.4	25768.1	23241.8	9370.3
2020	5582.1	1734.5	644.6	27806.6	25086.1	9559.1

2）规模化养殖比例。畜牧业的生产方式正在向规模化和集约化的方向发展，规模化养殖的比例将不断提高，根据《中国畜牧业年鉴 2007》中的相关统计数据，得到 2007 年6 种畜禽的规模化养殖比例，并在此基础上确定规模化养殖比例的预测目标，到 2020 年：猪 50%，肉牛 45%，奶牛 55%，肉鸡 65%，蛋鸡 60%，羊 35%。

3）废水处理率。根据 2007 年污染物普查数据，废水处理率：猪 24%，肉牛 15.3%，奶牛 36.5%，肉鸡和蛋鸡 39.0%，羊 10.0%，到 2020 年分别提高到：猪牛 80%，鸡90%，羊 60%，见图 3-8。

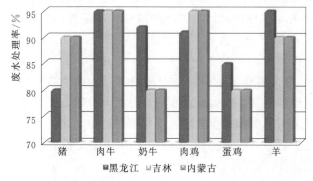

图 3-8　2020 年松花江流域各省（自治区）畜禽养殖废水处理率预测趋势

4）湿法工艺比例。根据污染源普查数据，2007 年湿法工艺比例为：猪 61.5%，牛 59.5%，鸡 39.0%，羊 20.0%，到 2020 年降低到：猪 30%，牛 50%，鸡 15%，羊 10%。

5）干法污染物清除比例。根据污染物普查数据，2007 年干法污染物清除率为：猪 60.0%，肉牛 68.0%，奶牛 55.0%，肉鸡和蛋鸡 80.0%，羊 60.0%，到 2020 年提高到：猪和肉牛 75%，奶牛 70%，鸡 85%，羊 70%，如图 3-9 所示。

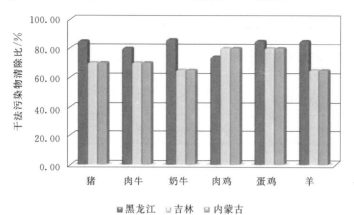

图 3-9　2020 年松花江流域各省（自治区）
畜禽养殖干法清除率预测趋势

6）废水回用率。2020 年松花江流域各省（自治区）畜禽养殖废水回用率预测趋势如图 3-10 所示。

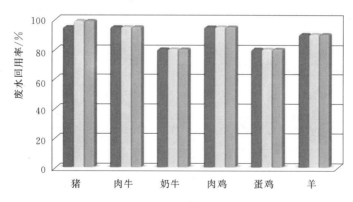

图 3-10　2020 年松花江流域各省（自治区）
畜禽养殖废水回用率预测趋势

7）废水产生系数和污染物排泄系数，见表 3-5。

表 3-5　　　　　规模化畜禽养殖场的废水产生系数和污染物排泄系数

项　　目		猪	肉牛	奶牛	肉鸡	蛋鸡	羊
废水产生系数/[t/(只·a)]	水冲粪	6.57	23.73	54.75	0.22	0.26	15.7
	干清粪	2.74	11.86	33.76	0.09	0.09	7.8

续表

项　目		猪	肉牛	奶牛	肉鸡	蛋鸡	羊
污染物排泄系数/[kg/(只·a)]	COD	48.52	226.2	401.5	4.9	2.4	4.4
	NH_3-N	2.07	25.15	25.15	0.125	0.125	0.57
	TP	1.7	10.07	10.07	0.115	0.115	0.45
	TN	4.51	61.1	61.1	0.275	0.275	2.28

3.4.3.2　工业废水及水污染物预测

（1）工业废水排放系数。各行业废水排放系数根据现有的（2007—2011 年）五年的废水排放系数进行趋势外推求得，见表 3-6。

表 3-6　　　　　　　　　　　　工业废水排放系数　　　　　　　　　单位：t/万元

行　业　名　称	2012 年	2016 年	2020 年
煤炭开采和洗选业	11.28	9.37	8.49
石油和天然气开采业	1.49	1.22	1.10
黑色金属矿采选业	12.57	9.05	7.59
有色金属矿采选业	36.74	29.28	25.95
非金属矿采选业	8.95	6.18	5.15
其他采矿业	330.53	291.80	274.49
农副食品加工业	25.46	22.30	20.80
食品制造业	20.77	17.65	16.19
饮料制造业	25.90	16.42	12.35
烟草制品业	1.10	0.93	0.85
纺织业	41.61	38.02	36.26
纺织服装、鞋、帽制造业	5.58	4.86	4.51
皮革毛皮羽毛（绒）及其制品业	14.21	12.67	11.93
木材加工及木竹藤棕草制品业	3.10	2.03	1.65
家具制造业	3.06	2.70	2.50
造纸及纸制品业	208.41	182.01	169.42
印刷业和记录媒介的复制	2.99	2.72	2.59
文教体育用品制造业	1.97	1.79	1.71
石油加工、炼焦及核燃料加工业	22.11	19.33	18.00
化学原料及化学制品制造业	35.58	27.78	24.34
医药制造业	14.42	11.43	10.10
化学纤维制造业	50.30	40.50	36.09
橡胶制品业	5.70	4.64	4.17
塑料制品业	2.12	1.91	1.81
非金属矿物制品业	6.27	4.59	3.90

续表

行　业　名　称	2012 年	2016 年	2020 年
黑色金属冶炼及压延加工业	12.60	9.44	8.10
有色金属冶炼及压延加工业	5.00	3.46	2.86
金属制品业	9.14	8.28	7.86
通用设备制造业	1.87	1.37	1.18
专用设备制造业	2.90	2.25	1.98
交通运输设备制造业	2.29	1.61	1.35
电气机械及器材制造业	1.60	1.37	1.26
通信计算机及其他电子设备制造业	4.46	4.69	4.82
仪器仪表及文化办公用机械制造业	4.38	3.22	2.75
工艺品及其他制造业	3.01	2.66	2.49
废弃资源和废旧材料回收加工业	8.53	10.11	11.04
电力、热力的生产和供应业	14.46	10.18	8.45
燃气生产和供应业	7.13	4.80	3.90
水的生产和供应业	31.41	25.45	22.76

（2）废水去除率。根据污染源普查数据，得到 2007 年的各行业的废水处理率并进行趋势外推求得，见表 3-7。

表 3-7　　　　　　　　　　工 业 废 水 去 除 率　　　　　　　　　　%

行　业　名　称	2012 年	2016 年	2020 年
煤炭开采和洗选业	42.0	55.5	77.5
石油和天然气开采业	62.8	68.5	70.5
黑色金属矿采选业	64.0	74.1	78.3
有色金属矿采选业	56.0	80.3	93.3
非金属矿采选业	41.3	51.9	80.1
其他采矿业	42.0	51.9	74.1
农副食品加工业	46.0	59.4	84.6
食品制造业	66.0	72.1	76.3
饮料制造业	62.0	82.8	87.0
烟草制品业	44.3	50.5	78.7
纺织业	69.4	73.6	77.8
纺织服装、鞋、帽制造业	44.3	52.5	81.7
皮革毛皮羽毛（绒）及其制品业	57.0	63.1	67.3
木材加工及木竹藤棕草制品业	44.3	50.5	68.7
家具制造业	44.3	51.5	82.7

续表

行 业 名 称	2012 年	2016 年	2020 年
造纸及纸制品业	72.0	76.5	78.5
印刷业和记录媒介的复制	44.3	50.5	71.7
文教体育用品制造业	44.3	50.5	65.7
石油加工、炼焦及核燃料加工业	65.9	70.1	74.3
化学原料及化学制品制造业	59.7	63.9	68.1
医药制造业	54.3	58.5	62.7
化学纤维制造业	66.0	71.1	75.3
橡胶制品业	44.7	50.9	69.1
塑料制品业	44.7	50.9	66.1
非金属矿物制品业	62.3	72.5	76.7
黑色金属冶炼及压延加工业	67.0	85.3	89.5
有色金属冶炼及压延加工业	61.5	78.4	82.6
金属制品业	58.5	79.4	83.6
通用设备制造业	44.7	52.9	79.1
专用设备制造业	44.3	49.5	60.7
交通运输设备制造业	53.4	60.6	70.8
电气机械及器材制造业	44.3	52.5	81.7
通信计算机及其他电子设备制造业	65.4	69.6	73.8
仪器仪表及文化办公用机械制造业	44.3	53.5	86.7
工艺品及其他制造业	44.3	52.5	78.7
废弃资源和废旧材料回收加工业	44.3	52.5	66.7
电力、热力的生产和供应业	38.1	46.3	75.5
燃气生产和供应业	44.3	51.5	71.7
水的生产和供应业	44.3	53.5	80.7

（3）污染物去除率。根据环境统计年鉴可以得到 2007—2011 年各个行业的污染物的去除率并进行趋势外推求得，见表 3-8 和表 3-9。

表 3-8　　　　　　　　　　　　　　　工 业 COD 去 除 率

行 业 名 称	2012 年	2016 年	2020 年
煤炭开采和洗选业	0.79	0.81	0.83
石油和天然气开采业	0.79	0.81	0.83
黑色金属矿采选业	0.73	0.75	0.77
有色金属矿采选业	0.58	0.60	0.62

续表

行 业 名 称	2012 年	2016 年	2020 年
非金属矿采选业	0.68	0.70	0.72
其他采矿业	0.79	0.81	0.83
农副食品加工业	0.65	0.67	0.69
食品制造业	0.73	0.75	0.77
饮料制造业	0.73	0.75	0.77
烟草制品业	0.74	0.76	0.78
纺织业	0.68	0.70	0.72
纺织服装、鞋、帽制造业	0.66	0.68	0.70
皮革毛皮羽毛（绒）及其制品业	0.67	0.69	0.71
木材加工及木竹藤棕草制品业	0.59	0.61	0.63
家具制造业	0.76	0.78	0.80
造纸及纸制品业	0.74	0.76	0.78
印刷业和记录媒介的复制	0.69	0.71	0.73
文教体育用品制造业	0.31	0.33	0.35
石油加工、炼焦及核燃料加工业	0.69	0.71	0.73
化学原料及化学制品制造业	0.71	0.73	0.75
医药制造业	0.73	0.75	0.77
化学纤维制造业	0.50	0.52	0.54
橡胶制品业	0.35	0.37	0.39
塑料制品业	0.32	0.34	0.36
非金属矿物制品业	0.78	0.80	0.82
黑色金属冶炼及压延加工业	0.67	0.69	0.71
有色金属冶炼及压延加工业	0.55	0.57	0.59
金属制品业	0.52	0.54	0.56
通用设备制造业	0.70	0.72	0.74
专用设备制造业	0.71	0.73	0.75
交通运输设备制造业	0.69	0.71	0.73
电气机械及器材制造业	0.71	0.73	0.75
通信计算机及其他电子设备制造业	0.43	0.45	0.47
仪器仪表及文化办公用机械制造业	0.77	0.79	0.81
工艺品及其他制造业	0.70	0.72	0.74
废弃资源和废旧材料回收加工业	0.51	0.53	0.55
电力、热力的生产和供应业	0.70	0.72	0.74
燃气生产和供应业	0.81	0.83	0.85
水的生产和供应业	0.80	0.82	0.84

表 3-9　　　　　　　　　　　　　工 业 NH₃-N 去 除 率

行 业 名 称	2012 年	2016 年	2020 年
煤炭开采和洗选业	0.58	0.62	0.66
石油和天然气开采业	0.52	0.56	0.60
黑色金属矿采选业	0.22	0.26	0.28
有色金属矿采选业	0.44	0.48	0.51
非金属矿采选业	0.52	0.56	0.60
其他采矿业	0.58	0.62	0.66
农副食品加工业	0.58	0.62	0.66
食品制造业	0.58	0.62	0.66
饮料制造业	0.58	0.62	0.66
烟草制品业	0.68	0.71	0.73
纺织业	0.34	0.38	0.41
纺织服装、鞋、帽制造业	0.34	0.38	0.41
皮革毛皮羽毛（绒）及其制品业	0.51	0.56	0.59
木材加工及木竹藤棕草制品业	0.70	0.73	0.75
家具制造业	0.68	0.71	0.73
造纸及纸制品业	0.41	0.44	0.46
印刷业和记录媒介的复制	0.67	0.70	0.72
文教体育用品制造业	0.35	0.38	0.40
石油加工、炼焦及核燃料加工业	0.71	0.73	0.75
化学原料及化学制品制造业	0.65	0.66	0.68
医药制造业	0.63	0.64	0.68
化学纤维制造业	0.38	0.41	0.44
橡胶制品业	0.08	0.11	0.13
塑料制品业	0.32	0.36	0.39
非金属矿物制品业	0.60	0.64	0.68
黑色金属冶炼及压延加工业	0.61	0.63	0.65
有色金属冶炼及压延加工业	0.47	0.51	0.54
金属制品业	0.47	0.51	0.54
通用设备制造业	0.60	0.65	0.68
专用设备制造业	0.64	0.67	0.69
交通运输设备制造业	0.59	0.62	0.64
电气机械及器材制造业	0.54	0.58	0.62
通信计算机及其他电子设备制造业	0.14	0.17	0.19

续表

行　业　名　称	2012 年	2016 年	2020 年
仪器仪表及文化办公用机械制造业	0.58	0.62	0.66
工艺品及其他制造业	0.60	0.65	0.68
废弃资源和废旧材料回收加工业	0.46	0.50	0.53
电力、热力的生产和供应业	0.63	0.67	0.71
燃气生产和供应业	0.64	0.69	0.72
水的生产和供应业	0.56	0.59	0.61

（4）工业 COD 产生系数见表 3－10。

表 3－10　　　　　　　　　　工　业　COD　产　生　系　数　　　　　单位：t/亿元

行　业　名　称	2012 年	2016 年	2020 年
煤炭开采和洗选业	72.39	48.91	43.39
石油和天然气开采业	12.75	7.05	5.92
黑色金属矿采选业	16.36	7.21	5.71
有色金属矿采选业	64.25	27.49	20.73
非金属矿采选业	28.09	19.39	17.23
其他采矿业	1076.05	363.78	301.50
农副食品加工业	281.29	192.58	170.90
食品制造业	280.00	195.22	176.37
饮料制造业	648.16	575.27	554.41
烟草制品业	5.30	4.55	4.20
纺织业	248.58	204.96	192.93
纺织服装、鞋、帽制造业	28.26	26.32	25.75
皮革毛皮羽毛（绒）及其制品业	170.50	139.02	128.86
木材加工及木竹藤棕草制品业	27.33	17.91	15.59
家具制造业	10.22	5.65	5.34
造纸及纸制品业	2712.05	1976.85	1790.88
印刷业和记录媒介的复制	11.19	9.72	9.33
文教体育用品制造业	4.59	3.96	3.79
石油加工、炼焦及核燃料加工业	89.98	46.97	38.96
化学原料及化学制品制造业	172.67	128.89	117.42
医药制造业	198.69	155.46	143.86
化学纤维制造业	359.28	259.25	233.50
橡胶制品业	14.36	11.82	11.13
塑料制品业	6.04	4.86	4.55
非金属矿物制品业	14.48	10.25	9.22

续表

行　业　名　称	2012 年	2016 年	2020 年
黑色金属冶炼及压延加工业	30.94	24.96	23.42
有色金属冶炼及压延加工业	12.36	6.65	5.48
金属制品业	17.01	14.36	13.62
通用设备制造业	8.11	6.46	6.03
专用设备制造业	6.53	4.58	4.12
交通运输设备制造业	7.72	5.31	4.75
电气机械及器材制造业	4.83	3.64	3.35
通信计算机及其他电子设备制造业	6.38	5.01	4.65
仪器仪表及文化办公用机械制造业	14.32	10.71	9.78
工艺品及其他制造业	14.78	19.66	20.24
废弃资源和废旧材料回收加工业	17.34	9.03	7.97
电力、热力的生产和供应业	13.47	8.78	7.67
燃气生产和供应业	114.43	54.35	43.76
水的生产和供应业	148.44	83.04	71.11

（5）工业 NH_3-N 产生系数见表 3-11。

表 3-11　　　　　　　　　工业 NH_3-N 产生系数　　　　　单位：t/亿元

行　业　名　称	2012 年	2016 年	2020 年
煤炭开采和洗选业	0.58	0.33	0.28
石油和天然气开采业	0.55	0.43	0.38
黑色金属矿采选业	0.36	0.25	0.20
有色金属矿采选业	0.76	0.47	0.39
非金属矿采选业	0.32	0.21	0.19
其他采矿业	28.46	12.91	9.44
农副食品加工业	6.59	4.83	4.06
食品制造业	13.64	8.97	7.61
饮料制造业	7.11	5.90	5.43
烟草制品业	0.25	0.22	0.20
纺织业	5.06	3.74	3.27
纺织服装、鞋、帽制造业	0.92	0.81	0.76
皮革毛皮羽毛（绒）及其制品业	7.36	4.49	3.70
木材加工及木竹藤棕草制品业	0.65	0.34	0.27
家具制造业	0.33	0.25	0.22
造纸及纸制品业	16.63	9.40	7.51

续表

行　业　名　称	2012 年	2016 年	2020 年
印刷业和记录媒介的复制	0.55	0.46	0.43
文教体育用品制造业	0.18	0.14	0.13
石油加工、炼焦及核燃料加工业	31.71	26.79	24.43
化学原料及化学制品制造业	44.38	33.70	28.95
医药制造业	5.22	3.20	2.58
化学纤维制造业	8.09	6.14	5.28
橡胶制品业	0.73	0.50	0.43
塑料制品业	0.26	0.19	0.17
非金属矿物制品业	0.56	0.31	0.25
黑色金属冶炼及压延加工业	2.66	1.99	1.76
有色金属冶炼及压延加工业	2.07	1.35	1.15
金属制品业	0.95	0.68	0.60
通用设备制造业	0.25	0.18	0.16
专用设备制造业	0.29	0.15	0.13
交通运输设备制造业	0.22	0.14	0.12
电气机械及器材制造业	0.14	0.10	0.10
通信计算机及其他电子设备制造业	0.31	0.20	0.17
仪器仪表及文化办公用机械制造业	0.42	0.26	0.22
工艺品及其他制造业	0.54	0.54	0.54
废弃资源和废旧材料回收加工业	0.76	0.50	0.42
电力、热力的生产和供应业	0.49	0.23	0.18
燃气生产和供应业	5.75	2.19	1.51
水的生产和供应业	4.97	2.65	2.07

3.4.3.3　生活废水及水污染物预测

（1）农村生活。

1）农村居民生活耗水系数。根据 2007—2011 年的中国水资源公报，农村居民生活耗水系数基本保持在 0.80～0.9，预计随着农村居民生活水平的提高，耗水系数应该逐步下降。2011 年为 0.85，预计到 2016 年降至 0.80，到 2020 年降至 0.75。

2）农村居民人均污染物产生系数。根据文献［50］中关于 2013 年松花江哈尔滨段研究成果，农村居民 COD 产生系数为 40g/（人·d），NH_3-N 产生系数为 4g/（人·d）。预计到 2020 年 COD：26g/（人·d），NH_3-N：3.90g/（人·d），TP：0.44g/（人·d），TN：6.09g/（人·d），见表 3-12。

表 3 - 12　2020 年松花江流域各省（自治区）农村居民人均污染物产生系数预测　单位：g/（人·d）

省（自治区）	COD	氨氮	总磷
黑龙江	18.50	3.90	0.44
吉林	26.00	3.90	0.44
内蒙古	32.00	3.90	0.44

3）沼气化率。根据"十一五"全国农村沼气工程建设规划，全国大约有 60% 的农村户适宜加入沼气综合利用工程，截至 2009 年年底，全国户用沼气达到 3507 万户，占总农村户数的 7.2%。预计到 2020 年，农村沼气普及率将达到：30%，如图 3 - 11 所示。

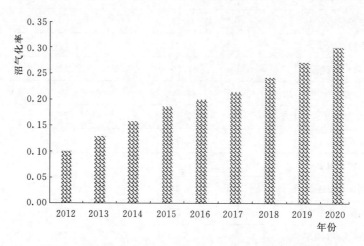

图 3 - 11　松花江流域 2012—2020 年沼气化率趋势预测

（2）城镇生活

1）城镇居民生活耗水系数。根据 2007—2011 年水资源公报的统计数据，耗水系数在这一时段内基本上维持在 0.25 左右，随着水资源利用效率的提高，预计到 2016 年，耗水系数可达到 0.366，到 2020 年可提高到 0.377。

2）废水处理率。根据《"十二五"全国城镇污水处理及再生利用设施建设规划》，2010 年城镇生活废水处理率达到 70%，远期 2020 年所有城市的生活废水处理率达到 85%，见图 3 - 12。

3）废水回用率。参考《"十二五"全国城镇污水处理及再生利用设施建设规划》中关于再生水利用率的目标，确定 2020 年的城镇生活废水回用率将达到 30%，见图 3 - 13。

4）生活废水占管网废水总产生量之比。根据 2006 年统计数据，推算得出生活废水占管网废水总产生量的比例为 87%。考虑到未来工业企业向工业园区集中搬迁以及工业废水集中处理比例的提高，该比例在未来会小幅提升，到 2016 年达到 88.93%，到 2020 年达到 90%。

5）各级废水处理能力比例。根据《中国城市建设统计年报 2006》和中国环境监测总站统计数据，2006 年城镇污水处理厂（含其他污水处理设施）的一、二和三级处理能力比例分别为 14.8%、80.2% 和 2.8%，预计到 2020 年将分别达到 0、80% 和 20%。

6）污染物去除率。预计未来三级保持不变，一级将消失，因此，仅对二级处理设施

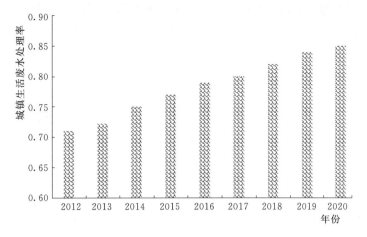

图 3-12 松花江流域 2012—2020 年城镇生活废水处理率趋势预测

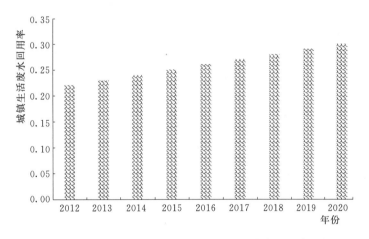

图 3-13 松花江流域 2012—2020 年城镇生活废水回用率趋势预测

的各项污染物去除率进行预测，预计到 2020 年 COD 为 80%，NH_3-N 为 60%，TP (TN) 为 70%。

7）污染物产生系数。根据环境统计年鉴与中国统计年鉴的现状值计算出 2007—2011 年的污染物产生系数，再用趋势外推法预测，见表 3-13。

表 3-13 城镇生活污染物产生系数 单位：g/（人·d）

年份	COD	NH_3-N
2011	66.08	6.14
2016	68.70	6.38
2020	70.28	6.51

3.4.3.4 污染治理投入

1）处理设施正常运转率。2011 年城镇污水处理设施的正常运转率为 85.0%，预计到 2020 年达到 95%～100%。

2）运行安全系数。根据一般废水治理设施的设计参数，该系数为 0.75。

3）单位废水治理投资系数。根据环境统计基表投资以及有关研究，确定投资系数如下：城镇生活废水治理投资系数（含管网）为 3 级 3500 元/(d·m³)，2 级 2500 元/(d·m³)；沼气池 54150 元/15 户。各行业治理投资系数见表 3-14。

4）单位废水运行费用系数。根据有关研究，确定运行费用系数如下：城镇生活废水运行费用系数为 3 级 1.15 元/t，2 级 0.7 元/t，1 级 0.3 元/t；沼气池 1625 元/15 户。各工业行业运行投资系数见表 3-14。

表 3-14　　　　　　　　　　　　工业废水治理投资和运行费用

行　业　名　称	废水治理投资系数/[元/(t·a)]	废水治理运行系数/(元/t)
黑色金属矿采选业	4.34	1.52
有色金属矿采选业	15.06	1.06
非金属矿采选业	8.30	0.76
其他采矿业	8.30	1.62
农副食品加工业	20.89	0.76
食品制造业	20.89	2.82
饮料制造业	20.89	5.59
烟草制品业	20.89	1.73
纺织业	16.17	2.51
纺织服装、鞋、帽制造业	16.17	3.45
皮革毛皮羽毛（绒）及其制品业	18.48	3.33
木材加工及木竹藤棕草制品业	12.38	1.95
家具制造业	12.38	3.28
造纸及纸制品业	12.71	1.30
印刷业和记录媒介的复制	26.22	5.35
文教体育用品制造业	26.22	5.25
石油加工、炼焦及核燃料加工业	22.01	6.88
化学原料及化学制品制造业	32.69	1.01
医药制造业	38.25	5.84
化学纤维制造业	13.96	4.36
橡胶制品业	14.59	1.57
塑料制品业	19.16	3.50
非金属矿物制品业	10.99	1.04
黑色金属冶炼及压延加工业	12.39	0.59
有色金属冶炼及压延加工业	21.32	1.88
金属制品业	24.37	5.36
通用设备制造业	20.21	3.14
专用设备制造业	20.21	1.24

行 业 名 称	废水治理投资系数/[元/(t·a)]	废水治理运行系数/(元/t)
交通运输设备制造业	20.21	5.45
电气机械及器材制造业	20.21	3.68
通信计算机及其他电子设备制造业	20.21	7.29
仪器仪表及文化办公用机械制造业	20.21	6.48
工艺品及其他制造业	6.60	2.26
废弃资源和废旧材料回收加工业	6.60	3.38
电力、热力的生产和供应业	13.28	0.69
燃气生产和供应业	11.80	6.35
水的生产和供应业	11.80	1.45

3.5 实证分析

3.5.1 研究区域概况

松花江是我国第三大河流，全长 2214.3km，流域涉及黑龙江、吉林两省大部分地区和内蒙古自治区东部地区及辽宁省部分地区，共 26 个市（州、盟）105 个县（市、区、旗），流域总面积约 56.12 万 km²。其中，嫩江为松花江北源，发源于大兴安岭支脉伊勒呼里山中段南侧，由北向南流经黑河市、大兴安岭地区、嫩江县、讷河市、富裕县、齐齐哈尔市、大庆市等县（市、区），在肇源县三岔河附近与第二松花江汇合后，流入松花江干流，河道全长 1370km，流域面积 29.85 万 km²，约占松花江全流域面积的 53%。嫩江流域内工业门类较齐全，有冶金、重型机器制造、机床、发电设备、汽车和拖拉机、石油、化工、煤炭、森林工业、冶金矿山设备、机械等重工业企业，轻工业有亚麻、棉纺、制糖、饲料、食品、化纤等，交通基础设施较为发达，是国家重要老工业基地之一，形成了以齐齐哈尔市、大庆市为核心的松嫩平原经济圈。2012 年嫩江流域总人口 1636 万人，流域内城镇化率低于全国平均水平，为 50%，GDP 为 3895 亿元，人均 GDP 为 23813 元。嫩江中游沿线各市、县经济产值均以第一产业为主，下游各市、县以第二产业为主。齐齐哈尔市经济产值相对较高，集中了嫩江干流沿线 19.65% 的人口，44.65% 的第三产业、42.3% 的第二产业产值和 35.17% 的第一产业产值。

3.5.2 水资源消耗预测

3.5.2.1 农业用水量预测

随着松花江流域农业有效灌溉面积在逐渐增加，松花江流域农业总体用水量逐渐呈现增长趋势，2012—2020 年松花江流域农业用水量趋势变化如图 3-14 所示。2012 年松花江流域农业灌溉用水量为 492.34 亿 m³，到 2016 年达到 501.07 亿 m³，比 2012 年增加 1.74%；到 2020 年农业灌溉用水量将增加到 508.90 亿 m³，比 2012 年增加 3.36%。分省来看，由于吉林省有效灌溉面积显著提升使得 2020 年农业用水量较 2012 年增加 5.97%，内蒙古和黑龙江省增长幅度较为接近，分别为 2.88% 和 2.81%，见表 3-15。

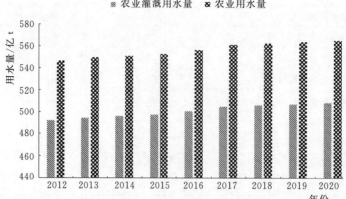

图 3-14　2012—2020 年松花江流域农业用水量预测趋势变化

表 3-15　　　　　　松花江流域各省（自治区）农业灌溉用水量预测表　　　　　单位：亿 m³

省（自治区）	2012 年	2016 年	2020 年
黑龙江	273.78	279.10	281.50
吉林	82.30	83.13	87.21
内蒙古	136.25	138.84	140.18
松花江流域	492.34	501.07	508.90

根据农业用水量预测模型预测结果可知，松花江流域 2012 年农业总用水量为 547.05 亿 m³，到 2016 年需水量将达到 556.75 亿 m³，比 2012 年增加 1.12%；到 2020 年需水量将增加到 565.44 亿 m³，比 2012 年增加 3.25%。"十三五"期间松花江农业需水量比"十二五"期间增加 2.16%。

3.5.2.2　工业用水量预测

（1）工业总用水量预测。随着工业经济快速发展，工业用水量和重复用水量增长趋势较为明显。工业总用水量从 2012 年到 2020 年持续增加，从 2012 年的 108.15 亿 m³ 分别增加到 2016 年的 128.68 亿 m³ 和 2020 年的 191.33 亿 m³，与 2012 年相比 2016 年增长 15.95%，到 2020 年增长 43.47%。"十二五"期间工业用水量年均增长率为 3.19%，"十二五"期间工业用水量年均增长率为 6.55%，"十三五"期间工业用水量与"十二五"期间相比年均增长率为 6.55%，具体行业用水量预测见表 3-16。

表 3-16　　　　　　　松花江流域工业各行业用水量　　　　　　单位：亿 t

行业名称	2012 年	2016 年	2017 年	2018 年	2019 年	2020 年
煤炭开采和洗选业	0.99	1.02	1.10	1.18	1.27	1.42
石油和天然气开采业	2.14	2.02	1.98	1.94	1.93	1.97
黑色金属矿采选业	0.44	0.45	0.50	0.54	0.60	0.69
有色金属矿采选业	0.37	0.39	0.43	0.48	0.54	0.63

续表

行业名称	2012 年	2016 年	2017 年	2018 年	2019 年	2020 年
非金属矿采选业	0.15	0.16	0.17	0.19	0.21	0.24
其他采矿业	0.01	0.01	0.01	0.01	0.01	0.02
农副食品加工业	1.43	1.51	1.64	1.79	1.96	2.19
食品制造业	0.62	0.63	0.65	0.68	0.72	0.77
饮料制造业	0.66	0.68	0.71	0.75	0.80	0.87
烟草制品业	0.07	0.07	0.07	0.08	0.08	0.09
纺织业	0.11	0.11	0.12	0.12	0.13	0.14
纺织服装、鞋、帽制造业	0.01	0.01	0.01	0.01	0.01	0.01
皮革、毛皮、羽毛（绒）及其制品业	0.01	0.01	0.01	0.02	0.02	0.03
木材加工及木、竹、藤、棕、草制品业	0.06	0.06	0.07	0.07	0.08	0.09
家具制造业	0.01	0.01	0.01	0.01	0.01	0.01
造纸及纸制品业	0.89	0.93	1.00	1.08	1.16	1.27
印刷业和记录媒介的复制	0.00	0.00	0.00	0.00	0.00	0.00
文教体育用品制造业	0.00	0.00	0.00	0.00	0.00	0.00
石油加工、炼焦及核燃料加工业	8.81	9.07	9.50	9.96	10.49	11.23
化学原料及化学制品制造业	7.13	7.41	7.94	8.53	9.20	10.17
医药制造业	1.32	1.35	1.41	1.48	1.56	1.66
化学纤维制造业	0.46	0.45	0.47	0.48	0.49	0.51
橡胶制品业	0.03	0.04	0.04	0.04	0.05	0.05
塑料制品业	0.02	0.02	0.02	0.02	0.02	0.03
非金属矿物制品业	0.53	0.56	0.60	0.66	0.72	0.80
黑色金属冶炼及压延加工业	15.08	15.84	17.05	18.47	20.13	22.16
有色金属冶炼及压延加工业	0.57	0.57	0.61	0.64	0.68	0.74
金属制品业	0.26	0.33	0.39	0.48	0.60	0.73
通用设备制造业	0.05	0.05	0.05	0.05	0.05	0.06
专用设备制造业	0.12	0.12	0.12	0.13	0.13	0.14
交通运输设备制造业	0.65	0.63	0.62	0.62	0.62	0.62
电气机械及器材制造业	0.03	0.03	0.04	0.04	0.04	0.05
通信设备、计算机及其他电子设备制造业	0.02	0.02	0.02	0.02	0.02	0.02
仪器仪表及文化、办公用机械制造业	0.05	0.05	0.06	0.07	0.08	0.09
工艺品及其他制造业	0.00	0.00	0.00	0.00	0.00	0.01
废弃资源和废旧材料回收加工业	0.00	0.00	0.00	0.00	0.00	0.00
电力、热力的生产和供应业	64.84	68.68	71.98	77.77	82.13	87.20
燃气生产和供应业	0.17	0.17	0.19	0.20	0.22	0.24
水的生产和供应业	0.05	0.05	0.05	0.05	0.05	0.05

从分省（自治区）来看，黑龙江省工业用水量增长最快，2020 年较 2012 年增长 92.82%，吉林省和内蒙古自治区数据较为接近，分别增长了 66.51% 和 68.76%。黑龙江省的工业增加值增长幅度要小于其他两省，表明黑龙江省工业中高耗水工业占比较大，见图 3-15。

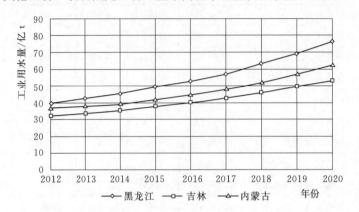

图 3-15　松花江流域各省（自治区）工业总用水量预测变化趋势

从松花江流域工业用水现状来看，其中除了其他行业以外，电力、热力生产及供应业，化学原料及化学制品制造业，黑色金属冶炼和压延加工业，石油加工、炼焦和核燃料加工业，造纸及纸制制品业这 5 大重点行业的长期发展趋势对用水增长影响最大。其中电力、热力生产及供应业，化学原料及化学制品制造业，黑色金属冶炼和压延加工业所占的比重最大，电力、热力生产及供应业占总用水量的 32.86%，化学原料及化学制品制造业占总用水量的 10.41%，黑色金属冶炼和压延加工业占总用水量的 10.83%。

（2）工业新鲜水取水量预测。"十二五"和"十三五"期间尽管由于采取改进工业行业的节水技术，提高了各行业水资源的重复利用率，但由于重复用水率增长有限，而工业增加值仍然保持较快的增长速度，工业新鲜水取水量继续上涨。从 2012 年到 2020 年，从 2012 年的 73.98 亿 m³ 分别增加到 2016 年的 86.81 亿 m³ 和 2020 年的 121.50 亿 m³，与 2012 年相比到 2016 年增长 14.78%，2012 年到 2020 年松花江流域工业用水量增长 39.11%，见图 3-16。"十二五"期间工业新鲜水取水量年均增长率为 2.96%，"十三五"期间工业新鲜水取水量年均增长率为 5.71%。

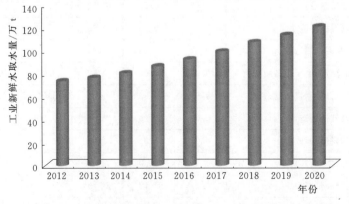

图 3-16　松花江流域工业新鲜水取水量预测变化趋势

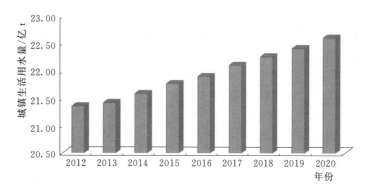

图 3-17 2012—2020 城镇生活用水量预测变化趋势

从松花江流域工业用水现状来看，其中除了其他行业以外，电力、热力生产及供应业，造纸及纸制制品业，化学原料及化学制品制造业，有色金属矿采选业，酒、饮料及精制茶制造业这 5 大行业的长期发展趋势对新鲜水取水增长影响最大。其中电力、热力生产及供应业，造纸及纸制制品业，化学原料及化学制品制造业所占的比重最大，电力、热力生产及供应业占总取水量的 30.72%，造纸及纸制制品业占总取水量的 15.87%，化学原料及化学制品制造业占总取水量的 4.92%，见表 3-17。

表 3-17 松花江流域工业各行业新鲜水取水量 单位：亿 t

行业名称	2012 年	2016 年	2017 年	2018 年	2019 年	2020 年
煤炭开采和洗选业	1.50	1.94	2.08	2.24	2.40	2.57
石油和天然气开采业	1.58	1.47	1.47	1.47	1.53	1.60
黑色金属矿采选业	0.43	0.61	0.68	0.75	0.87	1.00
有色金属矿采选业	0.60	0.86	0.97	1.10	1.29	1.47
非金属矿采选业	0.16	0.21	0.23	0.25	0.28	0.30
其他采矿业	0.04	0.05	0.06	0.06	0.07	0.07
农副食品加工业	3.02	4.08	4.47	4.92	5.54	6.27
食品制造业	1.02	1.13	1.17	1.22	1.31	1.41
饮料制造业	1.27	1.69	1.82	1.97	2.15	2.36
烟草制品业	0.02	0.03	0.03	0.02	0.02	0.02
纺织业	0.35	0.41	0.43	0.46	0.49	0.54
纺织服装、鞋、帽制造业	0.02	0.02	0.03	0.03	0.03	0.04
皮革、毛皮、羽毛（绒）及其制品业	0.03	0.08	0.10	0.13	0.17	0.23
木材加工及木、竹、藤、棕、草制品业	0.13	0.15	0.16	0.17	0.18	0.20
家具制造业	0.02	0.03	0.04	0.05	0.05	0.06
造纸及纸制品业	1.70	2.29	2.39	2.57	2.79	3.09
印刷业和记录媒介的复制	0.00	0.00	0.00	0.00	0.00	0.00
文教体育用品制造业	0.00	0.00	0.00	0.00	0.00	0.00
石油加工、炼焦及核燃料加工业	1.69	1.64	1.66	1.67	1.76	1.85

续表

行业名称	2012年	2016年	2017年	2018年	2019年	2020年
化学原料及化学制品制造业	2.81	3.53	3.78	4.07	4.36	4.98
医药制造业	1.11	1.27	1.33	1.40	1.51	1.63
化学纤维制造业	0.18	0.18	0.18	0.19	0.19	0.20
橡胶制品业	0.02	0.02	0.03	0.03	0.03	0.03
塑料制品业	0.02	0.02	0.02	0.03	0.03	0.04
非金属矿物制品业	0.58	0.75	0.81	0.89	1.00	1.14
黑色金属冶炼及压延加工业	3.62	4.39	4.49	4.74	5.03	5.69
有色金属冶炼及压延加工业	0.35	0.39	0.42	0.45	0.49	0.51
金属制品业	0.16	0.28	0.33	0.38	0.45	0.54
通用设备制造业	0.10	0.12	0.13	0.14	0.15	0.17
专用设备制造业	0.12	0.13	0.14	0.15	0.16	0.17
交通运输设备制造业	0.54	0.41	0.40	0.39	0.40	0.40
电气机械及器材制造业	0.02	0.03	0.02	0.02	0.02	0.03
通信设备、计算机及其他电子设备制造业	0.02	0.03	0.04	0.04	0.05	0.06
仪器仪表及文化、办公用机械制造业	0.03	0.04	0.05	0.06	0.07	0.08
工艺品及其他制造业	0.01	0.01	0.02	0.02	0.02	0.03
废弃资源和废旧材料回收加工业	0.01	0.01	0.01	0.01	0.01	0.01
电力、热力的生产和供应业	50.48	64.29	69.55	75.54	78.87	82.47
燃气生产和供应业	0.06	0.08	0.08	0.08	0.09	0.10
水的生产和供应业	0.14	0.13	0.13	0.13	0.13	0.14

3.5.2.3 生活用水量预测

（1）城镇生活用水量。由于人口增长速度过快，在整个预测期内城市生活用水量仍将呈现增长之势。城镇生活用水量由2012年的21.35亿t增长到2016年的21.77亿t，比2012年增长1.89%；到2020年生活用水量达到22.70亿t，比2016年增长4.11%。从分省数据来看，黑龙江省城镇用水量出现减小，原因在于其城镇人口增加幅度要小于人均用水量的减少程度，内蒙古自治区由于城镇人口增幅明显，2020年城镇生活用水量较2012年净增0.67亿t，增幅达13.72%，吉林省增幅排名第二，为3.77%，见表3-18。根据城镇生活用水量计算公式和相关城镇人均日用水系数、城镇人口的预测结果预测了2012—2020年城镇生活用水量，图3-17给出了未来城镇生活用水部分的变化趋势。

表3-18　　　　　松花江流域各省（自治区）城镇生活用水量预测　　　　　单位：亿t

省（自治区）	2012年	2016年	2020年
黑龙江	10.16	9.56	9.71
吉林	7.17	7.31	7.44
内蒙古	4.88	5.23	5.55

（2）农村生活用水量。农村生活用水量由 2012 年的 6.64 亿 t 增长到 2016 年的 6.96 亿 t，与 2012 年相比增长了 4.82%；到 2020 年农村生活用水量增长到 8.29 亿 t，比 2016 年增长 19.11%，农村生活用水量的预测结果见图 3-18。从分省数据看，黑龙江省和吉林省农村生活用水量增长最快，2020 年较 2012 年分别净增 0.84 亿 t 和 0.77 亿 t，增幅为 23.14% 和 29.27%；内蒙古自治区由于农村人口基数较小，农村生活用水净增量仅为 0.04 亿 m³，结果见表 3-19。

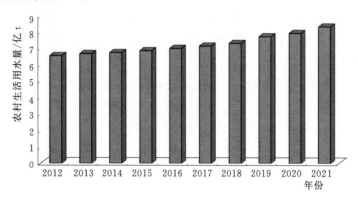

图 3-18　2012—2020 农村生活用水量预测变化趋势

表 3-19　　　　松花江流域各省（自治区）农村生活用水量预测　　　　单位：亿 t

省（自治区）	2012 年	2016 年	2020 年
黑龙江	3.63	3.70	4.47
吉林	2.63	2.85	3.40
内蒙古	0.38	0.41	0.42

（3）生活用水量。2012 年，生活用水总量为 28.00 亿 t，到 2016 年和 2020 年，将分别达到 28.73 亿 t 和 30.89 亿 t，分别比 2012 年增加 2.54% 和 7.01%，生活用水量总体呈现缓慢增长趋势。从预测结果可以看出，城镇生活用水量和农村生活用水量均呈现逐步增加的趋势，尽管农村人口数出现负增长，但是由于农村人均用水量增加趋势较快，农村的生活用水总量的增长仍快于城镇。根据预测（见表 3-20），"十二五"期间，生活用水的增长迅速，2016 年，总的生活用水量、城镇生活用水量以及农村生活用水量相对于 2012 年分别增加 2.54%、1.89% 以及 4.58%，"十三五"期间，生活用水量的增加速度明显加快，2020 年相对于 2016 年分别增加 7.01%、3.69% 以及 16.05%。

表 3-20　　　　　　农村、城镇以及生活总用水量预测　　　　　　单位：亿 t

年份	生活总用水量	城镇生活用水量	农村生活用水量
2012	28.00	21.35	6.64
2016	28.73	21.77	6.96
2020	30.89	22.70	8.29

3.5.2.4　总用水量预测

2012 年农业、工业、生活、生态和总用水量分别是 547.05 亿 t、108.15 亿 t、28.00

亿 t、11.90 亿 t，695.10 亿 t，且农业、工业、生活及生态用水量占总用水量的比重分别为 78.70%、15.56%、4.03% 和 1.71%；到 2016 年农业、工业、生活、生态和总用水量分别是 556.75 亿 t、128.68 亿 t、28.73 亿 t、17.26 亿 t 和 731.42 亿 t，且农业、工业、生活及生态用水量占总用水量的比重分别为 76.12%、17.59%、3.93% 和 2.36%；到 2020 年农业、工业、生活、生态和总用水量分别是 565.44 亿 t、191.33 亿 t、30.89 亿 t、22.12 亿 t 和 809.78 亿 t，且农业、工业、生活及生态用水量占总用水量的比重分别为 69.83%、23.63%、3.81% 和 2.73%。从表 3-21 可以看出，工业用水占总用水的比重较高，工业和生态用水从长远发展来看呈现不断增长趋势，而农业和生活用水所占的比重从未来发展呈现逐渐下降趋势。

表 3-21　　　　　　　　　　预测年份各个部门的用水需求　　　　　　　　　单位：亿 t

年份	用水需求总量预测	农业用水需求总量	工业用水需求总量	生活用水需求总量	生态用水需求总量
2012	695.10	547.05	108.15	28.00	11.90
2016	731.42	556.75	128.68	28.73	17.26
2020	809.78	565.44	191.33	30.89	22.12

3.5.3　废水及水污染产排放预测

3.5.3.1　废水产生量

（1）农业废水产生量。松花江流域是我国粮食主产区之一，保护松花江流域农业基础设施建设是国家保护农业发展的重要战略措施。通过大力加强松花江流域的农田基础建设和农业用水工程，未来松花江流域的耕地面积将会呈现增长趋势。预测结果显示，种植业的废水产生量占到农业废水产生量的绝大部分比例，但随着灌溉用水总量的减少，一系列节水技术措施的导致的农作物耗水系数的增加，其废水产生量呈现逐年下降的趋势，占农业废水产生量的比例逐步下降。

预测结果表明：2012 年，流域种植业废水产生量为 167.40 亿 t，农业废水产生量为 186.00 亿 t，其中种植业废水占到农业总的废水产生量的 90% 左右。到 2016 年，种植业废水产生量为 160.34 亿 t，农业废水产生量为 178.16 亿 t；到 2020 年种植业废水下降到 153.69 亿 t，农业废水下降到 170.76 亿 t，见图 3-19。"十三五"期间农业废水产生量比"十二五"期间下降 5.03%。其主要原因是由于农田水利集成设施建设不断得到加强，农业节水技术不断提高，农业废水产生量得到有效控制。

（2）工业废水产生量。根据废水产生量预测模型，计算出松花江流域 2012—2020 年间工业废水产生量的预测结果。预测结果表明，随着工业总产值的不断增加，未来工业行业产生的废水在不断增加，工业各行业工业废水产生量呈现上升趋势。2012 年工业行业的废水产生总量为 17.57 亿 t，到 2016 年和 2020 年松花江流域废水产生总量分别为 20.00 亿 t 和 26.29 亿 t，分别比 2011 年增长了 13.87% 和 49.67%。"十三五"期间比"十二五"期间废水产生量增加了 31.90%。分行业来看，2020 年工业废水产生量最大的 6 个行业分别为石油和天然气开采业、煤炭开采和洗选业、化学原料和化学制品制造业、农副食品加工

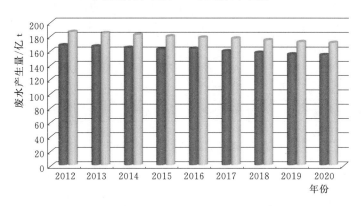

图 3-19 松花江流域 2012—2020 年种植业和农业废水产生量预测变化趋势

业、黑色金属冶炼和延压加工业、电力热力生产和供应业,分别占全流域工业废水产生量的 14.18%、12.11%、9.78%、6.93%、6.15%、5.73%。在 2012 年排在工业废水排放量前 6 位的行业是石油和天然气开采业、农副食品加工业、电力热力生产和供应业、煤炭开采和洗选业、化学原料和化学制品制造业、铁路船舶航空航天和其他运输设备制造业,见表 3-22。

表 3-22 　　　　　松花江流域工业各行业废水产生量 　　　　　单位:亿 t

行业名称	2012 年	2016 年	2017 年	2018 年	2019 年	2020 年
煤炭开采和洗选业	12877.97	18265.31	20465.09	23522.06	27241.19	31827.30
石油和天然气开采业	44101.29	40034.58	38307.64	37722.26	37593.43	37273.97
黑色金属矿采选业	1580.04	2509.06	2920.57	3274.04	3879.31	4415.41
有色金属矿采选业	2420.05	4027.91	4565.37	5266.45	6108.58	6936.43
非金属矿采选业	674.14	1030.04	1161.70	1314.39	1502.60	1723.69
其他采矿业	39.98	43.66	44.84	46.08	47.84	49.72
农副食品加工业	14718.88	15673.34	15606.17	15805.97	16916.69	18218.77
食品制造业	5170.51	6105.96	6161.27	6518.88	6885.60	7301.55
饮料制造业	4168.82	4620.05	4816.43	5038.80	5405.13	5822.61
烟草制品业	1603.89	1995.71	2119.49	2257.14	2411.40	2581.65
纺织业	1647.84	1973.96	2098.90	2222.05	2416.88	2576.13
纺织服装、鞋、帽制造业	249.67	366.24	414.21	473.96	550.79	648.56
皮革、毛皮、羽毛(绒)及其制品业	302.66	737.49	905.52	1156.90	1495.35	1864.02
木材加工及木、竹、藤、棕、草制品业	2297.84	2921.17	3227.78	3413.55	3621.60	3836.34
家具制造业	497.74	715.97	817.69	874.63	985.39	1118.17
造纸及纸制品业	6041.39	7349.29	7779.23	8270.58	8828.88	9690.07
印刷业和记录媒介的复制	166.71	188.79	196.72	206.04	217.16	230.11
文教体育用品制造业	60.29	116.18	139.38	168.73	206.27	254.49

续表

行业名称	2012 年	2016 年	2017 年	2018 年	2019 年	2020 年
石油加工、炼焦及核燃料加工业	8721.39	9502.16	10042.41	10394.28	10892.54	11481.76
化学原料及化学制品制造业	11056.92	15447.57	17171.41	19269.15	22135.56	25723.60
医药制造业	6066.45	7045.25	7538.56	7816.00	8207.10	8659.52
化学纤维制造业	720.87	786.99	813.01	843.01	889.58	943.40
橡胶制品业	263.75	389.69	437.59	495.55	567.87	656.32
塑料制品业	788.21	1290.76	1482.21	1715.77	2004.36	2361.82
非金属矿物制品业	3665.14	4817.56	5201.94	5646.32	6396.75	7525.54
黑色金属冶炼及压延加工业	8061.79	11167.05	12356.95	13391.91	14690.50	16173.89
有色金属冶炼及压延加工业	1593.25	2318.68	2601.19	2940.88	3368.60	3897.17
金属制品业	1401.19	2580.59	3051.25	3633.11	4369.40	5295.54
通用设备制造业	3641.79	4386.83	4787.78	5279.79	5891.02	6634.26
专用设备制造业	2822.80	3283.87	3544.41	3843.42	4197.43	4740.96
交通运输设备制造业	10268.79	9002.97	8679.47	8583.25	8246.02	7907.68
电气机械及器材制造业	1849.37	2385.28	2618.60	2835.80	3086.39	3370.44
通信设备、计算机及其他电子设备制造业	366.26	558.85	635.14	730.10	848.39	997.69
仪器仪表及文化、办公用机械制造业	505.30	978.11	1170.20	1427.21	1738.94	2134.40
工艺品及其他制造业	192.15	354.03	417.16	494.37	590.65	710.17
废弃资源和废旧材料回收加工业	78.85	86.12	88.11	90.18	91.84	93.58
电力、热力的生产和供应业	13950.27	13550.81	14127.89	13893.75	14535.57	15064.72
燃气生产和供应业	433.25	670.21	751.78	843.70	953.22	1077.51
水的生产和供应业	569.63	735.52	797.66	869.64	962.59	1070.90

　　从分省数据看，与工业总用水量趋势相似，从 2012—2020 年，黑龙江省工业废水产生量净增最多，达到 4.54 亿 t，增幅为 46.04%，占到了全流域净增量的 52%；吉林省次之，净增量为 3.33 亿 t，增幅 51.4%；内蒙古自治区净增量最少，为 0.85 亿 t，结果见表 3-23。

表 3-23　　　　2012—2020 年松花江流域各省（自治区）工业废水产生量预测　　　单位：亿 t

年份	黑龙江	吉林	内蒙古	松花江流域
2012	9.86	6.46	1.25	17.57
2013	9.93	6.71	1.28	17.92
2014	10.18	6.99	1.30	18.47
2015	10.54	7.34	1.37	19.25
2016	10.88	7.66	1.46	20.00
2017	11.37	8.08	1.55	21.00
2018	12.04	8.51	1.71	22.26
2019	13.08	9.13	1.89	24.10
2020	14.40	9.79	2.10	26.29

（3）生活废水产生量。

1）农村生活废水产生量预测。2012年农村废水产生量为2.14亿t，到2016年废水产生量为2.44亿t，与2012年相比增加了12.76%；到2020年农村废水产生量为3.32亿t，与2012年相比增加了35.92%。"十三五"期间废水产生量与"十二五"期间相比增加了26.55%。未来仍需要加大投入对农村废水的综合治理，改善农村废水的处理技术，提高农村废水的利用，确保农村水资源的安全。

从分省数据看，黑龙江省和吉林省农村生活废水分别净增0.61亿t和0.52亿t，2020年较2012年增长51.96%和61.90%，而内蒙古自治区由于农村人口较少使得净增量仅有0.05亿t，结果见表3-24。

表3-24　　　　2012—2020年松花江流域各省（自治区）农村生活废水产生量预测　　　　单位：亿t

年份	黑龙江	吉林	内蒙古	松花江流域
2012	1.18	0.84	0.12	2.14
2013	1.19	0.87	0.13	2.19
2014	1.26	0.93	0.14	2.33
2015	1.31	0.99	0.14	2.44
2016	1.34	1.07	0.15	2.56
2017	1.41	1.13	0.15	2.69
2018	1.56	1.20	0.15	2.91
2019	1.64	1.27	0.16	3.07
2020	1.79	1.36	0.17	3.32

2）城镇生活废水产生量预测。随着城镇化进程的不断加快，松花江流域城镇人口总量在不断上升。2012年的松花江流域城镇总人口为3868.00万人，到2020年总人口增加到4219.70万人，与2012年相比增加了了8.33%。尽管城镇人口在不断增加，但城镇人均日用水量在不断下降，由2012年的201L/d，下降到2020年190L/d，与2012年相比下降了5.79%。但由于城镇人口增长的速度远远大于城镇人均日用水量下降的速度，未来城镇生活废水产生量仍将呈现增长趋势。2012年城镇生活废水产生量为16.03亿t，到2016年废水产生量为16.68亿t，与2012年相比增加了4.83%；到2020年城镇生活废水产生量为17.97亿t，与2012年相比增加了9.40%。"十三五"期间废水产生量与"十二五"期间相比增加了13.78%。

从分省数据看，吉林省和内蒙古自治区城镇生活废水产生量增幅较大，2020年较2012年增长15.78%和19.37%，而黑龙江省由于城镇人口增加程度小于其余两省（自治区），使得城镇生活废水产生量仅增长4.87%，结果见表3-25。

表3-25　　　　2012—2020年松花江流域各省（自治区）城镇生活废水产生量预测　　　　单位：亿t

年份	黑龙江	吉林	内蒙古	松花江流域
2012	6.78	5.07	4.18	16.03
2013	6.32	5.11	4.28	15.71
2014	6.41	5.27	4.40	16.08

续表

年份	黑龙江	吉林	内蒙古	松花江流域
2015	6.47	5.35	4.47	16.29
2016	6.62	5.46	4.60	16.68
2017	6.72	5.56	4.72	17.00
2018	6.83	5.67	4.82	17.32
2019	7.01	5.70	4.91	17.62
2020	7.11	5.87	4.99	17.97

3）生活废水总量预测。生活废水主要包括弄成生活废水和城镇生活废水两部分（见表 3-26）。2012 年农村生活废水产生量占生活废水总产生量的 12.06%，城镇生活废水产生量占生活废水总产生量的 87.94%；到 2020 年农村生活废水产生量占生活废水总产生量的 15.58%，城镇生活废水产生量占生活废水总产生量的 84.42%。根据生活废水产生量的预测结果可知，未来城镇生活废水所占的比例要远远大于农村生活废水所占的比例。总体来看，生活废水逐年增加，但增长速率趋于缓慢，农村生活废水的产生量增长速率较快，高于城镇生活废水产生量的增长，虽然，目前来看农村的废水产生量远远低于城镇废水产生量，但近年农村地区废水产生增长较快，且没有污水管网以及污水处理厂，产生的生活污水将形成面源污染，对环境造成越来越大的危害，因此，必须对农村的生活废水所形成的危害给予足够重视。

表 3-26　　　　　　　　农村、城镇以及生活总用水量预测　　　　　　　　单位：亿 t

年份	生活废水产生量	城镇生活废水产生量	农村生活废水产生水量
2012	17.63	15.50	2.13
2016	18.72	16.29	2.44
2020	21.29	17.98	3.32

（4）畜禽养殖废水产生量。随着畜禽养殖业产值和规模化养殖比例逐年提高，其废水产生量逐步增加，预测结果变化趋势显示，规模化畜禽养殖业在 2012 年的废水产生量为 4.5 亿 t，到 2020 年畜禽养殖废水产生量将达到 7.5 亿 t，与 2011 年相比畜禽养殖废水产生量增加了 39.84%。根据当前的预测结果，在维持现有的生产规模和处理水平条件下，"十三五"期间，规模化畜禽养殖业的废水产生量依旧维持迅速增长的趋势，"十三五"期间与"十二五"期间相比畜禽养殖废水产生量将增加 22.20%。

从分省数据看，2012—2020 年黑龙江省畜禽养殖废水排放量净增 1.568 亿 t，增幅达到 117.71%；其次是内蒙古自治区，净增量为 0.966 亿 t，增幅为 42.63%；吉林省增量最小，为 0.449 亿 t，增幅为 48.22%，结果见表 3-27。

（5）未来废水总产生量预测与分析。表 3-28 为 2012 年、2016 年和 2020 年各行业及总的废水产生量预测结果。根据预测结果可知，未来总的废水产生量基本保持稳定状态。2012 年废水产生总量为 225.21 亿 t，到 2016 年废水产生总量略有下降到 224.59 亿 t，与 2012 年相比下降了 0.28%，到 2020 年废水产生总量达到 225.86 亿 t，与 2012 年相比增长了 0.29%。

表 3-27　　　　2012—2020 年松花江流域各省（自治区）畜禽养殖废水产生量预测　　　　单位：亿 t

年份	黑龙江	吉林	内蒙古	松花江流域
2012	1.322	0.931	2.266	4.519
2013	1.495	0.990	2.498	4.983
2014	1.732	0.947	2.641	5.320
2015	1.946	0.946	2.953	5.845
2016	2.059	0.982	3.018	6.059
2017	2.126	1.101	2.970	6.197
2018	2.348	1.219	3.032	6.599
2019	2.686	1.324	3.120	7.130
2020	2.890	1.380	3.242	7.512

表 3-28　　　　　　　　　各行业废水产生量及废水产生总量　　　　　　　　　单位：亿 t

年份	废水产生量				
	农业	工业	畜禽养殖	生活	总计
2012	186.00	17.56	4.52	17.63	225.21
2016	179.81	20.00	6.06	18.72	224.59
2020	170.76	26.29	7.51	21.29	225.86

3.5.3.2　污染物产生量

（1）TP 和 TN 产生量。TP 和 TN 主要来自于农业污染源，根据农业污染物预测模型和有关系数的预测，农业污染物（TN 和 TP）产生量的预测结果变换趋势如图 3-20 所示。

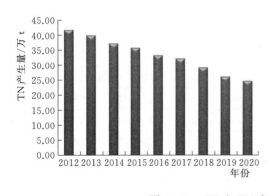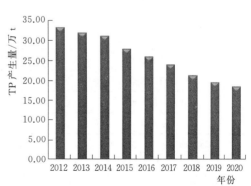

图 3-20　TP 和 TN 产生量预测结果变化趋势

随着未来国家对农业耕地的一系列保护措施，农业耕地面积未来将不断扩大，为提高农业产量，化肥的施用量也将不断增长，然而由于化肥的利用率的不断提高，未来农业污染物（TN 和 TP）的产生量也将逐渐下降。2012 年 TN 的产生量为 41.65 万 t，TP 的产生量为 33.18 万 t，到 2016 年和 2020 年 TN 的产生量为 33.26 万 t 和 24.68 万 t，TP 的产生量为 25.87 万 t 和 18.33 万 t，与 2012 年相比到 2016 年和 2020 年下降了 20.16％和 40.75％，TP 下降了 22.03％和 44.77％。

（2）COD 产生量。

1）从工业 COD 产生总量变化趋势线可以看出，尽管 COD 的产生系数呈现递减趋势，但是由于工业产值的提高效应大于工业 COD 产生系数的减少效应，工业总的 COD 产生量以及各行业的 COD 产生量仍将不断地增加。其中，2012 年松花江流域工业行业 COD 的产生总量为 62.44 万 t，到 2016 年和 2020 年 COD 产生总量分别将达到 65.73 万 t 和 89.08 万 t，相对于 2012 年分别增加了 5.01％和 29.91％。

分行业来看，2020 年工业 COD 产生量最大的 6 个行业分别为农副食品加工业、石油和天然气开采业、造纸及纸制品业、饮料制造业、化学原料和化学制品制造业以及煤炭开采及洗选业。分别占全流域工业 COD 产生总量的 17.75％、12.05％、11.55％、10.86％、7.98％、6.89％。2012 年工业废水排放量前 6 位的行业分别是石油和天然气开采业、农副食品加工业、造纸及纸制品业，饮料制造业，医药制造业和化学制品制造业。对上述二者比较发现行业名称变化不大仅在行业顺序上有些许变动，见表 3-29。

表 3-29　　　　　　　　　　　　工业行业 COD 的产生量预测

行业名称	COD 产污系数/(t/亿元)			COD 产生量/t		
	2012 年	2016 年	2020 年	2012 年	2016 年	2020 年
总计/万 t	—	—	—	62.44	65.73	89.08
煤炭开采和洗选业	72.39	54.42	43.39	34939.82	42494.78	72845.58
石油和天然气开采业	50.75	8.17	5.92	121966.48	95827.26	85706.04
黑色金属矿采选业	16.36	8.71	5.71	987.73	1131.50	1986.37
有色金属矿采选业	64.25	34.25	20.73	3131.17	3312.89	5942.68
非金属矿采选业	28.09	21.55	17.23	930.33	1167.49	1833.35
其他采矿业	13706.05	426.05	301.50	114.06	82.49	88.49
农副食品加工业	281.29	214.26	170.90	110185.00	126052.72	188159.29
食品制造业	280.00	214.07	176.37	35129.78	33740.77	42238.45
饮料制造业	700.16	596.13	554.41	62797.85	73275.48	101150.88
烟草制品业	5.30	4.90	4.20	1962.95	2471.93	3972.07
纺织业	248.58	216.98	192.93	6883.87	6948.38	9703.10
纺织服装、鞋、帽制造业	28.26	26.88	25.75	416.83	665.63	1575.14
皮革、毛皮、羽毛（绒）及其制品业	170.50	149.17	128.86	1670.80	3424.60	10549.40
木材加工及木、竹、藤、棕、草制品业	27.33	20.22	15.59	3734.74	4109.64	6158.32
家具制造业	10.22	5.95	5.34	731.74	992.19	2068.83
造纸及纸制品业	3112.05	2162.8	1790.9	70939.99	82370.90	104988.73
印刷业和记录媒介的复制业	11.19	10.11	9.33	190.38	179.49	223.30
文教体育用品制造业	4.59	4.13	3.79	74.04	130.66	311.89
石油加工、炼焦及核燃料加工业	200.98	54.98	38.96	20882.19	15612.77	18656.56

续表

行业名称	COD产污系数/(t/亿元)			COD产生量/t		
	2012 年	2016 年	2020 年	2012 年	2016 年	2020 年
化学原料及化学制品制造业	172.67	140.35	117.42	37637.71	43668.24	62117.14
医药制造业	198.69	167.06	143.86	38054.48	39617.40	48634.93
化学纤维制造业	459.28	285.00	233.50	3779.46	3412.91	3945.93
橡胶制品业	14.36	12.51	11.13	381.77	462.40	768.06
塑料制品业	6.04	5.17	4.55	876.46	1298.99	2620.08
非金属矿物制品业	14.48	11.28	9.22	3823.06	5187.38	9898.34
黑色金属冶炼及压延加工业	30.94	26.50	23.42	14545.88	17654.89	27709.11
有色金属冶炼及压延加工业	12.36	7.81	5.48	1791.46	2372.29	4301.45
金属制品业	17.01	15.09	13.62	1383.15	2174.43	4481.45
通用设备制造业	8.11	6.88	6.03	5252.25	5639.01	8280.61
专用设备制造业	6.53	5.04	4.12	3392.54	3775.21	5523.69
交通运输设备制造业	7.72	5.86	4.75	6028.97	5406.08	6778.93
电气机械及器材制造业	4.83	3.92	3.35	2762.26	3734.69	6731.08
通信设备、计算机及其他电子设备制造业	6.38	5.36	4.65	350.41	518.00	1009.58
仪器仪表及文化办公用机械制造业	14.32	11.63	9.78	828.89	1366.10	3089.12
工艺品及其他制造业	14.78	19.07	20.24	318.12	609.74	1359.98
废弃资源和废旧材料回收加工业	18.34	10.08	7.97	75.74	58.87	60.68
电力、热力的生产和供应业	17.47	9.88	7.67	21823.91	22979.10	30470.99
燃气生产和供应业	184.43	64.94	43.76	1932.74	1879.35	2766.11
水的生产和供应业	168.44	94.97	71.11	1653.34	1508.17	2083.98

从分省数据看，2020 年吉林省已超越黑龙江省成为松花江流域工业 COD 产生量最多的省份，占比达 49.96%，其在 2012—2020 年期间预计增幅为 74.13%；黑龙江省工业 COD 占比从 2012 年的 53.69% 下降为 2020 年的 43.97%，期间 COD 排放量增幅为 16.82%；内蒙古自治区工业 COD 总量较少，2020 年仅占松花江流域总排放量的 6.07%，结果见表 3-30。

表 3-30　　　2012—2020 年松花江流域各省（自治区）工业 COD 产生量预测　　　单位：万 t

年份	黑龙江	吉林	内蒙古	松花江流域
2012	33.53	25.56	3.35	62.44
2013	29.90	26.61	3.47	59.98
2014	30.09	28.30	3.56	61.95
2015	30.35	29.74	3.74	63.83

续表

年份	黑龙江	吉林	内蒙古	松花江流域
2016	30.69	31.15	3.89	65.73
2017	31.52	33.16	4.14	68.82
2018	33.13	35.99	4.49	73.61
2019	36.20	39.98	4.90	81.08
2020	39.17	44.51	5.40	89.08

　　2）生活 COD 产生量。生活 COD 主要包括城镇生活和农村生活的 COD 产生量。图 3-21 显示了预测年份农村、城镇和总的生活 COD 产生量的变化趋势图，由图中可以看出，城镇生活 COD 产生量和农村生活 COD 产生量均呈现增长趋势，但农村生活 COD 产生量增长的幅度远远小于城镇生活 COD 增长幅度。城镇生活由于人口的增长，餐饮和旅游等第三产业的发展以及产污系数的增加，COD 产生量未来还将持续增加，预计在 2016 年和 2020 年分别将达 94.31 万 t 和 110.05 万 t，分别比 2012 年增长了 6.91% 和 23.70%。"十三五"期间城镇 COD 产生量要比"十二五"期间增加 18.04%。随着农村人口的不断减少，但由于农村人均用水量的不断增加，农村生活 COD 产生量呈现上升趋势，2012 年 COD 产生量为 21.97 万 t，到 2016 年和 2020 年分别将上升到 22.34 万 t 和 23.70 万 t，相比 2012 年上升了 1.63% 和 7.30%。"十三五"期间农村 COD 产生量要比"十二五"期间增加 5.74%。

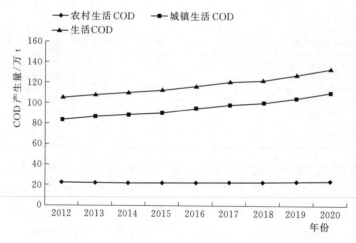

图 3-21　城镇生活和农村生活 COD 产生量预测变化趋势

　　3）畜禽养殖 COD 产生量。2012 年，畜禽污染物 COD 产生总量达到了 174.12 万 t。预测表明，畜禽养殖业的 COD 产生量在"十二五"期间将从 2012 年的 174.12 万 t 增加到 2016 年的 256.57 万 t，增长 32.14%。"十三五"期间继续保持较高速率的增长，在 2020 年将增加到 362.44 万 t，相对于 2016 年增长了 29.21%。由图 3-22 可以看到，由于在未来几年内规模化畜禽养殖的产值和规模化比例的增加，规模化畜禽养殖的 COD 的产生量增长迅速。

　　4）未来 COD 产生总量预测与分析。根据预测结果可知，未来的 COD 产生总量

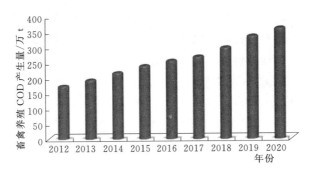

图 3-22　畜禽养殖 COD 产生量预测变化趋势

仍将呈现增长趋势。2012 年 COD 产生总量为 342.30 万 t，到 2016 年 COD 产生总量增长到 438.95 万 t，与 2012 年相比增长了 28.36%，到 2020 年 COD 产生总量达到 585.27 万 t，与 2012 年相比增长了 70.98%。与"十三五"期间比"十二五"期间 COD 产生总量增长了 33.25%，"十二五"期间平均增长率为 6.41%，"十三五"期间 COD 产生总量平均增长率为 5.92%。在各项 COD 产生量组成中，畜禽养殖所贡献量占比重最大，从 2012 年的 50.87% 上升为 2020 年的 61.92%，其次为生活污水中 COD 排放量，2020 年占比 22.90%，最后为工业污染物中排放量，2020 年仅占总排放量的 15.21%。

（3）NH_3-N 产生量。

1）畜禽养殖 NH_3-N 产生量。图 3-23 为 2012—2020 年规模化畜禽养殖氨氮产生量的变化趋势图。随着未来规模化畜禽养殖环境的不断改善和科学养殖技术的不断提高，同时对规模化畜禽养殖进行科学管治，未来规模化畜禽养殖规模将不断扩大，则未来规模化畜禽养殖 NH_3-N 产生量呈现持续增加的趋势。2012 年，畜禽养殖业氨氮的产生量为 239.80 万 t，随着畜禽养殖业规模化的不断扩大以及畜禽养殖业产值的不断提高，其氨氮产生量增长迅速，到 2016 年和 2020 年将分别达到 272.11 万 t 和 369.99 万 t，分别比 2012 年增长 11.87% 以及 35.19%。未来"十三五"期间畜禽养殖 NH_3-N 产生量与"十二五"期间相比增长了 29.27%。

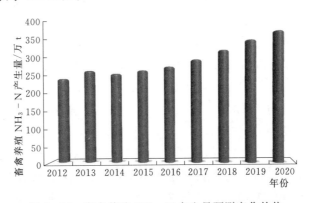

图 3-23　畜禽养殖 NH_3-N 产生量预测变化趋势

2）生活 NH_3-N 产生量。城镇和农村生活氨氮的产生量结果如图 3-24 所示，可以看出其变化趋势与 COD 产生量增长趋势相近，生活氨氮产生总量也在逐年上涨，其中，由于城镇人口的增加，城镇生活的氨氮产生量增速要快于产污系数的提高速率，同时，由于预测农村人口的数量在逐年递减，农村生活的氨氮产生量增速要慢于其产污系数的增长速率。2012 年，生活氨氮产生总量为 16.55 万 t，其中，城镇生活氨氮产生量达 11.57 万 t，占到生活氨氮产生总量的 69.89%；到 2016 年和 2020 年生活氨氮的产生总量将分别达到 17.82 万 t 和 20.00 万 t，分别比 2012 年增长 7.13% 以及 17.25%，其中城镇生活的氨氮产生量的占比在逐年上升，分别为 71.51% 和 74.56%。

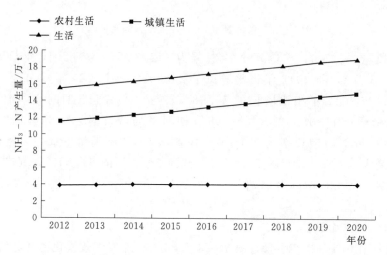

图 3-24　城镇生活和农村生活 NH_3-N 产生量预测变化趋势

3）工业 NH_3-N 产生量。2012 年，工业总的氨氮产生量为 3.17 万 t，根据预测结果，到 2016 年和 2020 年氨氮产生量将分别达到 3.70 万 t 和 4.98t。在各个工业行业中，对氨氮产生量贡献度最大的为化学原料及化学制品制造业，2012 年氨氮产生量占到了整个行业的 40.30%，根据现有的污染物产生系数的发展趋势，预测到 2016 年和 2020 年氨氮产生量将分别达到 1.6 万 t 和 1.9 万 t，分别占到整个行业比例为 43.09% 和 45.19%。因此，对化学原料及化学制品制造业加大污染治理力度，是减少氨氮污染物对环境的损害的有效途径。

4）未来 NH_3-N 产生总量预测与分析。表 3-31 为 2012 年、2016 年和 2020 年各行业及 NH_3-N 产生总量的预测结果。根据预测结果可知，未来的 NH_3-N 产生总量仍将呈现增长趋势。2012 年 NH_3-N 产生总量为 254.54 万 t，到 2016 年 NH_3-N 产生总量增长到 288.55 万 t，与 2012 年相比增长了 13.36%，到 2020 年 NH_3-N 产生总量达到 389.88 万 t，与 2012 年相比增长了 53.17%。与"十三五"期间比"十二五"期间 NH_3-N 产生总量增长了 35.12%，"十二五"期间 NH_3-N 产生量平均增长率为 3.18%，到"十三五"期间平均增长率达到 6.20%。在各来源的 NH_3-N 产生量组成中，畜禽养殖的贡献量始终最大，并从 2012 年的 94.20% 上升为 2020 年的 94.89%，其次为生活 NH_3-N 产生量，2020 年占比为 3.82%，贡献最小的是工业 NH_3-N 产生量，2020 年仅占产生量的 1.28%。

表 3-31		各污染来源的 NH₃-N 产生量结果		单位：万 t
年份	工业	畜禽养殖	生活	总 NH₃-N
2012	3.17	239.80	11.57	254.54
2016	3.70	272.11	12.74	288.55
2020	4.98	369.99	14.91	389.88

3.5.3.3 废水排放量

（1）农业废水排放量。农业废水排放量包括种植业废水排放量和规模化畜禽废水排放量两部分：

1）种植业技术不断提升，废水排放逐年下降。面源污染主要来源于种植业产生的污染，其污染程度与气候、地形、降雨量等有很大的关系。目前还没有建立起对于种植业的废水排放量这种非点源的污水排放量的统计数据，计算方法也不完善。通常认为农田的废水排放量等于灌溉和降雨产生的农田径流量。根据此方法算出 2012 年农田废水排放量为 167.40 亿 t，到 2016 年和 2020 年分别达到 160.34 亿 t、153.69 亿 t，由于灌溉用水量的减少和假设年均降雨量保持不变，预测结果显示种植业废水排放量呈现逐年下降的趋势。

2）规模化畜禽养殖不断提高，废水排放量逐年减少。禽畜养殖业的废水排放量分为两部分：干法排放和湿法排放。其预测结果见表 3-32 所示。随着畜禽养殖污染技术的不断升级，畜禽养殖规模化程度的不断提高，畜禽养殖废水排放量在逐年下降，2012 年规模化畜禽养殖的废水排放量为 3.0 亿 t，到 2016 年、2020 年分别下降到 2.3 亿 t、1.4 亿 t，分别比 2012 年下降了 23.00%、51.60%。虽然畜禽养殖业占废水排放总量的比例并不高，但由于它属于面源污染，加上难以集中收集处理，降雨的影响大大增加它对环境的危害程度，未来仍需要加大对畜禽养殖废水的治理。

表 3-32			畜禽养殖业各类废水排放预测			单位：亿 t
年份	猪	肉牛	奶牛	肉鸡	蛋鸡	羊	总计
2016	0.30	0.27	0.75	0.06	0.11	0.81	2.30
2020	0.18	0.14	0.48	0.04	0.10	0.52	1.40

（2）工业废水排放量。根据废水排放系数的预测方法预测的出的工业废水排放量的结果表明，随着污染治理措施的不断加大、污染减排技术的不断提高、工业行业对废水处理率的提高以及工业各个行业的废水排放系数均在逐年下降，使得工业各行业工业废水排放量也呈现出逐年下降趋势。到 2012 年，工业行业的废水排放总量为 7.77 亿 t，到 2016 年、2020 年将分别达到 7.08 亿 t、6.24 亿 t，分别比 2012 年下降 8.88%、19.69%。2012 年，工业行业废水排放量最大的 6 个行业分别为石油和天然气开采业、煤炭开采和洗选业、化学原料及化学制品制造业、电力、热力的生产和供应业、医药制造业和农副食品加工业，分别占到工业行业废水排放总量的 15.54%、13.04%、10.94%、9.98%、8.38% 以及 6.14%，到 2020 年，排名工业废水排放量前 6 位的行业是石油和天然气开采业、化学原料及化学制品制造业、煤炭开采和洗选业、电力、热力的生产和供应业、医药制造业、石油加工、炼焦和核燃料加工业，分别占到工业行业废水排放总量的 17.61%、

13.14%、11.47%、5.91%、5.17%以及4.73%。行业类别与2012年基本相同，但由于随着污水处理工艺提高使得高排放行业所占比重呈现逐渐降低趋势。废水减排量最大的6个行业分别为石油和天然气开采业、农副食品加工业、电力、热力的生产和供应业、铁路、船舶、航空航天和其他运输设备制造业、黑色金属冶炼和压延加工业和酒、饮料和精制茶制造业，其废水减排量分别占总减排量的24.03%、22.85%、21.97%、11.00%、4.00%、3.67%，见表3-33。

表 3-33　　　　　　　　　　　工业各行业废水排放量的预测

行 业 名 称	废水排放系数/(t/元)		废水排放量/万 t	
	2016 年	2020 年	2016 年	2020 年
总计/亿 t			7.08	6.24
煤炭开采和洗选业	11.28	9.37	8128.06	7161.14
石油和天然气开采业	1.49	1.22	12610.89	10995.82
黑色金属矿采选业	12.57	9.05	651.10	960.35
有色金属矿采选业	36.74	29.28	793.50	464.74
非金属矿采选业	8.95	6.18	495.45	343.01
其他采矿业	330.53	291.80	21.00	12.88
农副食品加工业	25.46	22.30	6363.37	2805.69
食品制造业	20.77	17.65	1706.62	1734.12
饮料制造业	25.90	16.42	794.65	756.94
烟草制品业	1.10	0.93	987.88	549.89
纺织业	41.61	38.02	521.13	571.90
纺织服装、鞋、帽制造业	5.58	4.86	173.96	118.69
皮革毛皮羽毛（绒）及其制品业	14.21	12.67	272.50	610.47
木材加工及木竹藤棕草制品业	3.10	2.03	1445.98	1200.77
家具制造业	3.06	2.70	347.25	193.44
造纸及纸制品业	208.41	182.01	1727.08	2083.36
印刷业和记录媒介的复制	2.99	2.72	93.45	65.12
文教体育用品制造业	1.97	1.79	57.51	87.29
石油加工、炼焦及核燃料加工业	22.11	19.33	2841.15	2950.81
化学原料及化学制品制造业	35.58	27.78	5576.57	8205.83
医药制造业	14.42	11.43	2923.78	3230.00
化学纤维制造业	50.30	40.50	227.83	233.49
橡胶制品业	5.70	4.64	191.34	202.80
塑料制品业	2.12	1.91	633.76	800.66
非金属矿物制品业	6.27	4.59	1324.83	1753.45
黑色金属冶炼及压延加工业	12.60	9.44	1641.56	1698.26
有色金属冶炼及压延加工业	5.00	3.46	500.84	678.11

续表

行 业 名 称	废水排放系数/(t/元)		废水排放量/万 t	
	2016 年	2020 年	2016 年	2020 年
金属制品业	9.14	8.28	531.60	868.47
通用设备制造业	1.87	1.37	2066.19	1386.56
专用设备制造业	2.90	2.25	1658.36	1863.20
交通运输设备制造业	2.29	1.61	3547.17	2309.04
电气机械及器材制造业	1.60	1.37	1133.01	616.79
通信计算机及其他电子设备制造业	4.46	4.69	169.89	261.39
仪器仪表及文化办公用机械制造业	4.38	3.22	454.82	283.87
工艺品及其他制造业	3.01	2.66	168.17	151.27
废弃资源和废旧材料回收加工业	8.53	10.11	40.91	31.16
电力、热力的生产和供应业	14.46	10.18	7276.78	3690.86
燃气生产和供应业	7.13	4.80	325.05	304.94
水的生产和供应业	31.41	25.45	342.01	206.68

从分省的废水排放量来看，2020 年较 2012 年相比黑龙江省净下降量最大，达到 6953.61 万 t，废水减排幅度为 16.30%；其次为吉林省，减排量为 6522.52 万 t，减排幅度为 22.77%；内蒙古自治区减排量为 1751.12 万 t，减排幅度达 27.76%，结果见表 3-34。

表 3-34　　2012—2020 年松花江流域各省（自治区）工业废水排放量　　单位：万 t

年份	黑龙江	吉林	内蒙古	松花江流域
2012	42730.39	28641.94	6308.12	77680.45
2013	41515.48	28575.59	6198.35	76289.42
2014	40305.48	28158.86	5944.49	74408.83
2015	39771.37	27091.27	5733.72	72596.36
2016	38874.90	26279.81	5612.28	70766.99
2017	38243.64	25684.07	5424.42	69352.13
2018	37004.33	24364.43	5219.74	66588.50
2019	36372.06	23413.17	4947.89	64733.12
2020	35766.87	22119.40	4557.00	62443.27

（3）生活废水排放量。生活废水排放量受到人均用水量、人口数量、耗水率和回用率等诸多因素的影响。

1）城镇生活废水排放量。由于废水回用率的逐年提高，城镇生活的废水排放量的增长速率小于用水量和废水产生量的增长速率。从图 3-25 可以看出，2012—2020 年，城镇生活废水排放量逐年下降，由 2012 年的 13.28 亿 t 减小到 2020 年的 5.39 亿 t，下降了约为 58.01%。"十二五"期间，由于采取高效废水处理技术工艺，提高了废水处理率，城镇生活废水比 2012 年下降 20.84%；"十三五"期间进一步加大城镇生活污染治理措施，到 2020 年排放量下降到 5.39 亿 t，相对于"十二五"城镇生活废水下降了 43.85%。

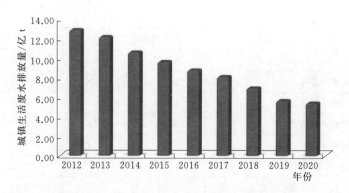

图 3 - 25　城镇生活废水排放量预测变化趋势

2）农村生活的废水排放量。根据预测结果分析可知，由于农村人口数量在不断下降，生活水平在不断提高，农村生活的耗水系数在不断降低，农村生活废水排放量呈现逐年下降趋势。2012 年农村生活废水排放量为 1.29 亿 t，到 2016 年、2020 年将分别达到 1.07 亿 t、0.80 亿 t，分别比 2012 年下降了 16.94％、37.49％，见图 3 - 26。

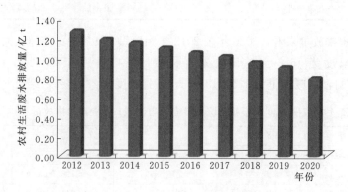

图 3 - 26　农村生活废水排放量的预测

3.5.3.4　污染物排放量

（1）TP 和 TN 排放量。根据农业水污染物预测模型和有关系数进行预测，农业主要水污染物（TN 和 TP）排放量的预测结果如图 3 - 27 和图 3 - 28 所示。

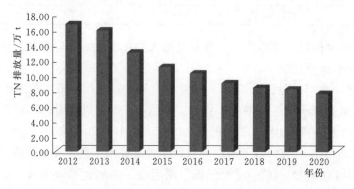

图 3 - 27　TN 排放量预测结果变化趋势

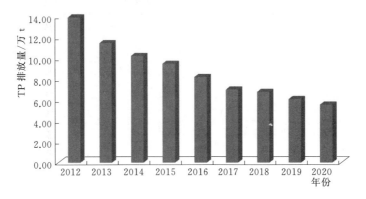

图 3-28　TP 排放量预测结果变化趋势

随着未来化肥的利用率的不断提高，未来农业水污染物（TN 和 TP）的排放量将不断下降。2012 年 TN 的排放量为 16.74 万 t，TP 的排放量为 13.94 万 t，到 2016 年和 2020 年 TN 排放量将下降为 10.31 万 t 和 7.69 万 t，TP 的排放量将下降为 8.21 万 t 和 5.57 万 t，与 2012 年相比，2016 年和 2020 年 TN 排放量分别下降了 38.42% 和 54.08%，TP 排放量分别下降了 41.10% 和 60.06%。"十三五"期间农业 TN 和 TP 排放量与"十二五"相比下降了 30.91% 和 41.08%。

（2）COD 排放量。

1）工业 COD 排放量。工业污染物排放量受污染物削减率的变化影响较大，参照国家主要水污染物总量排放的控制目标，"十二五"期间主要水污染物的削减率分别为 8% 和 10% 的水平，同时考虑到优化产业结构、技术升级改造等措施的实施，主要水污染物削减目标在"十三五"期间将有所提升，其削减率水平设定为 10%～15% 左右，据此预测出目标年份主要水污染物的排放量。结合"十二五"流域水污染物总量控制目标，以及工业 COD 排放量预测模型，预测得到 2012—2020 年工业 COD 排放量变化趋势，结果表明，2012 年工业 COD 排放量为 17.94 万 t，随着工业各行业产业结构升级调整和工艺技术的改进，未来工业 COD 排放量呈现逐渐下降趋势，到 2016 年和 2020 年工业 COD 排放量分别将达到 12.81 万 t 和 10.43 万 t，比 2012 年分别下降 28.59% 和 41.86%。

2012 年，工业 COD 排放量最大的 6 个行业分别为石油和天然气开采业、农副产品加工业、造纸及纸制品业、饮料制造业、煤炭开采和洗选业及食品制造业，其中排放量分别占到工业 COD 排放总量的 16.04%、15.61%、9.91%、9.37%、6.70% 以及 6.53%，到 2020 年，排名工业 COD 排放量前 6 位的行业分别是农副食品加工业、煤炭开采和洗选业、饮料制造业、石油和天然气开采业、造纸和纸制品业、化学原料及化学制品制造业分别占到工业行业废水排放总量的 15.07%、11.34%、11.18%、8.15%、7.57% 以及 6.47%。各行业类别与 2012 年基本相同，但由于随着污水处理工艺提高使得高排放行业所占比重逐渐降低。COD 减排量最大的 6 个行业分别为石油和天然气开采业、农副食品加工业、造纸和纸制品业、食品制造业、医药制造业、饮料制造业，其减排量分别占减排总量的 26.60%、15.36%、12.71%、8.37%、7.66%、6.09%，见表 3-35。

表 3‑35　　　　　　　　　　　　　工业各行业 COD 排放量预测结果

行 业 名 称	工业 COD 削减率/%			COD 产生量/t		
	2012 年	2016 年	2020 年	2012 年	2016 年	2020 年
总计	**84.05**	**84.23**	**84.53**	**161654**	**120281**	**98934**
煤炭开采和洗选业	85.89	86.07	86.37	10833	8852	11222
石油和天然气开采业	58.73	58.91	59.21	25935	12823	8065
黑色金属矿采选业	57.14	57.32	57.62	262	210	210
有色金属矿采选业	51.06	51.24	51.54	1127	955	1308
非金属矿采选业	73.86	74.04	74.34	351	352	403
其他采矿业	68.12	68.30	68.60	24	10	8
农副食品加工业	85.03	85.21	85.51	25230	18817	14909
食品制造业	84.39	84.57	84.87	10556	7055	4936
饮料制造业	72.95	73.13	73.43	15152	13988	11059
烟草制品业	78.74	78.92	79.22	604	571	571
纺织业	75.62	75.80	76.10	2241	1722	1642
纺织服装、鞋、帽制造业	79.83	80.01	80.31	142	174	285
皮革、毛皮、羽毛（绒）及其制品业	53.12	53.30	53.60	549	852	1782
木材加工及木、竹、藤、棕、草制品业	62.84	63.02	63.32	1541	1367	1556
家具制造业	74.75	74.93	75.23	172	154	156
造纸及纸制品业	79.39	79.57	79.87	16023	12714	7484
印刷业和记录媒介的复制业	46.22	46.40	46.70	59	41	33
文教体育用品制造业	85.77	85.95	86.25	50	78	163
石油加工、炼焦及核燃料加工业	72.69	72.87	73.17	6651	3768	3045
化学原料及化学制品制造业	84.94	85.12	85.42	9825	7923	6402
医药制造业	78.02	78.20	78.50	9279	6494	4131
化学纤维制造业	60.50	60.68	60.98	1890	1434	1342
橡胶制品业	49.08	49.26	49.56	231	240	339
塑料制品业	51.02	51.20	51.50	563	744	1316
非金属矿物制品业	76.83	77.01	77.31	851	740	620
黑色金属冶炼及压延加工业	48.09	48.27	48.57	5852	5335	4405
有色金属冶炼及压延加工业	60.31	60.49	60.79	805	876	1074
金属制品业	67.01	67.19	67.49	667	875	1444
通用设备制造业	57.97	58.15	58.45	1588	1253	1178

续表

行 业 名 称	工业COD削减率/%			COD产生量/t		
	2012年	2016年	2020年	2012年	2016年	2020年
专用设备制造业	59.43	59.61	59.91	1148	983	829
交通运输设备制造业	70.85	71.03	71.33	1867	1279	1047
电气机械及器材制造业	73.36	73.54	73.84	807	793	890
通信设备、计算机及其他电子设备制造业	64.09	64.27	64.57	190	245	404
仪器仪表及文化办公用机械制造业	52.02	52.20	52.50	194	211	229
工艺品及其他制造业	60.12	60.30	60.60	95	133	188
废弃资源和废旧材料回收加工业	54.45	54.63	54.93	37	24	20
电力、热力的生产和供应业	73.71	73.89	74.19	7559	5801	3875
燃气生产和供应业	78.93	79.11	79.41	368	207	194
水的生产和供应业	84.05	84.23	84.53	336	185	167

从分省的 COD 排放看，2020 年与 2012 年相比黑龙江省排放量净下降量最大，达到 38534.91t，其 COD 减排幅度达 43.42%；其次为吉林省，减排量为 19332.41t，减排幅度为 34.59%；内蒙古自治区减排量最小，为 4853.19t，减排幅度达 39.84%，见表 3-36。

表 3-36　　　2012—2020 年松花江流域各省（自治区）工业 COD 排放量预测　　　单位：万 t

年份	黑龙江	吉林	内蒙古	松花江流域
2012	102361	58410	18656	179426
2013	88741	55880	17034	161655
2014	72476	53401	16267	142143
2015	67358	52039	15520	134917
2016	62627	50456	15059	128142
2017	57833	47983	14465	120281
2018	53773	45475	13843	113092
2019	51041	43670	13313	108025
2020	50994	40663	12682	104339

2）生活 COD 排放量。生活 COD 排放量主要包括农村生活和城镇生活的 COD 排放量，根据生活污染物排放预测模型和有关系数开展预测，得到农村生活和城镇生活的 COD 排放量预测结果，如图 3-29 所示，从 2012 年到 2020 年农村生活及城镇生活总的 COD 排放量呈现逐年下降趋势。

生活 COD 的预测结果显示，2012 年生活 COD 排放量为 91.92 万 t，到 2016 年和 2020 年生活 COD 的排放量将分别达到 81.59 万 t 和 67.49 万 t，比 2012 年分别下降

图 3 - 29 农村生活和城镇生活的 COD 排放量预测结果变化趋势

11.23％和 26.57％。

3）畜禽养殖业 COD 排放量。畜禽养殖业的污染物排放量主要受湿法工艺比例、废水处理率、湿法污染物清除率、干法污染物清除率以及废水回用率等相关工艺参数的影响。目前我国的废水治理重点主要在工业和城市生活废水，但在"十二五"期间我国畜禽养殖废水的综合整治也取得了一定的进展。根据"十二五"期间畜禽养殖业的治理现状，假设"十三五"期间逐年的废水处理率、湿法工艺比例、干法污染物去除率以及废水回用率等均保持匀速提升，依次制定了畜禽养殖业污染物治理的可达目标再结合畜禽养殖污染物排放量预测模型对未来畜禽养殖的 COD 排放量进行了预测。随着未来畜禽养殖规模化程度不断提升，污染物处理工艺不断改善，未来畜禽养殖 COD 排放量将呈现逐渐下降的趋势。2012 年畜禽养殖 COD 排放量为 66.93 万 t，根据预测结果，2016 年和 2020 年畜禽养殖 COD 排放量将分别达到 58.67 万 t 和 44.30 万 t，比 2012 年分别下降了 12.34％和 33.81％。

从分省的 COD 排放来看，畜禽养殖业 COD 减排量最大的为黑龙江省，共计消减 15.92 万 t，消减幅度为 30.30％，吉林省及内蒙古自治区分别消减 3.17 万 t 和 3.54 万 t，其结果可见表 3 - 37。

表 3 - 37　　2012—2020 年松花江流域各省（自治区）畜禽养殖 COD 排放量预测　　单位：万 t

年份	黑龙江	吉林	内蒙古	松花江流域
2012	52.54	6.20	8.19	66.93
2013	51.15	6.03	8.01	65.19
2014	50.02	5.42	7.49	62.93
2015	48.90	4.95	7.36	61.21
2016	47.25	4.34	7.08	58.67
2017	44.40	3.96	6.70	55.06
2018	42.55	3.73	6.29	52.57
2019	40.89	3.41	5.71	50.01
2020	36.62	3.03	4.65	44.30

（3）NH₃-N 排放量。

1）生活 NH₃-N 排放量。生活氨氮的排放量与生活 COD 类似，受到污染物产生量、污水处理率、污水再利用率以及废水处理能力也即污染物去除率的影响，具体的治理目标可参见生活 COD 的治理目标。预测结果显示松花江流域农村生活及城镇生活的氨氮排放量呈现逐年下降趋势，如图 3-30、图 3-31 所示。2012 年松花江流域城镇生活氨氮排放量为 10.80 万 t，去除量为 5.25 万 t，从 2012—2020 年，流域内城镇生活氨氮排放量呈逐年下降趋势，到 2016 年和 2020 年氨氮的排放量将分别达到 9.73 万 t 和 7.64 万 t，分别比 2012 年下降 9.90％和 29.30％。2012 年松花江流域农村生活氨氮的排放量为 3.52 万 t，去除量为 0.33 万 t，到 2016 年和 2020 年其分别达到 3.21 万 t 和 2.89 万 t，比 2012 年下降 8.71％和 17.73％。"十三五"期间松花江流域氨氮排放总量比"十二五"期间下降了 21.00％。

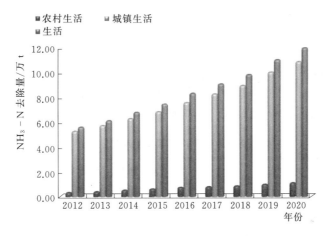

图 3-30　农村生活及城镇生活 NH₃-N 去除量变化趋势

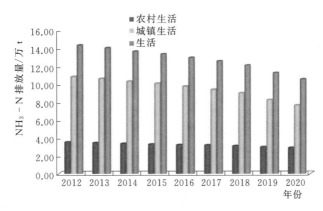

图 3-31　农村生活和城镇生活的 NH₃-N 排放量预测结果变化趋势

2）工业 NH₃-N 排放量。考虑到未来不同产业结构的发展规模和速度，NH₃-N 的产生量将会持续增加，为实现污染物治理控制目标，需要进一步不断加大污染减排的力度，对污染物削减措施和工艺持续改进和提升。

按照所提供的减排目标，计算得到到 2016 年和 2020 年工业氨氮的排放量将达到 0.88 万 t 和 0.67 万 t，分别比 2012 年下降了 16.74％和 36.03％，如图 3-32 所示。

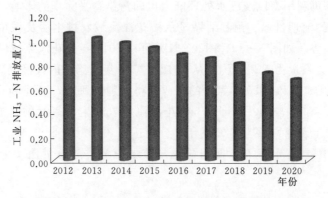

图 3-32 工业 NH_3-N 排放量预测结果变化趋势

3）畜禽养殖业 NH_3-N 排放量。根据畜禽养殖业污染物排放量预测模型，预测得到畜禽养殖业氨氮排放量结果（见表 3-38），从 2012—2020 年畜禽养殖业氨氮排放量呈现逐年下降趋势。2012 年畜禽业氨氮排放量为 96.50 万 t，到 2016 年和 2020 年将分别达到 74.69 万 t 和 50.51 万 t，比 2012 年分别下降 22.61％和 47.67％。

表 3-38   畜禽养殖业的氨氮排放量的预测

名　称	猪	肉牛	奶牛	肉鸡	蛋鸡	羊	总计
不同畜禽的污染物去除量/万 t							
2012 年	8.77	16.66	4.91	16.08	14.46	1.75	62.62
2016 年	15.35	41.42	10.54	25.89	24.44	3.37	121.01
2020 年	32.34	81.31	22.47	32.63	32.42	4.58	205.74
不同畜禽干法污染物去除量/万 t							
2012 年	6.26	11.90	4.22	4.22	12.16	1.31	40.08
2016 年	24.93	30.28	9.45	9.45	19.46	2.61	100.17
2020 年	33.52	65.40	19.79	19.79	26.32	3.66	168.47
不同畜禽湿法污染物去除量/万 t							
2012 年	2.51	1.75	0.69	2.86	2.29	0.43	10.53
2016 年	5.42	8.14	1.10	6.06	4.97	0.76	26.45
2020 年	8.81	15.91	2.68	8.30	6.10	0.92	42.73
不同畜禽污染物排放量/万 t							
2012 年	16.8	33.09	12.65	16.52	10.02	7.42	96.50
2016 年	14.77	25.34	11.23	11.27	9.72	2.36	74.69
2020 年	10.17	18.03	8.08	7.35	6.07	0.8	50.50

3.5.3.5 废水和水污染物治理投资

（1）工业污染治理投入费用。预测结果表明，到 2016 年和 2020 年工业废水的运行费用将分别达到 48.97 亿元、89.21 亿元；工业废水治理投资费用将分别达到 5.77 亿元和 12.06 亿元，见表 3-39。

表 3-39　　　　　　　工业各行业的治理投资和治理运行费用

行 业 名 称	治理投资总费用/万元		废水治理运行费用/万元		废水治理投资费用/万元	
	2016 年	2020 年	2016 年	2020 年	2016 年	2020 年
总计	661039	1204298	489658	892073	57664	120641
煤炭开采和洗选业	25039	85480	18548	63318	4529	12960
石油和天然气开采业	212595	232151	157478	171964	12743	16483
黑色金属矿采选业	3938	10098	2917	7480	460	1243
有色金属矿采选业	7066	19193	5234	14217	785	2042
非金属矿采选业	609	2109	451	1562	55	182
其他采矿业	37	82	28	61	2002	4930
农副食品加工业	12188	27078	9028	20057	2239	5078
食品制造业	27086	44077	20064	32650	1883	3062
饮料制造业	38527	62886	28539	46582	499	902
烟草制品业	3828	10594	2836	7848	317	720
纺织业	8766	17325	6493	12833	629	1278
纺织服装、鞋、帽制造业	1370	5915	1014	4381	61	269
皮革、毛皮、羽毛（绒）及其制品业	4528	17020	3354	12607	312	1062
木材加工及木、竹、藤、棕、草制品业	4636	10954	3434	8114	47	113
家具制造业	3159	11069	2340	8200	1148	2297
造纸及纸制品业	12774	21801	9462	16149	948	1445
印刷业和记录媒介的复制业	994	2394	736	1774	23	59
文教体育用品制造业	796	3274	589	2425	741	1332
石油加工、炼焦及核燃料加工业	74767	101417	55383	75124	4786	8442
化学原料及化学制品制造业	20901	55755	15482	41300	6049	16129
医药制造业	40124	60655	29721	44929	1804	3700
化学纤维制造业	4098	7624	3036	5647	79	183
橡胶制品业	747	2337	554	1731	130	360
塑料制品业	5405	18766	4004	13901	535	1457
非金属矿物制品业	7280	17928	5392	13280	2364	4962
黑色金属冶炼及压延加工业	10700	22837	7926	16916	4023	8070
有色金属冶炼及压延加工业	6641	17796	4919	13182	1304	3572

行 业 名 称	治理投资总费用/万元		废水治理运行费用/万元		废水治理投资费用/万元	
	2016 年	2020 年	2016 年	2020 年	2016 年	2020 年
金属制品业	19766	61056	14641	45227	679	2413
通用设备制造业	15397	39983	11405	29617	338	793
专用设备制造业	3821	8394	2830	6218	686	869
交通运输设备制造业	35106	48895	26005	36219	312	560
电气机械及器材制造业	12700	38746	9407	28701	266	804
通信设备、计算机及其他电子设备制造业	6385	16868	4729	12495	49	158
仪器仪表及文化办公用机械制造业	9182	45392	6802	33623	79	392
工艺品及其他制造业	970	4246	719	3145	29	124
废弃资源和废旧材料回收加工业	300	577	222	427	477	995
电力、热力的生产和供应业	10866	26904	8049	19929	4108	10771
燃气生产和供应业	6490	20004	4807	14818	63	177
水的生产和供应业	1452	4612	1075	3416	79	249

工业各行业中治理投入费用最高的 5 大行业依次是：石油和天然气开采业、化学原料和化学制品制造业、石油加工、炼焦和核燃料加工业、电力、热力生产和供应业、医药制造业。预测结果显示到 2016 年和 2020 年治理投入费用将分别达到 3.25 亿元和 5.55 亿元，运行累计费用将分别达到 1.24 亿元和 2.87 亿元，这 5 大行业的治理投入占工业废水治理投入的比例见图 3-33 和图 3-34。

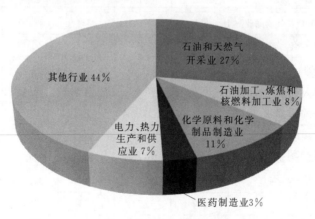

图 3-33　2016 年工业重点行业治理投入占比分析

（2）生活治理投入费用。预测结果显示，未来流域内农村生活废水和水污染物日益增多，需要投入更多的费用对农村废水及污染治理设施进行改进更新，未来农村生活治理投入费用将不断增加，2012—2020 年农村生活污染治理投资费用、运行费用预测结果见表 3-40。同时，随着城镇化进程的不断加快，流域内城市生活废水及水污染物产生量不断增加，需要的治理投入也不断加大，2012—2020 年城镇生活污染治理投资和运行费用预

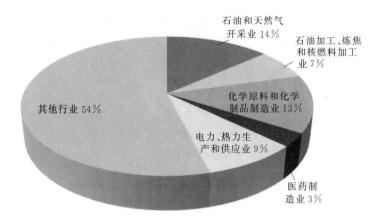

图 3-34 2020 年工业重点行业治理投入占比分析

测结果见表3-41。

表 3-40　　　　　农村生活污染治理投资和运行费用预测结果　　　　　单位：亿元

时间	投资费用	运行费用	治理投入
2012—2015 年	20.35	5.04	15.31
2016—2020 年	47.47	9.24	38.23

表 3-41　　　　　城镇生活污染治理投资和运行费用预测结果　　　　　单位：亿元

时间	投资费用	运行费用	治理投入
2012—2015 年	37.00	9.16	27.84
2016—2020 年	86.30	16.80	69.50

3.5.4　结论与建议

3.5.4.1　主要结论

本研究通过深入研究"经济社会-水资源消耗-水污染物排放"之间的机理过程和系统特征，建立三者间的耦合关系，构建一个系统综合的流域"经济社会-水资源消耗-水污染物排放"集成预测模型。未来对水环境的需求将主要来自于经济社会领域，而对水环境的改善也依赖于经济结构、生产和消费结构的调整来实现。可以说，经济社会活动的规模和范围决定着未来水环境状态。因此，本章节通过深入研究流域水污染产生与排放量预测模拟模型方法，结合流域经济增长不同情景、发展方式的不同转变、技术进步、工程治理措施等因素来建立不同水污染物的产生量、排放量和污染治理投入的动态模拟预测模型，特别是流域水污染物产生系数、排污系数、治理投资与运行费用系数的修正。

根据上述研究与分析，本章得出如下结论：

（1）2012 年，松花江流域主要水污染物 COD 排放量为 158.78 万 t，TN 排放量为 42.12 万 t，TP 排放量为 23.11 万 t，NH_3-N 排放量为 21.84 万 t。流域内水污染物排放形势较为严峻。

（2）研究构建了耦合经济-社会-污染排放的一体化预测模型方法，从工业源、城镇生活源和农业源角度进行了松花江流域未来水污染物产排放模拟预测，根据水污染物产、排放系数法，结合松花江流域未来经济社会发展各项指标预测得到 2020 年各项污染物排放量，其中，COD 排放量为 105.09 万 t，TN 排放量为 14.94 万 t，TP 排放量为 10.28 万 t，NH_3-N 排放量为 16.97 万 t，总计 147.28 万 t。与 2012 年相比下降 40.09％。

（3）随着松花江流域污染物减排措施的制定和实施，废水和污染物治理费用也有了较大幅度的增长，由 2012 年的 89.65 亿元增长到 2020 年的 235.04 亿元，增幅达到 162.17％。占工业增加值比例也由 1.05％增长到 1.34％。

3.5.4.2　对策建议

针对松花江流域内水污染物排放形势严峻的现状特征，结合对流域内"十三五"经济社会-资源消耗-污染排放的预测结果分析，提出以下三条对策建议。

（1）实行流域内差别化管理模式。松花江流域水环境保护应以改善水环境质量为基点，分区实施相应的经济社会发展政策和环境保护管理模式。污水处理方式应因地制宜、因势利导、因情定策。研究处理效果好、运行费用低、易于管理并适合北方寒冷地区的小型污水处理技术。要将治理重点由原来的以城市为主转为向农村和城市相结合；从侧重生活污水、工业点源治理，向与农村面源污染控制相结合进行转变。

（2）运用系统管理的模式推进流域水污染防治。松花江流域环境保护必须采取系统管理、多方协作、综合管控的方式，逐步形成流域环境保护系统的管控模式。由于水环境保护及水污染治理是一个系统工程，需充分发挥水利、农业、畜牧、渔政、林业、环保、发改、工业信息、财政等部门综合作用，齐抓共管，协同推进。

（3）充分发挥松花江流域环境保护对策的持久性管理效能。建立健全目标责任考核制度、行政首长负责制度和责任追究制度。强化行政首长对辖区水环境质量负责、对环境保护对策负责的责任主体地位。提升科学决策的理念和基于环境发展经济的理念，确保资金的投入。健全法制和执法监督，逐步修正目前法律、法规、政策协调性不够、缺乏统筹考虑流域综合管理的内容。强化企业社会责任履行情况的执法监督，并对恶意偷排、未批先建、超标排放的企业依法从重处罚。并不断完善水质异常会商制度、污染特征指数超标全分析制度，水质警戒制度，环境监测预警体系、环境风险防控体系建设。

参 考 文 献

［1］ 孟伟．中国流域水环境污染综合防治战略．中国环境科学，2007（05）：712-716.

［2］ 王海，岳恒，周晓花，等．法国水资源流域管理情况简介．水利发展研究，2003（08）：58-61.

［3］ 王同生．莱茵河的水资源保护和流域治理．水资源保护，2002（04）：60-62.

［4］ 高娟，李贵宝，华路，等．日本水环境标准及其对我国的启示．中国水利，2005（11）：41-43.

［5］ 席北斗，霍守亮，陈奇，等．美国水质标准体系及其对我国水环境保护的启示．环境科学与技术，2011（05）：100-103+120.

［6］ 张远，张明，王西琴．中国流域水污染防治规划问题与对策研究．环境污染与防治，2007（11）：870-875.

［7］ DEBARRY P A. GIS applications in nonpoint sources pollution ［C］// RICHARD M S. Hydraulic engineering. New York：ASCE，1991：882-887.

[8] LEE M T，TERST RIEP M L. Applicat ions of GIS for water quality modeling in agricultural and urban watershed ［C］//RICH ARD M S. Hydraulic engineering. New York：ASCE，1991：961 -965.

[9] HE Chan sheng，RIGGS J F，KANG Y T. Integration of geographic information system and a computer mod el to evaluate impacts of agricultural runoff on water quality ［J］. Water Resources Bulletin，1993（6）：891.

[10] SHEA C，GRAYMAN W，DARDEN D. Integrated GIS and hydrologic modeling for county wide drainage study ［J］. J. Water Resoure Plng. and Mgmt. ，1993（2）：112 - 128.

[11] JAME ISONDG，FEDRA K. The "WAT ERWARE" decision sup ort system for river basin planning：1. conceptual design ［J］. Journal of Hydrology，1996，177：163 - 175.

[12] FEDRA K，JAMIESON D G. T he "WAT ERWARE" decisi on support system for river basin planning：2. planning capability ［J］. Journal of Hydrology，1996，177：176 - 198.

[13] Omernik J M. Ecoregions of the conterminous United States ［J］. Annals of the Association of American Geographers. 1987，77：118 - 125.

[14] Hughes R M，Larsen D P. Ecoregions：an Approach to Surface Water Protection ［J］. Journal of the Water Pollution Control Federation，1988，60：486 - 493.

[15] 方晓波，张建英，陈伟，等 . 基于 QIJAL2K 模型的钱塘江流域安全纳污能力研究 ［J］环境科学学报，2007，27（8）8：1402 - 1406.

[16] 陈月，席北斗，何连生，等 . QUAL2K 模型在西苕溪干流梅溪段水质模拟中的应用 ［J］. 环境工程学报，2008，2（7）：1000 - 1003.

[17] 张婷婷，王文勇 . QUAL2KW 模型在眠江流域乐山段水质模拟中的应用研究 ［J］. 广东农业科学，2010，（6）6：247 - 249.

[18] 周东风，杨金海 . 应用 WASP5 水质模型划分水库水源保护区 ［J］. 山西水科技，1998，4：1 - 2.

[19] 贾海峰，程声通，杜文涛 . GIS 与地表水水质模型 WASP5 的集成 ［J］. 清华大学学报（自然科学版），2001，41（8）：125 - 128.

[20] 廖振良 . 感潮河流河网水质模型研究及苏州河水环境整治目标分析 ［D］. 上海：同济大学，2002.

[21] 杨家宽，肖波，刘年丰，等 . WASP6 预测南水北调后襄樊段的水质 ［J］. 中国给水排水，2005，21（9）：103 - 104.

[22] 李军，井艳文，潘安军，等 . MIKEII 模型结构及其在南沙河流域规划中的应用 ［J］. 北京水利，1998，5：5 - 10.

[23] 丛翔宇，悦广恒，惠士博，等 . 基于 SWMM 的北京市典型城区降雨洪水模拟分析 ［J］. 水利水电技术，2006，37（4）：64 - 67.

[24] 董欣，杜鹏飞，李志一，等 . SWMM 模型在城市不透水区地表径流模拟中的参数识别与验证 ［J］. 环境科学，2008，29（6）：1495 - 1501.

[25] 王磊，周玉文 . 微粒群多目标优化率定暴雨管理模型（SWMM）研究 ［J］. 中国给水排水，2009，25（5）：70 - 74.

[26] 邢可霞，郭怀成，孙延枫，等 . 基于 HSPF 模型的滇池流域非点源污染模拟 ［J］. 中国环境科学，2004，24（2）：229 - 232.

[27] 梅立永，赵智杰，黄钱，等 . 小流域非点源污染模拟与仿真研究–以 HSPF 模型在西丽水库流域应用为例 ［J］. 农业环境科学学报，2007，26（1）：64 - 70.

[28] 薛亦峰，王晓燕，王立峰，等 . 基于 HSPF 模型的大阁河流域径流量模拟 ［J］. 环境科学与技术，2009，32（10）：103 - 107.

[29] 王亚军，周陈超，贾绍凤，等 . 基于 SWAT 模型的淳水流域径流模拟与评价 ［J］. 水土保持研究，2007，14（6）：428 - 432.

[30] 胡远安，程声通，贾海峰．非点源模型中的水文模拟——以 SWAT 模型在声溪小流域的应用为例 [J]．环境科学研究，2003，16（5）：29 - 32.

[31] 丁京涛，姚波，许其功，等．基 SWAT 模型的大宁河流域污染物负荷分布特性分析 [J]．环境工程学报，2009，3（12）：2153 - 2158.

[32] 张雪刚，毛媛媛，董家瑞，等．SWAT 模型与 MODFLOW 模型的耦合计算及应用 [J]．水资源保护，2010，26（3）3：49 - 52.

[33] 马占青，崔广柏，杨宏杰，等．城市污水排放的灰色马尔柯夫预测模型 [J]．河海大学学报，2000，28（5）：49 - 53.

[34] 钱家忠，吴剑锋，朱学愚，等．时序马尔可夫模型和有限元模型在中国北方型岩溶水资源评价中的应用 [J]．地质论评，2003，49（1）：107 - 112.

[35] 朱新国，张展羽，祝卓．基于改进型 BP 神经网络马尔科夫模型的区域需水量预测 [J]．水资源保护，2010，26（2）：28 - 31.

[36] 王开章，刘福胜，孙鸣．灰色模型在大武水源地水质预测中的应用 [J]．山东农业大学学报（自然科学版），2002，33（1）：66 - 71.

[37] 杨士建．灰色模型在确定关键污染因子中的应用 [J]．中国环境测，2003（9）：40 - 42.

[38] 刘孟兰，余汉生．用灰色模型理论预测珠江口污染趋势的可行性海洋环境科学，2005，24（2）：36 - 38.

[39] 张海峰，卢云晓．灰色理论及神经网络组合模型在水质预防中的应用 [J]．给水排水，2010，36：436 - 439.

[40] 张光玉，田晓刚，彭士涛，等．灰色动态层次分析模型在海洋环境评价预测中的开发及应用 [J]．海洋环境科学，2010，29（5）：683 - 688.

[41] 李莹，部经瓶．自适应神经网络在水质预测建模中的应用 [J] 系统工程，2001，19（1）：89 - 93.

[42] 郭劲松，霍国友．BOD - DO 亲合人工神经网络水质模拟的研究 [J]．环境科学学报，2001，21（2）：140 - 143.

[43] 李占东，林钦．BP 人工神经网络模型在珠江口水质评价中的应用 [J] 南方水产，2005，1（4）：47 - 54.

[44] 欧素英，杨清书．人工神经网络模型在航道、港口潮水位预报中的应用 [J]．水利水运工程学，2008，（2）：67 - 70.

[45] 赵棣华，李提来，陆家驹．长江江苏段二维水流水质模拟 [J]．水利学报，2003，（6）：72 - 78.

[46] Zhang Z, Li C, Zeng X - L, et al. QUAL2E model for water quality simulation in Chongqing section of the Yangtze River. Environmental Science and Technology, 2006，29（1）：1 - 3（in Chinese）.

[47] Lin CE, Chen CT, Kao CM, et al. Development of the sediment and water quality management strategies for the Salt - water River, Taiwan. Marine Pollution Bulletin, 2011，63：528 - 534.

[48] Shi T - C, Wang F - E, Fang X - B. The water quality management mode basedon WASP in Taihu Lake network in Huzhou City. ActaScientiae Circumstantiae, 2010，30（3）：631 - 640（in Chinese）.

[49] Wang X, Hao FH, Cheng HG, et al. Estimating nonpoint source pollutant loads for the large - scale basin of the Yangtze River in China. Environmental Earth Sciences，2011，63：1079 - 1092.

[50] 王思文．基于 WASP 模型的松花江哈尔滨段水环境容量模拟机总量控制研究 [D]．哈尔滨师范大学，2015.

第 4 章 流域水污染物总量目标分配模型

污染物总量控制和环境质量改善是流域水污染防治规划的双控目标，总量控制目前仍然是各地方政府用以实现地区环境质量改善的有效途径和重要抓手。总量分配方案的制订一直是一个有争议的话题，其不仅体现在经济—环境的博弈上，也体现在区域—流域边界的不匹配上，在以往几个五年规划中对流域层面污染物总量分配指标体系尚缺乏系统、清晰、明确的考虑，分配方案制定过程中也缺乏考虑流域水环境管理需求的污染物总量分配方式，本质上还是基于区域的分配方式，并不能满足流域水污染防治的科学需求。实际上，我国各地域间在社会经济条件、减排潜力、资源环境禀赋、发展模式和路径等方面存在较大差异，考虑区域间差异性特征，处理好各种矛盾，制定出既在经济技术上可行、又公平合理的分配方案具有极其重要的现实意义。本章研究试图从客观公平的角度入手，开展基于基尼系数法的流域主要水污染物总量分配模拟，充分体现地域上自然资源和环境状况的异质性原则，系统解析影响流域主要水污染物总量分配的要素和特征指标，合理选择能体现公平性、易为各方认可的总量分配方法，收集整理指标体系对应的基础数据，最终以松花江流域为实证开展应用，为国家流域水污染防治规划决策一体化模拟平台的搭建提供技术支撑，并为其他流域的水环境科学管理提供参考和借鉴。

4.1 研究背景

随着我国社会和经济发展，环境问题已成为制约我国发展的瓶颈。我国流域水环境污染日益严重，所面临的水污染形势十分严峻，尽管在"十二五"期间我国对主要水污染物排放控制的局面有了很大改观，但污染物排放量依然很大，存量问题依然严重，排入环境的污染物远远超过了环境自净能力，造成了我国水环境污染形势极为严峻。虽然"水十条"明确了"十三五"时期以水环境质量改善为导向，水污染物总量控制为双效目标，逐步弱化总量概念，但对于地方政府而言，当前治理和改善水环境质量现状最有效的方式之一仍然是进行水污染物总量控制，也即在污染源间合理分配水污染物排放总量，根据确定的总量目标进行污染物削减，使水环境质量得到逐步改善。水污染物总量控制既是一种环境管理思想，也是一种环境管理手段[45]，目前环境管理界一般认为，总量控制是将某一个污染控制区域作为一个完整系统，在一定时间段内，采取措施将这一区域内的污染物排放总量控制在确定的数量之内，以满足该区域的环境质量要求[46]。

水污染物总量控制目标的分配，是指依据一定的模型方法，根据排污地点、污染源的数量和种类、污染源治理水平、技术和经济承受能力、环境容量大小和利用条件、未来经济社会发展趋势和污染物排放趋势等因素，对水污染物（如 COD）总量控制目标进行分配的过程，分配对象包括具体的流域、行政区或污染源等，它是一项系统工程，涉及到社会经济、技术、自然环境、管理、资源等各种领域的问题，而且与各地社会经济发展的剩余空间受限水平紧密相关。水污染物总量分配应该坚持何种具体原则，应与总量控制要实现的政策目标紧密一致。作为水环境管理的一项重要政策手段，体现水污染物总量控制的主要政策目标有四个：①在符合国家总体社会经济发展和环境管理目标的前提下，循序渐进实施总量控制；②在不同流域和地区实施有差异性的总量管制要求；③要促进产业结构的调整，实现环境资源的合理配置，优化产业布局；④要考虑各地削减能力，系统优化总量分配削减方案，提高总量控制手段的政策效率。

从"九五"到"十二五"的四个五年规划文件中提出的总量分配考虑因素仅适用于指导地方污染物分解下达时作为参考，在流域层面对污染物总量分配指标体系尚缺乏系统、清晰、明确的考虑。在分配方案制定过程中，也缺乏考虑流域水环境管理需求的污染物总量分配方式，更多的还是充分听取各地区意见，由相关主管部门"拍板"决定，其主观性强，分配过程过于重视各地的经济表现，本质上还是基于区域的分配方式，其割裂了流域属性，并不能满足流域水污染防治的科学需求。此外，传统的在污染物总量由国家到省级地区分配操作中，对各地方除地区经济贡献现状以外的其他异质性特征考虑不足，从而使得分配方案直接面向减排和维护区域水环境安全的管理目标不强。本项研究受到国家水体污染控制与治理科技重大专项"流域水污染防治规划决策支持平台研究"的支持，旨在从环境质量改善与污染物总量控制相结合角度，充分吸收和借鉴国内外水污染物总量分配的优秀经验，深入探索和创新流域水污染防治规划目标——水污染物总量控制目标的分配理论，提出水污染物总量分配的模型方法和指标体系，并设计完成基于基尼系数的优化分配算法（主要针对污染物 COD 和 $NH_3 - N$），最终选取松花江流域为实证开展应用，通过模型模拟获得"十三五"期间松花江流域各控制单元主要水污染物的总量控制方案，从而为流域水污染防治规划决策支持一体化模拟平台的搭建和集成提供技术支撑，并为国家层面和其他流域层面的水污染物分配实践提供参考和借鉴。

4.2 分配思路与技术路线

4.2.1 分配思路

本研究从污染物总量控制与环境质量改善相结合的角度，深入研究和创新流域水污染防治规划目标——水污染物总量控制目标（主要是 COD 和 $NH_3 - N$）的分配模拟，并以松花江流域为示范，从促进流域水污染物减排和维护流域水环境安全出发，探索研究流域主要水污染物总量分配模型方法，系统解析影响主要水污染物减排的关键分配要素，以及这些要素的特征指标，构建流域主要水污染物总量分配指标集，开展松花江流域主要水污染物总量分配模拟研究。通过模拟预测，获得"十三五"期间松花江流域各控制单元主要水污染物总量控制方案，从而为国家的流域水环境管理提供科学依据，并为流域水污染防治规划决策支持平台的集成开发做好支撑工作。

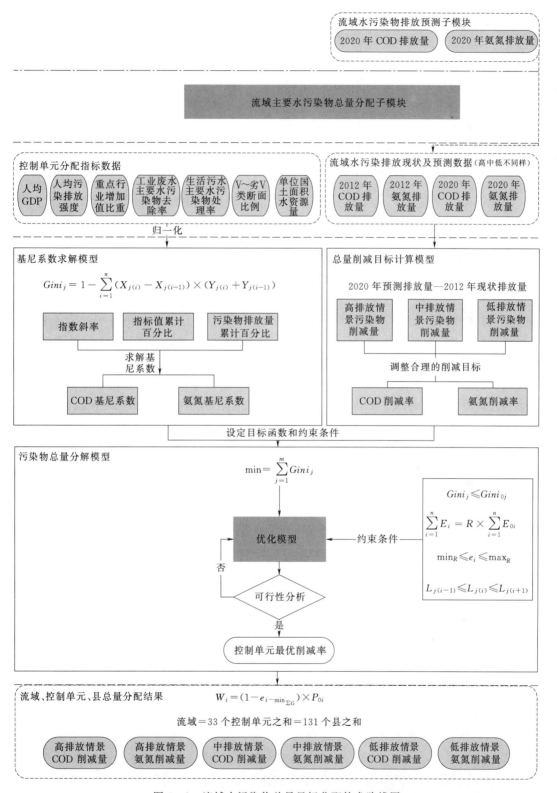

图 4-1 流域水污染物总量目标分配技术路线图

（1）时间范围。由于分配的目的是为"十三五"国家制定的流域污染物总量目标决策服务，因此本章对流域主要污染物进行总量分配的时间范围也是 2015—2020 年，基准年为 2012 年。

（2）空间范围。本研究开展松花江流域主要水污染物总量分配方法研究，本项研究的空间范围与重点流域水污染防治规划中松花江流域空间范围保持一致。从区域层面来看，包含黑龙江省、吉林省和内蒙古自治区 3 个省份在内的共计 26 个地市、173 个区县；从流域层面来看，包含黑龙江省、吉林省和内蒙古自治区 3 个省份在内的共计 33 个控制单元。

（3）模拟指标。本研究进行总量分配的对象为松花江流域主要水污染物，具体模拟指标包括化学需氧量（COD）和氨氮（NH₃-N）两项。

4.2.2　技术路线

松花江流域主要水污染物总量分配模拟研究遵循如下技术路线：①将各总量分配指标进行归一化处理，构建基尼系数指标，反映了单位指标的污染物负荷差异性状况；②以各控制单元的污染物现状排放量作为初始分配基数，分别绘制各指标的 Lorrenz 曲线，各指标 Lorrenz 曲线构造如下：将用于收入分配公平性的 Lorrenz 曲线的纵坐标的收入累积百分比替换为污染物排放量累积百分比，相应地，横坐标的人口累积百分比替换为各指标的累计百分比，用以衡量基于各指标的污染物排放量公平分配情况，这样就可得到 7 项总量分配指标的 Lorrenz 曲线；③各分配指标的 Lorrenz 曲线中，按照各总量分配指标的单位污染物排放量，计算排序后污染物总量分配指标的累积百分比和污染物排放量的累积百分比，计算各总量分配指标的污染物总量分配基尼系数，并分析各基尼系数评估分配方案的合理性；④以各分配指标对应的基尼系数之和最小为目标函数，根据主要污染物削减的受限条件和各参量之间的计量模型，利用 Lingo 编程软件，采用多约束单目标线性规划方法求取最优解，得到决策变量各分配对象的削减率，确定最终总量分配方案。具体技术路线如图 4-1 所示。

4.3　总量分配的指标体系

4.3.1　总量分配的基本原则

污染物总量分配应该坚持何种具体原则，取决于我国的污染物总量管理要实现的政策目标。我国污染物总量环境的主要政策目标可归为：①在符合国家总体社会经济发展和环境管理目标前提下，循序渐进实施污染物总量控制；②不同流域和地区实施不同的总量管制要求；③促进产业结构的调整，实现环境资源的合理配置，优化产业布局；④考虑各地削减能力，系统优化总量分配削减方案，提高总量控制手段的政策效率。从这 4 个污染物总量控制需实现的政策目标可看出，污染物总量管理政策的制定需循序渐进、需考虑区域的环境资源异质性特征、需考虑总量减排对经济的优化作用、需考虑各地的削减现状和削减潜力，总量分配方案应紧密围绕各地区的主要污染物削减来进行设计。

基于此，本研究认为主要污染物总量分配方案设计应该坚持以下原则：①分配方案要保证各地区水环境与大气环境达标，这是总量分配方案设计的前提；②分配方案要具有可操作性，总量控制分解要体现各省同等的减排努力，即体现各省排放控制的技术潜力，这是总量分配方案设计的根本；③分配方案要体现公平性，各省市或者人人都有发展的权利，获得高生活水平的权利和污染物排放权利，总量分配方案应体现此点，这是总量分配方案设计的核心；④分配方案要体现各地区的异质性特征；这是总量分配方案设计的重点；⑤分配方案要适当体现效率性，分配方案要考虑各地区经济水平，减排的资金投入能力和公众生活水平的受影响程度。

4.3.2 总量分配的影响因素

基于上述总量分配的基本原则，确定影响污染物总量减排分配的各项因素，并进一步解析表征各影响因素的关键指标。根据对已有研究文献的回顾分析，对流域内主要水污染物的总量减排分配主要从水循环的社会和自然"二元"角度来解析其影响因素，其中"社会"活动主要体现在经济社会和人类生产中的污染物产排放差异，这里将影响总量减排的"社会"因素归纳为四类：人口和经济规模影响因素、产业结构影响因素、科技进步影响因素和污染治理影响因素，这些因素决定着某个地区的污染物产生、削减和排放水平。其中，对不同影响因素所选择的表征指标可能会存在一定差异，本项研究的关键在于如何根据研究目标和研究对象的客观实际情况来选择适当的表征指标。

此外，"自然"活动主要体现在自然水循环过程中的资源禀赋差异，这里将影响总量减排的"自然"因素归纳为两类：水资源影响因素和水环境质量影响因素。对一个地区而言，水环境可接受的污染物排放量与水资源量紧密相关，区域的水资源越丰富，则区域内水资源承载力相对就较大。此外，还和水环境质量优劣紧密相关，水环境质量越好，则水环境可接受的水污染物排放量越大；水环境质量越差，则水环境可接受的水污染物排放量越小，因此污染物总量减排方案设计应该充分考虑各地区资源禀赋等因素的差异。

综上并结合国际上关于污染物总量减排影响因素的分解研究，以及我国主要水污染物减排管理需求分析，本章研究认为针对流域主要水污染物 COD 和 NH_3-N 的总量分配方案设计需考虑以下四个方面的因素：①社会经济影响因素（包含人口和经济规模影响、产业结构影响）；②科技进步影响因素；③污染治理水平因素；④资源禀赋影响因素。其中，前三项因素是影响主要污染物排放量和减排水平的驱动性因素，这些因素又可以分为正向驱动和反向驱动两种类型。正向驱动性因素主要是社会经济影响因素，反向驱动性因素包括科技进步影响因素和污染治理水平因素。在同等条件下，正向驱动性因素是促使主要污染物排放量增加的因素，反向驱动性因素是促使主要污染物减排水平升高的因素。

4.3.3 表征总量分配影响因素的指标

基于上述分析，本章研究根据流域主要水污染物总量管理和减排工作需要，进一步从影响当前及未来水污染物排放的整个链条进行系统分析：社会经济现状、技术进步水平、水污染物削减潜力、水环境质量及资源禀赋差异，对表征各项影响因素的指标进行初步筛选。由于各项指标间可能存在关联关系，这将会导致在污染物总量分配时存在重复计量，从而使得分配结果失真，该项影响应予以消除。消除指标间关联的方法众多[47-51]，本研究采用相关性统计分析来考察上述初步确定的总量分配指标，并依据检验及分析，对初步确定的指标进行适当调整，从而确定最终的流域主要水污染物总量减排分配指标集。

（1）体现区域社会经济的差异。人口指标包含了人口规模和人口结构两方面特征信息，人口规模的表征指标一般包括人口总量、城镇人口数量、农村人口数量、老年人口数量、青年人口数量、未成年人口数量等；人口结构的表征指标包括城镇人口和农村人口的比例或者城镇人口占总人口的比重、农村人口占总人口的比重等。经济和人口等相关指标的组合可用以反映影响区域水污染物排放的社会经济特征。

经济规模指标是一个地区经济贡献水平大小的表现，同等条件下，经济贡献大的区域对水环境资源的需求往往也较多，对于经济规模较大的地区，应该多分配排污量[52]。表征经济规模的指标包括 GDP 总量、第一产业产值、第二产业产值、第三产业产值、工业行业增加值/利税额、高污染强度行业（或重点行业）产值、城镇化率、进出口贸易额等。

经济结构指标可以反映一个地区的水污染物排放的产业或行业、部门的分布特征，表征经济结构的指标包括第一产业、第二产业和第三产业产值占 GDP 比重、高污染行业产值或增加值占 GDP 的比重、高污染行业产值或增加值占区域行业总产值/总增加值比重等。

一个地区的社会、经济现状是影响总量分配方案制定的主要问题，根据前述研究，从人口与经济规模、经济结构影响因素中筛选出人均 GDP、重点行业工业总产值比重指标，这两项指标能够反映区域异质性，且与主要水污染物排放现状直接相关，直接影响到主要水污染物总量分配方案的制订。

（2）体现区域技术进步的差异。表征科技进步影响因素的指标主要是水污染物的产生强度指标。包括单位经济产值的水污染物产生强度、人均水污染物产生强度、城镇人口人均水污染物产生强度、农村人口人均水污染物产生强度、单位工业产值的水污染物产生强度、单位高污染行业产值水污染物产生强度等。根据前述研究，从科技进步影响因素中筛选出人均水污染物产生强度指标，该项指标能够反映区域异质性，且与主要水污染物排放现状直接相关，直接影响到主要水污染物总量分配方案的制订。

（3）体现主要水污染物削减潜力的差异。水污染治理影响因素反映了一个地区水污染物治理水平的高低，水污染物治理水平越高的地区其废水和主要水污染物去除率一般较高，水污染治理水平较差的地区其废水和主要水污染物去除率一般相对较低。水污染治理水平的表征指标主要包括工业废水处理量、工业废水处理率、工业主要水污染物去除量、工业主要水污染物去除率、城镇生活污水处理量、城镇生活污水处理率、城镇生活主要水污染物去除量、城镇生活主要水污染物去除率、污水处理厂运行率、污水处理厂投资规模、污水处理厂运行费用、工业污染治理投资、工业污染治理设施运行费用等。

目前我国的水污染物末端治理主要针对工业污染源和城镇生活污染源，各省市的主要水污染末端物削减潜力与当前该省市的工业水污染物处理率及生活水污染物处理率直接相关，因此，本研究从污染治理水平影响因素中筛选出工业废水主要污染物去除率、城镇生活废水主要污染物去除率两项指标作为表征主要水污染物削减潜力差异的选择。

（4）体现区域水资源及水环境质量禀赋的差异。一个地区的水污染物允许排放量、水环境容量与该区域的水资源丰度和土地面积大小密切相关。水资源是一个地区水环境容量的自然禀赋基础，一个地区的水资源量大小在一定程度上反映了该地区的环境容量禀赋的大小，水资源丰富的地区往往水环境容量较大、纳污能力强，而水资源稀缺地区则相反。我国各地水资源异质性特征明显，因此，各地的水资源丰度大小状况也是地方异质性重要特征。

区域水资源禀赋影响因素可用一个地区的水资源总量、单位国土面积水资源量、人均水资源占有量、人均地表水资源总量、人均地下水资源总量、水资源利用量、年新鲜用水量、水资源循环利用率、国土面积、人均国土面积等指标来表征。研究表明，区域单位国土面积的水资源量指标往往与该区域的水污染物容量公平性分配最为密切[52,53]。

此外，为了维护一个区域的水环境安全，区域的主要水污染物总量减排应尽量与区域的环境质量状况相适应，应尽量满足区域水质目标对污染物排放的要求。区域水环境质量状况可用江河湖库、重点流域等监测断面中各类水质所占的比例等指标来表征。如区域国控监测断面中Ⅱ类水监测断面的比例；区域国控监测断面中Ⅳ类水监测断面的比例；区域国控监测断面中Ⅴ类水监测断面的比例；区域国控监测断面中劣Ⅴ类水监测断面的比例。也可以采用对监测断面区间赋值的方式来确定指标，如好水质的监测断面所占的比例（Ⅰ～Ⅱ类监测断面数占总监测断面数的比例）、较好水质的监测断面所占比例（Ⅲ～Ⅳ类监测断面数占总监测断面数的比例）、差水质的监测断面所占的比例（Ⅴ～劣Ⅴ类监测断面数占总监测断面数的比例）。

给定某一个地区水污染物减排幅度必须要考虑到当地的水污染物负荷水平及水环境质量状况，从而确保一个合理的减排水平，使得当地的水环境状况处于水环境安全阈值范围以内。本研究从水资源禀赋、水环境质量禀赋影响因素中筛选出单位国土面积水资源量、国控监测断面中较差水质断面所占比例两个指标来表征区域水资源与水环境禀赋的差异。

4.4 总量分配的理论与模型方法

水污染物总量控制是我国"十一五""十二五"实施水环境管理的重要措施，污染物总量的分配是总量控制的核心，排污量的初始分配和排污者的切身利益直接相关。虽然初始分配后可以采用税收、排污权交易等手段进行调整，最终实现整体效益的最大化，但初始分配是实施总量控制的起点[54]，直接影响到排污许可证的发放工作。在目前无法完全实现按照水环境容量来进行总量分配的情况下，如何实现水污染物目标总量初始分配的公平性是实施总量控制要解决的关键问题。公平是难以衡量的概念。目前已有一些学者针对区域尺度的污染物总量分配进行了研究，主要基于公平或效率的原则，采用的主要方法包括超量等比例削减法、费用最小化法、层次分析法、多指标综合评价法、熵值法、基尼系数法等[55-58]。

在这些方法中，基尼系数法、熵值法主要是基于公平性进行污染物总量分配，是解决公平分配的一种新思路，同时也是一种比较实用的定量方法。在实际应用中对该种方法进行了改进，并实际应用到某地区的水污染物总量分配工作中。

4.4.1　基尼系数法

污染物总量分配方法众多，如污染物总量等比例分配、基于排放绩效的总量分配、基于公平性考虑的总量分配和基于多人合作对策思想的总量分配等等方法，本研究将经济学中常用的衡量收入分配公平的基尼系数法引入到流域主要污染物总量分配当中，目的在于探索新型、可用的定量化污染物总量分配方法，本研究在构建总量分配指标体系的基础上，建立了基于基尼系数法的流域主要污染物总量分配模型。

基尼系数（Gini Coefficient）是经济学家通过分析收入分布特征来研究贫富差距的重要经济分析工具。其基本原理是基于 20 世纪初由奥地利统计学家洛伦兹（M. Lorrenz）提出的洛伦兹曲线方法，Lorrenz 曲线用横轴代表按收入水平分组后各组人数的百分比，用纵横代表各组收入的百分比，把由实际资料计算出来的人口百分比累计和对应的收入百分比累计在坐标图上描绘得出，从该曲线能看出一地区的收入分配均等程度。Lorrenz 由若干拐点组成，拐点的斜率和曲线的弯曲程度具有重要意义，反映了收入分配的不平等程度。假设 Lorrenz 曲线用表示，则 Lorrenz 曲线特征如下：①这说明该曲线是递增的，递增性反映了收入人群分布变化幅度情况；②这说明该曲线是下凸的。拐点斜率越大，曲线弯曲程度越大，收入分配程度越不平等；反之亦然。Lorrenz 曲线如图 4-2 所示。

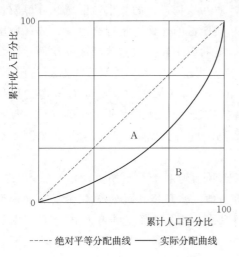

图 4-2　Lorrenz 曲线示意图

1912 年，意大利经济学家基尼根据美国经济统计学家洛伦茨在其《计量财富集中的方法》一文中提出的洛伦茨曲线，找出了判断分配平等程度的指标，提出了一个用以衡量收入或财富分配不均等程度的测度指标——基尼系数，以弥补洛伦兹曲线在反映收入分配均等程度方面不能定量化的缺陷。从此以后，基尼系数逐步受到更多人的重视，其经济含义是：在全部居民收入中，用于进行不平均分配的那部分收入占总收入的百分比，实质上属于衡量一个地区收入分配差距状况的不均等性指数。

基尼系数研究已经历了 80 余年，由于该指数能非常方便地反映出总体收入差距状况，解决了经济协调中"度"的问题，不仅广泛应用于社会福利的经济学分析研究[59,60]，也在实证研究中得到广泛应用[61]，已经成为国际上通用的反映国家（区域或地区）居民收入分配差异程度的指标[62]。

基尼系数的计算方法如下：假设实际收入分配曲线和收入分配绝对平等曲线之间的面积为 A，实际收入分配曲线右下方的面积为 B。并以 A 除以 $A+B$ 的商表示不平等程度。基尼系数的定义式可以确定为

$$Gini = \frac{A_A}{A_A + A_B} \tag{4-1}$$

由于在洛伦兹曲线图中,坐标轴用人口和收入的百分比表示,总面积为1,所以A与B之和为0.5,故

$$G = 2A = 1 - 2B \tag{4-2}$$

若洛伦兹曲线方程为$Y = L(x)$,则基尼系数的积分表示为

$$G = 1 - 2\int_0^1 L(X)dX \tag{4-3}$$

可以看出,基尼系数最大为"1",最小等于"0"。如果A为0,则基尼系数为0,表示居民之间的收入分配绝对平均,即人与人之间完全平等,没有任何差异。如果B为0,则基尼系数为1,表示居民之间的收入分配绝对不平均,即100%的收入被一个单位的人全部占有了。

基尼系数"0"与"1"这两种情况只是在理论上的绝对化形式,由于收入分配的绝对均等和绝对不均等在实际中几乎不存在,因此实际的基尼系数一般总是介于0～1之间($Gini \in (0, 1)$)。取值大小反映了一个地区的收入分配格局,基尼系数越小,洛伦茨曲线的弧度越小,收入分配越趋于平等;反之,基尼系数越是接近于1,则洛伦茨曲线的弧度越大,那么收入分配越是趋于不均等。按照国际惯例,通常把$Gini = 0.4$作为收入分配贫富差距的"警戒线"。$Gini < 0.2$表示社会收入分配"高度"平均,$0.3 > Gini \geqslant 0.2$表示收入分配贫富差距"相对平均",$0.4 > Gini \geqslant 0.3$表示收入分配贫富差距"比较合理";$0.5 > Gini \geqslant 0.4$表示收入分配贫富差距"偏大"。

4.4.1.1 国际通用的0.4的警戒线在我国不适用

2013年1月,国家统计局时隔十余年,首次公布了2000年之后的全国总体基尼系数。2014年1月20日,又公布了2013年的总体基尼系数,如图4-3所示。

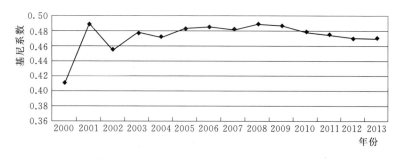

图4-3 2000—2013年全国总体基尼系数

数据来源:国家统计局。

从图4-3可以看出,2000年之后,我国的基尼系数始终保持在0.4的警戒线水平之上,尤其是2005—2010年的六年时间里,更是均保持在的0.48的高位警戒线之上。如果按照国际通用的标准。

我国的居民收入差距已经到了十分严峻的程度,肯定会出现大的经济问题和社会问题。然而与之相反的是,我国并没有出现较大的经济和社会问题。经济方面,2000年以

来我国的经济总量保持了较快的增长，平均年增幅保持在 8% 以上；社会方面，人民生活也有了较大的提高，城镇居民人均可支配收入和农村居民人均纯收入分别从 2000 年时的 6279.98 元和 2253.42 元提高到了 2012 年的 24564.72 元和 7916.58 元。与之同时，21 世纪以来的十几年间，我国并没有出现较大的群体事件和社会动乱，社会主义和谐社会的构建正在稳步推进中。这不禁让社会各界提出疑问，为什么拉美国家基尼系数过高而导致社会动荡的悲剧，在中国被成功化解而没有上演呢？基尼系数 0.4 的警戒线究竟具有世界通用的普适性吗？如果不具有普适性，那么我国基尼系数的警戒线究竟应该是多少呢？

尽管关于基尼系数的计算，目前国内理论界还存在争议，但均承认国际上通用的基尼系数警戒线标准并不适我国国情，我国当前的基尼系数已经较大这一事实[63-65]。将基尼系数 0.40 作为监控贫富差距的警戒线这本是根据世界许多国家的经验得来的结论，是对许多国家实践经验的一种抽象与概括，具有一定的普遍意义，但是，各国国情千差万别，居民的承受能力及社会价值观念都不尽相同，所以这种数量界限只能用作各国宏观调控的参照系，而不能成为禁锢和教条。根据世界银行公布的资料，20 世纪 90 年代中期世界上一些国家的基尼系数分别为：巴西 0.60，南非为 0.59，墨西哥为 0.54，俄罗斯为 0.48，委内瑞拉为 0.47，菲律宾为 0.43，美国为 0.40。

在国内可以适当调高基尼系数界线，这主要是因为：

（1）长期以来的二元经济结构一直是我国经济发展的主要特征，城市经济与农村经济之间虽有各种联系，而且在改革开放之后这些联系还呈日益密切之势，但至今仍没有从根本上改变"两个经济单元、两种发展水平"的格局。人们比较习惯于长期二元经济结构造成的城乡居民之间收入分配的较大差距，对分配差异的承受能力更强。目前我国城城市居民与农村居民的生活水平客观上存在着比较大的差距，这一点，我们国家与典型的发达工业国家和落后的农业国家是不同的，在那些国家里，人口的社会特征都是比较单一的。比如美国，农业人口只占极少数，国家可以通过少量的转移支付或特殊政策扶持，达到缩小全民收入差距的目的，城乡差异不甚明显，因此几乎可以把全国人口都视为城市人口；而在落后的农业国家里，只有极少数的城市人口，而且这些人还并不富裕，城乡界限也不突出，所以也可以将全国人口都视为农村人口。在这两类典型国家里，基尼系数的警戒线理应比我国低一些。

（2）基尼系数反映的是全部居民收入中用于进行不平均分配的百分比，由于目前我国统计工作中还存在一些不完善的地方，实际经济生活中的贫富差距有可能比我们计算的要大。但从我国近年经济运行态势来看，这种差距还是可以承受的。因此，在实际调控时，可以适当调高基尼系数的警戒线[66]。

4.4.1.2 基尼系数优点

基尼系数是意大利经济学家基尼提出的用于测度一国或一个地区的居民收入分配平等程度的重要指标。与上述其他一些描述收入分配差距的指标相比，基尼系数具有通用性、整体性、相对性和价值中性四个特征。

（1）通用性。基尼系数从年被基尼提出以来，因其有各种计算方法，便于利用各种资料进行计算，因此已经成为了世界通用的衡量收入不均等程度的优良指标。不论是发达国家还是发展中国家，不论是社会主义国家还是资本主义国家，不论是市场经济国家还是计划经济国家，都将基尼系数作为衡量自己国家或地区的居民收入分配差距的重要指标。由于其通用性的特点，因此也使得基尼系数在国家之间的比较变得可行。

（2）整体性。基尼系数的整体性是指，当本文使用基尼系数来衡量一个国家国或地区的居民收入分配是否均等时，本文是把这个国家或地区作为一个总体，用基尼系数这样一个数字来衡量这个总体的居民收入分配差异程度。当然，这个整体性并不仅仅局限于一个国家或地区，也可能是一个省份或者市、县，亦或本文要考察的某一个特殊范围。但不管这个整体是多大，基尼系数都是对这个整体的居民收入分配情况进行的综合的、大体的描述性指标。整体性是基尼系数最突出的特征，使得它可以很清晰的显示地区收入分配情况。但是，基尼系数的整体性，也决定了它有两方面的问题。

第一，由于基尼系数是洛伦茨曲线和度线围成的不平等面积与不变的完全不平等面积之比，而洛伦茨曲线是一条曲线，因此可能会出现一种情况，即两条形状不同的洛伦茨曲线，他们和度线围成的面积恰好相等，所以计算出来的基尼系数恰好相等。于是，本文会说这个地区在两种情况下的收入不均等程度相同。但其实，因此两条洛伦茨曲线不重合，所以他们所代表的这个地区内各收入组之间的收入分配情况肯定是不同的，某一收入组所占的总体收入的份额肯定也不尽相同。但这些，是无法从相同的基尼系数上体现出来的。因此，基尼系数只能是从整体上说明一个地区的居民收入不平等情况，但无法具体说明整体内部不同群体的收入分配结构的不同。

第二，基尼系数的定义是在洛伦茨曲线的基础上产生的，而洛伦茨曲线上的点对应的横坐标和纵坐标分别表示要测算居民收入差距的某地区的总人口和对应收入的累积百分比，这是洛伦茨曲线定义产生的基础，自然也是基尼系数产生的基础。因此，当直接计算总体基尼系数不方便时，若把总的人口按照收入水平分为若干个组，分别计算各组内的洛伦茨曲线和基尼系数，然后再使用加权平均法或者其他平均法来将不同收入组的基尼系数合成作为总体基尼系数的代表时，这时的总体基尼系数，不是根据整体洛伦茨曲线计算得来的，已经失去了整体性的特征，因此已不是根本意义上的基尼系数了。

（3）相对性。基尼系数产生的基础是洛伦茨曲线，而洛伦茨曲线上的点对应的横坐标是要考察的某区域的人口累计百分比，对应的纵坐标是该区域与横坐标的人口累计百分比对应的收入累积百分比。不论是横坐标的人口累计百分比，还是纵坐标的收入累计百分比，均是对于要考察区域的总人口数和总收入的相对的数值。因此，在这样的基础上绘制出来的洛伦茨曲线，进而计算出来的基尼系数，只是从相对意义上描述所考察区域的居民收入分配不平等程度，这就是基尼系数的相对性。

例如，也许某年中国和美国的基尼系数会出现相等的情况。但也只能说明，中国和美国的居民收入分配，相对于各自国家参与分配的总人口和与总人口对应的总收入而言，在总体上的相对不平等程度一样。但很明显，即使在现阶段，中美的基尼系数恰好一样了，也不能说中美的富裕程度一样了。中国的居民人均收入水平还是远低于美国的。这就是基尼系数的相对性。

（4）价值中性。基尼系数是利用统计数据，运用特定的计算公式，实证计算出来的一个统计指标，用来客观的衡量某一区域内的居民收入分配在整体上的不平等程度。因此，它只是一个客观的数量指标，基尼系数本身并不能说明它所描述的收入分配差距情况是否是公平的、合理的。也就是说，它没有任何的价值判断。这就是基尼系数的价值中性。

在现实生活中，可能很少意识到基尼系数的这一特征。原因在于，当基尼系数很接近于时，表明收入分配太过于评价；而当基尼系数很接近于时，表明收入分配差距太大，这两种情况下，本文都会很直接的认为基尼系数代表了该区域的居民收入分配状况不合理。但其实，这是在极端情况下的一种错觉。因为收入分配公平与否是一个价值判断的问题，而价值判断前提就是要有一定的主观判断标准，例如时间差异、空间差异、观念差异和地区发展水平差异等，而这些是基尼系数所无法回答的。例如当基尼系数为时收入分配状况算公平还是不公平，对于不同的国家，或者同一国家的不同发展时期，答案都是不一样的。而前述基尼系数接近或者接近时之所以会出现错觉，是因为在这两种极端情况下，不管以什么标准来进行判断，都会认为他们对应的居民收入分配状况不合理。因此，基尼系数只是一个客观的统计指标，具有价值中性。

4.4.1.3 基于基尼系数的总量分配模型方法

（1）方法设计。基尼系数法由最初作为经济领域评价收入分配公平性的方法性工具，其应用范围日益拓展并已成为评估分析事物分布公平性或均衡性的基本工具。本研究将基尼系数法基本思想运用于松花江流域主要污染物总量分配方案的设计，建立一套基于基尼系数的流域水污染物总量分配方法，从而对流域层面的主要污染物目标总量进行公平性分配。

对比经济学上反映收入分配公平性的洛伦茨曲线，反映主要水污染物总量公平性分配的洛伦茨曲线也有类似含义：洛伦茨曲线中的对角线是指在某一分配指标下污染物总量分配的绝对均等线，实际污染物总量分配洛伦茨曲线应有一定的弯曲程度，它表明了实际情况同绝对公平性分配之间的差距。污染物实际分配线的形状和位置是判断污染物总量在分配对象间公平性的基础，越靠近分配绝对均等线的形状和位置，说明总量分配结果的公平性越高；反之，则说明污染物总量分配的公平性较低。

在水污染物总量分配的过程中，以各项污染物排放量的累积百分比为纵坐标，各项分配指标对应数值的累积百分比为横坐标，首先求解各项分配指标对应的基尼系数，以各指标对应的基尼系数之和为优化目标函数，通过设置合理的运算规则和计量模型来构造多约束线性规划方程，从而求得优化后的基尼系数之和，并最终反推获得在优化条件下的水污染物总量分配方案，实现对各控制单元主要水污染物减排量的公平性分配。

（2）流域主要水污染物总量目标的确定。在应用环境基尼系数进行流域水污染物总量分配的过程中，首先要解决的问题就是总量削减目标的确定，传统意义的目标大多指的是区域目标，本研究结合重点流域规划以及流域水污染物产排放预测模型，通过建立计量经济模型来试图反映中国经济社会发展与流域水环境之间的关联关系，预测不同经济发展情景下流域水污染排放负荷，并据此确定预测年份的流域水污染物排放和总量削减目标值，具体参见本书第三章的相关内容。流域水污染排放量包括工业、农业和生活源排放三大块，如式（4-4）~式（4-7）所示。

$$Sum\,pd = \sum_{i=1}^{2} \sum_{j=1}^{n} (apd_j^i + ipd_j^i + lpd_j^i) \tag{4-4}$$

式中：$Sum\,pd$ 为流域内目标年水污染物排放量；apd_j^i 为农业源水污染物排放量（$j=1$，2，$\cdots$，n 代表各控制单元编号，$i=1$，2 分别代表污染物 COD 和 NH_3-N）；ipd_j^i 为工业源水污染物排放量；lpd_j^i 为生活源水污染物排放量。

农业源水污染物排放量预测又包括种植业和畜禽养殖业：

$$apd^i = \sum_{k=1}^{2} \sum_{j=1}^{n} (pg_{j,k} - pr_{j,k}) \cdot lc_{j,k} \tag{4-5}$$

式中：$pg_{j,k}$ 为污染物产生量；$k=1$，2 分别代表种植业和畜禽养殖业；$pr_{j,k}$ 为污染物去除量；$lc_{j,k}$ 为污染物流失系数。

工业源水污染物排放量预测：

$$ipd^i = \sum_{j=1}^{n} \sum_{k=1}^{t} G_{iww(k),j} \cdot (1 - R_{iww(k),j}) \tag{4-6}$$

式中：$G_{iww(k),j}$ 为各行业污染物产生量；k 为各工业门类；$R_{iww(k),j}$ 为各行业污染物去除率。

生活源水污染物排放量预测又包括农村生活及城镇生活排放来源：

$$lpd^i = \sum_{k=1}^{2} \sum_{j=1}^{n} (pg_{j,k} - pr_{j,k}) \tag{4-7}$$

式中：$k=1$，2 分别代表农村生活和城镇生活。

（3）基尼系数求解模型。本研究中采用简便易行的梯形面积法求解各分配指标的基尼系数[67]，求解过程中首先对各分配指标斜率按从大到小的顺序进行排序，并依此顺序绘制洛伦茨曲线。各分配指标斜率计算公式如下：

$$L_{j(i)} = \frac{E_{j(i)}}{X_{j(i)}} \tag{4-8}$$

式中：$L_{j(i)}$ 为第 i 个分配对象第 j 个指标下的斜率；$X_{j(i)}$ 为污染物总量分配第 i 个分配对象第 j 个指标数值的累计百分比；$E_{j(i)}$ 为第 j 个指标下第 i 个分配对象的污染物排放量；i 为分配区域编号。

其次，将洛伦茨曲线下方的面积近似为若干梯形进行计算，其公式如下：

$$Gini_j = 1 - \sum_{i=1}^{n} (X_{j(i)} - X_{j(i-1)}) \times (Y_{j(i)} + Y_{j(i-1)}) \tag{4-9}$$

当 $i=1$ 时，$(X_{j(i-1)}, Y_{j(i-1)})$ 为 $(0，0)$。

其中，第 j 个指标数值的累积百分比计算式为

$$X_{j(i)} = X_{j(i-1)} + \frac{M_{j(i)}}{\sum_{i=1}^{n} M_{j(i)}} \tag{4-10}$$

第 j 个指标下污染物排放量的累积百分比计算式为

$$Y_{j(i)} = Y_{j(i-1)} + \frac{E_{i(j)}}{\sum_{i=1}^{n} E_{i(j)}} \tag{4-11}$$

式中：$Gini_j$ 为基于某一指标 j 的基尼系数；$Y_{j(i)}$ 为第 j 个指标下的污染物排放量的累积百

分比；$M_{j(i)}$ 为第 i 个分配对象第 j 个指标的数值；n 为分配区域的个数。

（4）污染物总量分解优化模型。以各基尼系数和最小为目标函数，在约束条件下利用 Linear Interactive and General Optimizer 方法求解最优化基尼系数，并分析其可行性，确定最终的最优分配方案，主要计算公式如下：

$$目标函数：\min = \sum_{j=1}^{m} Gini_j \tag{4-12}$$

1）由于优化调整后的方案更具公平性，优化调整后的各分配指标的基尼系数应小于初始分配方案中各指标的基尼系数：

$$Gini_j \leqslant Gini_{0j} \tag{4-13}$$

2）污染物排放削减目标总量约束条件：

$$\sum_{i=1}^{n} E_i = R \sum_{i=1}^{n} E_{0i} \tag{4-14}$$

3）分配对象的污染物排放削减率约束条件：

$$e_i = \frac{E_{0i} - E_i}{E_{0i}} \tag{4-15}$$

$$\min_R \leqslant e_i \leqslant \max_R \tag{4-16}$$

4）各分配指标下分配对象排序约束条件：

$$L_{j(i-1)} \leqslant L_{j(i)} \leqslant L_{j(i+1)} \tag{4-17}$$

式中：m 为所选取的指标数量；$Gini_{0j}$ 为初始基尼系数；$Gini_j$ 为完成总量削减目标后 j 指标下对应基尼系数的优化值；e_i 为完成总量削减目标后第 i 个分配对象的污染物排放削减比例；E_i 为完成总量削减目标后第 i 个分配对象的污染物排放量；E_{0i} 为基准年第 i 个分配对象的污染物排放量；R 为流域主要污染物排放量削减比例；$\min_R$ 为分配对象的污染物排放削减比例下限；$\max_R$ 为分配对象的污染物排放削减比例上限。

最终，各对象分配所得最优化目标总量为

$$W_i = (1 - e_{i-\min\sum G}) P_{0i} \tag{4-18}$$

（5）总量分配指标集相关计算公式。

现有研究中环境基尼系数评选指标主要是从人口、GDP、国土面积等方面出发，考虑因素多是造成水污染物排放不公平性的诸多因素之一，指标数量通常也在 2～4 个之间，无法涵盖涉及水循环的"社会-自然"二元系统全方位全过程，为保证计算结果的全面、合理及可靠性，需要建立一套从经济社会发展、水污染物产排放、水环境质量到各地的资源禀赋全面考虑的较为完善的评价指标体系。本章研究从解决上述问题出发构建了相应指标集，指标集计算公式如下。

人均 $\overline{GDP_j}$：

$$\overline{GDP_j} = \frac{GDP_j}{PL_j}$$

人均水污染物排放强度 E_{ijp}：

$$E_{ijp} = \frac{E_{ij}}{PL_j}$$

水污染重点行业❶产值比重 P_{ij}：

$$P_{ij} = \frac{K_{ij}}{GDP_j}$$

工业废水主要水污染物处理率 I_{ij}：

$$I_{ij} = \frac{TI_{ij}}{TI_{ij} + EI_{ij}}$$

生活废水主要水污染物处理率 S_{ij}：

$$S_{ij} = \frac{TS_{ij}}{TS_{ij} + ES_{ij}}$$

区域国控监测断面中水质较差断面比例 R_{ijV}：

$$R_{ijV} = \frac{N_{ijV}}{N_j}$$

单位国土面积的水资源量 QA_j：

$$QA_j = \frac{Q_j}{A_j}$$

式中：GDP_j 为 j 地区 GDP 总量；PL_j 为 j 地区人口总量；E_{ij} 为 j 地区主要水污染物 i 的排放量；K_{ij} 为 j 地区第 i 种水污染物重点行业 K 的工业增加值；TI_{ij} 为 j 地区工业废水第 i 种污染物的处理量；EI_{ij} 为 j 地区工业废水第 i 种污染物的排放量；TS_{ij} 为 j 地区城镇生活废水第 i 种污染物的处理量；ES_{ij} 为 j 地区生活废水第 i 种污染物的排放量；N_{ijV} 为 j 地区第 i 种水污染物为指标表征的国控 $V \sim$ 劣 V 类水质监测断面个数；N_j 为 j 地区国控水质监测断面总个数；Q_j 为 j 地区水资源总量；A_j 为 j 地区国土资源面积。

注：①由于单位 GDP 排放强度与人均排放强度、人均 GDP 指标呈线性关联关系，并可由包含后两种指标的公式来表达，因此从指标重叠性、相关性角度考虑，删减单位 GDP 排放强度这一指标；②由于水污染物处理率是水污染物去除率及污水处理率的函数，污水处理率越大的地方其水污染物处理率也越大，这导致了污水处理率与污染物处理率指标间存在一定重叠，而且，由于工业废水主要水污染物处理率，以及城镇生活废水主要水污染处理率指标更具有典型性和代表性，因此删减城镇污水处理厂污水处理率指标；③主要水污染物总量分配应与一个地区的水资源规模相匹配，一个地区的国土面积越大，相对来说，水环境容量也越大，不同省级地区间国土面积相差较大，为了削除不同省份间国土面积因素，本研究采用单位国土面积水资源量指标来表示当地的水资源禀赋特征。

4.4.2 熵值法

4.4.2.1 信息熵理论的基本概念和应用简介

"熵"（entropy）是一个内涵和外延极其丰富的概念。该词最初出自希腊语"（变化）"，作为一个学术性概念，被 Clausius 首先于 1865 提出用作状态函数来量度热力学过程不可逆程度，并成为热力学中的重要概念。随后，Boltzmann 说明了熵的统计意义，把熵作为物质系统内部无序程度的量度函数，系统紊乱程度越大，熵就越大；系统越有序，

---

❶ 本文中松花江流域水污染重点行业是针对具体污染物而言，水污染重点行业的确认过程详见附录。

熵就越小。1948 年，申农（C. E. Shannon）把熵的概念引入信息论中，提出了"信息熵"理论，并构建了信息熵计量模型来度量一个随机事件的不确定性或信息量，以发现随机事件统计数据的规律性。根据该理论，信息是系统有序程度的一个度量，而熵是系统无序程度的一个度量，二者绝对值相等，但是符号相反。熵值越小，系统无序度越小，信息的效用值越大；熵值越大，系统无序度越大，信息的效用值越小。

由于信息熵概念具有度量数据所提供的有效信息量的功能，信息熵方法被拓展应用于政策制定和管理决策中的数据挖掘，在信息熵概念用于决策方案优选和系统分析评估中，不同决策参量（或指标）的熵值大小可反映各参量在给定被评价对象后的差异情况，而各决策参量的熵权则可反映各种评价指标值在给定被评价对象集中在竞争意义上的相对激烈程度，从而实现决策方案的优化或者优选。

举例来说，假设对于一决策系统而言，不同的评价对象在评价指标 j 上的数值相差较大时，则对于指标 j 而言，其熵值较小，说明指标提供的有效信息量较大，该指标在决策系统中的权重也较大；反之，若决策系统中的不同评价对象在 i 指标上的值相差越小，则 i 指标的熵值较大，说明该指标提供的信息量较小，在决策系统中该指标的权重也应较小；当各被评价对象在某项指标上的值完全相同时，则该评价指标的熵值达到最大，意味着该指标未向决策系统的方案制订提供任何有用的信息，不同决策变量或指标的熵值的大小程度可以采用信息熵的计量模型分析得出通过上述的信息熵基本原理分析可知，可利用信息熵原理来定量判别不同决策变量在决策系统中的重要性程度，从而为制定优化的决策和管理方案提供技术支持。

由于在实际决策中，往往不同的研究者由于研究视角不同，特别是不同的利益相关方对决策中的指标的重要性往往存在较大差异，当不同的决策方案的制订与利益相关方的自身利益密切相关时，往往难以形成一致同意的决策方案。信息论中的熵权法则提供了一个新的思路，特别是对于决策系统的差异性或者均衡性进行分析，各指标的重要性程度无须通过人为协商或者专家判断打分等主观因素确定，而仅依据指标自身的特性来客观赋予其相应的权值，因为利用该方法设计的决策方案往往易为利益相关方所接受，也成为研究对象系统分析和评价的一种重要方法。

随着熵（或信息熵）概念应用日益泛化，应用范围不断拓展，在工程技术可行性和优化分析、社会经济决策的系统分析和方案优选、多目标决策和环境资源系统分析和分配中得到广泛应用。

如阎长俊等（2001）将信息熵理论运用到投标报价策略中，提出了确定投标策略的定量分析的熵方法，为制定合理的投标策略和投标报价提供决策依据，该研究也为应用熵理论解决工程技术问题提供了新的思路。孟宪萌等（2009）将信息论中的熵值理论用于水质评价中，利用信息熵可反映水质实测数据的效用值功能，将信息熵引入到水质评价的集对分析模型中，来确定不同的水质评价指标的权重大小，实证分析结果表明，构造的基于熵权的集对分析模型对水质的评价合理、客观。杨玉中等运用基于熵权的模糊综合评价模型，对平顶山煤业（集团）有限责任公司某一矿井下运输系统的安全性开展了评价，得出了各运输子系统的安全性等级以及在人、机和环境各方面存在的问题，研究结果表明，基于熵权法的评价结果更符合客观实际，而且该方法也便于操作和使用。张悦玫等通过建立基于熵权法的人的全面发展综合评价模型，并利用熵权法对评价指标客观赋权，对我国 2001—2005 年"十五"期间人的全面发展状况进行评价，认为熵权法赋权能够反映客观数据所体现的指标间的差异，避免了主观赋权法存在人为分配权重的不合理现象。邹志红等采用信息熵法对长江三峡库区城市江段的水质进行了综合评价，并与传统的模糊综合评价方法相比，结果表明，信息熵法对河流水质综合评价中各因素的赋权与模糊综合评价法基本一致，而且能大大减少了水质评价的工作量。刘利霞等（2009）利用熵权法分析区域农村饮水安全评价中各评价指标权重的确定，研究结果表明，熵权法能够更为客观地反映各评价指标对区域农村饮水安全状况的贡献率。另外，在心理学、地理学、管理学、经济学等几乎所有学科都得到了广泛应用。信息熵理论已经成为一种常用的多属性客观赋权或者多属性决策的系统分析方法。

4.4.2.2 基于信息熵理论的总量分配计量模型

COD 总量分配对象为全国 30 个省市[1]，分配对象的指标体系由前述章节研究所确定的最终 7 项指标[2]组成，分别为人均 GDP；人均排放强度；重点行业产值比重；工业 COD 去除率；生活 COD 去除率；水环境压力指数；单位国土面积水资源量。

假设总量分配对象集合为

$$X_i = \{x_1, x_2, x_3, \cdots, x_n\}, i \in (1, n) \tag{4-19}$$

假设总量分配指标集为

$$X_j = \{x_1, x_2, x_3, \cdots, x_m\}, j \in (1, m) \tag{4-20}$$

则可构造分配对象集及其指标项目集的 $n \times m$ 阶特征值原始数据矩阵：

$$A_{ij} = \begin{bmatrix} x_{11} & x_{12} & \cdots & x_{1m} \\ x_{21} & x_{22} & \cdots & x_{2m} \\ \vdots & \vdots & \ddots & \vdots \\ x_{n1} & x_{n2} & \cdots & x_{nm} \end{bmatrix} \tag{4-21}$$

式中：x_{ij} 为第 i 个地区第 j 个指标值；n 为分配对象省市的个数，$i \in (1, n)$，$n = 30$；m 为指标个数，$j \in (1, m)$ $m = 7$；A_{ij} 为原始分配指标数据的判断矩阵。

为了削除不同参量间量纲的影响，将不同性质量纲的指标无因次化

其中，对于正向指标[3]：

$$X_{ij} = \frac{I_{ij} - \text{Min}\{I_{ij}\}}{\text{Max}\{I_{ij}\} - \text{Min}\{I_{ij}\}} \tag{4-22}$$

对于反向指标[4]：

$$X_{ij} = \frac{\text{Max}\{I_{ij}\} - I_{ij}}{\text{Max}\{I_{ij}\} - \text{Min}\{I_{ij}\}} \tag{4-23}$$

$X_{ij} \in (0, 1)$

---

[1] 如前所述，污染物总量分配对象未将西藏包括在内。
[2] 这些指标即为构建污染物总量削减分配模型的"参量"。
[3] 指标值越大对系统越有利的采用正向指标处理方法，这类指标也常称为效益型指标。
[4] 指标值越小对系统越有利的采用反向指标处理方法，这类指标也常称为成本型指标。

削除量纲的影响，构造新的标准化矩阵：

$$B_{ij} = \begin{bmatrix} X_{11} & X_{12} & \cdots & X_{1m} \\ X_{21} & X_{22} & \cdots & X_{2m} \\ \vdots & \vdots & \ddots & \vdots \\ X_{n1} & X_{n2} & \cdots & X_{nm} \end{bmatrix} \tag{4-24}$$

式中：X_{ij} 为第 i 个地区第 j 个指标的归一化值；I_{ij} 为 i 地区 j 指标的值；$\mathrm{Max}\{I_{ij}\}$ 为 i 地区 j 指标的最大值；$\mathrm{Min}\{I_{ij}\}$ 为 i 地区 j 指标的最小值；B_{ij} 为归一化后的新的判断矩阵。

在确定的指标体系及相应的数据下，指标 j 的信息熵评估结果具有唯一性，定义为

$$H(X)_j = -K \sum_{i=1}^{n} p_{ij} \ln(p_{ij}) \tag{4-25}$$

$$0 \leqslant H(X)_j \leqslant 1 \tag{4-26}$$

$$p_{ij} = \frac{X_{ij}}{\sum\limits_{i=1}^{n} X_{ij}} \tag{4-27}$$

p_{ij} 是一状态函数，表示各分配对象的指标属性值，体现了 COD 总量分配系统下各地区的不同指标特征或者不同分配对象相关指标下的属性信息。根据熵增定理，对于熵函数而言，p_{ij} 趋同化则使得熵值增加。对于某项指标 j，指标值 p_{ij} 的差距越大，则该指标在总量分配中所起的作用越大，如果某项指标的数值全部相等，则该指标在评价中不起作用。

常数参量 K 与分配对象 n 个数有关，一般取：

$$K = \frac{1}{\ln(n)} \tag{4-28}$$

$$K > 0 \tag{4-29}$$

将公式（4-27）和公式（4-28）代入公式（4-25），可得：

$$H(X)_j = -\frac{1}{\ln(n)} \sum_{i=1}^{n} \left(\frac{X_{ij}}{\sum\limits_{i=1}^{n} X_{ij}} \times \ln \frac{X_{ij}}{\sum\limits_{i=1}^{n} X_{ij}} \right) \tag{4-30}$$

其中，当 $P_{ij} = 0$ 时，

$$P_{ij} \ln(P_{ij}) = 0 \tag{4-31}$$

$$\sum p_{ji} = 1 \tag{4-32}$$

总量分配指标 j 的信息量与其熵值成反比关系，用下式的量表征信息量熵权系数，可定义为信息熵的效用为

$$d_j = [1 - H(X_j)] \tag{4-33}$$

由上述 COD 总量分配的信息熵定义可知，各评价指标的重要性已隐含在 d_i 中，可根据以下熵权权重模型来确定各项总量分配指标的权重（即熵权）：

$$w_j = \frac{d_j}{\sum\limits_{j=1}^{m} d_j} \tag{4-34}$$

将公式（4-33）代入公式（4-34），可构造 COD 总量分配熵权与信息熵的定量计量

模型：

$$w_j = \frac{1 - H(X_j)}{\sum\limits_{j=1}^{m}\left[1 - H(X_j)\right]} \tag{4-35}$$

将公式（4-35）变换得：

$$w_j = \frac{1 - H(X_j)}{m - \sum\limits_{j=1}^{m} H(X_j)} \tag{4-36}$$

$$0 \leqslant w_j \leqslant 1 \tag{4-37}$$

$$\sum w_j = 1 \tag{4-38}$$

从而，可得各指标的权重向量分布为

$$W_j = \{w_1, w_2, \cdots, w_m\} \tag{4-39}$$

对各 COD 总量分配对象 $X_i = \{x_1, x_2, x_3, \cdots, x_n\}$ 的指标值与各项指标相应的权重进行集结，可得各分配分配对象的得分，可成为 COD 削减综合指数，削减综合指数的分值反映了不同地区在 COD 总量分配系统中的综合属性情况，是 COD 总量分配的基础。

$$C_i = \sum_{j=1}^{m} X_{ij} W_j \tag{4-40}$$

作为 COD 总量分配系统中的各分配对象地区综合属性状况反映的 C_i 并不是 COD 总量分配中各分配对象的系数，由信息熵权系数法理论可知，C_i 实质上是反映各样本对象的相对削减水平，为了求得各分配的分配削减率，应首先对 C_i 进行处理。假设分配对象的平均相对削减水平为 $\overline{C}$，则用 λ_i 表示各地区的相对削减率与平均相对削减水平的比例来表示各地区相对平均削减率的削减差异比率。

$$\lambda_i = \frac{C_i}{\overline{C}} \tag{4-41}$$

λ_i 反映了各分配对象相对全国平均削减比例的削减比率变化水平，假设全国的削减率为 r，该削减率也即为各分配对象的平均削减率，则各分配对象的分配削减率方程为

$$r_i = r \times \lambda_i \tag{4-42}$$

将公式（4-41）代入公式（4-42）得：

$$r_i = r \frac{C_i}{\overline{C}} \tag{4-43}$$

各分配对象的削减率大于或小于全国削减比例的幅度与其综合得分与分配对象的平均得分的比例 $\left(\dfrac{C_i}{\overline{C}}\right)$ 值有关[1]。

由各分配对象的削减率，可求得各分配对象的削减量为

$$R_i = W_{i(0)} r_i \tag{4-44}$$

将公式（4-43）代入公式（4-44）得：

---

[1] 这也意味着各地区的削减率水平与国家 COD 总量削减目标水平直接相关，设置不同的国家 COD 总量削减率目标后，地方的削减率就确定下来了，分配对象削减率的大小取决于其在总量分配指标下的削减分配得分值大小。

$$R_i = W_{i(0)} r \frac{C_i}{C} \tag{4-45}$$

则各分配对象的分配量为

$$W_i = W_{i(0)}(1 - R_i) \tag{4-46}$$

式中：$W_{i(0)}$ 为 i 地区的 COD 现状排放量；r 为全国 COD 目标削减率。

4.5　实证研究——以松花江流域为例

4.5.1　数据来源及相关参数

4.5.1.1　基础数据来源

本研究以松花江流域为案例开展流域主要水污染物的总量分配实证研究，建模所需基础数据主要包括人口数量、GDP、工业行业总产值、主要水污染物产生量、去除量和排放量、国控水质监测断面数据、区县国土面积、区县水资源量等数据，这些数据主要来自中国环境统计年报、中国环境统计年鉴、中国统计年鉴、中国工业经济年鉴以及松花江流域三省的经济年鉴等，其中，水质监测断面数据来自国家环境监测总站。此外，引用的其他相关文献的数据，如国家政策、政府报告、学术专著和论文等形式的文献源，本研究均采用标注等形式注明。本章中对流域内各控制单元名称进行简化编号处理，如表 4-1 所示。

表 4-1　　　　　　　　松花江流域各控制单元编号-名称对应表

编号	控制单元名称	编号	控制单元名称
1	阿伦河呼伦贝尔市控制单元	18	第二松花江长春市控制单元
2	绰尔河兴安盟控制单元	19	辉发河通化吉林市控制单元
3	甘河呼伦贝尔市控制单元	20	安邦河双鸭山市控制单元
4	霍林河通辽兴安盟控制单元	21	呼兰河伊春绥化哈尔滨市控制单元
5	蛟流河兴安盟控制单元	22	拉林河哈尔滨市控制单元
6	讷谟尔河黑河齐齐哈尔市控制单元	23	拉林河松原长春吉林市控制单元
7	嫩江白城市控制单元	24	牡丹江敦化市控制单元
8	嫩江黑河控制单元	25	牡丹江牡丹江市控制单元
9	嫩江呼伦贝尔市控制单元	26	穆棱河鸡西市控制单元
10	嫩江齐齐哈尔市控制单元	27	松花江大庆绥化市控制单元
11	诺敏河呼伦贝尔市控制单元	28	松花江哈尔滨市市辖区控制单元
12	洮儿河兴安盟控制单元	29	松花江哈尔滨市辖县控制单元
13	乌裕尔河黑河齐齐哈尔市控制单元	30	松花江佳木斯市控制单元
14	雅鲁河呼伦贝尔市控制单元	31	汤旺河伊春市控制单元
15	第二松花江白山市控制单元	32	倭肯河七台河佳木斯市控制单元
16	第二松花江吉林市控制单元	33	梧桐河鹤岗市控制单元
17	第二松花江松原市控制单元		

（1）体现区域社会经济差异的数据。体现区域社会经济差异的主要指标包括人均GDP和重点行业产值比例，本研究的基准年为2012年，因此根据中国统计年鉴、中国工业经济年鉴、松花江流域三省的统计年鉴和中国环境统计年鉴，将2012年这三项指标的数据汇，见表4-2和表4-3。

表4-2　　　　　　　　2012年工业分行业经济指标及主要水污染物排放状况

行　业　名　称	经济指标/亿元 工业总产值	主要水污染物排放量/t	
		COD	NH₃-N
行业总计	**10749.23**	**123462.67**	**8817.30**
煤炭开采和洗选业	416.43	12359.12	201.05
石油和天然气开采业	1966.27	1253.02	75.78
黑色金属矿采选业	15.56	290.87	19.13
有色金属矿采选业	18.25	120.77	2.05
非金属矿采选业	8.24	0.00	0.00
其他采矿业	186.43	0.95	0.01
农副食品加工业	695.81	41098.31	2450.63
食品制造业	277.54	5515.96	575.04
饮料制造业	279.95	12617.45	649.15
烟草制品业	154.04	193.08	12.76
纺织业	22.17	638.56	26.03
纺织服装、鞋、帽制造业	0.03	0.07	0.07
皮革毛皮羽毛（绒）及其制品业	6.99	675.95	10.09
木材加工及木竹藤棕草制品业	24.52	98.22	0.82
家具制造业	5.65	4.12	0.41
造纸及纸制品业	53.88	22562.18	744.31
印刷业和记录媒介的复制	3.43	48.97	0.95
文教体育用品制造业	0.82	0.04	0.00
石油加工、炼焦及核燃料加工业	1849.90	3484.67	1316.19
化学原料及化学制品制造业	588.39	8870.03	1079.70
医药制造业	245.98	3567.54	297.53
化学纤维制造业	55.34	2076.35	295.34
橡胶制品业	16.81	123.45	6.24
塑料制品业	9.37	2.14	0.21
非金属矿物制品业	264.52	304.62	26.97
黑色金属冶炼及压延加工业	475.82	1850.32	382.86
有色金属冶炼及压延加工业	129.33	82.62	11.06
金属制品业	28.40	229.91	8.99
通用设备制造业	216.64	273.41	21.14
专用设备制造业	195.24	1031.29	132.41
交通运输设备制造业	1675.71	1775.59	250.24

续表

行 业 名 称	经济指标/亿元 工业总产值	主要水污染物排放量/t	
		COD	NH₃-N
电气机械及器材制造业	62.15	31.59	0.57
通信计算机及其他电子设备制造业	9.41	0.0	0.00
仪器仪表及文化办公用机械制造业	2.65	1.16	0.14
工艺品及其他制造业	14.23	56.68	6.48
废弃资源和废旧材料回收加工业	0.00	0.00	0.00
电力、热力的生产和供应业	759.33	1854.61	148.05
燃气生产和供应业	14.01	369.00	64.80
水的生产和供应业	0.00	0.00	0.00

表 4-3   **体现流域社会、经济、技术差异的数据**

控制单元编号	人均GDP/（元/人）	重点行业工业		人均产生强度/（t/人）	
		COD	NH₃-N	COD	NH₃-N
1	39102.34	13.76	13.76	0.342	0.001
2	24505.53	65.48	71.36	1.448	0.025
3	22823.16	24.04	24.04	0.092	0.000
4	90244.64	73.48	73.50	0.171	0.001
5	17857.94	54.28	54.28	0.048	0.001
6	15771.05	42.73	42.81	0.061	0.001
7	35502.72	40.42	43.19	0.101	0.001
8	30679.91	59.74	59.74	0.033	0.000
9	27418.15	84.42	84.42	0.142	0.001
10	27867.73	51.33	56.11	0.106	0.002
11	23863.20	27.58	27.58	0.104	0.000
12	31045.75	73.25	75.49	1.831	0.017
13	13647.82	67.82	67.24	0.145	0.001
14	38292.50	73.73	86.28	0.519	0.038
15	44054.55	14.72	45.80	0.090	0.001
16	63374.34	45.64	88.27	0.087	0.002
17	70712.75	28.53	32.11	0.123	0.002
18	61840.68	42.32	58.75	0.117	0.003
19	40632.67	26.96	54.02	0.149	0.002
20	36643.68	56.51	79.00	0.132	0.002
21	21303.20	41.94	57.61	0.251	0.003
22	35828.55	30.83	87.02	0.172	0.001
23	31553.19	71.19	69.75	0.194	0.002

控制单元编号	人均GDP/（元/人）	重点行业工业		人均产生强度/（t/人）	
		COD	NH₃-N	COD	NH₃-N
24	38603.53	19.46	74.14	0.223	0.002
25	28979.84	33.48	37.34	0.071	0.003
26	31323.81	27.98	78.98	0.061	0.001
27	131176.70	51.35	55.71	0.402	0.005
28	57686.01	15.34	50.89	0.054	0.001
29	26221.43	51.55	60.22	0.146	0.002
30	29812.17	32.27	32.71	0.107	0.002
31	20852.61	4.55	80.58	0.108	0.002
32	27869.81	14.49	50.67	0.116	0.005
33	32516.67	72.37	74.30	0.065	0.001

首先，依据表2的数据及下述确定水污染重点行业的方法，基于主要水污染物排放规模与排放强度的考虑，确定松花江流域COD污染的重点行业包括：造纸及纸制品业、农副食品加工业、饮料制造业、煤炭开采和洗选业、化学原料及化学制品制造业、皮革、毛皮、羽毛（绒）及其制品业、食品制造业7大主要行业；确定了松花江流域NH₃-N污染的重点行业包括：造纸及纸制品业、农副食品加工业、石油加工、炼焦及核燃料加工业、化学原料及化学制品制造业、化学纤维制造业、饮料制造、食品制造业、黑色金属冶炼及压延加工业、医药制造业、煤炭开采和洗选业10大主要行业。

（2）体现区域科技进步差异的数据。体现区域科技进步差异的主要指标是人均水污染物产生强度，本研究的基准年为2012年，因此根据中国统计年鉴、松花江流域三省的统计年鉴和中国环境统计年鉴，将2012年该项指标的数据汇总，见表4-3。

（3）体现主要水污染物削减潜力差异的数据。体现主要水污染物削减潜力差异的主要指标包括工业废水主要污染物去除率和城镇生活废水主要污染物去除率。本研究的基准年为2012年，因此依据中国环境统计年鉴，将2012年这两项指标的数据汇总，见表4-4。

表4-4　　　　　体现流域内主要水污染物削减潜力差异的数据

控制单元编号	工业废水污染物去除率/%		生活污水污染物去除率/%	
	COD	NH₃-N	COD	NH₃-N
1	62.61	32.15	4.72	0.01
2	93.42	95.79	14.40	15.05
3	62.10	25.19	8.87	7.79
4	42.75	16.80	38.32	20.25
5	0.00	0.00	0.53	0.53
6	22.82	55.37	36.53	33.27
7	81.33	49.79	14.47	10.22

续表

控制单元编号	工业废水污染物去除率/%		生活污水污染物去除率/%	
	COD	NH₃-N	COD	NH₃-N
8	36.19	38.66	39.78	22.23
9	80.90	61.18	42.92	48.14
10	77.29	52.22	35.07	28.78
11	67.71	32.82	12.74	12.39
12	51.15	42.95	43.41	25.23
13	64.80	47.10	14.21	4.45
14	96.36	96.83	24.40	27.19
15	31.95	14.78	0.62	4.26
16	75.84	30.81	53.76	33.12
17	97.21	43.37	49.00	33.33
18	92.30	89.76	62.10	37.47
19	87.18	68.67	30.57	16.93
20	86.18	95.92	22.44	18.21
21	96.47	87.45	10.98	7.63
22	94.15	69.87	31.06	21.67
23	97.48	86.05	49.43	30.41
24	88.77	43.67	40.00	28.13
25	85.03	97.95	44.25	12.80
26	82.04	79.83	21.99	22.13
27	96.68	87.11	40.17	33.51
28	95.16	68.23	31.06	21.67
29	97.25	78.16	31.06	21.67
30	94.74	58.40	35.45	24.87
31	91.13	50.50	14.45	10.83
32	89.04	98.74	13.25	9.63
33	60.08	45.18	41.51	19.09

（4）体现区域水环境质量及资源禀赋差异的数据。体现水环境质量及资源禀赋差异的主要指标包括单位国土面积水资源量、国控监测断面中较差水质断面所占比例。本研究的基准年为 2012 年，因此依据中国统计年鉴、中国环境统计年鉴和水质监测断面数据，将 2012 年松花江流域国控监测断面中较差水质断面所占比例和单位国土面积水资源量这两项指标的数据汇总，见表 4-5。

表 4 - 5　　　　　　　　　体现流域内水资源及水环境质量禀赋差异的数据

控制单元编号	水质较差断面比/%		单位国土面积水资源量/（t/km²）
	COD	NH₃-N	COD/NH₃-N
1	0.00	0.00	107881.4
2	0.00	0.00	103848.1
3	14.63	14.63	107881.4
4	15.75	15.75	91183.3
5	15.91	15.91	100819.4
6	9.03	9.03	160581.3
7	13.49	13.49	606980.5
8	0.24	0.24	175629.5
9	0.00	0.00	107881.4
10	8.00	8.00	140817.3
11	13.77	13.77	107881.4
12	0.60	0.60	100819.4
13	15.91	15.91	151311.0
14	0.00	0.00	107881.4
15	33.16	33.16	170410.2
16	11.19	11.19	207839.9
17	13.13	13.13	2250371.2
18	42.64	42.64	112692.2
19	10.94	10.94	207094.1
20	65.76	65.76	156723.1
21	15.09	15.09	210955.7
22	0.00	0.00	215886.2
23	10.69	10.69	854937.6
24	0.22	0.22	239486.9
25	27.38	27.38	237308.4
26	13.51	13.51	174357.0
27	13.26	13.26	96982.7
28	19.28	19.28	215886.2
29	12.12	12.12	215886.2
30	8.04	8.04	189694.9
31	50.00	50.00	323440.5
32	15.91	15.91	143967.8
33	15.91	15.91	257956.9

4.5.1.2　数据预处理

水污染物总量分配对象为松花江流域的 33 个控制单元，分配对象的指标体系由前述章节研究确定的 7 项指标组成，分别为：人均 GDP、重点行业工业总产值比重、人均水污染物产生强度、工业废水主要水污染物去除率；生活污水主要水污染物去除率、单位国土面积水资源量、国控监测断面中较差水质断面所占比例。

数据预处理过程依据附录数据预处理方法中的方程（4-55）及方程（4-56），将松花江流域主要水污染物总量分配的 7 项原始指标进行归一化处理。

（1）确定水污染重点行业的方法。水污染重点行业部门的确定，可通过构建行业部门污染规模系数和污染强度系数来表示。各行业部门污染规模用规模污染贡献率（即各行业部门 COD 或 NH_3-N 排放量/所有行业总排放量，见方程（4-47））来表示；行业部门污染强度用行业部门污染强度贡献率（即各行业部门单位 GDP 的 COD 或 NH_3-N 排放量/所有行业部门单位 GDP 的 COD 或 NH_3-N 排放量之和，见方程（4-48））来表示。

v 行业部门污染规模方程：

$$PS_{jv} = \frac{E_{jv}}{\sum\limits_{i=1}^{n} E_{jv}} \tag{4-47}$$

v 行业部门污染强度方程：

$$PI_{jv} = \frac{\dfrac{E_{jv}}{GDP_{jv}}}{\sum \dfrac{E_{jv}}{GDP_{jv}}} \tag{4-48}$$

为了削除不同参量间量纲的影响，将 PS_{ji} 和 PI_{ji} 作归一化处理：

$$PS_{jv'} = \frac{PS_{jv} - \mathrm{Min}PS_{jv}}{\mathrm{Max}PS_{jv} - \mathrm{Min}PS_{jv}} \tag{4-49}$$

$$PI_{jv'} = \frac{PI_{jv} - \mathrm{Min}PI_{jv}}{\mathrm{Max}PI_{jv} - \mathrm{Min}PI_{jv}} \tag{4-50}$$

式中：PS_{jv} 为各行业部门污染规模贡献率；PI_{jv} 为各行业部门污染强度贡献率；$\mathrm{Min}PS_{jv}$、$\mathrm{Max}PS_{jv}$、$\mathrm{Min}PI_{jv}$、$\mathrm{Max}PI_{jv}$ 四个参量分别为所有工业行业部门的最小污染规模贡献率、最大污染规模贡献率、最小污染强度贡献率、最大污染强度贡献率。

对 $PS_{jv'}$ 和 $PI_{jv'}$ 进行平权处理，构建行业污染压力指数（$I_{jv'}$）：

$$I_{jv'} = \frac{PS_{jv'} + PI_{jv'}}{2} \tag{4-51}$$

行业污染压力指数占各行业污染压力指数和的累积百分比超过 80% 时所包括的行业确定为水污染重点行业。

（2）数据归一化处理。假设总量分配对象集合为

$$X_i = \{x_1, x_2, x_3, \cdots, x_n\}, i \in (1, n) \tag{4-52}$$

假设总量分配指标集为

$$X_j = \{x_1, x_2, x_3, \cdots, x_m\}, j \in (1, m) \qquad (4-53)$$

则可构造分配对象集及其指标项目集的 $n \times m$ 阶特征值原始数据矩阵:

$$A_{ij} = \begin{bmatrix} x_{11} & x_{12} & \cdots & x_{1m} \\ x_{21} & x_{22} & \cdots & x_{2m} \\ \vdots & \vdots & \ddots & \vdots \\ x_{n1} & x_{n2} & \cdots & x_{nm} \end{bmatrix} \qquad (4-54)$$

式中: x_{ij} 为第 i 个对象第 j 个指标值; n 为分配对象流域控制单元的个数, $i \in (1, n)$, $n = 33$; m 为指标个数, $j \in (1, m)$, $m = 7$。

为了削除不同参量间量纲的影响,将不同性质量纲的指标无因次化,其中,对于正向指标[1]:

$$X_{ij} = \frac{x_{ij} - \mathrm{Min}\{x_{ij}\}}{\mathrm{Max}\{x_{ij}\} - \mathrm{Min}\{x_{ij}\}} \qquad (4-55)$$

对于反向指标[2]:

$$X_{ij} = \frac{\mathrm{Max}\{x_{ij}\} - x_{ij}}{\mathrm{Max}\{x_{ij}\} - \mathrm{Min}\{x_{ij}\}} \qquad (4-56)$$

$X_{ij} \in (0, 1)$,削除量纲的影响,构造新的标准化矩阵:

$$B_{ij} = \begin{bmatrix} x_{11} & x_{12} & \cdots & x_{1m} \\ x_{21} & x_{22} & \cdots & x_{2m} \\ \vdots & \vdots & \ddots & \vdots \\ x_{n1} & x_{n2} & \cdots & x_{nm} \end{bmatrix} \qquad (4-57)$$

式中: X_{ij} 为第 i 个对象第 j 个指标的归一化值; $\mathrm{Max}\{x_{ij}\}$ 为第 i 个对象 j 指标的最大值; $\mathrm{Min}\{x_{ij}\}$ 为第 i 个对象 j 指标的最小值。

4.5.2 测算结果分析

根据流域产排放预测模拟得到的水污染负荷削减目标,到 2020 年,流域 COD 削减量为 59.97 万 t/年,氨氮削减量为 4.86 万 t/年,并综合考量相关地区减排潜力及经济社会发展水平,在保证各分配对象在相应的污染负荷分配的洛伦茨曲线图中排列位序固定的情况下,按照基尼系数最小化模型公式,并利用 Lingo 软件编程对负荷分配模型求解,经过优化调整后,得到最终的负荷分配方案。

4.5.2.1 初始基尼系数

按照方程(4-10)分别计算基于 7 项分配指标的主要水污染物总量分配初始基尼系数,各项指标初始基尼系数计算结果见表 4-6。

---

[1] 指标值越大对系统越有利的采用正向指标处理方法,这类指标也常称为效益型指标。

[2] 指标值越小对系统越有利的采用反向指标处理方法,这类指标也常称为成本型指标。

表 4－6　　　　　　　　　　松花江流域主要水污染物初始基尼系数

基尼系数 计算项目	人均 GDP	重点行业 工业总产 值比重	人均污染 物产生 强度	工业废水 主要水污 染物去除率	生活污水 主要水污 染物去除率	单位国土 面积水资 源量	国控监测 断面较差 水质断面 所占比例	基尼系数 加和
COD	0.552	0.564	0.718	0.827	0.596	0.512	0.634	**4.403**
NH_3-N	0.546	0.513	0.768	0.706	0.539	0.494	0.577	**4.143**

从表中计算所得的各指标的基尼系数初始值结果可知，主要水污染物 7 项指标对应的基尼系数相差较大。其中，COD 总量分配的初始基尼系数中，基于工业废水主要水污染物去除率指标的基尼系数最大，其值为 0.827；基于人均污染物产生强度指标和基于国控监测断面中较差水质断面所占比例指标的系数次之，其值为 0.718 和 0.634；基于人均GDP、重点行业工业总产值比重、生活污水主要水污染物去除率、单位面积水资源量指标的基尼系数均在 0.5～0.6，COD 总量分配的初始基尼系数均呈现差距"偏大"的特征，COD 排放量处于相对"不公平"的范围以内。

NH_3-N 总量分配的初始基尼系数中，基于人均污染物产生强度指标的系数最大，其值为 0.768；基于工业废水主要水污染物去除率指标的基尼系数次之，其值为 0.706；基于人均 GDP、重点行业工业总产值比重、生活污水 NH_3-N 去除率、单位国土面积水资源量、国控监测断面中较差水质断面所占比例指标的基尼系数均在 0.4～0.6，NH_3-N 总量分配的初始基尼系数均呈现差距"偏大"的特征，NH_3-N 排放量处于相对"不公平"的范围以内。

4.5.2.2　优化调整结果

（1）优化调整基尼系数。在基尼系数的优化调整过程中，结合"十二五"重大水专项子课题"基于污染减排与环境质量的流域水环境预测模拟研究"相关预测成果，测算得到 2020 年松花江流域主要水污染物 COD 和 NH_3-N 总量削减比例的约束分别为 30.5% 和 40.0%。将各分配对象的 COD 削减约束比例取值范围设定为 0.0～50.0%，NH_3-N 削减约束比例取值范围设定为 0.0～50.0%，原因如下，如果各分配对象的削减率取值约束范围太小，如 0.0～20.0%，则完不成 8% 和 10% 的削减总量目标，若约束区间过大，如 0.0～70%，则会导致总量分配方案难以实施❶，结合"十二五"期间我国各省市 COD 总量削减目标范围❷，本研究取值范围设定为 0.0～50.0%。

在保证各分配对象在相应的污染物总量分配的洛伦茨曲线图中排列位序固定的情况

---

❶　如果分配对象的削减率分布允许范围过大，尽管会更好地优化 Gini 系数，更进一步地降低 COD 总量分配指标的 Gini 系数加和值，但是这种条件下得到的 COD 总量分配方案属于一种理想方案，一些地区会因为减排潜力以及经济技术发展水平等问题，使得理想的分配方案缺乏可实施性。因此，分配方案中分配对象的削减率范围不应太大，这样才能保证制定的 COD 总量分配方案具有较强的现实性。

❷　详见《"十二五"全国主要污染物排放总量控制计划》。

下，按照式（4-7）~式（4-16），利用 Lingo 软件程序编程计算各污染物总量分配指标优化调整后的基尼系数。表4-7为优化调整后的基尼系数值，从表中可以看到 COD 总量分配的基尼系数和由原来的 4.403 减小到 4.144，变化幅度为 0.259；NH_3-N 总量分配的基尼系数和由原来的 4.143 减小到 3.920，变化幅度为 0.223。基于 7 项指标所对应的 COD 和 NH_3-N 总量分配基尼系数值优化后变化幅度在 0.017 到 0.048 之间，其中，基于人均 COD 产生强度的 COD 总量分配基尼系数以及基于人均 NH_3-N 产生强度的 NH_3-N 总量分配基尼系数值变化幅度最小，仅变化 0.024 和 0.017。若将各指标的基尼系数调整到 0.4"警戒线"以下是不现实的，借用基尼系数的基本理论，本研究在一系列约束条件之下所求得的基尼系数和是一个相对更优的解。

表 4-7　　　　　　　　　　　　　优化调整后的基尼系数

基尼系数计算项目	人均 GDP	重点行业工业总产值比重	人均污染物产生强度	工业废水主要水污染物去除率	生活污水主要水污染物去除率	单位国土面积水资源量	国控监测断面较差水质断面所占比例	基尼系数加和
COD 初始	0.552	0.564	0.718	0.827	0.596	0.512	0.634	**4.403**
COD 优化	0.505	0.528	0.694	0.798	0.554	0.464	0.601	**4.144**
变化幅度	−0.047	−0.036	−0.024	−0.029	−0.042	−0.048	−0.033	**−0.259**
NH_3-N 初始	0.546	0.513	0.768	0.706	0.539	0.494	0.577	**4.143**
NH_3-N 优化	0.509	0.478	0.751	0.686	0.497	0.455	0.544	**3.920**
变化幅度	−0.037	−0.035	−0.017	−0.020	−0.042	−0.039	−0.033	**−0.223**

（2）优化调整后的松花江流域总量分配方案。对松花江流域主要水污染物总量分配的初始基尼系数进行优化调整后，得到最终的污染物分配方案。以下对所得到的分配方案结果进行分析。

表 4-8　　　　　　　　　优化调整后的松花江流域 COD 总量分配方案

流域名称	控制单元编号	2012 年 COD 现状排放量/万 t	年削减率/%	2020 年 COD 分配排放量/万 t
嫩江	1	2.15	0.99	1.99
	2	2.50	1.59	2.20
	3	0.94	0.27	0.92
	4	1.68	0.61	1.60
	5	0.43	0.24	0.42
	6	4.19	2.32	3.47
	7	7.64	3.79	5.61
	8	0.55	0.11	0.55
	9	0.41	1.44	0.37
	10	12.01	8.30	6.01
	11	0.32	0.23	0.32
	12	2.65	2.28	2.20
	13	10.12	2.40	8.33
	14	1.83	1.49	1.62

续表

流域名称	控制单元编号	2012 年 COD 现状排放量/万 t	年削减率/%	2020 年 COD 分配排放量/万 t
	小计	**47.42**	**3.52**	**35.60**
第二 松花江	15	2.42	2.35	2.00
	16	6.89	2.01	5.86
	17	2.43	2.11	2.05
	18	15.66	4.83	10.54
	19	8.99	8.30	4.50
	小计	**36.39**	**4.61**	**24.95**
松花江 干流	20	2.75	1.46	2.44
	21	29.21	8.30	14.60
	22	6.79	3.21	5.23
	23	8.49	4.15	6.05
	24	4.33	3.87	3.16
	25	4.04	0.75	3.81
	26	3.90	1.92	3.34
	27	17.63	2.97	13.85
	28	7.96	4.36	5.57
	29	12.67	8.30	6.34
	30	5.90	8.30	2.95
	31	2.72	0.12	2.69
	32	3.17	0.66	3.01
	33	1.89	1.20	1.71
	小计	**111.46**	**4.87**	**74.76**
松花江流域总计		**195.28**	**4.48**	**135.31**

从最终各控制单元排放量的结果（见表 4-8 和图 4-4）来看，2020 年 COD 排放量较大的控制单元包括：呼兰河伊春绥化哈尔滨市控制单元、松花江大庆绥化市控制单元、第二松花江长春市控制单元、乌裕尔河黑河齐齐哈尔市控制单元、松花江哈尔滨市辖县控制单元，这五个控制单元有 60% 分布在下游的松花江干流水系内，其 2012 年现状 COD 排放量很大，占流域内 COD 排放总量的 43.67%，到 2020 年这五个控制单元COD 排放量占流域内总量的 39.66%，其占比略有下降。2020 年 COD 排放量较小的控制单元包括：诺敏河呼伦贝尔市控制单元、嫩江呼伦贝尔市控制单元、蛟流河兴安盟控制单元、嫩江黑河市控制单元和甘河呼伦贝尔市控制单元，这几个控制单元全部分布在嫩江水系内，其 2012 年现状 COD 排放量较小，占流域内 COD 排放总量的1.36%，到 2020 年这五个控制单元 COD 排放量占流域内 COD 排放总量的 1.90%，占比略有上升。

从最终各控制单元的削减比例来看，2020 年 COD 削减率较大的控制单元包括：呼兰河伊春绥化哈尔滨市控制单元、松花江佳木斯市控制单元、松花江哈尔滨市辖县控制单元、嫩江齐齐哈尔市控制单元、第二松花江长春市控制单元、辉发河通化吉林市控制单元，这六个控制单元的 COD 削减率（相比 2012 年的削减率）均在 32% 以上，超过松花江流域的平均削减比例 30.50%，削减比例较大的控制单元也大都位于松花江干流水系。2020 年 COD 削减率较小的控制单元包括：嫩江黑河市控制单元、汤旺河伊春市

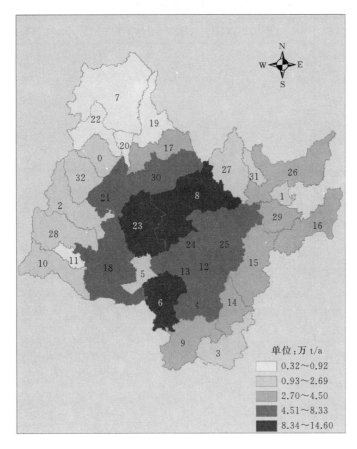

图 4-4 优化调整后的松花江流域 COD 总量分配方案

控制单元、诺敏河呼伦贝尔市控制单元、蛟流河兴安盟控制单元、甘河呼伦贝尔市控制单元、霍林河通辽兴安盟控制单元，这六个控制单元的 COD 削减率均不超过 5%，且除了汤旺河伊春市控制单元以外，其他五个控制单元均位于上游的嫩江水系，单元排放量也较小。

从分配方案中可看出，各控制单元的削减率并不完全与排放基数直接相关，例如削减率达 50% 的松花江佳木斯市控制单元，其现状排放量处于松花江流域中等水平，2012 年 COD 排放量在 33 个控制单元中排名第 13 位；而排放基数较高的松花江大庆绥化市控制单元（2012 年 COD 排放量 17.63 万 t，排名第 2）COD 削减率仅为 21.44%（排名第 12）。从分配方案中也可以看出，基于基尼系数法的各控制单元 COD 削减量差异也较大，这主要与各控制单元现状排放量和削减比例关系密切，以呼兰河伊春绥化哈尔滨市控制单元（削减 14.60 万 t）、松花江哈尔滨市辖县控制单元（削减 6.34 万 t）、嫩江齐齐哈尔市控制单元（削减 6.01 万 t）、第二松花江长春市控制单元（削减 5.12 万 t）、辉发河通化吉林市控制单元（削减 4.50 万 t）较为靠前。总体来看，基于基尼系数法开展 COD 总量分配研究构建了总量分配指标与分配量之间的内在逻辑关系。但是这种合理性仍需进一步检验。

表 4 - 9　　　　　　　　　优化调整后的松花江流域 $NH_3 - N$ 总量分配方案

流域名称	控制单元编号	2012 年 $NH_3 - N$ 现状排放量/万 t	年削减率/%	2020 年 $NH_3 - N$ 分配排放量/万 t
嫩江	1	0.061	3.73	0.045
	2	0.176	4.28	0.124
	3	0.074	4.55	0.051
	4	0.081	4.30	0.057
	5	0.038	4.18	0.027
	6	0.113	4.23	0.080
	7	0.513	4.60	0.352
	8	0.052	2.93	0.041
	9	0.021	4.12	0.015
	10	0.780	8.30	0.390
	11	0.024	3.53	0.018
	12	0.103	4.71	0.070
	13	0.482	5.60	0.304
	14	0.095	3.92	0.069
	小计	**2.613**	**5.63**	**1.643**
第二松花江	15	0.186	4.11	0.133
	16	0.632	8.08	0.322
	17	0.241	4.63	0.165
	18	1.105	6.99	0.619
	19	0.503	6.53	0.293
	小计	**2.667**	**6.70**	**1.532**
松花江干流	20	0.162	3.58	0.121
	21	1.351	8.31	0.675
	22	0.407	7.40	0.220
	23	0.407	4.61	0.279
	24	0.188	3.70	0.139
	25	0.416	5.17	0.272
	26	0.314	5.72	0.196
	27	0.719	5.18	0.470
	28	0.776	5.25	0.504
	29	0.881	8.29	0.441
	30	0.506	6.72	0.290
	31	0.307	5.16	0.201
	32	0.284	4.35	0.199
	33	0.149	4.28	0.105
	小计	**6.867**	**6.21**	**4.112**
松花江流域总计		**12.151**	**6.19**	**7.291**

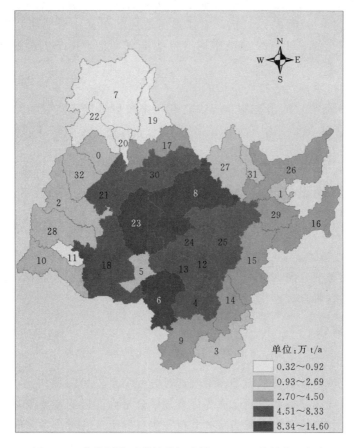

图 4 - 5 优化调整后的松花江流域 NH₃ - N 总量分配方案

从最终各控制单元排放量的结果（见表 4 - 9 和图 4 - 5）来看，2020 年 NH₃ - N 排放量较大的控制单元包括：呼兰河伊春绥化哈尔滨市控制单元、第二松花江长春市控制单元、松花江哈尔滨市市辖区控制单元、松花江大庆绥化市控制单元、松花江哈尔滨市辖县控制单元。这五个控制单元有 80% 分布在下游的松花江干流水系内，其 2012 年现状 NH₃ - N 排放量很大，占流域内 NH₃ - N 排放总量的 39.78%，到 2020 年这五个控制单元 NH₃ - N 排放量占流域内总量的 37.15%，其占比略有下降。2020 年 NH₃ - N 排放量较小的控制单元包括：嫩江呼伦贝尔市控制单元、诺敏河呼伦贝尔市控制单元、蛟流河兴安盟控制单元、嫩江黑河市控制单元、阿伦河呼伦贝尔市控制单元，这几个控制单元全部分布在嫩江水系内，其 2012 年现状 NH₃ - N 排放量较小，占流域内 NH₃ - N 排放总量的 1.61%，到 2020 年这五个控制单元 NH₃ - N 排放量占流域内 NH₃ - N 排放总量的 2.02%，占比略有上升。

从最终各控制单元的削减比例来看，2020 年 NH₃ - N 削减率较大的控制单元包括：嫩江齐齐哈尔市控制单元、呼兰河伊春绥化哈尔滨市控制单元、松花江哈尔滨市辖县控制单元、第二松花江吉林市控制单元、拉林河哈尔滨市控制单元、第二松花江长春市控制单元、松花江佳木斯市控制单元、辉发河通化吉林市控制单元，这八个控制单元的 NH₃ - N 削减率（相比 2012 年的削减率）均在 41% 以上，超过松花江流域的平均削减比例

40.00%，削减比例较大的控制单元大都位于松花江干流和第二松花江水系。2020 年 NH_3-N 削减率较小的控制单元包括：嫩江黑河市控制单元、诺敏河呼伦贝尔市控制单元，这两个控制单元的 NH_3-N 削减率均不超过 25%，且均位于上游的嫩江水系，单元排放量也很小。

从分配方案中可看出，各控制单元的削减率并不完全与排放基数直接相关，例如削减率达 45.9% 的拉林河哈尔滨市控制单元，其现状排放量处于松花江流域中等水平，2012 年 NH_3-N 排放量在 33 个控制单元中排名第 13 位；而排放基数较高的松花江哈尔滨市市辖区控制单元、松花江大庆绥化市控制单元（2012 年 NH_3-N 排放量 0.776 万 t 和 0.719 万 t，排名第 5、第 6 位）NH_3-N 削减率仅为 35.11%、34.67%（排名第 11、第 13）。NH_3-N 的总量分配方案中，各控制单元的削减量主要与其现状排放量和削减比例有关，削减量以呼兰河伊春绥化哈尔滨市控制单元（削减 0.68 万 t）、第二松花江长春市控制单元（削减 0.49 万 t）、松花江哈尔滨市辖县控制单元（削减 0.44 万 t）、嫩江齐齐哈尔市控制单元（削减 0.39 万 t）、第二松花江吉林市控制单元（削减 0.31 万 t）较为靠前。总体来看，基于基尼系数法开展 NH_3-N 总量分配研究构建了总量分配指标与分配量之间的内在逻辑关系。但是这种合理性仍需进一步检验。

4.5.3 结论与建议

4.5.3.1 主要结论

（1）松花江流域内总量分配模型构架合理，分配结果较为客观、公正。传统上衡量区域收入分配差距状况的基尼系数法已成为许多领域公平性度量的重要工具，被广泛拓展应用于社会经济决策和环境资源系统的系统分析和多目标决策领域。本项研究从公平性考虑出发，运用基尼系数理论开展主要水污染物总量分配，并首次将其由传统的区域总量分配引入到流域总量分配领域，搭建了流域主要水污染物总量分配与流域社会、经济和水环境之间的内在定量化逻辑关系，打破了传统的总量分配方法过于重视经济表现的思维，克服了分配方案设计的主观性强、难以实现不公平等问题，能够综合考虑各分配对象的客观条件，在一定程度上体现了水污染物总量分配的差异性和公平性。本研究在流域层面构建了包含 7 项指标在内的分配指标集，并在收集上述各项指标数据的基础之上开展了"十三五"时期松花江流域主要水污染物总量分解研究，不仅具有很好的方法学意义，也具有较好的实际应用价值，可以为《"十三五"重点流域水污染防治规划》的编制提供很好的技术支撑和方法参考。需要说明的是，由于各总量分配指标的差异性较大，因此，某些分配指标的基尼系数可能存在偏高问题，但其相对于初始基尼系数已经做出了优化调整。

（2）松花江流域主要水污染物总量分配的初始基尼系数显示，针对当前 7 项指标的基尼系数值均大于 0.4，据此评价的松花江流域各控制单元主要水污染物排放分布均处于"极不公平"的范围以内，其中松花江干流和第二松花江流域是不公平性特征最为突出的两个流域，流域内亟须进行污染物负荷的优化分配。在流域主要水污染物 COD 的总量分配初始基尼系数中，基于工业废水主要水污染物去除率指标的基尼系数最大，其值为 0.827；其后各项指标的初始基尼系数值从大到小排序依次是：人均 COD 产生强度指标（0.718）、国控监测断面较差水质断面所占比例指标（0.634）、生活污水 COD 去除率指标

（0.596）、COD 重污染行业总产值比重指标（0.564）、人均 GDP 指标（0.552）、单位国土面积水资源量指标（0.512），松花江流域各控制单元 COD 排放量分布按这 7 项指标计算结果均处于"极不公平"范围以内。水污染物 NH_3-N 的总量分配初始基尼系数中，基于人均 NH_3-N 产生强度指标的系数最大，其值为 0.768；其后各项指标的初始基尼系数值从大到小排序依次是：工业废水 NH_3-N 去除率指标（0.706）、国控监测断面中较差水质断面所占比例指标（0.577）、人均 GDP 指标（0.546）、生活污水 NH_3-N 去除率指标（0.539）、NH_3-N 重污染行业总产值比重指标（0.513）、单位国土面积水资源量指标（0.494），松花江流域各控制单元 COD 排放量分布按这 7 项指标计算结果均处于"极不公平"范围以内。

（3）经过基尼系数优化调整后的"十三五"松花江流域总量分配方案中，在现有社会、经济、排放条件下将 7 项指标的基尼系数优化调整到"警戒线"（$Gini=0.4$）以下并不现实，本研究在一系列约束条件下求得的基尼系数值将会是一个相对更优的解。由基尼系数优化调整后的分配方案可以看出，7 项指标所对应基尼系数之和下降了 0.223～0.259，但各项指标的基尼系数值仍然高于 0.4，本研究结果可以提供一个相对更优的解。其中，COD 总量分配的基尼系数和由原来的 4.403 减小到 4.144，变化幅度为 0.259；NH_3-N 总量分配的基尼系数和由原来的 4.143 减小到 3.920，变化幅度为 0.223。基于 7 项指标所对应的 COD 和 NH_3-N 总量分配基尼系数值优化后变化幅度在 0.017 到 0.048 之间，基于人均 COD 产生强度的 COD 总量分配基尼系数以及基于人均 NH_3-N 产生强度的 NH_3-N 总量分配基尼系数值变化幅度最小，仅变化 0.024 和 0.017。若将各指标的基尼系数调整到 0.4"警戒线"以下是不现实的，主要与流域内存在的严重不公平性、不均匀性有很大关系，在现有的条件下短时间内难以彻底解决。借用基尼系数的基本理论，本研究在一系列约束条件之下所求得的基尼系数和是一个相对更优的解。

（4）"十三五"松花江流域主要水污染物总量分配的结果显示，流域内各控制单元2020 年排放量目标的空间差异较大，排放量主要集中于松花江干流水系以及第二松花江水系内，未来仍需重点予以控制，在上游嫩江水系内控制单元排放量较小。从 2020 年松花江流域各控制单元的排放量结果来看，主要水污染物排放量基本分布在松花江干流水系和第二松花江水系内，水系内 COD 排放量最大的五个控制单元（呼兰河伊春绥化哈尔滨市控制单元、松花江大庆绥化市控制单元、第二松花江长春市控制单元、乌裕尔河黑河齐齐哈尔市控制单元、松花江哈尔滨市辖县控制单元）以及 NH_3-N 排放量最大的五个控制单元（呼兰河伊春绥化哈尔滨市控制单元、第二松花江长春市控制单元、松花江哈尔滨市市辖区控制单元、松花江大庆绥化市控制单元、松花江哈尔滨市辖县控制单元）2020 年排放量占到流域内水污染物排放总量的 40% 左右，尤其是呼兰河伊春绥化哈尔滨市控制单元 COD 和 NH_3-N 排放量均很高。

2020 年水污染物排放量较小的控制单元主要分布在松花江流域上游的嫩江水系内，COD 排放量最小的五个控制单元（诺敏河呼伦贝尔市控制单元、嫩江呼伦贝尔市控制单元、蛟流河兴安盟控制单元、嫩江黑河市控制单元、甘河呼伦贝尔市控制单元）以及 NH_3-N 排放量最小的五个控制单元（嫩江呼伦贝尔市控制单元、诺敏河呼伦贝尔市控制单元、蛟流河兴安盟控制单元、嫩江黑河市控制单元、阿伦河呼伦贝尔市控制单元）2020

年排放量仅占到流域内水污染物排放总量的 2% 左右。

（5）"十三五"松花江流域水污染物总量分配的结果显示，流域内各控制单元的削减率并不完全与排放基数相关，而是受多项指标的综合影响，削减率主要倾斜于一些经济发达、科技水平低、污染严重地区，总量分配结果更加公平。

"十三五"松花江流域水污染物总量分配的结果显示，流域内各控制单元的削减率并不完全与排放基数直接相关，除了污染物排放量较大的松花江干流水系以外，对于嫩江上游部分控制单元以及松花江下游的佳木斯段，由于科技水平低或水质较差的影响因素，倾向于分配到更多的削减量，污染物总量分配结果更加公平。如，COD 削减率达 50% 的松花江佳木斯市控制单元，其现状排放量处于松花江流域中等水平，2012 年 COD 排放量在 33 个控制单元中排名第 13 位；而 COD 排放基数较高的松花江大庆绥化市控制单元（2012 年 COD 排放量 17.63 万 t，排名第 2）其削减率仅为 21.44%（排名第 12）；NH_3-N 削减率达 45.9% 的拉林河哈尔滨市控制单元，其现状排放量处于松花江流域中等水平，2012 年 NH_3-N 排放量在 33 个控制单元中排名第 13 位；而 NH_3-N 排放基数较高的松花江哈尔滨市市辖区控制单元、松花江大庆绥化市控制单元（2012 年 NH_3-N 排放量 0.776 万 t 和 0.719 万 t，排名第 5、第 6）其削减率仅为 35.11%、34.67%（排名第 11、第 13）。

研究结果显示，"十三五"期间松花江流域主要水污染物削减率较大的控制单元包括：呼兰河伊春绥化哈尔滨市控制单元、松花江佳木斯市控制单元、松花江哈尔滨市辖县控制单元、第二松花江长春市控制单元、辉发河通化吉林市控制单元、嫩江齐齐哈尔市控制单元，这 6 个控制单元的削减率（相比 2012 年的削减率）均超过了流域内的平均削减比例（COD 30.5% 和 NH_3-N 40.0%）。

（6）流域内各控制单元的污染物削减主要与其现状排放量和削减率有关，现状排放量越高、削减比例越大的控制单元将分配到更多的削减量。

从分配方案中也可以看出，基于基尼系数法的各控制单元污染物削减量差异也较大，这主要与各控制单元现状排放量和削减比例关系密切。COD 总量分配方案中，削减量以呼兰河伊春绥化哈尔滨市控制单元（削减 14.60 万 t）、松花江哈尔滨市辖县控制单元（削减 6.34 万 t）、嫩江齐齐哈尔市控制单元（削减 6.01 万 t）、第二松花江长春市控制单元（削减 5.12 万 t）、辉发河通化吉林市控制单元（削减 4.50 万 t）较为靠前；NH_3-N 总量分配方案中，削减量以呼兰河伊春绥化哈尔滨市控制单元（削减 0.68 万 t）、第二松花江长春市控制单元（削减 0.49 万 t）、松花江哈尔滨市辖县控制单元（削减 0.44 万 t）、嫩江齐齐哈尔市控制单元（削减 0.39 万 t）、第二松花江吉林市控制单元（削减 0.31 万 t）较为靠前。总体来看，基于基尼系数法开展松花江流域主要水污染物总量分配研究构建了总量分配指标与分配量之间的内在逻辑关系。但是这种合理性仍需进一步检验。

4.5.3.2　建议展望

本研究以"十三五"时期的两项主要水污染物质 COD 和 NH_3-N 的总量分配为例，系统研究了松花江流域内主要水污染物的总量分配问题，提出了流域总量分配的基本原则、影响因素、分配指标集，并构建了分配的模型方法，评估了分配方案的影响效应，该研究不仅丰富了污染物总量分配的基础理论和方法学，也在一定程度上为我国重点流域的总量分配实践提供了技术支撑和方法参考。然而，本研究也存在以下局限，建议在未来的研究中予以拓展和延伸。

（1）建议加强流域层面水环境数据的统计与收集、整理工作。在流域层面上，控制单元将流域属性与区域属性进行了有机结合，因此应加强基于控制单元的水环境统计数据收集、整理工作，基于控制单元的统计数据将是开展流域水环境数值模拟以及流域水环境管理政策制定的坚实基础，它的准确性对于保障政策制定的科学性有着重要的现实意义。

（2）尽管本研究对污染物总分配的指标集进行了系统分析，但是由于主要水污染污染物总量管理的复杂性，与客观实践可能仍存在一定差距，并且，随着国家环境统计工作的不断发展，建议进一步深入地研究污染物总量分配指标体系。

（3）主要污染物总量分配是一项复杂的系统工程，本研究主要是以"十三五"时期的两项主要水污染物 COD 和 NH_3-N 的总量分配为例，对相关问题进行了研究，主要关注于分配指标集的构建，地域异质性分析，分配方法学的可行性分析和分配可能的政策效应。不可避免地，很多研究内容没有涉及到，作为一个国家有重大需求的科学问题，该问题今后的研究范围会不断扩大、研究方法探索会不断多样化，建议将多学科方法引入到未来的水污染物总量分配研究中。

（4）本研究将福利经济学中的基尼系数理论引入到主要水污染物总量分配工作中，并构建了流域主要水污染物总量分配方法，但污染物总量分解仅仅从量上初步解决了公平分配问题，还不能清晰解读总量减排指标下，各地区水环境质量改善及达标状况，建议将主要水污染物减排—环境质量改善间关系的耦合系统和规划模拟技术、方法模型作为总量分配结果的输出对象，通过耦合系统来解决流域内污染物总量削减的公平性问题并实现水环境质量的改善，该项技术的研究工作目前国内还有待完善，所使用的模型技术方法仍不统一和未实现标准化，特别是城市发展、工业和农业活动等人类活动产生的点源和非点源污染物在流域上的迁移和输入造成了环境质量的恶化，亟须统一、成熟的法规预测模型来解析这一关系，这将是未来水环境管理研究的主要方向。

（5）最后，在重点流域水污染防治"流域-控制区-控制单元"三级分区体系中，建议在空间尺度上进一步缕清流域汇水区，流域控制单元与行政区域间的匹配关系，在控制单元的划分过程中，综合考虑流域自然汇水属性与区域行政管理属性，使得控制单元的划分可以更加科学，从而更好地服务于流域水污染防治规划编制和流域其他水环境管理工作。

参 考 文 献

［1］ 侯晓梅. 我国总量控制政策的现状与适应性变革 ［J］. 长江论坛，2003（1）：39-42.

［2］ 赵绘宇，赵晶晶. 污染物总量控制的法律演进及趋势 ［J］. 上海交通大学学报（哲学社会科学版），2009，17（1）：28-34.

［3］ 李亮，吴瑞明. 消除评价指标相关性的权值计算方法 ［J］. 系统管理学报，2009，18（2）：221-225.

［4］ Simeonov V，Stratis J A，Samara C，et al. Assessment of the surface water quality in Northern Greece ［J］. Water Research，2003，37（17）：4119-4124.

［5］　Canós L，Liern V. Soft computing – based aggregation methods for human resource management ［J］. European Journal of Operational Research，2008，189（3）：669 – 681.

［6］　Peters M，Zelewski S. Pitfalls in the application of analytic hierarchy process to performance measurement ［J］. Management Decision，2008，46（7）：1039 – 1051.

［7］　Jessop A. Amulticriteria blockmodel for performance assessment ［J］. Omega，2009，37（1）：204 – 214.

［8］　黄显峰，邵东国，顾文权. 河流排污权多目标优化分配模型研究 ［J］. 水利学报，2008，39（1）：73 – 78.

［9］　张昌顺，谢高地，鲁春霞. 中国水环境容量紧缺度与区域功能的相互作用 ［J］. 资源科学，2009，31（4）：559 – 565.

［10］　林高松，李适宇，江峰. 基于公平区间的污染物允许排放量分配方法 ［J］. 水利学报，2006，37（1）：52 – 57.

［11］　李如忠. 区域水污染物排放总量分配方法研究 ［J］. 环境工程，2002，20（6）：61 – 63.

［12］　袁辉，王里奥，胡刚，等. 三峡重庆库区水污染总量的分配 ［J］. 重庆大学学报：自然科学版，2004，27（2）：136 – 139.

［13］　吴悦颖，李云生，刘伟江. 基于公平性的水污染物总量分配评估方法研究 ［J］. 环境科学研究，2006，19（1）：66 – 70.

［14］　田平，方晓波，王飞儿，等. 基于环境基尼系数最小化模型的水污染物总量分配优化——以张家港平原水网区为例 ［J］. 中国环境科学，2014，34（3）：801 – 809.

［15］　Hu B. A note on calculating theGini index ［J］. Mathematics & Computers in Simulation，1995，39（3）：353 – 358.

［16］　Bosi S，Seegmuller T. Optimal cycles and social inequality：What do we learn from the Gini index? ［J］. Research in Economics，2005，60（1）：35 – 46.

［17］　徐宽. 基尼系数的研究文献在过去八十年是如何拓展的 ［J］. 经济学，2003，2（4）：757 – 778.

［18］　罗曰镁. 从基尼系数看居民收入差距 ［J］. 统计与决策，2005，8（6）：89 – 90.

［19］　栗量. 以基尼系数为基础的我国社会经济发展预警研究 ［D］. 广州：暨南大学，2008.

［20］　徐映梅，张学新. 中国基尼系数警戒线的一个估计 ［J］. 统计研究，2011，28（1）：80 – 83.

［21］　朱博. 中国基尼系数问题研究 ［D］. 成都：西南财经大学，2014.

［22］　吴得民. 基尼系数理论及其实证分析 ［J］. 经济体制改革，2002（4）：37 – 40.

［23］　王丽琼. 基于公平性的水污染物总量分配基尼系数分析 ［J］. 生态环境，2008，17（5）：1796 – 1801.

［24］　Ryan J P F J. INformation，entropy and various systems ［J］. Journal of Theoretical Biology，1972，36（1）：46 – 139.

［25］　孙志高，秦泗刚，刘景双，等. 环境经济系统分类及协调发展的熵研究 ［J］. 华中师范大学学报（自然科学版），2004，38（4）：533 – 538.

［26］　Martínez – Olvera C. Entropy as an assessment tool of supply chain information sharing ［J］. European Journal of Operational Research，2008，185（1）：405 – 417.

［27］　金菊良，程吉林，魏一鸣，等. 确定区域水资源分配权重的最小相对熵方法 ［J］. 水力发电学报，2007，26（1）：28 – 32.

［28］　Zhang Y，Yang Z，Li W. Analyses of urban ecosystem based on informationentropy ［J］. Ecological Modelling，2006，197（1 – 2）：1 – 12.

［29］　朱方霞，陈华友. 基于可能度的决策矩阵排序的一种新方法 ［J］. 系统工程，2005，23（7）：29 – 32.

［30］　黄定轩. 基于客观信息熵的多因素权重分配方法 ［J］. 系统管理学报，2003，12（4）：321 – 324.

［31］　李习彬. 熵—信息理论与系统工程方法论的有效性分析 ［J］. 系统工程理论与实践，1994，14（2）：37 – 42.

［32］　乔家君. 改进的熵值法在河南省可持续发展能力评估中的应用 ［J］. 资源科学，2004，26（1）：

113 - 119.

[33] 郭显光. 改进的熵值法及其在经济效益评价中的应用 [J]. 系统工程理论与实践, 1998, 18 (12): 99 - 103.

[34] 韩尚富, 蔡邦成, 陆根法. 改进的熵值法在江苏省工业环境压力变化评价中的应用 [J]. 生态经济 (中文版), 2007 (5): 336 - 337 + 340.

[35] 闫文周, 顾连胜. 熵权决策法在工程评标中的应用 [J]. 西安建筑科技大学学报 (自然科学版), 2004, 36 (1): 98 - 100.

[36] 朱丽. 运用熵值法探讨广州 25 年社会、环境和经济变化状况 [J]. 生态环境学报, 2008, 17 (1): 411 - 415.

[37] 张妍, 杨志峰, 何孟常, 等. 基于信息熵的城市生态系统演化分析 [J]. 环境科学学报, 2005, 25 (8): 1127 - 1134.

[38] 黄松, 黄卫来. 基于熵权系数与 vague 集的多目标决策方法 [J]. 管理学报, 2005, (S2): 120 - 123.

[39] 饶清华, 张江山, 许丽忠. 基于熵权的等效数值法在水环境质量综合评价中的应用 [J]. 福建师大学报 (自然科学版), 2009, 25 (4): 109 - 112.

[40] 陈强, 杨晓华. 基于熵权的 TOPSIS 法及其在水环境质量综合评价中的应用 [J]. 环境工程, 2007, 25 (4): 75 - 77.

[41] 刘利霞, 王凤兰, 徐永新. 基于熵权法的区域农村饮水安全评价——以云南省为例 [J]. 水资源与水工程学报, 2009, 20 (1): 99 - 103.

[42] 孟宪萌, 束龙仓, 卢耀如. 基于熵权的改进 DRASTIC 模型在地下水脆弱性评价中的应用 [J]. 水利学报, 2007, 38 (1): 94 - 99.

[43] 张戈丽, 王立本, 董金玮. 基于熵权法的济南市水安全时间序列研究 [J]. 水土保持研究, 2008, 15 (1): 43 - 45.

[44] 徐祖信, Guerc. 熵在水分配系统优化设计中的应用 [J]. 同济大学学报自然科学版, 1996, (6): 71 - 76.

[45] 杨晓华, 陆桂华, 陈晓燕, 等. 最大熵 DFP 算法及其在水环境优化问题中的应用 [J]. 系统工程理论与实践, 2008, 28 (9): 138 - 144.

[46] 阎长俊, 王绍华, Mathhew, 等. 工程投标信息评价的熵方法 [J]. 系统工程, 2001, 19 (5): 82 - 85.

[47] 孟宪萌, 胡和平. 基于熵权的集对分析模型在水质综合评价中的应用 [J]. 水利学报, 2009, 40 (3): 257 - 262.

[48] 杨玉中, 吴立云, 丛建春. 基于熵权的煤矿运输安全性模糊综合评价 [J]. 哈尔滨工业大学学报, 2009 (4): 257 - 259.

[49] 杨玉中, 吴立云. 煤矿运输安全性评价的基于熵权的 TOPSIS 方法 [J]. 哈尔滨工业大学学报, 2009, (11): 228 - 231.

[50] 张悦玫, 迟国泰, 许龙安. 基于熵权法的人的全面发展评价模型及 " 十五 " 期间的实证 [J]. 管理学报, 2009, 6 (8): 1047 - 1055.

[51] 邹志红, 孙靖南, 任广平. 模糊评价因子的熵权法赋权及其在水质评价中的应用 [J]. 环境科学学报, 2005, 25 (4): 552 - 556.

第 5 章 流域水环境质量模拟预测模型

当前我国流域水资源严重短缺，水环境状况呈现不断恶化趋势，各重点流域水污染问题十分复杂。随着水环境质量模拟技术迅速发展，模拟技术已成为 COD、TN、TP 污染等各种复杂水环境问题及研究流域水污染控制理论的核心手段之一。尤其是"十三五"时期我国流域水污染防治战略将以水环境质量改善为最终导向，水污染物总量削减与水环境质量改善挂钩对编制流域水污染防治规划提出更高要求，这就需要通过定量化的模拟技术来解析污染源输入与受纳水体质量响应关系，从而辅助"十三五"规划目标可达性决策。水环境质量的模拟预测能充分体现河流水质污染的程度与趋势，有效地预测未来的水质变化，为水环境污染的整体治理和规划管理提供科学依据。本项研究从经济社会发展-污染物排放-环境质量改善一体化的角度入手，对美国的半分布式流域 SWAT 水文水质模型进行学习借鉴、引进和创新，重点选择研究 SWAT 模型水质预测模拟模块，确定水质模型模拟的指标，并结合 GIS 技术，提供具有地理空间代表性水质状况的图形网格设计，最终以松花江流域为实证开展应用，结合流域内社会经济、人口、污染源治理等典型污染排放情景，模拟预测未来流域内水环境质量变化趋势，通过模拟预测，获得基于排放情景目标下的水环境质量可达性分析，从而使 SWAT 模型能够适用于我国流域尺度的水环境预测模拟，为流域水环境管理提供科学依据，也为其他流域的水质模拟预测实践提供参考借鉴。

5.1 研究背景

随着"十三五"时期我国经济社会的持续快速发展，水污染的矛盾日益加剧，水环境恶化，水资源严重短缺，已经成为制约我国经济社会发展的瓶颈。我国地域广袤，所辖流域众多，各流域所面临的水污染问题十分复杂，水环境质量模拟技术已经成为 TN、TP、COD 污染等各种复杂水环境问题及研究流域水污染控制理论的核心手段之一。针对我国流域范围大，境内地形复杂的特点，需要使用较大尺度流域水文水质模拟模型。本研究结合流域的社会经济、人口、污染源治理等典型情景预测模拟结果，综合考虑拟采用半分布式水文水质模型进行流域未来水环境质量的模拟预测。

半分布式水文水质模型主要用于模拟地表水和地下水的水质和水量，它可以同时计算数百个子流域，能够模拟层间流、地下水流、河段演算输移损失和池塘、水库、河流、山谷运动的泥沙和化学物质量，模型通过读入观测的流量数据和点源数据，可用于进行无法收集输入数据地区的质量模拟。模型需要流域内的天气、土壤属性、地形、植被和土地管理措施的特定信息，动植物生长，营养物质循环等，并可以使用输入数据进行直接模拟，其优点是可以对无监测数据的流域，对可替代性输入数据或者其他所关心的变量的相对影响进行定量化。

本研究在熟悉并掌握半分布式水文水质模型功能的基础之上，重点选择研究模型水质预测模拟模块，确定水质模型模拟的指标，确定适合于松花江流域特征的模型变量，并结合

GIS 技术，提供具有地理空间代表性水质状况的图形网格设计；最后，基于模拟指标与模型变量模拟方法，提出并建立松花江流域水环境质量模拟预测模型，结合流域内水污染产排放预测结果，预测未来松花江流域水环境质量总体变化趋势，通过建立能够系统刻画流域经济社会发展过程中水污染减排对流域水环境质量改善效果的影响，提高流域规划的科学水平和决策的管理能力，为识别未来（2016－2020 年）流域水环境压力和改善流域水环境质量提供科学的决策支撑，同时也为提高流域决策管理水平和能力提供科学的支持。

5.1.1　研究目标

本研究从经济发展-污染物排放-环境质量改善一体化的角度，对半分布式流域水文水质模型进行改进和创新，并以松花江流域为案例进行示范研究，深入分析流域水污染物减排与水环境质量改善间的相关关系，模拟预测流域未来水环境质量变化趋势，通过模拟预测，获得基于排放总量目标下的水环境质量状况及水环境质量可达性分析，使模型能够适用于我国流域水环境预测，为流域水环境管理和流域规划提供科学依据，并为我国的流域水污染防治规划决策支持平台建设提供技术支撑。

5.1.2　研究范围

时间范围：本研究对松花江流域水资源消耗-水污染排放-水环境质量状况一体化预测模拟的时间范围为 2016－2020 年，其中主要是预测目标年份 2020 年，以 2010 年为基准年份。

空间范围：以松花江嫩江流域，具体以嫩江流域各控制单元为单位开展预测研究，流域规划控制单元划分见表 5－1。

表 5－1　　　　　　　　　　　松花江流域控制单元表

流域	控制单元	区　县	类别	水体	控制断面
松花江嫩江流域	甘河呼伦贝尔市控制单元	鄂伦春自治旗（部分）、莫力达瓦达斡尔族自治旗（部分）、加格达奇地区	优先	甘河	巴彦
	嫩江黑河市控制单元	嫩江县、加格达奇区、松岭区	一般	嫩江	嫩江县、加格达奇区、松岭区
	讷谟尔河黑河齐齐哈尔市控制单元	讷河市、五大连池市	一般	讷谟尔河	讷谟尔河口
	乌裕尔河黑河齐齐哈尔市控制单元	富裕县、依安县、克山县、拜泉县、克东县、北安市	一般	乌裕尔河	龙安桥
	嫩江齐齐哈尔市控制单元	龙沙区、建华区、铁锋区、富拉尔基区、梅里斯区、昂昂溪区、碾子山区、龙江县、泰来县、甘南县	一般	嫩江	江桥
	雅鲁河呼伦贝尔市控制单元	牙克石市（部分）、扎兰屯市	优先	雅鲁河	成吉思汗（金蛇湾码头）
	阿伦河呼伦贝尔市控制单元	阿荣旗	一般	阿伦河	新发（兴鲜）
	诺敏河呼伦贝尔市控制单元	莫力达瓦达斡尔族自治旗（部分）、鄂伦春自治旗（部分）	一般	诺敏河	查哈阳乡（古城子）
	嫩江呼伦贝尔市控制单元	莫力达瓦达斡尔族自治旗（部分）	一般	嫩江	讷谟尔河口上（小莫丁）

5.2 模拟预测思路与框架

本研究基于文献调研、模型构建及松花江流域应用研究的方法，通过确定模拟指标、明确模型变量参数等工作，建立松花江流域水环境质量模拟预测模型方法；结合松花江流域监测点位数据的收集工作，开展流域水环境质量模拟预测实证研究，解析流域水污染物减排与水环境质量改善的关系，并基于未来污染物产排放量预测，完成未来水环境质量状况模拟预测。具体技术路线如图 5-1 所示。

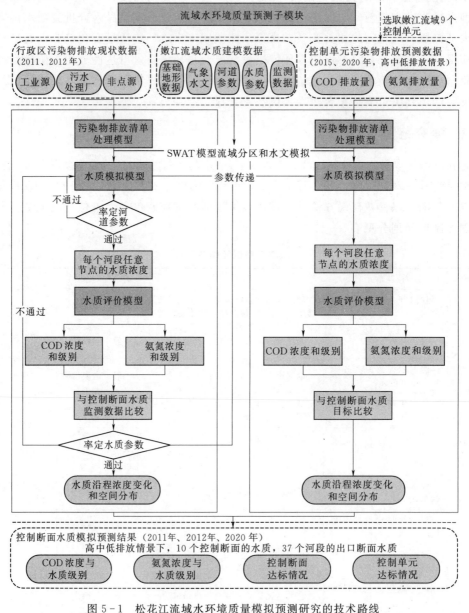

图 5-1 松花江流域水环境质量模拟预测研究的技术路线

5.3 国内外研究进展

5.3.1 水质模型的发展历程

水质模型研究的发展与全球经济的快速增长、环境问题的日益突出以及日新月异的新技术革命密切相关，第一个水质模型是 1925 年由美国的工程师 Streeter 和 Phelps 在美国俄亥俄河上建立的 S-P 模型，从此，人们开始借助模型研究地表水水质变化，到现在 80 余年中，水质模型的研究内容和方法已经不断深化与完善。水质模型的发展历程大致可以分为三个阶段[2]：

第一阶段：20 世纪 20 年代中期到 70 年代初期，是地表水水质模型发展的初级阶段。研究对象主要集中在水体自身各水质组分的相互作用，污染物、底泥、边界等的作用和影响都作为外部输入。该阶段模型为简单的氧平衡模型，主要集中在对氧平衡的研究，也涉及一些非氧物质。属于一维稳态模型，代表模型为 BOD-DO 模型，之后，经诸多学者改进，逐步完善。1977 年美国环境保护局发表的 QUAL Ⅱ 模型，是这类模型的代表。如 QUAL 2E 模型能模拟任意组合的 15 种水质参数，不仅可用来研究入流污水负荷对受纳水体水质的影响，也可用来研究非点源污染问题。

第二阶段：20 世纪 70 年代初期到 80 年代中期，是地表水水质模型的迅速发展阶段。此阶段出现了对多维模拟、多介质模拟、动态模拟等特征的多种模型研究。代表模型：湖泊水库一维模型 LAKECO、WRMMS、DYRESM 等；河流水质模型，如：WASP 模型，可以进行一维、二维、三维动态水质模拟。该阶段水质评价与标准的制定推动了形态模型的研究与发展。

第三阶段：20 世纪 80 年代中期以后，是地表水水质模型研究的深化、完善与广泛应用阶段。此阶段模型的可靠性和精确性有极大提高，该阶段模型主要呈现以下特点：考虑水质模型与面源模型的对接；模型比较复杂，其中状态变量及组分数量大大增加，特别是针对重金属、有毒化合物的研究；考虑了大气污染的影响，与地下水的水质水量有机结合，建立了综合水质模型。代表模型如 BASINS 模型系统、WARMF 模型等，突出特点是：集流域分析、评价、总量控制、污染治理与费用效益分析等于一体，使流域分析管理变得十分方便快捷。

5.3.2 国外研究进展

流域是一个完整的水文循环单元，自然作用和人类活动产生的点源、非点源污染物经支流廊道汇入干流，从而对流域水环境和水生态系统产生重要影响。水环境问题是一个涉及土地利用、上下游相互关系、多种水体类型、多种污染类型的综合性问题。美国在 20 世纪 80 年代提出流域水环境保护的概念，强调流域生态系统的整体治理，在综合考虑流域水文和污染物质输移的基本规律以及水生态和社会经济子系统的构成与相互反馈作用的基础上，对地下水、地表水、湿地、水生态系统进行统筹规划、设计、实施和保护，制定综合性的流域水污染防治措施，这样有助于地区（部门）利益冲突内部化，缓解不同部门的冲突，提高流域水环境管理的效率和效益。流域水污染防治规划是以流域水质管理为目标，根据环境科学的基本原理和原则，分析和协调水污染系统各组成因素间的关系，并综合考虑与水质有关的自然、技术、社会、经济诸方面的关系，对排污行为在时、空上进行合理的安排，从而达到预防环境问题发生，促进环境与经济、社会可持续发展的科学决策活动。

20 世纪 60 年代末，以法国、日本和美国为代表的许多发达国家就开始采用系统分析方法进行区域水污染防治系统的研究。根据 1964 年的《水法》，法国成立了 6 个流域管理局，其主要职能就是制定水资源开发和水污染治理 5 年规划；荷兰、德国、法国、瑞士和卢森堡等 5 国和欧共体制定了莱茵河总量控制管理计划；欧盟在 2000 年颁布实施了《水框架指令》，要求各个成员国明确水资源及环境保护的目标，制定流域综合管理计划，并在 2012 年前实现对地表水体污染物的控制；日本政府从 20 世纪 70 年代开始实施了琵琶湖、濑户内海和东京湾等流域的综合开发计划和水质保护计划；美国于 20 世纪 80 年代开始制定了 TMDL 计划等。其中以美国的 TMDL 计划最具代表性，其形成了一套完整的总量控制计划体系，包括保护目标的确定、水质标准制定、流域模型、水环境容量计算与总量分配等技术方法，成为美国未来确保地表水达到水质标准的关键手段。在流域非点源污染负荷方面，美国环保局推荐使用 SWAT 模型计算污染排放负荷；DEBARRY 在一个污染物综合评价系统中利用 DLG 地形数据及土壤和地表覆盖多边信息，计算了可能从每个流域输出的污染物的估计值，用于规划目标的制定；LEE 等为农业非点源污染模型 AGNPS 开发了一个 GIS 界面；HE 等将 AGNPS、GRASS 及 GRASSWaterWorks 集成在一起，综合评价了非点源污染对美国密歇根州 Cass 河水质的影响；SHEA 等利用 GIS 与 HEC-1 和 HEC-2 集成研究了美国县域地表水管理问题。欧洲一些国家联合开发了具有水文过程模拟、水污染控制和水资源规划等功能的流域规划决策支持系统 "WATER-WARE"。美国提出了以水质为中心的流域管理模型，如 BASINS、WARMF 等。这些模型能够实现流域分析、评价、总量控制、污染治理与费用效益分析等功能，实现数据与分析工具的集成，为流域水质管理提供便利。此外，英国对泰晤士河的治理，运用系统工程学的理论方法，制定出更科学的水质标准，并对各种治理方案作出评价，筛选出最优设计与控制方案，使治理工作花费较少的投资和时间。美国是最先制定水生态环境分区，并且形成了水生态环境区划为基础的水环境管理方法与技术体系。水生态环境分区可代表流域生态系统的类型，也反映出人类活动与水环境的相互影响和作用。流域水生态管理方法成为水环境综合管理的发展趋势，也是流域水环境管理理论基础。

同时，在国外的流域治理研究中，非常注重对跨国或跨行政区划的大河大湖的实证性案例分析。如美国的密西西比河流域、科罗拉多河流域和田纳西河流域的开发与治理，英国泰晤士河的污染及其治理等。国外对大河、大湖、流域开发与治理的主要经验与做法是：注重对河湖流域的综合开发利用，通过全面系统的科学论证，建立由政府、企业、研究机构及民间机构共同参与的跨地区或跨国界的合作机制，实现对流域的综合治理；针对不同河湖流域的特点实施不同的综合治理和开发战略及政策；实施对河湖流域的有效管理。

5.3.3 国内研究进展

1996 年之后，我国相继制定了重点流域、湖泊、重大水利工程和海域的"九五"（1996－2000 年）和"十五"（2001－2005 年）水污染防治规划，水污染控制规划方法主要为目标总量控制模式，控制指标主要为 COD 和氨氮，主要污染控制对象为工业污染与城镇生活污染。方晓波等[19]采用 QUAL2K 模型和一维水质模型，研究了钱塘江流域 BOD 的安全纳污能力，研究结果表明，钱塘江流域纳污能力 QUAL2K 模型计算值大于一维模型计算值；基于 QUAL2K 模型的 m 值水体纳污能力计算法和总量控制与浓度控制理念，是适用于钱塘江流域水体纳污能力计算。陈月等[20]采用 QUAL2K 模型对西菩溪干流梅溪段的水质进行了模拟和预测。对模拟结果进行了验证，结果表明预测值和实测值的相关性较好。张婷婷[21]等采用 QUAL2KW 模型对岷江流域乐山段水质进行了模拟和预测，得到汇流前后岷江的水质变化趋势以及主要污染物变化量。周东风等[22]采用 GIS 与 WASP5 模型划分水库水资源保护地。贾海峰等[23]将 GIS 与 WASP5 模型进行集成，强化了模型功能，为地表水水质空间模拟提供了有力支持。廖振良等[24]对 WASP 模型进行了二次开发，并将其应用于对苏州河的水环境整治目标分析中。杨家宽等[25]运用 WASP6 预测南水北调后襄樊段的水质，最终的运行结果较好，表明 WASP 的水质模拟能较好模拟各种水质过程。李军等[26]采用 MIKEn 模型，分析了南沙河水质，结果表明 MIKE Ⅱ 模型可以使用在南沙河流域管理规划中。丛翔宇等[27]以 SWMM 为基础，选取北京市典型小区，模拟并计算了不同频率设计降雨下的小区排水积水情况并评价其影响。董欣等[28]采用了 SWMM 模型对城市不透水区地表径流进行了模拟并对模型参数进行了识别与验证。王磊等[29]采用微粒群算法对其径流模型参数进行了优化选择，实现了 SWMM 模型的自动率定，实现了从多维空间有效逼近最优解，结果参数组合满足实际工程要求。邢可霞等[30]采用 HSPF 模型对滇池流域各入湖河流进行了水文、水质的模拟，结果表明，SS 是滇池流域非点源污染的首要污染物，而 BOD 的主要贡献者则是点源污染。梅立永等[31]应用 HSPF 模型对西丽水库流域的非点源污染进行了模拟与仿真的研究分析了该流域水量和水质的动态变化情况，取得了较好的效果。薛亦峰等[32]应用 HSPF 模型对潮河支流大阁河流域进行径流量模拟，采用相对误差以及效率系数（Ens）作为模型适用性的评价系数，模拟结果得出流量多年相对误差为 0.17、Ens 为 0.87，表明 HSPF 模型对研究区流域长期的连续径流量模拟具有较好的适用性。王亚军等[33]应用 SWAT 模型对惶水流域径流进行了模拟与评价。胡远安等[34]将 SWAT 模型应用到芦溪小流域的水质模拟中取得不错的效果。丁京涛等[35]利用 SWAT 模型分析了大宁河流域污染物负荷分布特性，结果表明耕地是泥沙和总磷污染的主要来源。张雪刚等[36]将 SWAT 模型与 MODFLOW 模型耦合计算并应用于徐州市张集地区的地下水模拟计算，结果表明两个模型的耦合计算能准确模拟和预测该地区地下水情及其地表水和地下水之间的相互作用。马占青等[37]应用数据加载法提出了 GM（U）的修正模型，通过灰色预测法与马尔可夫模型的耦合，建立了城市污水排放量的灰色马尔可夫预测模型。钱家忠等[38]将马尔可夫模型与时间序列模型结合，对地下水资源评价中降水量预报，尤其是降水值的预报精度较高。朱新国等[39]将改进型 BP 神经网络与马尔科夫模型相结合并应用于需水量预测工作中，计算证明取得了较好的效果。王开章等[40]采用了灰色模型对大武水源地的水质变化进行了预测，为水质规划提供了可参考的依据。杨士建等[41]应用灰色关联分析确定水环境中关键污染因子，为污染防治提供了依据。刘孟兰等[42]以珠江口海域近 10 年来的 COD、$NH_3 - N$、NO2N的监测值，把其当做灰色因子，视珠江口海域为灰色环境，应用灰色理论建立 GM（U）模型，对该入海口的部分污染物进行污染预测。张海峰等[43]利用灰色理论和神经网络的组合式模型实现了对原水水质的预测并通过对某水厂水质的预测值和实际值的比较，表明该模型对水质有较高的预测精度。张光玉等[44]针对海洋环境评价及其预测的特点，在层次分析法和灰色理论的基础上开发出一种新的系统模型方法——灰色层动态分析模型。该模型有效地消除了传统层次分析法主观误差的产生，并在模型分析的基础上建立了针对性较强的勘海湾天津段海洋环境综合指数等级评价体系。李莹等[45]根据东江水质监测实际情况提出了两种基于自适应神经网络的惠州段水质预测方案，并给出了算法，结果精度高、适用范围广。郭劲松等[46]将人工神经网络方法引入到河流水质模型建模中，采用长江干流重庆段的实测水质样本进行训练和检验，建立了 BOD - DO 耦合BP 人工神经网络水质模型获得了较好的预测精度。李占东等[47]利用 BP 人工神经网络模型对珠江口水质进行了评价，结果表明：此模型具有较好的泛化能力，能够准确评价未知海水样本的水质类别。欧素英等[48]利用 BP 人工神经网络技术，以主要分潮为输入，在合理选择各参数的基础上，通过 BP 网络模型确定与各分潮调和常数相关的权值，建立起以短期潮水位资料为基础的潮水位预报模型。赵棣华等[49]根据长江江苏感潮河段水流水质及地形特点，应用有限体积法建立了平面二维水流水质模型。应用浓度输移精确解验证模型算法的正确性，利用长江江苏感潮河段的水流、水质监测资料进行模型的率定，并通过对卫星遥感资料的分析检验模型计算污染带的合理性，模型在长江江苏段主要地区区域供水规划及实施决策支持系统中得到应用，为江段水质规划提供了依据。张智等[50]将 QUAL2E 模型应用于长江重庆段水质模拟，以长江重庆主城区段平水期水质为原型，应用模型对成库后的水质进行了模拟预测。Lin 等[51]应用 WASP 模拟评估台湾咸水流域的水质和计算水环境承载力，根据模拟结果，建议应尽量减少工业和生活污水的排放。史铁锤等[52]针对湖州市环太湖河网区水流往复性特点，以 WASP 模型为基础估算了环太湖河道 COD 和氨氮的水环境容量，并建立了综合点源和非点源的 COD 和氨氮日最大排污量管理模式。Wang 等[53]基于 SWAT 模型估算大尺度流域——扬子江流域非点源污染负荷。模型分溶解态和吸附态污染负荷两部分进行模拟，并根据模拟估算结果，表明溶解态负荷主要受人类活动影响，吸附态污染负荷则主要受自然因素影响。尹刚等利用 SWAT 建立了东北图们江流域非点源污染数据库，分别进行水文模拟、降雨径流和土壤侵蚀量计算。

5.4　水质预测理论与模型方法

5.4.1　模型原理

　　污染物在水体中的迁移过程，会受到水力、水文、物理、化学、生物、生态和气候等因素的影响，引起污染物的输移、混合、分解、稀释、转化和降解。水质模型就是描述水体（河流、湖泊等）的水质要素（BOD、DO 等），在其他因素（物理、化学、生物等）作用下随时间和空间变化关系的数学表达式，是定量描述污染物在水环境中迁移转化规律及其影响因素之间相互关系的数学描述[54]，水质模型是水质预测、评价、规划和管理重要的技术支撑和科学方法[55-57]。目前，QUAL 2K、BASINS、WASP、EFDC、CE-QUAL-W2 和 BATHTUB 等模型在国外的水质预警、应急监测、流域规划和环境管理等方面已经进行了广泛应用，我国水质模型研究起步较晚，研究成果多集中在基础理论和试点示范研究，对水质管理行政决策的支撑作用尚未完全得到发挥。

5.4.2 模型分类

5.4.2.1 河流一维、二维、三维模型

（1）零维模型。对于河流而言，当河水流量与污水流量之比大于 10~20 或不需考虑污水进入水体的混合距离时，符合以上两个条件之一的环境问题可概化为零维问题。对于河流常用零维模型解决的问题有：不考虑混合距离的重金属污染物、部分有毒物质等其他保守物质的下游浓度预测与允许纳污量的估算；有机物降解性物质的降解项可忽略时，可采用零维模型；对于有机物降解性物质，当需要考虑降解时，可采用零维模型分段模拟，但计算精度和实用性较差，最好用一维模型求解。

本研究重点介绍定常条件下的河流稀释混合模型，并分别构建点源方程、非点源方程和考虑吸附态和溶解态污染指标耦合模型。

1）点源方程。对于点源，河水和污水的稀释混合方程为

$$C = \frac{C_p Q_p + C_0 Q}{Q_p + Q}$$

式中：C 为完全混合的水质浓度，mg/L；Q，C_0 为上游来水设计水量，m³/s 与设计水质浓度，mg/L；Q_p，C_p 为污水设计流量，m³/s 与设计排放浓度，mg/L。

对于概化为完全均匀混合类的排污情况，排污口与控制断面之间水域的允许纳污量即为该计算河段的水环境容量。计算公式为

单点源排放：$\qquad\qquad W_C = C_s(Q + Q_p) - C_0 Q$

式中：W_C 为水环境容量，g/L；C_s 为水质目标浓度值，mg/L。

多点源排放：$\qquad\qquad W_C = C_s(Q + \sum_{i=1}^{n} Q_{pi}) - C_0 Q$

式中：Q_{pi} 为第 i 个排污口污水设计排放流量，m³/s；n 为排污口个数。

2）非点源方程。对于沿程有非点源分布入流时，可按下式计算河段污染物的浓度：

$$C = \frac{C_0 Q + C_p Q_p}{Q + Q_p + \frac{Q_s}{x_s} x} + \frac{W_s}{86.4\left(Q + Q_p + \frac{Q_s}{x_s} x\right)}$$

式中：W_s 为沿程河段内（$x = 0$ 到 $x = x_s$）非点源汇入的污染物总负荷量，kg/d；Q_s 为沿程河段内（$x = 0$ 到 $x = x_s$）非点源汇入的污染物总负荷量，m³/s；x_s 为控制河段总长度，km；x 为沿程距离（$0 < x \leqslant x_s$），km。

上游有一点源排放，沿程有非点源汇入，点源排污口与控制断面之间水域的水环境容

量按下式计算：

$$W_C = C_s(Q + Q_p + Q_s) - C_0 Q$$

3）考虑吸附态和溶解态污染指标耦合模型。上述方程既适合于溶解态、颗粒态的指标，又适合于河流中的总浓度，但是要将溶解态和吸附态的污染指标耦合考虑，应加入分配系数的概念。分配系数 K_p 的物理意义是在平衡状态下，某种物质在固液两相间的分配比例。

$$K_p = \frac{X}{C}$$

式中：C 为溶解态浓度，mg/L；X 为单位质量固体颗粒吸附的污染物质量，mg/kg。

对于需要区分出溶解态浓度的污染物，可用下式计算：

$$C = \frac{C_T}{1 + K_p} \cdot SS \cdot 10^{-6}$$

式中：C_T 为总浓度，mg/L；SS 为悬浮固体浓度，mg/L；K_p 为分配系数，L/mg。

（2）一维模型。如果污染物进入水域后，在一定范围内经过平流输移、纵向离散和横向混合后达到充分混合，或者根据水质管理的精度要求允许不考虑混合过程而假定在排污口断面瞬时完成均匀混合，即假定水体内在某一断面处或某一区域之外实现均匀混合，则不论水体属于江、河、湖、库的任一类，均可按一维问题概化计算条件。

对于河流而言，一维模型假定污染物浓度仅在河流纵向上发生变化，主要适用于同时满足以下条件的河段：①宽浅河段；②污染物在较短的时间内基本能混合均匀；③污染物浓度在断面横向方向变化不大，横向和垂向的污染物浓度梯度可以忽略。

若河段长度大于下式计算的结果时，可以采用一维模型进行模拟：

$$L = \frac{(0.4B - 0.6a)Bu}{(0.058H + 0.0065B)u_*}$$

其中

$$u_* = \sqrt{gHJ}$$

式中：L 为混合过程段长度；B 为河流宽度；a 为排放口距岸边的距离；u 为河流断面平均流速；H 为平均水深；g 为重力加速度；J 为河流坡度。

在忽略离散作用时，一维稳态情况下河流污染物的降解过程可用托马斯（Thomas）模型表述：

$$u \frac{dC}{dx} = -KC$$

将 $u = \dfrac{dx}{dt}$ 代入，并积分，得到 $C = C_0 e^{-K(x/u)}$。

式中：u 为河流断面平均流速，m/s；x 为沿程距离，km；K 为综合降解系数，1/d；C 为沿程污染物浓度，mg/L；C_0 为前一个节点后污染物浓度，mg/L。

（3）感潮河段一维模型。对于受到潮汐影响的感潮河段来说，由于相应物理量随时间变化，问题相比无潮河段复杂很多，一般结合河流水质模型进行水环境容量的模拟计算。现阶段一维动态水质模型研究相对比较成熟，但由于部分地区河道（尤其是平原地区河道）多宽浅，水流、污染物在横断面上的分布并不均匀，必须采用平面二维动态模型才能比较准确的计算水环境容量。

但考虑到本研究是针对全国范围内开展水环境容量的核算，因此在计算感潮河段的水环境容量时，采用河口一维模型计算，并做适当简化，忽略垂向和横向的混合输移，即水质组分在纵向上的输移是主要的。各地区也可根据当地河流特性和污染特征，选用其他符合当地实际的水质数学模型进行计算[58]。

河口一维模型的基本方程为

$$\frac{\partial C}{\partial t} + u_x \frac{\partial C}{\partial x} = \frac{\partial}{\partial x}\left(E_x \frac{\partial C}{\partial x}\right) - KC$$

式中：u_x 为水流的纵向流速，m/s；E_x 为纵向离散系数，m²/s；其余符号意义同前。

潮汐河段的水力参数可按高潮平均和低潮平均两种情况，简化为稳态流进行计算。如果污染物排放不随时间变化，涨潮与落潮的污染物浓度计算如下。

涨潮（$x < 0$，自 $x = 0$ 处排入）：

$$C(x)_{上} = \frac{C_p Q_p}{(Q + Q_p)N} e^{\frac{u_x}{2E_x}(1+N)x} + C_0$$

落潮（$x > 0$）：

$$C(x)_{下} = \frac{C_p Q_p}{(Q + Q_p)N} e^{\frac{u_x}{2E_x}(1-N)x} + C_0$$

其中，N 为中间变量，$N = \sqrt{1 + 4KE_x/u_x^2}$。

感潮河段纵向离散系数采用爱尔德公式计算，$E_x = 5.93H\sqrt{gHJ}$

式中：$C(x)_{上}$ 和 $C(x)_{下}$ 分别为涨、落潮的污染物浓度，mg/L；H 为河道断面平均水深，m；J 为河流水利坡降；其余符号意义同前。

相应的水环境容量按下式计算：

$$W_C = \begin{cases} Q_{上}(c_s - c(x)_{上}), & x < 0 \\ Q_{下}(c_s - c(x)_{下}), & x > 0 \end{cases}$$

式中：$Q_{上}$、$Q_{下}$ 分别为计算水域涨潮、落潮的平均流量，m³/s；其余符号意义同前。

（4）二维模型。适用于污染物非均匀混合的大型河段。对于顺直河段，忽略横向流速及纵向离散作用，且污染物排放不随时间变化时，二维对流扩散方程为

$$u \frac{\partial C}{\partial x} = \frac{\partial}{\partial y}\left(E_y \frac{\partial C}{\partial y}\right) - KC$$

式中：E_y 为污染物的横向扩散系数，m²/s；y 为计算点到岸边的横向距离，m；其余符号意义同前。

基本方程可用解析法求解，也可以用数值解求解。

当设河道断面为矩形，以岸边污染物浓度作为下游控制断面的控制浓度时，岸边污染物浓度为

$$C(x,0) = \left(C_0 + \frac{m}{h\sqrt{\pi E_y x v}}\right) e^{\left(-K\frac{x}{v}\right)}$$

式中：$C(x,0)$ 为纵向距离为 x 的断面岸边（$y = 0$）污染物浓度，mg/L；v 为设计流量下计算水域的平均流速，m/s；h 为设计流量下计算水域的平均水深，m；其余符号意义

同上。

而实际上，污水进入水体后，不能在短距离内达到全断面浓度混合均匀的河流均应采用二维模型。实际应用中，水面平均宽度超过 200m 的河流均应采用二维模型计算。根据不同的分类方法，可以对二维模型分类。按河流水文特征：静止水体二维水质模型；平流段二维水质模型；感潮段二维水质模型；潮汐河网二维水质模型。按投放方式：分为瞬时投放和连续投放。其中瞬时投放分为瞬时岸边投放水质模型和瞬时江心投放水质模型；连续投放分为点源岸边连续投放水质模型、点源江心连续投放水质模型、线源岸边连续投放水质模型和线源江心连续排放水质模型。按解的形式分为解析解二维水质模型、数值解二维水质模型。

这里还将介绍几种常用的二维水质模型和相应的解析解，并介绍其适用条件，以便根据当地河流特性和污染特征，选用符合当地实际的水质数学模型。

1）方程形式为

$$\frac{\partial C}{\partial t} = D_x \frac{\partial^2 C}{\partial x^2} + D_y \frac{\partial^2 C}{\partial y^2} + D_z \frac{\partial^2 C}{\partial z^2}$$

解析解为

$$C(x,y,z,t) = \frac{M}{(4\pi t)^{3/2}(D_x D_y D_z)^{1/2}} \exp\left(-\frac{x^2}{4D_x t} - \frac{y^2}{4D_y t} - \frac{z^2}{4D_z t}\right)$$

适用条件：静止水体（如水库、湖泊）的突发性事故的中心排放情况浓度预测。

2）方程形式为

$$\frac{\partial C}{\partial t} + u\frac{\partial C}{\partial x} = D_x \frac{\partial^2 C}{\partial x^2} + D_y \frac{\partial^2 C}{\partial y^2} + D_z \frac{\partial^2 C}{\partial z^2} - KC$$

解析解为

$$C(x,y,z,t) = \frac{M}{(4\pi t)^{3/2}(D_x D_y D_z)^{1/2}} \exp\left[-\frac{(x-ut)^2}{4D_x t} - \frac{y^2}{4D_y t} - \frac{z^2}{4D_z t} - 3Kt\right]$$

适用条件：按理论上来说，只适用于无限空间点源的瞬时投放，但实际应用中也可以应用到大江大河江心事故性排放的浓度估计。

3）方程形式为

$$\frac{\partial C}{\partial t} + u\frac{\partial C}{\partial x} = D_x \frac{\partial^2 C}{\partial x^2} + D_y \frac{\partial^2 C}{\partial y^2} - KC$$

解析解 1 为

$$C(x,y,t) = \frac{M}{(4\pi t)(D_x D_y)^{1/2}} \exp\left[-\frac{(x-ut)^2}{4D_x t} - \frac{y^2}{4D_y t} - 2Kt\right]$$

适用条件：可引用到大江大河江心事故性排放的浓度场预测。

解析解 2 为

$$C(x,y,t) = \frac{M}{(4\pi t)(D_x D_y)^{1/2}} \sum_{n=-\infty}^{\infty} \exp\left[-\frac{(x-ut)^2}{4D_x t} - \frac{(y+2nB)^2}{4D_y t} - 2Kt\right]$$

适用条件：两侧有边界的等速直线流瞬时排放，可引用到小河河江心事故性排放的浓度场预测。

4）方程形式为

$$u \frac{\partial C}{\partial x} = D_z \frac{\partial^2 C}{\partial z^2} + D_y \frac{\partial^2 C}{\partial y^2}$$

解析解为

$$C(x,y,t) = \frac{M}{2\pi u \sigma_z \sigma_y} \exp\left(-\frac{(z-z_0)^2}{2\sigma_z^2} - \frac{y^2}{2\sigma_y^2}\right)$$

适用条件：一般河流不考虑降解情况下的二维浓度场计算。

5）方程形式为

$$\frac{\partial C}{\partial t} + u \frac{\partial C}{\partial x} = D_x \frac{\partial^2 C}{\partial x^2} + D_z \frac{\partial^2 C}{\partial z^2}$$

解析解为

$$C(x,y,t) = \frac{C_0}{2}\left[erfc\left(\frac{x-ut}{\sqrt{4D_x t}}\right) + erfc\left(\frac{x+ut}{\sqrt{4D_x t}}\right)\exp\left(\frac{ut}{D_x t}\right)\right] erfc\left(\frac{z}{\sqrt{4D_z t}}\right)$$

适用条件：用于预测有限空间突发性线源排放情况的浓度场预测。

6）方程形式为

$$u \frac{\partial C}{\partial x} = D_y \frac{\partial^2 C}{\partial y^2} - KC$$

解析解 1 为

$$C(x,y) = \frac{M}{(4\pi D_y x u)^{1/2}}\exp\left(-\frac{uy^2}{4xD_y} - K\frac{x}{u}\right)$$

适用条件：无边界影响的点源连续排放，适用于大江大河江心点源连续排放浓度场计算。

解析解 2 为

$$C(x,y) = \frac{M}{(\pi D_y x u)^{1/2}}\exp\left(-\frac{uy^2}{4xD_y} - K\frac{x}{u}\right)$$

适用条件：无对岸影响的岸边排放，适用于大江大河岸边点源连续排放浓度场计算。

解析解 3 为

$$C(x,y) = \frac{M}{(\pi D_y x u)^{1/2}}\sum_0^n \exp\left[-\frac{u(y-2nB)^2}{4xD_y} - K\frac{x}{u}\right] n = 0, \pm 1, \pm 2$$

适用条件：有对岸影响的岸边排放，适用于小河岸边点源连续排放浓度场计算。

5.4.2.2 湖库模型

不同类型的湖（库）应采用不同的数学模型计算水环境质量，根据湖（库）的污染特性，结合我国具体情况，将湖（库）划分为大、中、小型，富营养化型和分层型。

（1）湖库的划分及模型的选用。根据湖（库）枯水期的平均水深和水面面积，可将其分为以下类型：

当平均水深≥10m 时：当水面面积>25km² ，为大型湖（库）；水面面积 2.5～25km² ，为中型湖（库）；水面面积<2.5km² ，为小型湖（库）。

当平均水深<10m 时：当水面面积>50km² ，为大型湖（库）；水面面积 5～50km² ，为中型湖（库）；水面面积＜5km²，为小型湖（库）。

一般，营养状态指数≥50 的湖（库），宜采用富营养化模型；平均水深＜10m、水体交换系数 α＜10 的表湖（库），宜采用分层模型；珍珠串型湖（库）可分为若干区（段），各分区（段）分别按湖（库）或河流计算水环境容量；α＞20 的狭长形湖（库），可按照河流计算水环境容量。

（2）湖（库）均匀混合模型。污染物均匀混合的湖（库），应采用均匀混合模型计算水环境容量。主要适用于中小型湖（库）。污染物平均浓度可按下式计算。

$$C(t)=\frac{m+m_0}{K_h V}+\left(C_h-\frac{m+m_0}{K_h V}\right)e^{-K_h t}$$

式中：$K_h=\dfrac{Q_L}{V}+K$ 为中间变量，1/s；C_h 为湖（库）现状污染物浓度，mg/L；$m_0=C_0 Q_L$ 为湖（库）入流污染物排放速率，g/s；V 为设计水文条件下的湖（库）容积，m³；Q_L 为湖（库）出流量，m³/s；t 为计算时段长，s；$C（t）$ 为计算时段 t 内的污染物浓度，mg/L；其余符号意义同前。

当流入和流出湖（库）的水量平衡时，小型湖（库）的水环境容量计算公式如下：

$$W_C=(C_s-C_0)V$$

式中符号意义同前。

（3）湖库非均匀混合模型。污染物非均匀混合的湖（库），应采用非均匀混合模型计算水环境容量。主要适用于大中型湖（库）。根据入库（湖）排污口分布和污染物扩散特征，宜划分不同的计算水域，分区计算水环境容量。

当污染物入湖（库）后，污染仅出现在排污口附近水域时，按下式计算距排污口 r 处的污染物浓度。

$$M=(C_s-C_0)e^{\frac{K\Phi h_L r^2}{2Q_P}}Q_p$$

式中：Φ 为扩散角，由排放口附近地形决定。排放口在开阔的岸边垂直排放时，$\Phi=\pi$；湖（库）中排放时，$\Phi=2\pi$；h_L 为扩散区湖（库）平均水深，m；r 为计算水域外边界到入河排污口的距离，m；其余符号意义同前。

（4）湖（库）富营养化模型。富营养化湖（库），宜采用狄龙模型计算氮、磷的水环境容量。水流交换能力较弱的湖（库）湾水域，宜采用合田健模型计算氮、磷的水环境容量。

狄龙模型的计算公式为

$$P=\frac{L_p(1-R_p)}{\beta h}，R_p=1-W_{出}/W_{入}$$

式中：P 为湖（库）中氮、磷的平均浓度，g/m；L_p 为年湖（库）氮、磷单位面积负荷，g/m²·a；β 为水力冲刷系数，$\beta=Q_a/V$，1/a；其中 Q_a 为湖（库）年出流水量，m/a；R_p 为氮、磷在湖（库）中的滞留系数，1/a；$W_{出}$ 为年出湖（库）的氮、磷量，t/a；$W_{入}$ 为年入湖（库）的氮、磷量，t/a。

湖（库）中氮或磷的水环境容量为

$$W_C = L_s A \,, \quad L_s = \frac{P_s h Q_a}{(1-R_p)V}$$

式中：L_s 为单位湖（库）水面积，氮或磷的水域纳污能力，$mg/m^2 \cdot a$；A 为湖（库）水面积，m^2；P_s 为湖（库）中磷（氮）的年平均控制浓度，g/m^3；其余符号意义同前。

对于库湾的水环境容量，采用合田健模型，计算公式如下：

$$W_C = 2.7 \times 10^{-6} C_s H \left(\frac{Q_a}{V} + 10/Z \right) S$$

式中：C_s 为水质目标值，mg/L；H 为湖（库）平均水深，m；Z 为湖（库）计算水域的平均水深，m；$10/Z$ 为沉降系数，$1/a$；S 为不同年型平均水位相应的计算水域面积，km^2；其余符号意义同前。

（5）湖库分层模型。具有水温分层湖（库），可采用分层模型计算湖（库）水环境容量。分层型湖（库）应按分层期和非分层期分别计算水环境容量。

污染物浓度按下式计算：

分层期（$0 < t/86400 < t_1$）

$$C_{E(l)} = \frac{C_{PE} Q_{PE}/V_E}{K_{hE}} - \frac{C_{PE} Q_{PE}/V_E - K_{hE} C_{M(l-1)}}{K_{hE}} e^{-K_h E t}$$

$$C_{H(l)} = \frac{C_{PH} Q_{PH}/V_E}{K_{hE}} - \frac{C_{PH} Q_{PH}/V_E - K_{hE} C_{M(l-1)}}{K_{hE}} e^{-K_h H t}$$

$$K_{hE} = \frac{Q_{PE}}{V_E} + \frac{K}{86400}$$

$$K_{hH} = \frac{Q_{PH}}{V_H} + \frac{K}{86400}$$

非分层期（$t_1 < t/86400 < t_2$）

$$C_{M(l)} = \frac{C_P Q_P/V}{K_h} - \frac{C_P Q_P/V - K_h C_{T(l)}}{K_h} e^{-K_h t}$$

$$C_{M(0)} = C_h$$

$$K_h = \frac{Q_p}{V} + \frac{K}{86400}$$

式中：$C_{E(l)}$ 为分层湖（库）上层污染物的平均质量浓度，mg/L；C_{PE} 为向分层湖（库）上层排放的污染物质量浓度，mg/L；Q_{PE} 为排入分层湖（库）上层的废水量，m^3/s；V_E 为分层湖（库）上层体积，m^3；K_{hE}、K_{hH} 为中间变量；C_M 为分层湖（库）非成层期污染物平均质量浓度，mg/L；t_1 为分层期天数，d；t_2 为分层期起始时间到非分层期结束的天数，d；C_h 为分层湖（库）下层污染物的平均质量浓度，mg/L；C_{PH} 为向分层湖（库）下层排放的污染物质量浓度，mg/L；Q_{PH} 为排入分层湖（库）下层的废水量，m^3/s；V_H 为分层湖（库）下层体积，m^3；K_h 为中间变量；$C_{T(l)}$ 为分层湖（库）上、下层混合后污染物的平均质量浓度，mg/L；C_h 为湖（库）中污染物现状质量浓度，mg/L；其余符号意义同前。

相应的水环境容量计算公式为

$$W_C = \begin{cases} (C_{E(l)} + C_{H(l)})V, & \text{分层期} \\ C_{M(l)}V, & \text{非分层期} \end{cases}$$

（6）盒模型。当我们以年为时间尺度来研究湖泊、水库的富营养化过程时，往往可以把湖泊看作一个完全混合反应器，这样盒模型的基本方程为

$$\frac{V\mathrm{d}C}{\mathrm{d}t} = QC_E - QC + S_C + \gamma(c)V$$

式中：V 为湖泊中水的体积，m^3；Q 为平衡时流入与流出湖泊的流量，m^3/a；C_E 为流入湖泊的水量中水质组分质量浓度，$\mathrm{g/m}^3$；C 为湖泊中水质组分质量浓度，$\mathrm{g/m}^3$；S_C 为如非点源一类的外部源和汇，m^3；$\gamma(c)$ 为水质组分在湖泊中的反应速率。

上式为零维的水质组分的基本方程。如果反应器中只有反应过程，则 $S_C = 0$，则公式变为

$$\frac{V\mathrm{d}C}{\mathrm{d}t} = QC_E - QC + \gamma(c)V$$

当所考虑的水质组分在反应器内的反应符合一级反应动力学，而且是衰减反应时，则 $\gamma(c) = -KC$。

公式又变为以下形式：

$$\frac{V\mathrm{d}C}{\mathrm{d}t} = QC_E - QC - KCV$$

K 是一级反应速率常数（$1/t$）。当反应器处于稳定状态时，$\mathrm{d}C/\mathrm{d}t = 0$，可得到下式：

$$QC_E - QC - KCV = 0，C = C_E\left(\frac{1}{1+Kt}\right)$$

式中：$t = V/Q$，t 为停留时间。

5.4.2.3　流域模型

流域尺度的水环境模型总体上包括污染负荷模型和受纳水体模型，流域尺度的水环境模型经常要用到两种模型系统的耦合应用；对于有多重土地和水体功能的流域，如土地、河流、运河、水库、河口，污染物和受纳水体的表征通常需要多类或多个模型进行联合使用来描述整个流域系统。集成化模拟系统主要是整合和串联若干种模型以便增强模拟功能，形成一个计算机应用系统。BASINS 模型是美国环保局最常用的模型系统，该系统为模型与模型之间的数据调用、协同工作提供了绝好的平台，QUAL 2E、HSPF、SWAT、PLOAD 模型组块得到较好的兼容和使用。

多模型集成化模拟是美国制定 TMDL 计划的主要工具。如美国环保局和纽约环保局将 GWLF 与 BATHTUB 模型联用，对纽约杰斐逊县月亮湖的总磷进行模拟，制定了对磷的 TMDL 计划；美国环保局将 GWLF 与 BATHTUB 模型联用，对西弗吉尼亚州卡诺瓦县的赖德诺尔湖的富营养化进行模拟，制定了 TMDL 计划。南达科他州环境和自然资源部将 AGNPS 与 BATHTUB 模型联用，对赫尔曼的富营养化进行模拟，制定了 TMDL 计划。我国将 GWLF 和 BATHTUB 模型在于桥水库进行了试点研究，也取得了一定的应用效果。

5.4.2.3.1　污染物负荷模型

污染负荷模型一般用来描述和估计各种污染源产生的污染负荷量，计算出进入河道的

污染负荷量，作为水质模型的污染源边界输入条件，并为水质管理和水环境规划提供必要的信息，为河道纳污量和污染物削减量的计算奠定基础。

（1）非点源负荷计算模型。土地利用类型是影响非点源污染负荷的主要因素，因此，目前应用较为广泛的非点源污染负荷计算模型主要针对两种土地利用类型：一种为城市，另一种为农田。随着模型的不断发展，产生了流域内不同土地利用类型的非点源污染模型。

1）城市非点源模型。对于我国大部分大、中城市来说，非点源污染主要来源于降水（或融雪）的径流污染，当雨水（或融雪）发生径流时，就会溶入大量的城市污染物，如：生活垃圾、大气中的粉尘、重金属、汽车轮胎的碎屑等。若将这些径流未经处理而直接排入河流、湖泊中，就会造成河流、湖泊的富营养化或其他形式的污染。在众多非点源模型中，SWMM、HSPF、STORM 和 DR3M-QUAL 是最主要的四个模型，这是因为后来出现的其他非点源模型都来源于它们。这四个模型的基本结构及数据需求见表 5-2。比较而言，SWMM 是四个模型中较完善的一个，它考虑的因素比较多，但需求的数据量相对少一些。

表 5-2　　　　　　　　　　主要城市非点源模型及其适用条件分析

模型	特征	基本结构	数据需求
SWMM	在暴雨及城市排水系统中模拟水量水质的模型之一	SWMM 对雨水管、合流制管道、自然排放系统都可以进行水量水质的模拟，它包括径流、输送、扩充输送、贮水处理、受纳水体五大计算模块以及执行、联合、绘图、统计、运行等服务模块，各个模块之间相对独立	SWMM 不仅对数据输入时间间隔可以是任意的，输出的结果也可以是任意的整数步长（但是扩充输送模块的步长受到条件的限制），而且对于计算区域的面积大小也没有限制，所以是一个通用性的模型
HSPF	可以模拟流域的水量和水质变化，预测径流、地表水、地下水中的污染物浓度	HSPF 是一个综合模拟水文、水利和水质的软件，能计算常规和有毒的污染物浓度和模拟复杂非点源污染输送过程	HSPF 模型需要大量的数据，并且对数据的输入要求较高，以降雨、温度、日照强度、土地利用类型、土壤特性和农业耕作的方式为基本输入资料
STORM	该模型能预测市区的降雨、径流、水质变化过程，并能绘制径流中简单的水量图和污染图（浓度一时间）	STROM 是对市区连续暴雨进行模拟的。它利用单位径流系数计算每小时径流深度，并恢复每次暴雨之间的贮存能力	STORM 仅仅是对水量和水质的简单模拟，所以与其他模型相比，需要的数据少。径流系数可以根据标准手册或者教材来估计
DR3M-QUAL	能预测市区的降雨、径流、水质变化过程，并能绘制径流和地面水中的水量图和污染图（浓度一时间）	模型采用了运动学上光的方法来模拟地下蓄水和排水系统的变化过程；DR3M-QUAL 的计算中包括利用随机的参数作为指数建立的方程和水力方程	模型输入数据时要求有一定程度的图表，水量参数对于蓄水包括：面积、非渗透性、长度、坡度、粗糙系数和渗透系数；对于沟渠包括：形状、尺寸、水力学参数；对于贮存池包括：贮存面积、贮存一排放关系

2）农业非点源模型。农业非点源是指在农业生产和加工过程中，土壤泥沙颗粒、氮磷等营养物质、农药等有害物质、秸秆农膜等固体废弃物通过地表径流、土壤侵蚀、农田

排水、地表径流、地下淋溶等形式进入水环境所造成的污染。GREAMS、EPIC、GWLF、ANSWERS 和 WEPP 模型是目前应用比较广泛的农业非点源模型，模型主要应用特征及适用条件分析见表 5 - 3。

表 5 - 3　　　　　　　　　　主要农业非点源模型及其适用条件分析

模型	特征	基本结构	数据需求
GREAMS	在分析水流流路的基础上，拟合不同地块的侵蚀状况	模型由土壤侵蚀子模型、水文子模型、化学物质侵蚀子模型，用于评价田间尺度多种耕作措施下土壤侵蚀和水质状况	需收集一个作物生长周期内各阶段与径流和侵蚀有关的覆盖和管理因子参数以及常年气象资料；不适用于复杂的地貌状况
EPIC	EPIC 评估土壤侵蚀对生产力的影响和预测土壤、水、营养盐、农药运动管理的效果及其组合对同类土壤和管理地区土壤流失、水质和作物产量的影响	模型可用于研究土壤侵蚀、经济因素、水文模式、天气影响、营养盐、植物生长动力学和作物管理。EPIC 的主要组成模块包括天气模拟、水文、侵蚀沉积、营养盐循环、农药归趋等	EPIC 从土壤调查资料和图表上选择参数值，从 EPIC 的主要气候、水文、侵蚀、营养、植物生长、土壤温度和耕作等分变量中挑选数据
ANSWERS	基于次暴雨的分布式流域模型	主要用来模拟农田径流和土壤侵蚀，考虑了雨滴的溅蚀率、地面径流分散率和输沙能力对流域产沙的影响	ANSWERS 采用网格法对流域进行处理，分别对各地貌单元进行侵蚀产沙的数理描述
WEPP	建立在水文学与侵蚀科学基础上的连续模拟模型	模型的主要子模型包括：气候模型、地表水文、亚地表水文、水分平衡、土壤条件、植物生长等	模型涉及众多子模型和参数，模型实用性受到限制

3）流域非点源模型。在流域模拟系统中考虑不同土地利用类型的分布，形成了流域非点源模型。其典型代表是 AGNPS、ANSWERS、AnnAGNPS、MIKE SHE、HSPF 和 SWAT 等。各模型主要应用特征及适用条件分析见表 5 - 4。

表 5 - 4　　　　　　　　　　主要流域非点源模型及其适用条件分析

模型	模型组成/能力	时间尺度	流域表达	BMP 评估	数据需求
AGNPS	单事件模型，用于评价流域内非点源污染的影响	长期；日或日以下步长	均一化的地表（单元）、河段和积水	农业管理	流域划分、单位流域边界、坡度、坡向、和其他相关信息；日降雨量；管理信息等
AnnAGNPS	用于评价流域内非点源污染长期影响	长期；日或日以下步长	均一化的地表（单元）、河段和积水	农业管理	流域划分、单位流域边界、坡度、坡向、和其他相关信息；日降雨量；管理信息等

续表

模型	模型组成/能力	时间尺度	流域表达	BMP评估	数据需求
ANSWERS	农业典型小流域中次降雨条件下的地表径流和土壤侵蚀量以及污染物流失量	长期,双重时间步长:晴天日步长,有降水时30s步长	具有统一水文特征的方栅格,有的具有河道元素;一维模拟	流域管理措施对径流和泥沙损失的影响	日水平衡,渗透,径流和地表水演算,排水,河流演算,泥沙分离,泥沙运输等数据
HSPF	可以模拟流域的水量和水质变化,预测径流、地表水、地下水中的污染物浓度	长期;可变的常量步长(小时)	透水和不透水的地表,河道和混合水库;一维模拟	营养物和杀虫剂管理	流域的数字程模型、土壤数据、气象数据、监测数据、社会经济数据、农业管理措施和水库和湖泊位置等
MIKE SHE	用于模拟整个陆地水文循环	长期和暴雨事件;可变的步长,依赖于数值稳定性	二维矩形/正方形地面栅格,一维的河道,一维不饱和和三维饱和流层	农业管理、土地利用和气候变化的影响等	降雨(雨或者雪)、蒸发量、坡度地表流、渠道流、不饱和的次表层流动等数据
SWAT	可以很好地评估农业管理措施变化而引起的水质影响	长期,日步长	根据气候、水文响应单元、水塘、地下水和主河道把子流域进行分组	农业管理:耕地,灌溉,施肥,杀虫剂应用和放牧	土地用途、土壤类型、点源资料、气候资料、作物管理数据库等
GWLF	可用于模拟流域内的径流量、土壤侵蚀以及由其产生的氮、磷营养盐负荷	长期,日步长	GWLF模型的结构可以从水文过程和污染负荷两个部分来理解	农业管理、土地利用等的影响	模型输入包括气象数据、输移参数和营养物参数

4)非点源模型比较。不同模型的应用尺度、参数形式以及研究对象等均有一定的差别,DR3M、STORM、SWMM属于城市非点源、分布式模型,主要用于氮磷等营养盐的模拟;GREAMS、EPIC适用于农田小区,主要用于氮、磷和农药等污染物的长期模拟,其中,GREAMS属于集中式流域模型,EPIC属于分布式流域模型;ANSWERS、AGNPS、AnnAGNPS、HSPF和SWAT属于分布式流域模型,用于氮磷等污染物的模拟。主要非点源模型及其适用条件,见表5-5。

表5-5 主要非点源模型及其适用条件分析

模型名称	应用尺度	参数形式	次暴雨/连续模拟	主要研究对象
DR3M	城市	分布式	次暴雨	固态氮、磷、COD等污染物
STORM	城市	分布式	次暴雨	总氮、总磷、BOD和大肠杆菌等
SWMM	城市	分布式	次暴雨	总氮、总磷、BOD和COD等
GREAMS	农田小区	集总	长期连续	氮、磷和农药等
EPIC	农田小区	分布式	长期连续	氮、磷和农药等
ANSWERS	流域	分布式	长期连续	氮、磷

模型名称	应用尺度	参数形式	次暴雨/连续模拟	主要研究对象
AGNPS	流域	分布式	次暴雨	农药、氮、磷和 COD 等
AnnAGNPS	流域	分布式	长期连续	农药、氮、磷和 COD 等
HSPF	流域	分布式	长期连续	氮、磷、COD 和 BOD、农药等
SWAT	流域	分布式	长期连续	氮、磷和农药等
PLOAD	流域	分布式	长期连续	总氮、总磷、BOD、COD 等
GWLF	流域	半分布半经验式	长期连续	N、P 营养负荷

（2）流域负荷模型比较。主要流域负荷模型及其适用条件，见表 5 - 6。SPARROW、GWLF、SWAT、HSPF 是目前国际研究较多，也基本获得公认的流域负荷模型，其中 SWAT 和 HSPF 模型研究精度高、计算效率高、机理过程相对全面，也便于二次开发，缺点是数据需求量大，要求精度也高；GWLF 能较好地模拟氮、磷污染负荷，缺点是模型还不能模拟 COD 污染负荷；比较而言，SPARROW 的复杂度介于传统的统计学模型与机理模型之间，将流域水环境质量与监测点位的空间属性紧密联系起来，反应流域中长期水质状况以及主要影响因子，适合于大中尺度的流域模拟。

表 5 - 6　　　　　　　　　　主要流域负荷模型及其适用条件分析

模型	特征	时间尺度	空间尺度	数据需求	输出结果
SPARROW	应用主要集中在估算营养盐污染源和地表水中营养盐的长期去除速率，同时也被应用在营养盐的长距离传输的定量化方面	输入数据为年均值，一般要求监测数据是每月监测数据	大中尺度流域	河网数据、污染源数据、监测数据、流域空间属性数据	水质描述；污染源解析；水质模拟；识别检验；采样点网设计
GWLF	可用于模拟流域内的径流量、土壤侵蚀以及由其产生的氮、磷营养盐负荷	月、日输入数据均可	中小流域	气候、迁移参数、化学参数、化粪池系统	逐月的产流、产沙、总氮和总磷
SWAT	用于模拟预测各种管理措施及气候变化对水资源供给的影响，评价流域非点源污染现象	以日为单位输入	大、中、小流域均可	土地用途、土壤类型、点源资料、气候资料、作物管理数据库等	流域水文循环的模拟预测、土地利用管理措施的评价、非点源污染管理等
HSPF	可以模拟流域的水量和水质变化，预测径流、地表水、地下水中的污染物浓度	以日为单位输入	大、中、小流域均可	以降雨、温度、日照强度、土地利用类型、土壤特性和农业耕作的方式为基本输入资料	可将常见污染物和毒性有机物模拟纳入模型

5.4.2.3.2　受纳水体模型

受纳水体模型一般用来模拟沉积物或污染物在河流、湖泊、水库、河口、沿海等水体中的运动和衰减转化过程，有的还可以模拟富营养化过程，是水质预测、评价、分析的重要工具。根据模型模拟对象的不同，可以分为湖泊水质模型、河流水质模型、水库水质模型等。

湖泊水质模型：BATHTUB、CE－QUAL－W2、EFDC 是分析和预测由于自然和人为污染造成的水质富营养化状况。比较而言，BATHTUB 模型所需的数据量及参数量相对较少，且精度也能达到评估的要求，能够满足环境管理的需要，适合于空间数据缺乏、基础数据库、监测数据不完整的中国使用。CE－QUAL－W2 和 EFDC 模型精度高、机理过程相对全面、对数据需求量也比较高，需要较高的专业基础知识，可以达到对湖泊和水库的精细模拟。

河流水质模型：QUAL 2E、QUAL 2K、WASP、BASINS 模型预测多种污染物在河流中的迁移、转化规律。QUAL 2E 水质过程模拟比较简单，可以用来模拟树枝状河系中的多种水质组分。与 QUAL 2E 相比，QUAL 2K 模型不仅适用于完全混合的树枝状河系，而且允许多个排污口、取水口的存在以及支流汇入和流出。WASP 是一个综合性水质模拟模型，可模拟河流、水库及湖泊的水质变化，可研究点源和非点源问题。BASINS 适合对多种尺度下流域的各种污染物的点源和非点源进行综合分析，缺点是数据需求量较高，我国现有的基础资料难以满足。

主要水质响应模型及其适用条件分析，见表 5－7。

表 5－7　　　　　　　　　　受纳水体模型及其适用条件分析

模型	适用水域	空间尺度	模型特征	数据需求
BATHTUB	湖泊	—	分析和预测由于自然和人为污染造成的水质富营养化状况，可以模拟湖泊和水库等（准）稳态水体内营养物的平流和扩散传输	地形数据、水文数据、大气负荷数据、支流负荷数据、水库水质数据、底质数据
CE－QUAL－W2	湖泊	二维	用来模拟湖泊和水库，也适合一些具有湖泊特性的河流。它能模拟的水质过程很多，所有重要的富营养化和藻类动态变化过程都能够模拟	初始条件数据、边界条件和时间的关系、水库地理形状、物理参数、生化反应速率、时间和水文气象条件的关系
EFDC	湖泊	三维	根据多个数学模型集成开发研制的综合模型，集水动力模块、泥沙输运模块、污染物运移模块和水质预测模块一体，可以用于包括河流、湖泊、水库、湿地和近岸海域一维、二维和三维物理、化学过程的模拟	该模型对输入数据的要求也非常高，要求有一些非常规监测的负荷数据、详尽的气象数据和深入的湖泊物理学数据
QUAL 2E	河流	一维	是一种全面的多用河流水质模型，可模拟多达 15 种水质组分，适用于充分混合的树枝状河流	①河流系量，几何数据包括河段数、河段名称、各河段长度、计算单元长度等；②全局变量，即水力数据包括各河段上、下游流量，点源排放量，流速与流量的关系，水深与流量的关系等；③强制函数，即水质数据包括纵向弥散系数、纵向平面流速等

续表

模型	适用水域	空间尺度	模型特征	数据需求
QUAL 2K	河流	一维	预测多种污染物在河流中的污染变化，适用于符合一维稳态状态河流的模拟	地理特征、气候特征、水力学特征、水体的理化及生物特征参数、点源和汇水质、非点源源和汇水质等
WASP	河流	三维	可用来模拟常规污染物（包括溶解氧、生物耗氧量）和有毒污染物（包括有机化学物质、金属和沉积物）在水中的迁移和转化规律，是为分析池塘、湖泊、水库、河流、河口和沿海水域等水质问题的动态多箱模型	污染源信息、水流路径、垂直混合系数、开放边界条件、生物和化学反应速率
BASINS	河流	三维	BASINS 可以对多种尺度下流域的各种污染物的点源和非点源进行综合分析，是一个基于 GIS 的流域管理工具	基本图形数据（行政区域边界、子流域边界）、环境背景数据（土壤类型特征、土地利用、数字高程及河流网格）、关键数据（水体水质、水文气象站）、污染源数据（排放规模、年均污染负荷）等

5.5　典型流域水质模拟模型

5.5.1　SWAT 模型

5.5.1.1　模型原理

SWAT 模型中主要含有水文过程子模型、土壤侵蚀子模型和污染负荷子模型，以下分别介绍三个子模型的原理。

5.5.1.1.1　水文过程子模型

（1）水文循环的陆地阶段包括降雨、地表径流、下渗、壤中流等。模型中采用的水量平衡表达式为

$$SW_t = SW_0 + \sum_{i=1}^{t} (R_{day} - Q_{surf} - E_a - W_{seep} - Q_{gw}) \qquad (5-1)$$

1）天气和气候。运行 SWAT 模型所必需的气候变量包括日降水、空气温度、太阳辐射、风速和相对湿度。通过观测获得的日降水和最高最低温数据可以直接输入 SWAT 模型，也可以通过天气生成程序模拟日降水和温度。太阳辐射、风速和相对湿度通常由模型来生成。

2）水文。SWAT 的水文循环过程如图 5-2 所示。

3）土地利用/植被生长。SWAT 模型使用简单的植被生长模型来模拟所有的陆地覆盖类型。模型能够区分一年生植物和多年生植物，一年生植物从种植日期开始到收获日期，或直到积累的热量单元等于植物的潜在热量单元；多年生植物全年维持其根系系统，在冬季月份中进行冬眠；当日均空气温度超过最小即基准温度时，重新开始生长。植物生长模型用来评估水分和营养物质从根区的迁移、蒸发以及生物产量。

4）侵蚀。对每个 HRU 的侵蚀量和泥沙量用 MUSLE（Modified Universal Soil Loss

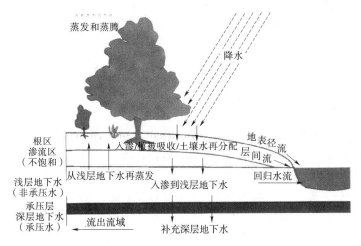

图 5-2　SWAT 水文循环过程图

Equation) 方程进行计算。USLE 使用降水量作为侵蚀能量的指标，而 MUSLE 使用径流量来模拟侵蚀和泥沙产量。这种替代的好处在于：模型的预测精度提高了，对输移比率的要求减少了，能够估算单次暴雨的泥沙产量。水文模型支持径流量和峰值径流率，结合亚流域面积，用来计算径流侵蚀力。

5）营养物质。SWAT 模型能跟踪流域内几种形式的氮和磷的运动和转化，在土壤中氮从一种形式到另一种形式的转化是由氮循环来控制的，同样土壤中磷的转化是由磷循环来控制的。

氮：径流、层间流和渗流中的硝态氮用水量和平均浓度来估算。由 McElroy 等开发，Williams 和 Hann 改进的荷载函数应用于单次径流来估算有机氮损失。荷载函数依靠顶层土层的有机氮浓度，沉积量和富集率来估算日有机氮的径流损失，同时使用供求方法来估算作物对氮的吸收。

磷：SWAT 模型依靠 Leonard 和 Wauchope 所描述的将杀虫剂分成溶解和沉积阶段的概念来估算地表径流中的磷损失。因为磷大多情况下是同沉积阶段相联系的，可溶性磷通过使用顶层土层中的非保守性磷的浓度，径流体积，分配系数方程来估算；磷的沉积输移用有机磷的荷载函数来模拟；作物吸收的磷用供需方法来估算。

6）土壤温度。基本的土壤温度方程为

$$t(z,d) = \bar{t} + \frac{AM}{2}\cos\left[\frac{2\pi}{365}(d-200) - \frac{z}{DD}\right] \qquad (5-2)$$

式中：t 为日平均土温，℃；$\bar{t}$ 为年平均气温，℃；AM 为日均温年波幅，℃；z 为到表层土的深度，mm；DD 为土壤的阻尼深度，mm；d 为天数，d。

7）农业管理。SWAT 模型可以在每个 HRU 中，根据采用的管理措施来定义生长季节的起始日期、规定施肥的时间和数量、使用农药和进行灌溉以及耕作的日程。在生长季节结束时，生物量可以从 HRU 中作为产量去除或者作为残渣留在地表。除了这些基本的管理措施之外，还包括了放牧、自动施肥和灌溉，以及每种可能的用水管理选项。对土地管理的最新改进是集成了计算来自城市面积区的泥沙和营养物质负荷。

SWAT 模型中农业管理部分提供了模拟耕作系统、灌溉、化肥、农药以及放牧系统子模型。SWAT 模型对作物轮作的年数没有限制，并且允许至多每年三季作物 t 可以定义生长期的起始、灌溉、施用化肥和农药的特定日期和数量以及耕作的时间。

（2）水文循环的演算阶段包括主要河道中的演算和水库演算两部分。当 SWAT 模型确定了主河道的水量、泥沙、营养物质和杀虫荆的负荷后，使用与 HYMO 相近的命令结构来演算通过流域河网的负荷。为了跟踪河道中物质流，SWAT 模型对河流和河床中的化学物质的转化进行模拟。SWAT 模型水文循环的演算阶段分为主河道和水库两个部分。主河道的演算包括河道洪水演算、河道沉积演算以及河道营养物质和农药演算；水库演算主要包括水库水平衡和演算、水库泥沙演算、水库营养物质和农药演算。

1）主河道中的演算。河道沉积演算：沉积演算模型包含同时运行的两个部分（沉积和降解），沉积部分依靠沉降速度，降解部分依靠 Bagnold 的河流功率概念。从亚流域到流域出口的渠道和泛滥平原的沉积依靠沉积颗粒的沉降速度，沉降速度用 Stokes Law 粒径平方方程来计算。河道的沉降深度是沉降速度和河段行程时间的乘积，每一个粒径的输送速率是沉降速度、行程时间和水流深度的线性函数，河流功率用来预测演算河段的降解。

河道营养物质和农药演算：目前，模型中还没有模拟在河道中营养物质和农药输移与降解的部分，并假设可溶性化学物质是保守物质，吸附到沉积物上的化学物质同沉积物一起沉降。

2）水库演算。水库水平衡包括入流、出流、表面的降水、蒸发、从库底渗漏、引水等，水库演算包括水库出流、沉积演算、水库营养物质和有毒物质演算。

水库水平衡和演算：水库水平衡包括入流、出流、地表降水、蒸发、库底渗漏、引水和回归流。目前有两种方法来评估出流：第一个方法简单的读入测量的出流，让模型模拟水平衡的其他部分；第二种方法用于小的不受控制的水库，当水量超过基本库容时，以特定的释放速率发生出流，超过紧急溢洪道的水量在一天内被释放，对于加大控制的水库，采用月目标水量方法。

水库沉积演算：对于水库和池塘的入流沉积量用 MUSLE 方程来计算。出流量用出流水量和沉积物浓度的乘积来计算，出流浓度根据入流量和浓度以及池塘储量的简单连续方程来估算。

水库营养物质和农药演算：使用 Thomann 和 Mueller 的简单磷物质平衡模型，模型假定湖泊或水库内物质完全混合，可以用总磷来衡量营养状态。

（3）地表径流。降水径流计算是计算土壤侵蚀的基础，当无降水过程资料而只有降水总量资料时，可以采用 SCS 曲线数法来进行降水径流模拟。SCS 曲线方程自 20 世纪 50 年代逐渐得到广泛使用，属于经验模型，是对全美小流域降水与径流关系 20 多年的研究成果，模型用于计算不同土壤类型和土地利用条件下连续下垫面的径流量。

SCS 模型的降雨-径流基本关系表达式如下：

$$\frac{F}{S} = \frac{Q}{P - I_a} \tag{5-3}$$

式中：P 为一次性降水总量，mm；Q 为径流量，mm；I_a 为初损，mm，即产生地表径流之前的降雨损失；F 为后损，mm，即产生地表径流之后的降雨损失；S 为流域当时的可能最大滞留量，mm，是后损 F 的上限。

流域当时最大可能滞留量 S 在空间上与土地利用方式、土壤类型和坡度等下垫面因素密切相关，模型引入的 CN 值可较好地确定 S，公式如下：

$$S = \frac{25400}{CN} - 254 \tag{5-4}$$

CN 是一个无量纲参数，CN 值是反映降雨前期流域特征的一个综合参数，它是前期土壤湿度（Antecedent Moisture Condition，AMC）、坡度、土地利用方式和土壤类型状况等因素的综合。图 5-3 为 SCS 模型中的降雨径流量关系曲线。

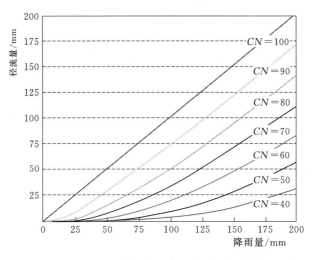

图 5-3 SCS 模型中的降雨-径流关系曲线

为了表达流域空间的差异性，SWAT 模型引入了 SCS 模型 CN 值的土壤水分校正和坡度校正。为反映流域土壤水分对 CN 值的影响，SCS 模型根据前期降水量的大小将前期水分条件划分为干旱、正常和湿润三个等级，不同的前期土壤水分取不同的 CN 值，干旱和湿润的 CN 值由下式计算：

$$CN_1 = CN_2 - \frac{20 \times (100 - CN_2)}{100 - CN_2 + \exp[2.533 - 0.0636 \times (100 - CN_2)]} \tag{5-5}$$

$$CN_3 = CN_2 \cdot \exp 0.0636 \times (100 - CN_2) \tag{5-6}$$

式中：CN_1、CN_2 和 CN_3 分别是干旱、正常和湿润等级的 CN 值。

SCS 模型中提供了坡度大约为 5% 的 CN 值，可用下式对 CN 进行坡度订正：

$$CN_{2s} = \frac{CN_3 - CN_2}{3} - [1 - 2 \times \exp(-13.86 \cdot SLP)] + CN_2 \tag{5-7}$$

式中：CN_{2s} 为经过坡度订正后的正常土壤水分条件下的 CN 值；SLP 为子流域平均坡度，m/m。

土壤可能最大水分滞留量 S 随土壤水分变化可由下式计算：

$$S = S_{\max} \left[1 - \frac{SW}{SW + \exp(w_1 - w_2 SW)} \right] \tag{5-8}$$

式中：S_{max} 为土壤干旱时最大可能滞留量，mm，即与 CN_1 相对应的 S 值；SW 为土壤有效水分，mm；w_1、w_2 分别为第一和第二形状系数。

假定 CN_1 下的 S 值对应凋萎点时的土壤水分，CN_3 下的 S 值对应于田间持水量，当土壤充分饱和时 CN_2 为 99（$S=2.54$），形状系数可由下式求得：

$$w_1 = \ln\left(\frac{FC}{1 - S_3 S_{max}^{-1}} - FC\right) + w_2 \cdot FC \tag{5-9}$$

$$w_2 = \frac{\ln\left(\dfrac{FC}{1 - S_3 S_{max}^{-1}} - FC\right) - \ln\left(\dfrac{SAT}{1 - 2.54 S_{max}^{-1}} - SAT\right)}{SAT - FC} \tag{5-10}$$

式中：FC 为田间持水量，mm；SAT 为土壤饱和含水量，mm；S_3 为与 CN_3 相对应的 S 值。

（4）蒸散发量。模型考虑的蒸散发是指所有地表水转化为水蒸气的过程，包括树冠截留的水分蒸发、蒸腾和升华及土壤水的蒸发。蒸散发是水分转移出流域的主要途径，在许多江河流域及除南极洲以外的大陆，蒸发量都大于径流量。

准确地评价蒸散发量是估算水资源量的关键，也是研究气候和土地覆被变化对河川径流影响的关键。

1）潜在蒸散发。模型提供了 Penman - Monteith、Priestley - Taylor 和 Hargreaves 三种计算潜在蒸散发能力的方法，另外还可以使用实测资料或已经计算好的逐日潜在蒸散发资料。一般可采用 Penman - Monteith（Allen，1986）方法来计算流域的潜在蒸发。

2）实际蒸散发。在潜在蒸散发的基础上计算实际蒸散发。SWAT 模型中，首先从植被冠层截留的蒸发开始计算，然后计算最大蒸腾量、最大升华量和最大土壤水分蒸发量，最后计算实际的升华量和土壤水分蒸发量。

3）层截留蒸发量。模型在计算实际蒸发时假定尽可能蒸发冠层截留的水分，如果潜在蒸发 E_0 量小于冠层截留的自由水量 E_{INT}，则：

$$E_a = E_{can} = E_0 \tag{5-11}$$

$$E_{INT(f)} = E_{INT(i)} - E_{can} \tag{5-12}$$

式中：E_a 为某日流域的实际蒸发量，mm；E_{can} 为某日冠层自由水蒸发量，mm；E_0 为某日的潜在蒸发量，mm；$E_{INT(i)}$ 为某日植被冠层自由水初始含量，mm；$E_{INT(f)}$ 为某日植被冠层自由水终止含量，mm。如果潜在蒸发 E_0 大于冠层截留的自由水含量 $E_{INT'}$ 则：

$$E_{can} = E_{INT(i)}, E_{INT(f)} = 0 \tag{5-13}$$

当植被冠层截留的自由水被全部蒸发掉，继续蒸发所需要的水分（$E'_0 = E_0 - E_{can}$）就要从植被和土壤中得到。

4）植物蒸腾。假设植被生长在一个理想的条件下，植物蒸腾可用以下表达式计算：

$$E_t = \frac{E'_0 \cdot LAI}{3.0}, 0 \leqslant LAI \leqslant 3.0 \tag{5-14}$$

$$E_t = E'_0 \tag{5-15}$$

式中：E_t 为某日最大蒸腾量，mm；E'_0 为植被冠层自由水蒸发调整后的潜在蒸发，mm；LAI 为叶面积指数。由此计算出的蒸腾量可能比实际蒸腾量要大一些。

5）土壤水分蒸发。在计算土壤水分蒸发时，首先区分出不同深度土壤层所需要的蒸发量，土壤深度层次的划分决定土壤允许的最大蒸发量，可由下式计算：

$$E_{soil,z} = E''_s \frac{z}{z + \exp(2.347 - 0.00713 \times z)} \tag{5-16}$$

式中：$E_{soil,z}$ 为 z 深度处蒸发需要的水量，mm；z 为地表以下土壤的深度，mm。表达式中的系数是为了满足 50% 的蒸发所需水分，它来自土壤表层 10mm，以及 95% 的蒸发所需的水分，它来自 0-100mm 土壤深度范围内。

土壤水分蒸发所需要的水量是由土壤上层蒸发需水量与土壤下层蒸发需水量决定的：

$$E_{soil,ly} = E_{soil,zl} - E_{soil,zu} \tag{5-17}$$

式中：$E_{soil,ly}$ 为 ly 层的蒸发需水量，mm；$E_{soil,zl}$ 为土壤下层的蒸发需水量，mm；$E_{soil,zu}$ 为土壤上层的蒸发需水量，mm。

土壤深度的划分假设 50% 的蒸发需水量由 0～10mm 内土壤上层的含水量提供，因此 100mm 的蒸发需水量中 50mm 都要由 10mm 的上层土壤提供，显然上层土壤无法满足需要，这就需要建立一个系数来调整土壤层深度的划分，以满足蒸发需水量，调整后的公式可以表示为：

$$E_{soil,ly} = E_{soil,zl} - E_{soil,zu} \cdot esco \tag{5-18}$$

式中：$esco$ 为土壤蒸发调节系数，该系数是 SWAT 为调整土壤因毛细作用和土壤裂隙等因素对不同土层蒸发量而提出的，对于不同的 $esco$ 值对应着相应的土壤层划分深度（图 5-4）。

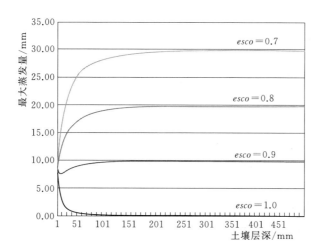

图 5-4 土壤浓度变化下的蒸发需水量

随着 $esco$ 值的减小，模型能够从更深层的土壤获得水分供给蒸发。当土壤层含水量低于田间持水量时，蒸发需水量也相应减少，蒸发需水量可由下式求得：

$$E'_{soil,ly} = E_{soil,ly} \cdot \exp\left[\frac{2.5 \times (SW_{ly} - FC_{ly})}{FC_{ly} - WP_{ly}}\right], SW_{ly} < FC_{ly} \tag{5-19}$$

$$E'_{soil,ly} = E_{soil,ly}, SW_{ly} \geqslant FC_{ly} \tag{5-20}$$

式中：$E'_{soil,ly}$ 为调整后的土壤 ly 层蒸发需水量，mm；SW_{ly} 为土壤 ly 层含水量，mm；FC_{ly} 为土壤 ly 层的田间持水量，mm；WP_{ly}，为土壤 ly 层的凋萎点含水量，mm。

（5）土壤水。下渗到土壤中的水以不同的方式运动着。土壤水可以被植物吸收或蒸腾而损耗，可以渗漏到土壤底层最终补给地下水，也可以在地表形成径流，即壤中流。由于主要考虑径流量的多少，因此对壤中流的计算简要概括。模型采用动力贮水方法计算壤中流。相对饱和区厚度 H_0 计算公式为

$$H_0 = \frac{2SW_{ly,excess}}{1000 \times \Phi_d L_{hill}} \tag{5-21}$$

式中：$SW_{ly,excess}$ 为土壤饱和区内可流出的水量，mm；L_{hill} 为山坡坡长，m；Φ_d 为土壤可出流的孔隙率；Φ_d 表示土壤层总空隙度，即 Φ_{soil} 与土壤层水分含量达到田间持水量的空隙 Φ_{fc} 之差。

$$\Phi_d = \Phi_{soil} - \Phi_{fc} \tag{5-22}$$

山坡出口断面的净水量为

$$Q_{lat} = 24 \times H_0 v_{lat} \tag{5-23}$$

式中：v_{lat} 为出口断面处的流速，mm/h。其表达式为

$$v_{lat} = K_{sat} \cdot slp \tag{5-24}$$

式中：K_{sat} 为土壤饱和导水率，mm/h；slp 为坡度。

总结上面表达式，模型中壤中流最终计算公式为

$$Q_{lat} = 0.024 \times \frac{2 \times SW_{ly,excess} K_{sat} slp}{\Phi L_{hill}} \tag{5-25}$$

（6）地下水。模型采用下列表达式来计算流域地下水：

$$Q_{gw,i} = Q_{gw,i-1} \exp(-\alpha_{gw}\Delta t) + w_{rchrg}[1 - \exp(-\alpha_{gw}\Delta t)] \tag{5-26}$$

式中：$Q_{gw,i}$ 为第 i 天进入河道的地下水补给量，mm；$Q_{gw,i-1}$ 为第 $(i-1)$ 天进入河道的地下水补给量，mm；Δt 为时间步长，d；w_{rchrg} 为第 i 天蓄水层的补给流量，mm；α_{gw} 为基流的退水系数。其中补给流量由下式计算：

$$W_{rchrg,i} = [1 - \exp(-1/\delta_{gw})]W_{seep} + \exp(-1/\delta_{gw})W_{rchrg,i-1} \tag{5-27}$$

式中：$W_{rchrg,i}$ 为第 i 天蓄水层补给量，mm；δ_{gw} 为补给滞后时间，d；W_{seep} 为第 i 天通过土壤剖面底部进入地下含水层的水分通量，mm/d；$W_{rchrg,i-1}$ 为第 $(i-1)$ 天蓄水层补给量，mm。

5.5.1.1.2　土壤侵蚀子模型

MUSLE（Williams 和 Bemdt，1977）可以用来预测泥沙生成量。计算渠道泥沙输移的公式为

$$T = aV^b \tag{5-28}$$

式中：T 为输移能力，t/m³；V 为流速，m/s；a 和 b 是常数。

根据天气条件，泥沙输移量可以高于或者低于输移能力，导致沉积过量的泥沙或者通过渠道侵蚀再悬浮输移泥沙。流速方程为

$$V = \frac{F}{wd} \tag{5-29}$$

式中：F 为流量，m³/s；w 为渠道宽度，m；d 为径流深，m。

对于低于齐岸深度的径流，径流深使用曼宁方程来计算，假定渠道宽度远大于深度：

$$d = \left(\frac{Fn}{wc_s^{0.5}}\right)^{0.6} \qquad (5-30)$$

式中：n 为渠道曼宁粗糙系数；c_s 为渠道坡度，mim。

对于高于齐岸深度的径流，径流深等于渠道深度。

由于降水和径流产生的土壤侵蚀是用 $MUSLE$ 方程来计算的，$MUSLE$ 是修正的通用土壤流失方程（$USLE$）[61]。通用土壤流失方程 $USLE$ 是通过降水动能函数预测年均侵蚀量，而在 $MUSLE$ 中，用径流因子代替降水动能，改善了泥沙产量的预测，这样就不需要泥沙输移系数，并且可以将方程用于单次暴雨事件，因为径流因子是先行湿度（antecedent moisture）和降水动能的函数。$USLE$ 中需要输移系数（河道上每一点的产沙量/该点以上的总侵蚀量）是因为降水动能因子表示的能量只在作用流域内起作用。修正的通用土壤流失方程[62]：

$$m_{sed} = 11.8 \times (Q_{surf} q_{peak} A_{hru})^{0.56} K_{USLE} C_{USLE} P_{USLE} LS_{USLE} CFRG \qquad (5-31)$$

式中：m_{sed} 为土壤侵蚀量，t；Q_{surf} 为地表径流，mm/h；q_{peak} 为洪峰径流，m³/s；A_{hru} 为水文响应单元（HRU）的面积，hm²；K_{USLE} 为土壤侵蚀因子；C_{USLE} 为植被覆盖和管理因子；P_{USLE} 为保持措施因子；LS_{USLE} 为地形因子；$CFRG$ 为粗碎屑因子。

1）土壤侵蚀因子 K_{USLE}。当其他影响侵蚀的因子不变时，K 因子反映不同类型土壤抵抗侵蚀力的高低。它与土壤物理性质的影响，如机械组成、有机质含量、土壤结构、土壤渗透性等有关。当土壤颗粒粗、渗透性大时，世值就低，反之则高；一般情况下 K 值的变幅为 0.02～0.75。

K 值的直接测定方法是：在标准小区（坡长为 22.1m，宽为 1.83m，坡度为 9%）上没有任何植被，完全休闲，无水土保持措施，降水后收集由于坡面径流而冲蚀到集流槽内的土壤，烘干、称重，由公式计算得到 K 值。

试验测算 K 值既费时又费力，1971 年 Wischmeier 等发展了一个通用方程来计算土壤侵蚀因子量值，该方程在土壤黏土和壤土组成少于 70% 时适用。

$$K_{USLE} = \frac{0.00021 \times M^{1.14}(12 - OM) + 3.25 \times (C_{soilstr} - 2) + 2.5 \times (C_{perm} - 3)}{100}$$

$$(5-32)$$

式中：M 为颗粒尺度参数；OM 为有机物含量百分比，%；$C_{soilstr}$ 为土壤分类中的结构代码；C_{perm} 为土壤剖面渗透性类别。

1995 年 Williams 提出了另一个替换方程：

$$K_{USLE} = f_{csand} f_{cl-si} f_{orgc} f_{hisand} \qquad (5-33)$$

式中：f_{csand} 为粗糙沙土质地土壤侵蚀因子；f_{cl-si} 为黏壤土土壤侵蚀因子；f_{orgc} 为土壤有机质因子；f_{hisand} 为高沙质土壤侵蚀因子。各因子的计算公式如下：

$$f_{csand} = 0.2 + 0.3 \times \exp\left[-0.256 \times m_s\left(1 - \frac{m_{silt}}{100}\right)\right] \qquad (5-34)$$

$$f_{cl-si} = \left(\frac{m_{silt}}{m_c + m_{silt}}\right)^{0.3} \qquad (5-35)$$

$$f_{orgc} = 1 - \frac{0.25 \times \rho_{orgC}}{\rho_{orgC} + \exp[3.72 - 2.95 \times \rho_{orgC}]} \tag{5-36}$$

$$f_{hisand} = 1 - \frac{0.7 \times \left(1 - \dfrac{m_s}{100}\right)}{\left(1 - \dfrac{m_s}{100}\right) + \exp\left[-5.51 + 22.9 \times \left(1 - \dfrac{m_s}{100}\right)\right]} \tag{5-37}$$

式中：m_s 为粒径在 $0.05 \sim 2.00\text{mm}$ 沙粒的百分含量；m_{silt} 为粒径在 $0.002 \sim 0.05\text{mm}$ 的淤泥、细沙百分含量；m_c 为粒径小于 0.002mm 的黏土百分含量；ρ_{orgC} 为各土壤层中有机碳含量，％。

2）植被覆盖和管理因子 C_{USLE}。植被覆盖和管理因子 C_{USLE} 表示植物覆盖和作物栽培措施对防止土壤侵蚀的综合效益（Wischmeier 和 Smith，1978），其含义是在地形、土壤、降水条件相同的情况下，种植作物或林草地的土地与连续休闲地土壤流失量的比值，最大取值为 1.0。由于植被覆盖受植物生长期的影响，SWAT 模型通过下面的方程调整植被覆盖和管理因子 C_{USLE}：

$$C_{USLE} = \exp\{[\ln 0.8 - \ln(C_{USLE,mn})] \cdot \exp(-0.00115 \cdot rsd_{surf}) + \ln(C_{USLE,mn})\} \tag{5-38}$$

式中：$C_{USLE,mn}$ 为最小植被覆盖和管理因子值；rsd_{surf} 为地表植物残留量，kg/hm^2。

最小 C 因子可以由已知年平均 C 值，通过以下方程（Almold 等，1995）计算。

$$C = 1.463 \times \ln(C_{USLE,aa}) + 0.1034 \tag{5-39}$$

式中：$C_{USLE,aa}$ 表示不同植被覆盖的年均 C 值。

3）保持措施因子 P_{USLE}。保持措施因子 P_{USLE} 是指有保持措施的地表土壤流失与不采取任何措施的地表土壤流失的比值，这里的保持措施包括等高耕作、带状种植和梯田。

等高耕作对于中低强度的降水侵蚀具有保护水土流失的作用，但对于高强度的降水其保护作用则很小，等高耕作对坡度为 3％～8％的土地非常有效，等高耕作的 P_{USLE} 值见表5-8。带状种植是指中耕作物和小粒谷类作物的等距带状种植。建议 P_{USLE} 值见表5-9。

表 5-8　　　　　　　　　　　　　　　　等高耕作 P_{USLE} 因子值

坡度/％	P_{USLE}	最大坡长/m
1～2	0.60	122
3～5	0.50	91
6～8	0.50	61
9～12	0.60	37
13～16	0.70	24
17～20	0.80	18
21～25	0.90	15

注　由 Wischmeier 和 Smith（1978）得出。

表 5-9　　　　　　　　　　　等高带状种植 P_{USLE} 因子值

坡度/%	P_{USLE}			间距/m	最大坡长/m
	A	B	C		
1~2	0.30	0.45	0.60	40	244
3~5	0.25	0.38	0.50	30	183
6~8	0.25	0.38	0.50	30	122
9~12	0.30	0.45	0.60	24	73
13~16	0.35	0.52	0.70	24	49
17~20	0.40	0.60	0.80	18	37
21~25	0.45	0.68	0.90	15	30

注　由 Wischmeier 和 Smith（1978）得出。A：中耕作物、小粒谷类作物、草地（两年）4年轮作；B 两年中耕作物、辱谷粪作物、草地（1年）4年轮作；C：中耕作物和冬各类作物间种。

4）地形因子 LS_{USLE}。地形因子 LS_{USLE} 的计算公式如下：

$$LS_{USLE}=\left(\frac{L_{hill}}{22.1}\right)^m(65.41\times\sin^2\alpha_{hill}+4.56\times\sin\alpha_{hill}+0.065) \tag{5-40}$$

式中：L_{hill} 为坡长；m 为坡长指数；α_{hill} 为坡度（角度）。

坡长指数 m 的计算公式如下：

$$m=0.6\times[1-\exp(-35.835\times slp)] \tag{5-41}$$

式中：slp 为 HRU 的坡度，$slp=\tan\alpha_{hill}$。

5）CFRG 因子。CFRG 因子可通过公式（5-42）计算：

$$CFRG=\exp(-0.053\times rock) \tag{5-42}$$

式中：$rock$ 为第一层土壤中砾石的百分比，%。

5.5.1.1.3　污染负荷子模型

SWAT 模型可以模拟不同形态氮的迁移转化过程，包括地表径流流失、入渗淋失、化肥输入等物理过程，有机氮矿化、反硝化等化学过程以及作物吸收等生物过程。氮可以分为有机氮、作物氮和硝酸盐氮三种化学状态。有机氮又被划分为活泼有机氮和惰性有机氮两种状态（见图 5-5）。

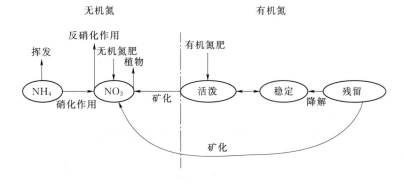

图 5-5　SWAT 模型模拟氮循环示意

（1）溶解态氮（硝态氮）污染负荷模型。硝态氮主要随地表径流、侧向流或渗流在水体中迁移，要计算随水体迁移的硝态氮量必须先计算自由水（mobile water）中的硝态氮浓度，用这个浓度乘以各个水路流动水的总量，即可得到从土壤中流失的硝态氮总量。自由水部分的硝态氮浓度可用下面公式计算：

$$\rho_{NO_3, mobile} = \frac{\rho_{NO_{3ly}} \exp\left[\dfrac{-w_{mobile}}{(1-\theta_e)SAT_{ly}}\right]}{w_{mobile}} \tag{5-43}$$

式中：$\rho_{NO_3, mobile}$ 为自由水中硝态氮浓度（以 N 计），kg/mm；$\rho_{NO_{3ly}}$ 为土壤中硝态氮的量（以 N 计），kg/hm^2；w_{mobile} 为土壤中自由水的量，mm；θ_e 为孔隙度；SAT_{ly} 为土壤饱和含水量。

1）通过地表径流流失的溶解态氮计算公式：

$$\rho_{NO_3, surf} = \beta_{NO_3} \cdot \rho_{NO_3, mobile} \cdot Q_{surf} \tag{5-44}$$

式中：$\rho_{NO_{3surf}}$ 为通过地表径流流失的硝态氮（以 N 计），kg/hm^2；β_{NO_3} 为硝态氮渗流系数；$\rho_{NO_3, mobile}$ 为自由水的硝态氮浓度（以 N 计），kg/mm；Q_{surf} 为地表径流，mm。

2）通过侧向流流失的溶解态氯的量计算公式：

对于地表 10mm 土层：

$$\rho_{NO_{3lat.ly}} = \beta_{NO_3} \rho_{NO_3, mobile} Q_{lat, ly} \tag{5-45}$$

对于 10mm 以下的土层：

$$\rho_{NO_{3lat.ly}} = \rho_{NO_3, mobile} Q_{lat, ly} \tag{5-46}$$

式中：$\rho_{NO_{3lat.ly}}$ 为通过侧向流流失的硝态氮（以 N 计），kg/hm^2；β_{NO_3} 为硝态氮渗流系数；$\rho_{NO_3, mobile}$ 为自由水的硝态氮浓度（以 N 计），kg/mm；$Q_{lat, ly}$ 为侧向流，mm。

3）通过渗流流失的溶解态氮的量计算公式：

$$\rho_{NO_{3perc, ly}} = \rho_{NO_3, mobile} w_{perc, ly} \tag{5-47}$$

式中：$\rho_{NO_{3perc, ly}}$ 为通过渗流流失的硝态氮（以 N 计），kg/hm^2；$\rho_{NO_3, mobile}$ 为自由水的硝态氮浓度（以 N 汁），kg/mm；$w_{perc.ly}$ 为渗流，mm。

（2）吸附态氮（有机氮）污染负荷模型。有机氮通常是吸附在土壤颗粒上随径流迁移的，这种形式的氮负荷与土壤流失量密切相关，土壤流失量直接反映了有机氮负荷。1976 年 McElroy 等发展了有机氮随土壤流失的输移负荷函数，1978 年 Williams 和 Hann 进行了修正。

$$\rho_{orgN_{surf}} = 0.001 \times \rho_{orgN} \frac{m}{A_{hru}} \varepsilon_N \tag{5-48}$$

式中：$\rho_{orgN_{surf}}$ 为有机氮流失量（以 N 计），ρ_{orgN} 为有机氮在表层（10mm）土壤中的浓度（以 N 计），kg/t；m 为土壤流失量，t；A_{hru} 为水文响应单元的面积，hm^2；ε_N 为氮富集系数，氮富集系数是随土壤流失的有机氮浓度和土壤表层有机氮浓度的比值。

计算富集系数的公式如下：

$$\varepsilon_N = 0.78 \times (\rho_{surq})^{-0.2468} \tag{5-49}$$

式中：ρ_{surq} 为地表径流中泥沙含量。ρ_{surq} 的计算公式如下：

$$\rho_{surq} = \frac{m}{10 \times A_{hru}Q_{surf}} \tag{5-50}$$

式中：m 为土壤流失量，t；A_{hru} 为水文响应单元的面积，hm^2；Q_{surf} 为地表径流，mm。

（3）溶解态磷污染负荷模型。溶解态磷在土壤中的迁移主要是通过扩散作用实现的，扩散是指离子在微小尺度下（1-2mm）由于浓度梯度而引起的溶质迁移，由于溶解态磷不很活跃，所以由地表径流以溶解态形式带走的土壤表层（10mm）的磷很少，地表径流输移的溶解态磷可由式（5-51）计算：

$$P_{surf} = \frac{P_{solution,surf}Q_{surf}}{\rho_b h_{surf}k_{d,surf}} \tag{5-51}$$

式中：P_{surf} 为通过地表径流流失的溶解态磷（以 P 计），kg/hm^2；$P_{solution,surf}$ 为土壤中（表层10mm）溶解态磷（以 P 计），kg/hm^2；ρ_b 为土壤容质密度，mg/m^3；h_{surf} 为表层土壤深度，mm；$k_{d,surf}$ 为土壤磷分配系数，表层土壤（10mm）中溶解态磷的浓度和地表径流中溶解态磷浓度的比值。

（4）吸附态磷（有机磷和矿物质磷）污染负荷模型。有机磷和矿物质磷通常是吸附在土壤颗粒上通过径流迁移的，这种形式的磷负荷与土壤流失量密切相关，土壤流失量直接反映了有机磷和矿物质磷负荷。1976 年 McElroy 等发展了有机磷和矿物质磷随土壤流失输移的负荷函数，1978 年 Williams 和 Hann 进行了修正。

$$m_{Psurf} = 0.001 \times \rho_P \frac{m}{A_{hru}}\varepsilon_P \tag{5-52}$$

式中：m_{Psurf} 为有机磷流失量（以 P 计），kg/hm^2；ρ_P 为有机磷在表层（10mm）土壤中的浓度（以 P 计），kg/t；m 为土壤流失量，t；A_{hru} 为水文响应单元的面积，hm^2；ε_P 为磷富集系数。

（5）河道中各种形态氮的转化。SWAT 模型中河道水质模型部分采用 QUAL2E 模型（Brown 和 Barnwell，1987）计算。在有氧的水环境中，氮的存在形式可以从有机氮转化到氨，然后到亚硝酸盐、硝酸盐。藻类生物量中的氮可以转化为有机氮，使河道中的有机氮数量增加；当有机氮随泥沙沉淀时或有机氮转化成了氨就会使河道中的有机氮数量减少，一天内有机氮的变化可以用式（5-53）来描述：

$$\Delta\rho_{orgNstr} = (\alpha_1\rho_a\rho_{algae} - \beta_{N,3}\rho_{orgNstr} - \sigma_4\rho_{orgNstr})TT \tag{5-53}$$

式中：$\Delta\rho_{orgNstr}$ 为有机氨浓度的变化量（以 N 计），mg/L；α_1 为藻类生物量中的氮含量（以 N 计），mg/mg；ρ_a 为当地藻类的死亡速度，d^{-1}；ρ_{algae} 为一天中开始时藻类生物量的含量，mg/L；$\beta_{N,3}$ 为有机氮转化为氨的速度常数，d^{-1}；$\rho_{orgNstr}$ 为一天中开始时有机氮的含量（以 N 计），mg/L；σ_4 为有机氮的沉淀系数，d^{-1}；TT 为在该河段的运动时间，d。

1）氨。河道中有机氮的矿化和河床泥沙中的氨的扩散都会使氨的数量增加，当 NH_4^+ 转化为 NO_2 或被藻类吸收时氨的含量就会降低。一天内氨的变化可以用下式来描述：

$$\Delta\rho_{NH_4str} = \left(\beta_{N,3}\rho_{orgNstr} - \beta_{N,1}\rho_{NH_4str} + \frac{\sigma_3}{1000 \times h} - fr_{NH_4}\alpha_1\mu_a\rho_{algae}\right) \cdot TT \tag{5-54}$$

式中：$\Delta\rho_{NH_4str}$ 为氨含量的变化量（以 N 计），mg/L；$\beta_{N,3}$ 为有机氮转化为氨氮的速度常数 d^{-1}；$\rho_{orgNstr}$ 为一天中开始时有机氮的含量（以 N 计），mg/L；$\beta_{N,1}$ 为氨氮的氧化速度常数，

d^{-1}；ρ_{NH_4str} 为一天开始时氨氮的含量（以 N 计），mg/L；σ_3 为沉淀物的氨释放速度（以 N 计），$mg/(m^3 \cdot d)$；h 为河道中的水深，m；fr_{NH_4} 为藻类的氨氮吸收系数；α_1 为藻类生物量中氮含量（以 N 计），mg/mg；μ_a 为藻类的生长速度，d^{-1}；ρ_{algae} 为一天开始时藻类生物量的含量，mg/L；TT 为在河段中的流动时间，d。

2）亚硝酸盐。当 NH_4^+ 转化为 NO_2^- 时，NO_2^- 的数量增加；而 NO_2^- 被转化为 NO_3^- 时，NO_2^- 的数量减少。NO_2^- 被转化为 NO_3^- 的速度远比 NH_4^+ 转化为 NO_2^- 的速度要快得多，所以水中的亚硝酸盐的数量是很少的。一天内亚硝酸盐的变化用下式来描述：

$$\Delta\rho_{NO2str} = (\beta_{N,1}\rho_{NH_4str} - \beta_{N,2}\rho_{NO2str})TT \qquad (5-55)$$

式中：$\Delta\rho_{NO2str}$ 为亚硝酸盐的改变量（以 N 计），mg/L；$\beta_{N,1}$ 为氨氮的生物氧化速度常数，d^{-1}；ρ_{NH_4str} 为一天中开始时的氨氮含量（以 N 计），mg/L；$\beta_{N,2}$ 为由亚硝酸盐到硝酸盐的氧化速度常数，d^{-1}；ρ_{NO2str} 为一天开始时亚硝酸盐的含量（以 N 计），mg/L；TT 为在河段中的运动时间，d。

3）硝酸盐。河道里的 NO_2^- 被转化为 NO_3^- 时，NO_3^- 的含量增加；而由于藻类的吸收，NO_3^- 的含量会降低。一天内硝酸盐的变化量为

$$\Delta\rho_{NO3str} = [\beta_{N,2}\rho_{NO2str} - (1 - fr_{NH_4})\alpha_1\mu_a\rho_{algae}]TT \qquad (5-56)$$

式中：$\Delta\rho_{NO3str}$ 为硝酸盐的变化量（以 N 计），mg/L；$\beta_{N,2}$ 为由亚硝酸盐转化为硝酸盐的速度常数，d^{-1}；ρ_{NO3str} 为一天开始时亚硝酸盐的含量（以 N 计），mg/L；fr_{NH_4} 为藻类的氨氮吸收系数；α_1 为藻类生物量的氮含量（以 N 计），mg/mg；μ_a 为藻类的生长速度，d^{-1}；ρ_{algae} 为一天开始时藻类的生物量，mg/L；TT 为在河道中的运动时间，d。

5.5.1.2　模型建立及运行

（1）流域划分。

1）DEM 设置。DEM 加载。首先在单击 DEM Setup 选项加载流域 DEM 数据；然后单击 DEM projectionsetup 按钮，定义 DEM 属性。定义 MASK。DEM 加载之后，为更加准确的划定流域研究范围，最好需要加载 MASK，可以更好的减少数据量的大小。

2）河网定义。为了生成精度较高的流域水系图，可以选择加载河网，这样就可以得到精度符合试验要求的水系图。选择 DEM-based 选项。单击 Flow direction and accumulation。软件将自动进行流域河网划分分析，分析结束之后，在 Area 对话框中将出现分析数据，这个数值越小，划分的河网就会越详细。在 Stream network 对话框中点击按钮 Creat streams and outlets，生成河网。

3）流域排出、排入品（OUTLET、INLET）定义。在流域内进行径流模拟、泥沙模拟和非点源污染模拟等研究时，OUTLET、INLET 的正确定义可以更好的定位监测点的位置，提高模拟结果的精度。

4）流域总出口指定及子流域划分。首先单击总出口按钮，选择流域总出口。随后单击子流域按钮，划分子流域。

5）子流域参数的计算。单击计算按钮 Calculate subbasin parameters，计算子流域参数。当流域划分完成之后，ArcSWAT 产生的栅格数据集，将从 SWAT 项目目录 Watershed \ Grid 转移到 Project Raster Geodatabase。流域划分完成之前，Watershed \

Grid 目录中的栅格以 ESRI GRID 格式存储，以提高执行效率。一旦划分完成，它们将会被转移到 Raster Geodatabase，以简化项目的数据存储。

（2）水文响应单元划分。

1）加载土地利用栅格图及重分类土地利用类型。首先选择 HRU Analysis 菜单中的 Land Use/Soil/Slope Definition，单击 Land Use Grid 下的按钮，加载 Land Use 数据，选择 Load Land Usedataset（s）from disk。其次，选择数据集里的 land use 代码字段，这个字段将转成栅格数据集里的栅格值。最后，选择区别土地利用类型的相应属性字段，单击 OK，显示 Value 和面积比。单击 Lookup Table 选项，加载土地利用索引表。

2）加载土壤栅格图及重分类土壤类型。首先，单击 Soils Grid 下的按钮，加载 Soils 数据，选择 Load Soils dataset（s）from disk。其次，选择数据集里的 Soils 代码字段，这个字段将转成栅格数据集里的栅格值。最后，选择区别土壤类型的相应属性字段，单击 OK，显示 Value 和面积比。单击 Lookup Table，选择 Name 字段，加载索引表。

3）重分类坡度。选择 Slope 选项，单击选择 Multiple Slope 选项，将坡度分为两类，然后选择 Current Slope Class，输入分类的上限，单位是％。完成上述工作后，Reclassify 按钮将会被激活，单击 Reclassify 执行，完成坡度分类。

4）HRU 定义。打开 HRU Analysis 菜单，选择 HRU Definition 选项，可以在显示的对话框中划分水文响应单元，首先单击 HRU Thresholds 选项，选择其中的 Multiple HURs，按研究实际需要输入比例值。其次，单击 Land Use Refinement（Optional）选项，对 land use 类型进行详细划分。完成上述工作后，单击 Create HRUs 选项，完成水文响应单元的划分，生成 Final HRU Distribution 的报告，同时创建一个属性文件加载到当前视图中。

（3）加载气象数据。首先选择 Write Input Tables 菜单中的 Weather Stations，然后选择 Customdatabase，加载 weather generator 测站位置表。其次，依次选择菜单中的 Solar Radiation Data、Wind Speed Data、Rainfall Data、Temperature Data、Relative Humidity Data 等选项，加载事先准备好的相应气象 DBF 文件。

（4）创建模型输入文件。此过程主要就是将前面的所有 SWAT 模型需要的数据写入指定的文件。本研究中，需要输入事先准备好的 Watershed Configuration File（.fig）、Soil Input（.sol）、Weather Generator Input（.wgn）、Subbasin General Input（.sub）、HRU GeneralInput（.hru）、Soil Chemical Input（.chm）等数据文件。

（5）运行模型。当完成以上步骤后，就可以利用 Run SWAT 命令运行模型，生成研究所需要的模拟数据。本次研究中，笔者在 Rainfall/Runoff/Routing 选项框中选用 Daily rain/CN/Daily 命令，以日为单位进行径流模拟；降雨量选择偏正态分布（即 Markov chain‐exponential model）方法进行模拟；河道演算采用 Variable Storage 方法进行模拟，模拟时间为 2011 年 1 月 1 日到 2020 年 1 月 1 日。然后利用 Read SWAT OutPut 命令，选择右侧的输出文件类型，然后单击 Import Files to Database，当前模拟结果将会被保存在项目目录中。

5.5.1.3 模型验证

（1）参数敏感性分析。SWAT 模型是以美国的水文、气候等环境要素为对象开发的，尽管其计算基于物理过程，然而由于其核心方程 USLE 是为应用于美国水土流失状况而建立的经验公式，因此，在应用于美国以外的区域时，SWAT 模型需要根据当地的实际状况进行敏感性分析。SWAT 模型参数敏感性分析就是通过调整模型参数的初始值或是取值范围，使模型的模拟值接近于测量值。

利用 ArcSWAT2009 模型自带的自动参数分析模块，可以分析众多参数对模拟结果的不同影响，并可看出各参数对模拟结果影响的大小，结合参数的阈值与实际情况对参数进行调整，可获得较精确的模拟结果。

1) 水文模拟参数敏感性分析。在流域模拟过程中对径流模拟结果影响最大的参数依次是径流曲线数 CN2、土壤蒸发补偿系数 ESCO 以及有效田间持水量 SOL-AWC。

2) 氮磷模拟参数敏感性分析。针对硝态氮模拟值较低的校正方法有，将土壤化学文件中土壤层中硝态氮的初始聚集量调整到合理水平，增加施肥过程中肥料施用到表层土壤中的比率，增加作物残茬系数，减少土壤的生物混合效率，增加硝态氮的入渗系数，以及增加河道水草和藻类中矿物氮的比率。有机氮的模拟值校正方法有调整土壤化学输入文件中土壤层中有机氮的初始聚集量到合理水平，减少施肥过程中肥料使用到表层土壤中的比率，以及减少河道水草和有机氮的比率。

可溶性矿物磷，有机磷的校正方法与氮相似，但部分参数调整的调整会同时对硝态氮和有机氮的模拟产生影响，而硝态氮和可溶性矿物磷的模拟趋势刚好相反。同时这些参数的调整会对所有养分模拟产生影响，模拟试验也表明这几项参数不敏感，即使调整到极值也只能对模拟值产生微调作用。因此对这部分参数按照氮素模拟的率定值不做调整。由于这些参数的共同影响，氮素和磷素模拟的校正是同时进行的，对于单独影响的参数调整，同样采用部分调整的校正方法，首先于经过调整和文献查阅可以确定的基本参数不做调整，对于其他的不确定因素，采用模拟的方法进行单因素的敏感性分析和多因素的组合模拟来进行经验性调整。

(2) 模型适用性分析。在研究中，可以选择相对误差、相关系数和 Nash-Suttcliffe 系数来判断模型的适用性。其计算公式如下所示：

1) 相对误差：

$$R_e = \frac{P_r - Q_r}{Q_r} \times 100\% \tag{5-57}$$

2) 相关系数 R_2。相关系数 R_2 可以利用 Excel 通过线性回归法求得，当 $R_2 = 1$ 时，表示模拟值与实测值非常吻合；当 $R_2 < 1$ 时，其值越大，两者的相似度就越高。

3) Nash-Sutcliffe coefficient (ENS)：

$$E = 1 - \frac{\sum_{t=1}^{T} (P_i - Q_i)^2}{\sum_{t=1}^{T} (P_t - P_m)^2} \tag{5-58}$$

式中：P_i 为实测值；Q_i 为模拟值；P_t 为 t 时刻实测值；P_m 为实测平均值。

当 E 的值越接近于 1 时，表明模拟结果越精确。

5.5.2　MIKE 模型

MIKE 软件是丹麦水资源及水环境研究所 (DHI) 的产品。DHI 是非政府的国际化组织，基金会组织结构形式，主要致力于水资源及水环境方面的研究，拥有完善的软件、领先的技术。被指派为 WHO（The World Health Organization）水质评估和联合国环境计划水质监测和评价合作中心之一。DHI 的专业软件是目前世界上领先，经过实际工程验证最多的，被水资源研究人员广泛认同的优秀软件。软件的功能涉及范围从降雨→产流→河流→城市→河口→近海→深海，从一维到三维，从水动力到水环境和生态系统，从流域大范围水资源评估和管理的 MIKEBASIN，到地下水与地表水联合的 MIKESHE，一维河网的 MIKE11，城市供水系统的 MIKENET 和城市排水系统的 MIKEMOUSE，二维河口和地表水体的 MIKE21，近海的沿岸流 LITPACK，直到深海的三维 MIKE3。

MIKE11 一维河道、河网综合模拟软件，主要用于河口、河流、灌溉系统和其他内陆水域的水文学、水力学、水质和泥沙传输模拟（见图 5-6），在防汛洪水预报、水资源水量水质管理、水利工程规划设计论证均可得到广泛应用。

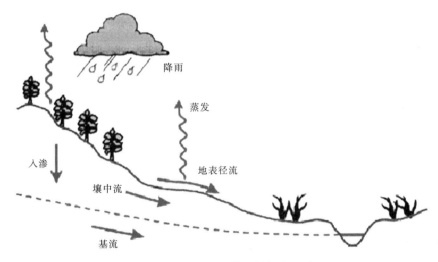

图 5-6　MIKE 11 模型框架流程图

MIKE11 包含如下基本模块：

（1）水动力学模块（HD）：采用有限差分格式对圣维南方程组进行数值求解，模拟水文特征值（水位和流量）。

（2）降雨径流模块（RR）：对降雨产流和汇流进行模拟。包括 NAM，UHM，URBAN，SMAP 模型。

（3）对流扩散模块（AD）：模拟污染物质在水体中的对流扩散过程。

（4）水质模块（WQ）：对各种水质生化指标进行物理的、生化的过程进行模拟。可进行富营养化过程、细菌及微生物、重金属物质迁移等模拟。

（5）泥沙输运模块（ST）：对泥沙在水中的输移现象进行模拟，研究河道冲淤状况。

MIKE11 除上述基本模块外，还有各种附件模块如洪水预报（FF）模块、GIS 模块、溃坝分析模块（DB）、水工结构分析（SO）模块、富营养化模块（EU）、重金属分析模块（WQHM）等。

5.6　实证研究——以松花江流域为例

5.6.1　数据来源及相关参数

5.6.1.1　基础数据来源

SWAT 模型需要输入松花江流域的地形、土地利用、土壤、水文、气象、污染物排放及污染物监测等数据，其详细用途和数据来源见表 5－10。

表 5－10　　　　　　　　　　　　　　SWAT 输 入 数 据 来 源

数据类型	数据内容	数据用途	数据来源
地形	DEM、SRTM、GTOPO 等数字高程数据	提取水系	http://datamirror.csdb.cn/index.jsp
土地利用	WESTDC、USGS CTG、USGS NLCD、GLCC 土地利用数据	SWAT 输入	http://westdc.westgis.ac.cn/
气象	地面站气象观测数据	SWAT 输入	http://cdc.cma.gov.cn
水文	水文流量	水文参数率定	水利监测部门
污染物排放	工业点源 COD 排放量 水产 COD 排放量 畜禽 COD 排放量 城镇 COD 排放量 非点源 COD 排放量 工业点源 NH_3-N 排放量 氨氮地表径流合计流失量 城镇氨氮排放量 水产氨氮排放量 畜禽氨氮排放量 农业种植源	编制排放清单	污染源普查数据 环境总量控制部门
污染物监测	环境监测	水质参数率定	环境监测部门

5.6.1.2　相关参数系数

土壤数据是主要的输入参数之一，土壤数据质量的好坏会对模型的模拟结果产生重要影响。用到的土壤数据主要包括土壤类型分布图、土壤类型索引表及土壤物理属性文件（即土壤数据库参数）。土壤的物理属性决定了土壤剖面中水和气的运动情况，并且对 HRU 中的水循环起着重要的作用，是 SWAT 建模前期处理过程的关键数据。SWAT 气象数据对水文过程的重要性是不言而喻的。在 SWAT 模型建立过程中有三个数据是模型所必须的，即天气发生器、降水数据、气温数据，前者因其可以弥补气象数据的缺失，是 SWAT 模型内置的，必须在建模之前提前建立好数据库信息，后两者可以从气象站点获取数据。

具体参数形式如下文所示。

1. SWAT 土壤数据库参数

（1）SWAT 土壤物理属性库的建立。在 SWAT2009 数据库的 usersoil 数据库中，需要填入的变量有以下几个，根据需要可对土壤定义 10 个层，其含义见表 5-11。

表 5-11　　　　　　　　　　　土壤物理属性数据库参数表

变量名称	模型定义	注释
TITLE/TEXT	位于 .sol 文件的第一行，用于说明文件	
SNAM	土壤名称	
NLAYERS	土壤分层数	
HYDGRP	土壤水文学分组（A、B、C 或 D）	
SOL_ZMX	土壤剖面最大根系深度（mm）	
ANION_EXCL	阴离子交换孔隙度	模型默认值为 0.5
SOL_CRK	土壤最大可压缩量，以所占总土壤体积的分数表示	模型默认值为 0.5，可选
TEXTURE	土壤层结构	
SOL_Z	各土壤层底层到土壤表层的深度（mm）	注意最后一层是前几层深度的加和
SOL_BD	土壤湿密度（mg/m³ 或 g/cm³）	
SOL_AWC	土壤层有效持水量（mm）	
SOL_K	饱和导水率/饱和水力传导系数（mm/h）	
SOL_CBN	土壤层中有机碳含量	一般由有机质含量乘 0.58
CLAY	黏土含量，直径 <0.002mm 的土壤颗粒组成	
SILT	壤土含量，直径 0.002~0.05mm 之间的土壤颗粒组成	
SAND	砂土含量，直径 0.05~2.0mm 之间的土壤颗粒组成	
ROCK	砾石含量，直径 >2.0mm 的土壤颗粒组成	
SOL_ALB	地表反射率（湿）	在中国没有相关可用来借鉴的好的经验公式来计算，在此默认为 0.01
USLE_K	USLE 方程中土壤侵蚀力因子	
SOL_EC	土壤电导率（dS/m）	默认为 0

1）土壤质地转化。在土壤数据中最重要的一类数据是土壤粒径级配数据，其他许多土壤参数如饱和导水率、土壤层有效持水量等都可以从土粒径级配数据来导出，一般收集到的土壤数据是从中国土壤数据库下载的，是我国第二次土壤普查采用的国际制，而 SWAT 模型采用的土壤粒径级配标准是 USDA 简化的美制标准，因此，存在一个国际制向美国制转换的问题。国际制与美国制区别如表 5-12 所示。

表 5-12　　　　　　　　　　　土壤粒径分类对照表

美　国　制		国　际　制	
黏粒 CLAY	粒径 <0.002mm	黏粒	粒径 <0.002mm
粉砂 SILT	粒径：0.002~0.05mm	粉砂	粒径：0.002~0.02mm
砂粒 SAND	粒径：0.05~2mm	细砂粒	粒径：0.02~0.2mm
石砾 ROCK	粒径 >2mm	粗砂粒	粒径：0.2~2mm
		石砾	粒径 >2mm

土壤粒径分布是指土壤固相中不同粗细级别的土粒所占的比例，常用某一粒径及其对应的累积百分含量曲线来表示。土壤质地转换方法有多种，考虑到模型的通用性，参数形式的土壤粒径分布模型更便于标准程序的编制以及不同来源粒径分析资料的对比和统一，这里采用了双参数修正的经验逻辑生长模型将国际制转化成美国制。该模型将每类土壤质地的粒径完全累积分布看作 1，其表达式：

$$P(d) = \frac{1}{1 + \left(\dfrac{1}{p(d_0)} - 1\right) e^{-uD^c}}$$

$$D = \frac{d - d_0}{d_0}$$

(5 - 59)

式中：$P(d)$ 为土壤颗粒直径小于 d 的累积分布；d_0 为模型运行的最小土壤颗粒直径；u，c 为模型参数。

利用 1stOpt 软件非线性拟合程序的 Levenberg - Marquardt＋通用全局优化算法，通过回归迭代求得 u 和 c 的最优值。在程序算法界面中输入算法如图 5 - 7 所示。

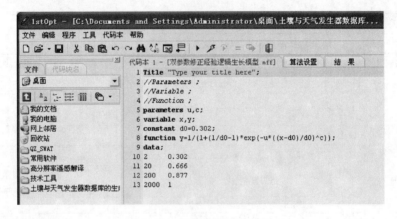

图 5 - 7　1stOpt 工具主界面

点击运行，结果如图 5 - 8 所示。

求得 u 值和 c 值，在 EXCEL 表格中用编制相关插值程序，求出美国制土壤粒径累积分布值即 Clay、Sand、Silt、Rock。经验证，插值所得数据与实测数据拟合程度很好，可以作为美国制土壤粒径分布数据使用。

2）土壤参数的提取。SOL＿BD、SOL＿AWC、SOL＿K 三个变量由 SPAW 软件可以计算得到。该软件主要利用其中 Soil Water Characteristics 模块，根据土壤中黏土 Clay、砂土 Sand、有机质含量 Organic Matter、盐度 Salinity、砂砾 Gravel 等含量来计算土壤数据库中所需的土壤湿密度 SOL＿BD、有效持水量 SOL＿AWC、饱和导水率 SOL＿K 等参数，这些参数都是我国目前所缺乏的。安装完成后，打开的界面如图 5 - 9 所示。

通过填入所有空白格内的参数，如 Sand、Clay 等，灰色显示的参数就可以显示计算后的结果，其中我们所需要的三个参数：

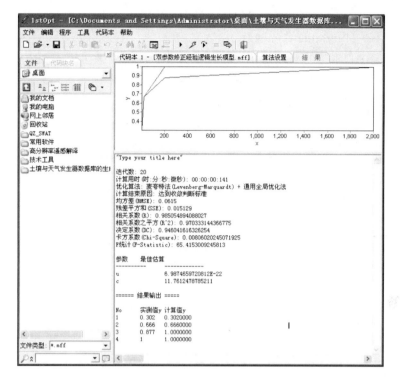

图 5-8 1stOpt 工具中 u、c 参数的计算

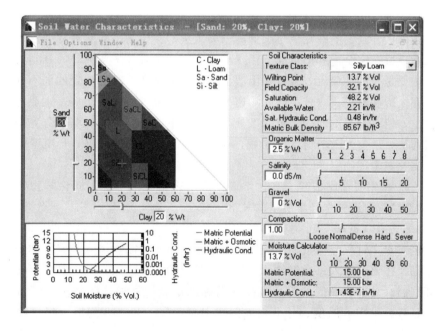

图 5-9 SPAW 工具中土壤参数的计算

SOL_BD＝Bulk Density

SOL_AWC＝Field Capacity（田间持水量）－Wilting Point（饱和导水率）

SOL_K＝Sat Hydraulic Cond

3）其他变量的提取。（USLE_K）USLE 方程中土壤侵蚀力因子在本文中利用 Williams 等在 EPIC 模型中发展起来的土壤可蚀性因子 K 值得估算方法，只需要土壤的有机碳和颗粒组成资料即可计算，其公式如下：

$$K_{USLE} = f_{csand} f_{cl-si} f_{orgc} f_{hisand} \tag{5-60}$$

式中：f_{csand} 为粗糙沙土质地土壤侵蚀因子；f_{cl-si} 为黏壤土土壤侵蚀因子；f_{orgc} 为土壤有机质因子；f_{hisand} 为高沙质土壤侵蚀因子。

$$f_{csand} = 0.2 + 0.3 \times e^{\left[-0.256 \times sd \cdot \left(1 - \frac{si}{100}\right)\right]} \tag{5-61}$$

$$f_{cl-si} = \left(\frac{si}{si+cl}\right)^{0.3} \tag{5-62}$$

$$f_{orgc} = 1 - \frac{0.25 \times c}{c + e^{(3.72-2.95 \times c)}} \tag{5-63}$$

$$f_{hisand} = 1 - \frac{0.7 \times \left(1 - \frac{sd}{100}\right)}{\left(1 - \frac{sd}{100}\right) + e^{\left[-5.51+22.9 \times \left(1 - \frac{sd}{100}\right)\right]}} \tag{5-64}$$

式中：sd 为砂粒含量百分数；si 为粉粒含量百分数；cl 为黏粒含量百分数；c 为有机碳含量百分数。

土壤水文学分组的定义在 SWAT 用户手册中对其分组标准进行了规定，主要依据厚 0～5m 的表层土壤的饱和导水率大小，将土壤分成 A、B、C、D 4 组，并作出了概念性的说明。A 类为渗透性强、潜在径流量很低的一类土壤，主要是一些具有良好透水性能的砂土或砾石土，土壤在完全饱和的情况下仍然具有很高入渗速率和导水率；B 类为渗透性较强的土壤，主要是一些砂壤土，或者在土壤剖面的一定深度处存在一定的弱不透水层，当土壤在水分完全饱和时仍具有较高的入渗速率；C 类为中等透水性土壤，主要为壤土，或者虽为砂性土，但在土壤剖面的一定深度处存在一层不透水层，当土壤水分完全饱和时保持中等入渗速率；D 类为微弱透水性土壤，主要为黏土等。至此 SWAT 模型土壤物理属性数据库所需参数全部确定。

（2）SWAT 化学属性库的建立。化学属性库用来给土壤中的不同化学物量赋值初始值，是 SWAT 模拟河道中水环境质量的关键。

2. SWAT 气象数据库参数

气象数据对水文过程起很重要的作用，气象数据库不但需要输入研究区的多个站点的逐日气象数据，还要求输入每个气象站点的每个月份的多种气象参数，其主要输入数据有月平均最高气温、月平均最低气温、最高气温标准偏差、月平均降雨量、降雨量标准偏差、月内干日日数、露点温度、月平均太阳辐射量等。表 5-13 列出了气象参数的计算公式。

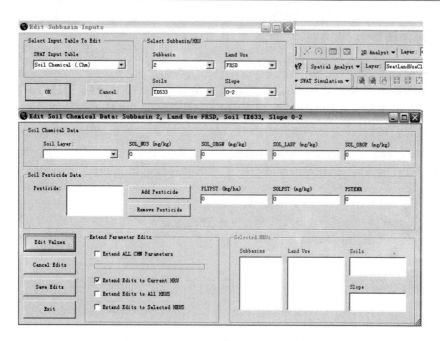

图 5-10　SWAT 化学属性库的建立

表 5-13　　　　　　　　　　　天气发生器参数的计算公式

参　数	公　式
月平均最低气温/℃	$\mu mn_{mon} = \sum\limits_{d=1}^{N} T_{mn,\,mon} / N$
月平均最高气温/℃	$\mu mx_{mon} = \sum\limits_{d=1}^{N} T_{mx,\,mon} / N$
最低气温标准偏差	$\sigma mn_{mon} = \sqrt{\sum\limits_{d=1}^{N} (T_{mn,\,mon} - \mu mn_{mon})^2 / (N-1)}$
最高气温标准偏差	$smx_{mon} = \sqrt{\sum\limits_{d=1}^{N} (T_{mx,\,mon} - mmx_{mon})^2 / (N-1)}$
月平均降雨量/mm	$\overline{R}_{mon} = \sum\limits_{d=1}^{N} R_{day,\,mon} / yrs$
平均降雨天数/d	$\overline{d}_{wet,\,i} = day_{wet,\,i} / yrs$
降雨量标准偏差	$\sigma_{mon} = \sqrt{\sum\limits_{d=1}^{N} (R_{day,\,mon} - \overline{R}_{mon})^2 / (N-1)}$
降雨的偏度系数	$g_{mon} = N \sum\limits_{d=1}^{N} (R_{day,\,mon} - \overline{R}_{mon})^3 / (N-1)(n-2)(\sigma_{mon})^3$
月内干日日数/d	$P_i(W/D) = (days_{W/D,\,i}) / (days_{dry,\,i})$
月内湿日日数/d	$P_i(W/W) = (days_{W/W,\,i}) / (days_{wet,\,i})$
露点温度/℃	$\mu dew_{mon} = \sum\limits_{d=1}^{N} T_{dew,\,mon} / N$
月平均太阳辐射量/(kJ/m²·day)	$\mu rad_{mon} = \sum\limits_{d=1}^{N} H_{day,\,mon} / N$
月平均风速/(m/s)	$\mu wnd_{mon} = \sum\limits_{d=1}^{N} T_{wnd,\,mon} / N$

5.6.2　测算结果分析

5.6.2.1　主要水污染物削减率

从嫩江流域各控制单元 COD 排放量的结果来看（见表 5-14），嫩江齐齐哈尔市控制单元、乌裕尔河黑河齐齐哈尔市控制单元、讷谟尔河黑河齐齐哈尔市控制单元是排放量最大的三个单元，2012 年这三个单元排放量占嫩江流域排放总量的 80.92%，到 2020 年这一比例降为 75.56%；从污染物的削减比例来看，削减率最高的也是这三个单元，削减率为 17.14%～50.00%，根据这一总量分配结果开展嫩江流域主要水污染物 COD 的水环境质量预测模拟。

表 5-14　　　　　　　　　　松花江嫩江流域水污染物削减率

所辖流域	控制单元名称	削减率/%		
		COD	NH₃-N	综合平均
松花江嫩江流域	甘河呼伦贝尔市控制单元	2.12	31.15	16.63
	嫩江黑河市控制单元	1.00	21.80	11.40
	讷谟尔河黑河齐齐哈尔市控制单元	17.14	29.18	23.16
	乌裕尔河黑河齐齐哈尔市控制单元	17.68	36.79	27.23
	嫩江齐齐哈尔市控制单元	50.00	50.00	50.00
	雅鲁河呼伦贝尔市控制单元	11.32	26.96	19.14
	阿伦河呼伦贝尔市控制单元	7.62	25.97	16.80
	诺敏河呼伦贝尔市控制单元	1.97	22.92	12.44
	嫩江呼伦贝尔市控制单元	10.93	27.35	19.14

（NH₃-N 列含 LaTeX: NH_3-N）

5.6.2.2　总体分析

2012 年除讷谟尔河黑河齐齐哈尔市控制单元外，嫩江流域各控制单元地表水 COD 浓度均好于地表水环境质量标准Ⅲ类限值。嫩江流域总体位于松花江流域上游，2012 年以 COD 评价的水体水质优良（Ⅰ～Ⅲ类）单元比例为 88.9%，水质较差（Ⅳ类及以下）单元比例为 11.1%。从松花江嫩江流域水环境质量的预测结果可以看出，到 2020 年，嫩江流域各控制单元中，以 COD 评价的水体水质优良单元数量保持在 8 个，其中尤以阿伦河呼伦贝尔市控制单元、雅鲁河呼伦贝尔市控制单元以及诺敏河呼伦贝尔市控制单元 COD 平均浓度最小，为 12.08～13.69mg/L，以 COD 指标表征的水环境质量状况最好；水质较差（Ⅳ类及以下）的单元仍然是讷谟尔河黑河齐齐哈尔市控制单元，单元水质类别为Ⅳ类水，该单元是唯一的 COD 浓度超过 20mg/L 的控制单元，对其以 COD 指标表征的水环境质量相对最差，见表 5-15。

如表 5-16 所示，松花江嫩江流域各控制单元主要水污染物 COD 浓度有升有降，但总体保持稳定。2020 年各控制单元 COD 浓度的变化幅度为 -17.79%～28.10%，各控制单元水环境质量等级保持平稳，尤其是嫩江齐齐哈尔市控制单元改善较大，由于总量分配方案中对于嫩江齐齐哈尔市控制单元分配了较大比例的削减任务，在完成水污染物削减任务的前提下，预测该单元水环境质量将从Ⅲ类上升为Ⅱ类。

表 5-15 松花江嫩江流域水环境质量等级

所辖流域	控制单元名称	2012 年质量等级			2020 年质量等级		
		COD	NH₃-N	综合	COD	NH₃-N	综合
松花江嫩江流域	甘河呼伦贝尔市控制单元	Ⅲ	Ⅱ	Ⅲ	Ⅲ	Ⅱ	Ⅲ
	嫩江黑河市控制单元	Ⅱ	Ⅱ	Ⅱ	Ⅱ	Ⅲ	Ⅲ
	讷谟尔河黑河齐齐哈尔市控制单元	Ⅳ	Ⅳ	Ⅳ	Ⅳ	Ⅲ	Ⅳ
	乌裕尔河黑河齐齐哈尔市控制单元	Ⅱ	Ⅲ	Ⅲ	Ⅱ	Ⅱ	Ⅱ
	嫩江齐齐哈尔市控制单元	Ⅲ	Ⅲ	Ⅲ	Ⅱ	Ⅱ	Ⅱ
	雅鲁河呼伦贝尔市控制单元	Ⅱ	Ⅱ	Ⅱ	Ⅱ	Ⅱ	Ⅱ
	阿伦河呼伦贝尔市控制单元	Ⅱ	Ⅱ	Ⅱ	Ⅱ	Ⅱ	Ⅱ
	诺敏河呼伦贝尔市控制单元	Ⅱ	Ⅱ	Ⅱ	Ⅱ	Ⅱ	Ⅱ
	嫩江呼伦贝尔市控制单元	Ⅲ	Ⅲ	Ⅲ	Ⅲ	Ⅲ	Ⅲ

表 5-16 松花江嫩江流域水环境质量变化

所辖流域	控制单元名称	综合质量等级		
		2012 年质量等级	2020 年质量等级	变化情况
松花江嫩江流域	甘河呼伦贝尔市控制单元	Ⅲ	Ⅲ	→
	嫩江黑河市控制单元	Ⅱ	Ⅲ	↓
	讷谟尔河黑河齐齐哈尔市控制单元	Ⅳ	Ⅳ	→
	乌裕尔河黑河齐齐哈尔市控制单元	Ⅲ	Ⅱ	↑
	嫩江齐齐哈尔市控制单元	Ⅲ	Ⅱ	↑
	雅鲁河呼伦贝尔市控制单元	Ⅱ	Ⅱ	→
	阿伦河呼伦贝尔市控制单元	Ⅱ	Ⅱ	→
	诺敏河呼伦贝尔市控制单元	Ⅱ	Ⅱ	→
	嫩江呼伦贝尔市控制单元	Ⅲ	Ⅲ	→

5.6.2.3 COD 浓度预测结果及分析

结合松花江嫩江流域各控制单元主要水污染物控制目标的总量分配结果（见表 5-17），开展松花江嫩江流域主要水污染物 COD 浓度预测模拟。表 5-18、图 5-11 和图 5-12 为松花江嫩江流域各控制单元和不同河段在 2020 年 COD 年均浓度的预测值。

从嫩江流域各控制单元 COD 排放量的结果来看，嫩江齐齐哈尔市控制单元、乌裕尔河黑河齐齐哈尔市控制单元、讷谟尔河黑河齐齐哈尔市控制单元是排放量最大的三个单元，2012 年这三个单元排放量占嫩江流域排放总量的 80.92%，到 2020 年这一比例降为 75.56%；从污染物的削减比例来看，削减率最高的也是这三个单元，削减率为 17.14%～50.00%，根据这一总量分配结果开展嫩江流域主要水污染物 COD 的水环境质量预测模拟。

表 5-17　　　　　　　　　松花江嫩江流域 COD 总量分配方案

所辖流域	控制单元名称	2012 年排放量/万 t	削减率/%	2020 排放量/万 t
松花江嫩江流域	甘河呼伦贝尔市控制单元	0.937	2.12	0.917
	嫩江黑河市控制单元	0.552	1.00	0.547
	讷谟尔河黑河齐齐哈尔市控制单元	4.186	17.14	3.468
	乌裕尔河黑河齐齐哈尔市控制单元	10.121	17.68	8.332
	嫩江齐齐哈尔市控制单元	12.011	50.00	6.006
	雅鲁河呼伦贝尔市控制单元	1.831	11.32	1.624
	阿伦河呼伦贝尔市控制单元	2.153	7.62	1.989
	诺敏河呼伦贝尔市控制单元	0.323	1.97	0.317
	嫩江呼伦贝尔市控制单元	0.411	10.93	0.366
	嫩江流域汇总	**32.525**	—	**23.566**

表 5-18　　　　　松花江嫩江流域水环境质量浓度预测结果（COD）　　　　单位：mg/L

所辖流域	控制单元名称	2012 年	2012 年质量等级	2020 年	2020 年质量等级
松花江嫩江流域	甘河呼伦贝尔市控制单元	16.23	Ⅲ	18.50	Ⅲ
	嫩江黑河市控制单元	14.71	Ⅱ	15.00	Ⅱ
	讷谟尔河黑河齐齐哈尔市控制单元	25.57	Ⅳ	21.02	Ⅳ
	乌裕尔河黑河齐齐哈尔市控制单元	15.00	Ⅱ	14.89	Ⅱ
	嫩江齐齐哈尔市控制单元	15.10	Ⅲ	13.32	Ⅱ
	雅鲁河呼伦贝尔市控制单元	11.40	Ⅱ	13.55	Ⅱ
	阿伦河呼伦贝尔市控制单元	9.43	Ⅱ	12.08	Ⅱ
	诺敏河呼伦贝尔市控制单元	11.45	Ⅱ	13.69	Ⅱ
	嫩江呼伦贝尔市控制单元	16.17	Ⅲ	15.29	Ⅲ

　　2012 年除讷谟尔河黑河齐齐哈尔市控制单元外，嫩江流域各控制单元地表水 COD 浓度均好于地表水环境质量标准Ⅲ类限值，嫩江流域总体位于松花江流域上游，2012 年以 COD 评价的水体水质优良（Ⅰ～Ⅲ类）单元比例为 88.9%，水质较差（Ⅳ类及以下）单元比例为 11.1%。从松花江嫩江流域水环境质量的预测结果可以看出，到 2020 年，嫩江流域各控制单元中，以 COD 评价的水体水质优良单元数量保持在 8 个，其中尤以阿伦河呼伦贝尔市控制单元、雅鲁河呼伦贝尔市控制单元以及诺敏河呼伦贝尔市控制单元 COD 平均浓度最小，为 12.08～13.69mg/L，以 COD 指标表征的水环境质量状况最好；水质较差（Ⅳ类及以下）的单元仍然是讷谟尔河黑河齐齐哈尔市控制单元，单元水质类别为Ⅳ类水，该单元是唯一的 COD 浓度超过 20mg/L 的控制单元，对其以 COD 指标表征的水环境质量相对最差。

　　如表 5-19 所示，松花江嫩江流域各控制单元主要水污染物 COD 浓度有升有降，但总体保持稳定。2020 年各控制单元 COD 浓度的变化幅度为 −17.79%～28.10%，各控制单元水环境质量等级保持平稳，尤其是嫩江齐齐哈尔市控制单元改善较大，由于总量分配方案中对于嫩江齐齐哈尔市控制单元分配了较大比例的削减任务，在完成水污染物削减任务的前提下，预测该单元水环境质量将从Ⅲ类上升为Ⅱ类。

表 5－19　　　　　　　松花江嫩江水环境质量的变化情况（COD）　　　　单位：mg/L

所辖流域	控制单元名称	2012 年	2020 年	2012 年质量等级	2020 年质量等级	变化情况
松花江嫩江流域	甘河呼伦贝尔市控制单元	16.23	18.50	Ⅲ	Ⅲ	→
	嫩江黑河市控制单元	14.71	15.00	Ⅱ	Ⅱ	→
	讷谟尔河黑河齐齐哈尔市控制单元	25.57	21.02	Ⅳ	Ⅳ	→
	乌裕尔河黑河齐齐哈尔市控制单元	15.00	14.89	Ⅱ	Ⅱ	→
	嫩江齐齐哈尔市控制单元	15.10	13.32	Ⅲ	Ⅱ	↑
	雅鲁河呼伦贝尔市控制单元	11.40	13.55	Ⅱ	Ⅱ	→
	阿伦河呼伦贝尔市控制单元	9.43	12.08	Ⅱ	Ⅱ	→
	诺敏河呼伦贝尔市控制单元	11.45	13.69	Ⅱ	Ⅱ	→
	嫩江呼伦贝尔市控制单元	16.17	15.29	Ⅲ	Ⅲ	→

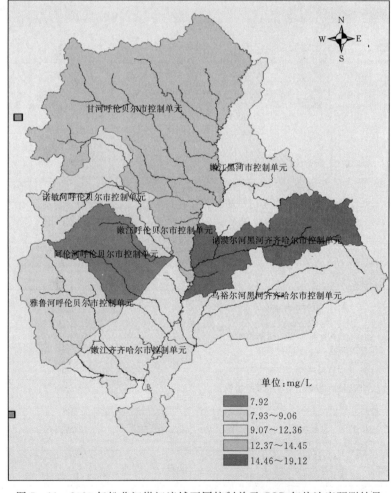

图 5-11　2020 年松花江嫩江流域不同控制单元 COD 年均浓度预测结果

图 5-12　2020 年松花江嫩江流域不同河段 COD 年均浓度预测结果

5.6.2.4　NH₃-N 浓度预测结果及分析

结合松花江嫩江流域各控制单元主要水污染物控制目标的总量分配结果（见表 5-20），开展松花江嫩江流域主要水污染物 NH_3-N 浓度预测模拟，表 5-21、图 5-13 和图 5-15 为松花江嫩江流域各控制单元和不同河段在 2020 年 NH_3-N 年均浓度的预测值。

表 5-20　　　　　　　　　　松花江嫩江流域 NH₃-N 总量分配方案

所辖流域	控制单元名称	2012 年排放量/万 t	削减率/%	2020 排放量/万 t
松花江嫩江流域	甘河呼伦贝尔市控制单元	0.074	31.15	0.051
	嫩江黑河市控制单元	0.052	21.80	0.041
	讷谟尔河黑河齐齐哈尔市控制单元	0.113	29.18	0.080
	乌裕尔河黑河齐齐哈尔市控制单元	0.482	36.79	0.304
	嫩江齐齐哈尔市控制单元	0.780	50.00	0.390
	雅鲁河呼伦贝尔市控制单元	0.095	26.96	0.069
	阿伦河呼伦贝尔市控制单元	0.061	25.97	0.045
	诺敏河呼伦贝尔市控制单元	0.024	22.92	0.018
	嫩江呼伦贝尔市控制单元	0.021	27.35	0.015
	嫩江流域汇总	**1.702**	—	**1.013**

表 5 - 21	松花江嫩江流域水环境质量预测结果（NH₃-N）			单位：mg/L	

所辖流域	控制单元名称	2012 年	2012 年质量等级	2020 年	2020 年质量等级
	甘河呼伦贝尔市控制单元	0.42	Ⅱ	0.40	Ⅱ
	嫩江黑河市控制单元	0.49	Ⅱ	0.51	Ⅲ
	讷谟尔河黑河齐齐哈尔市控制单元	1.18	Ⅳ	0.93	Ⅲ
	乌裕尔河黑河齐齐哈尔市控制单元	0.52	Ⅲ	0.37	Ⅱ
松花江嫩江流域	嫩江齐齐哈尔市控制单元	0.29	Ⅱ	0.21	Ⅱ
	雅鲁河呼伦贝尔市控制单元	0.44	Ⅱ	0.41	Ⅱ
	阿伦河呼伦贝尔市控制单元	0.46	Ⅱ	0.50	Ⅱ
	诺敏河呼伦贝尔市控制单元	0.16	Ⅱ	0.20	Ⅱ
	嫩江呼伦贝尔市控制单元	0.64	Ⅲ	0.55	Ⅲ

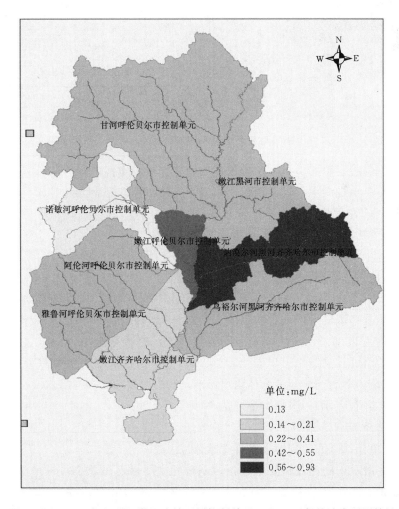

图 5-13　2020 年松花江嫩江流域不同控制单元 NH₃-N 年均浓度预测结果

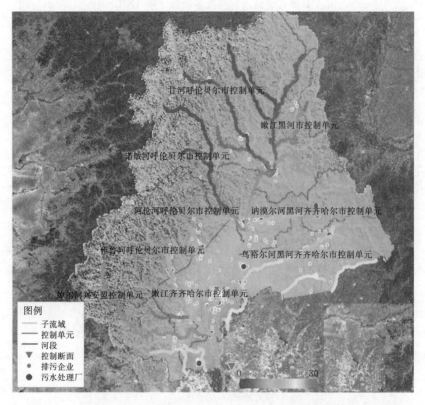

图 5-14　2020 年松花江嫩江流域不同河段 NH₃-N 年均浓度预测结果

从嫩江流域各控制单元 NH₃-N 排放量的结果来看，嫩江齐齐哈尔市控制单元、乌裕尔河黑河齐齐哈尔市控制单元、讷谟尔河黑河齐齐哈尔市控制单元是排放量最大的三个单元，2012 年这三个单元排放量占嫩江流域排放总量的 80.79%，到 2020 年这一比例降为 76.41%；从污染物的削减比例来看，削减率最高的是这三个单元以及甘河呼伦贝尔市控制单元，削减率均超过 30.00%，根据这一总量分配结果开展嫩江流域主要水污染物 NH₃-N 的水环境质量预测模拟。

2012 年除讷谟尔河黑河齐齐哈尔市控制单元外，嫩江流域各控制单元地表水 NH₃-N 浓度均好于地表水环境质量标准Ⅲ类限值，2012 年以 NH₃-N 评价的水体水质优良（Ⅰ～Ⅲ类）单元比例为 88.9%，水质较差（Ⅳ类及以下）的单元比例为 11.1%。从松花江嫩江流域水环境质量的预测结果可以看出，到 2020 年，嫩江流域各控制单元中，全部 9 个单元均达到以 NH₃-N 评价的优良水体水质标准，其中尤以嫩江齐齐哈尔市控制单元和诺敏河呼伦贝尔市控制单元 NH₃-N 平均浓度最小，约为 0.20mg/L，这两个单元以 NH₃-N 指标表征的水环境质量状况最好；到 2020 年嫩江流域将消除以 NH₃-N 评价的水质较差（Ⅳ类及以下）单元，全部达到地表水Ⅲ类水体以上。

如表 5-22 所示，松花江嫩江流域各控制单元主要水污染物 NH₃-N 浓度有升有降，但总体保持稳定。2020 年各控制单元 NH₃-N 浓度的变化幅度为 -28.85%～25.00%，各控制单元水环境质量等级基本平稳，除了嫩江黑河市控制单元、讷谟尔河黑河齐齐哈尔市控制单元、乌裕尔河黑河齐齐哈尔市控制单元有所波动外，其余单元的水环境质量等级全部与2012年持平。其中，嫩江黑河市控制单元虽然水质类别发生了下降，但其NH_3-N浓度变化较小，主要是由于NH_3-N浓度在水环境质量标准限值左右波动导致评价的质量等级下降；讷谟尔河黑河齐齐哈尔市控制单元、乌裕尔河黑河齐齐哈尔市控制单元的水环境质量等级均有所改善，分别从Ⅳ类上升到Ⅲ类、从Ⅲ类上升到Ⅱ类；而嫩江齐齐哈尔市控制单元虽然水环境质量等级未发生改变，但对其实施污染物总量削减任务仍然会使单元的主要水污染物浓度下降，预测该单元NH_3-N浓度下降幅度达27.59%。

表5-22　　　　　　　　松花江嫩江水环境质量的变化情况（NH_3-N）

所辖流域	控制单元名称	2012年	2020年	2012年质量等级	2020年质量等级	变化情况
松花江嫩江流域	甘河呼伦贝尔市控制单元	0.42	0.40	Ⅱ	Ⅱ	→
	嫩江黑河市控制单元	0.49	0.51	Ⅱ	Ⅲ	↓
	讷谟尔河黑河齐齐哈尔市控制单元	1.18	0.93	Ⅳ	Ⅲ	↑
	乌裕尔河黑河齐齐哈尔市控制单元	0.52	0.37	Ⅲ	Ⅱ	↑
	嫩江齐齐哈尔市控制单元	0.29	0.21	Ⅱ	Ⅱ	→
	雅鲁河呼伦贝尔市控制单元	0.44	0.41	Ⅱ	Ⅱ	→
	阿伦河呼伦贝尔市控制单元	0.46	0.50	Ⅱ	Ⅱ	→
	诺敏河呼伦贝尔市控制单元	0.16	0.20	Ⅱ	Ⅱ	→
	嫩江呼伦贝尔市控制单元	0.64	0.55	Ⅲ	Ⅲ	→

5.6.3　结论与建议

5.6.3.1　结论

本章通过深入解析"经济社会-水资源消耗-水污染物排放"之间的机理过程和系统特征，建立"经济社会-水资源消耗-水污染物排放"之间的耦合关系，构建一个系统综合的流域经济社会水资源消耗和水污染排放的集成预测模型。通过收集松花江嫩江流域地形、气象、土壤类型、污染物排放等数据，构建嫩江流域SWAT模型数据库，并将先前根据流域经济增长不同情景、发展方式的不同转变以及技术进步、工程治理措施等因素所建立起的不同水污染物排放量预测情景带入SWAT模型中，根据模型所计算出的污染物浓度对排放方案合理性进行综合预测。

根据上述研究与分析，本报告得出如下结论：

（1）首次将SWAT模型应用于松花江嫩江流域，构建了中国化的模型参数，并根据不同的水污染排放情景，预测未来松花江嫩江流域水环境质量总体变化趋势，运算效率较高。本研究将SWAT模型应用于松花江嫩江流域，构建了中国化的模型参数，解读了在不同排放情景下松花江嫩江流域水环境质量变化的总体趋势。模拟过程中我们发现：SWAT模型属于物理模型，SWAT模型不使用回归方程来描述输入变量和输出变量之间的关系，而是需要流域内的天气、土壤属性、地形等特定信息，其运算效率高，对于大面积流域或者多种管理决策进行模拟时不需要进行过多的时间和投入，能够进行长期的模拟；水平衡在 SWAT 流域模拟中十分重要，水文情况是进行一切水质模拟的基础条件，直接影响最终水质模拟结果的精确程度。

（2）在 SWAT 模型建立过程中，通过参数敏感性分析，选取嫩江流域敏感度最大的 5 个参数进行参数率定，并最终得到径流模拟的相关系数为 0.677 和 0.605，$NH_3 - N$ 模拟的相关系数为 0.79，模拟效果较好，经过参数率定的 SWAT 模型适用于该流域。

（3）流域水污染物总量控制目标分配研究中将基尼系数这一福利经济学概念引入嫩江流域水污染物负荷分配过程，综合考量水循环的社会-经济-资源-环境因素，预测出 2020 年嫩江流域各控制单元污染物排放量。结果显示经过优化后 2020 年 COD 排放量为 23.57 万吨，较 2012 年减小 8.96 万吨，削减率为 27.54%；2020 年 $NH_3 - N$ 总排放量为 1.013 万吨，较 2012 年减排 0.689 万吨，削减率为 40.48%。本研究结合 2020 年流域水污染物排放方案进行质量模拟，结果表明，嫩江流域 9 个控制单元中 COD 浓度有升有降，但总体保持稳定。其中嫩江齐齐哈尔市控制单元改善较大，浓度下降 17.79%。仅有讷谟尔河黑河齐齐哈尔市控制单元浓度超过 20mg/L，属于 IV 类水。有 6 个控制单元 $NH_3 - N$ 含量出现下降，最大下降幅度达到 28.5%，其中讷谟尔河黑河齐齐哈尔市控制单元、乌裕尔河黑河齐齐哈尔市控制单元的水环境质量等级均得到提升。

（4）SWAT 模型具有一定的局限性，其局限性产生于模型使用的数据，模型本身和不足和在不适当的情形下使用模型：天气是水文模型的驱动力，而可用的天气数据来自气象测站，由于天气具有时空分布的差异性，从几个测站得到的天气数据并不能代表整个流域；在 SWAT 模型中，具有较小面积的土地利用通常不被考虑，因而有些小面积的陆地覆盖类型如未硬化的路面、小面积裸地、建筑用地和中耕作物等不能进行模拟，而这些小面积区域可能比相同面积草地的污染物产量大几百倍甚至上千倍。

5.6.3.2　建议

（1）深入开展 SWAT 模型基础研究，拓展和改进模型功能，加强模型在剖析水污染减排与水环境质量响应关系等国家环境决策中的应用。进一步开展 SWAT 模型基础研究，拓展和改进模型功能，从而使其能够更好的为解决总量减排与质量改善间耦合关系等决策和管理工作服务。SWAT 模型是近几年发展迅速、影响较大的分布式水文水质模型，主要用于模拟预测各种管理措施及气候变化对水资源供给、水环境变化的影响。SWAT 模型在国内的应用主要侧重于水文及非点源污染研究，目前该方法处于初步探索阶段，研究多是以模型作为手段，改进工作不多，建议今后根据研究问题的需要，对模型作相应的改进，以更好地服务于决策和管理工作。

加强 SWAT 模型的模拟应用研究，尤其是在国家重大科技专项中的应用研究，从而使模型在更广泛的推广和应用中得到不断完善和发展。我国的水污染问题是不容忽视的，为了经济有效的控制水污染，应当加强水污染的科学调查和研究工作，通过模拟水污染物的迁移过程，找出主要的污染源，以便采取相应的管理、控制措施。然而 20 世纪 80 年代以来，关于水污染模拟的研究尚显不足，建立的模型多为污染负荷模型，缺乏水环境质量模拟相关工作，所以需要在实际应用中不断完善和发展：①进一步的发展关于以过程为依据的农业区、山地的土壤流失和污染物质的迁移的研究；②开展分布式模型的研究；③利用遥感和 GIS 解决参数的选择问题；④加强地下水的研究工作。

（2）加强国家水环境质量法规模型的研究及应用，完善国家层面以及各流域的水环境质量模型参数库设计，并建立全国统一的流域水环境质量法规模型参数数据库。完善模型输入数据采集和参数收集工作，丰富模型的基础数据集和参数集，使其能够更好地为应用于中国的研究区域而服务。SWAT 模型目前主要有与 ARCVIEW 和 GRASS 紧密集成两种方式，通过集成 SWAT 模型空间数据输入效率、模拟输出显示和模型运行效率因集成而大大提高，为非点源研究、环境变化条件下水文响应研究和水资源管理和水环境改善等提供了强大的平台。但是我国应用 SWAT 模型还存在诸多问题。SWAT 模型的构建需要大量的数据支持，在发达国家这些数据一般都可以免费得到，而我国对非点源污染的研究起步较晚，缺乏非点源污染完善的监测机制和制度，数据资料不完备，共享程度低，从而制约了我国非点源污染问题的研究。因此，除了对 SWAT 模型本身进行改进之外，加强对非点源污染的重视，完善我国非点源污染监测机制和制度，完善模型在国家层面和各流域层面参数数据库的构建，并提高基础数据和各项参数数据的共享水平，才能让 SWAT 模型更好地为水环境管理决策服务。

（3）加强未来预测情景的设置及模型参数设置间的耦合关系研究，提升模型为决策服务的科学性与合理性。加强未来预测情景的设置及模型参数设置间耦合关系的研究，提升模型为决策服务的科学性与合理性。由于各个站点控制的断面以及各个子流域的水文特征都有所不同，各个站点和子流域对情景变化的响应会有所不同；情景设置改变后，模型既定参数在新情景条件下的适用性，还都需要进一步的分析和讨论，从而确保模拟结果的科学合理。

（4）结合模拟分析结果，对松花江嫩江流域各控制单元分类进行保护和污染控制治理。未来松花江嫩江流域水环境质量的重点仍将以控制 COD 环境浓度为主，同时需兼顾 NH_3-N 环境浓度。COD 污染需重点针对甘河呼伦贝尔市控制单元和讷谟尔河黑河齐齐哈尔市控制单元。NH_3-N 污染需重点针对讷谟尔河黑河齐齐哈尔市控制单元和嫩江呼伦贝尔市控制单元进行污染控制与治理。

（5）松花江流域冰封期对于水环境质量的影响极大，加强冰封期治理是松花江水污染防治的一项重点。研究发现，SWAT 模型在进行初始设置时，松花江流域冰封期对于模型的输入和模拟结果产生较大影响，据此推测松花江流域冰封期对于水环境质量的影响较大，冰封期造成的水环境质量影响需要引起重视。松花江地处北方高寒地带，松花江冰峰期，一般为 4—5 个月，冰封期期间正处于枯水期，地面径流很小，故这时期面源污染对江水污染贡献较小，以点源为主，松花江嫩江流域各控制单元水环境质量状况在这一时期内受污染源的影响极大，其造成的水环境质量影响需要引起重视。

加强冰封期的污染防治是松花江治理的关键。冰封期污染加重是松花江最重要的环境污染特征之一。冰封期的污染防治问题是松花江污染防治的关键问题之一。应从加大冰封期江水流量即水利调控措施、加强冬季污水处理厂处理效率和削减排污企业污染物排放量等方面加强冰封期的污染防治。①解决松花江冰封期有机污染物的污染，应在加强流域综合治理措施的同时，采取水利调控措施。合理和适当增大冰封期江水流量，确保松花江哈尔滨江段的水质；②如何增加冬季污水处理厂生化法对有机污染物的去除率，是解决松花江有机污染的重要内容之一；③加强污染治理、削减排污企业污染物排放量；④全面落实国家松花江污染防治规划，国务院已通过了《松花江流域"十二五"污染防治规划》。规划中已提出要加大松花江冰封期污染防治，需确保规划的落实和执行，从而保证松花江污染防治工作在资金和技术等方面的投入。

（6）加强水环境保护对策前瞻性研究。实施松花江流域生态环境保护政策，不仅使松花江流域水环境质量、水生态和流域生态环境得到有效改善，而且流域地区经济保持快速增长、人民生活水平显著提高，实现了环境保护与经济发展、改善民生的正相关作用，科学总结了治理国际河流的基本经验，逐步探索出了环境与经济协调发展的具体路径和跨行政区界河流治理的方式方法。为切实让松花江休养生息，全面提升流域环境质量，必须科学、前瞻性的谋划环境保护对策研究。

必须在各级政府层面树立走新型工业化道路为根本方向，以结构调整优化升级为主线，提高产业集聚度，提高区域污染治理能力的执政理念；必须在工业企业层面确立以强化污染减排措施为基本原则，以淘汰落后工艺、设备为主要手段，严格执行环境法律法规和相关政策，建立经济高效、能源节约、低碳排放的生产方式，强化排污自律意识的现代企业责任；必须在公众层面倡导发挥舆论监督作用，深入开展全民减排行动，提高公众环境素质，形成符合生态文明的生活方式、消费方式。

治污模式的选取以流域目标为根本出发点，按照"目标、总量、项目、投资"四位一体的小流域治污思路，引进控制单元治污概念，以江段节点为目标，以陆域行政区划体系为边界，建立"断面-水体-行政区体系"相结合的污染控制单元。以控制单元为最小治污单位，建立"排污-治污-水质改善"之间的定性定量响应关系。通过对控制单元的分类管理，提出具有针对性的总量控制目标及分期治理要求。科学设定治理污染目标，近期目标为水质主要指标达标率提高；中期目标为恢复基本生态功能；远期目标为全面控制生态污染，维护生态平衡。通过松花江流域水环境保护措施，可以更好地保护松花江流域的水环境，提高水质，从而满足人们的生活需要，促进人类、社会、经济的和谐发展。

参 考 文 献

[1] 李媛媛. 鄱阳湖星子—蛤蟆石段水质评价与水质预测研究 [D]. 南昌：南昌大学，2007.

[2] 孙文章. 东昌湖水质模拟及水质评价研究 [D]. 济南：山东大学，2007.

[3] 隋明锐. 阿什河哈尔滨段水质模拟与纳污能力核算的研究 [D]. 哈尔滨：哈尔滨工业大学，2013.

[4] 樊敏，顾兆林. 水质模型研究进展及发展趋势 [J]. 上海环境科学，2010，29 (6)：266-269.

[5] 孟伟. 中国流域水环境污染综合防治战略 [J]. 中国环境科学，2007，27 (5)：712-716.

[6] 王海，岳恒，周晓花，等. 法国水资源流域管理情况简介 [J]. 水利发展研究，2003，3 (8)：58-61.

[7] 王同生. 莱茵河的水资源保护和流域治理 [J]. 水资源保护，2002 (4)：60-62.

[8] 高娟，李贵宝，华珞，等. 日本水环境标准及其对我国的启示 [J]. 中国水利，2005 (11)：41-43.

[9] 席北斗，霍守亮，陈奇，等. 美国水质标准体系及其对我水环境保护的启示 [J]. 环境科学与技术，2011，34 (5)：100-103.

[10] Debarry P A. GIS Applications in Nonpoint Source Pollution Assessment [C]. RICHARD M S. Hydraulic Engineering. New York：ASCE，1991：882-887.

[11] Lee M T，Terstriep M L. Applications of GIS for Water Quality Modeling in Agricultural and Urban Watersheds [C] . RICHARD M S. Hydraulic Engineering. New York：ASCE，1991：961-965.

[12] He C，Riggs J F，‡ Y T K. INTEGRATION OF GEOGRAPHIC INFORMATION SYSTEMS AND A COMPUTER MODEL TO EVALUATE IMPACTS OF AGRICULTURAL RUNOFF ON WATER QUALITY [J] . Jawra Journal of the American Water Resources Association，1993，29 (6)：891-900.

[13] Shea C，Grayman W，Darden D，等 . Integrated GIS and Hydrologic Modeling for Countywide Drainage Study [J] . Journal of Water Resources Planning & Management，1993，119 (2)：112-128.

[14] Jamieson D G，Fedra K. The 'WaterWare' decision-support system for river-basin planning. 1. Conceptual design [J] . Journal of Hydrology，1996，177 (3-4)：163-175.

[15] Fedra K，Jamieson D G. The 'WaterWare' decision-support system for river-basin planning. 2. Planning capability [J] . Journal of Hydrology，1996，177 (3-4)：177-198.

[16] Jamieson D G，Fedra K. The 'WaterWare' decision-support system for river-basin planning. 3. Example applications [J] . Journal of Hydrology，1996，177 (3-4)：199-211.

[17] Omernik J M. Ecoregions of the Conterminous United States [J] . Annals of the Association of American Geographers，1987，77 (1)：118-125.

[18] Hughes R M，Larsen D P. Ecoregions：An Approach to Surface Water Protection [J] . Journal-Water Pollution Control Federation，1988，60 (60)：486-493.

[19] 方晓波，张建英，陈伟，等 . 基于 QUAL2K 模型的钱塘江流域安全纳污能力研究 [J] . 环境科学学报，2007，27 (8)：1402-1407.

[20] 陈月，席北斗，何连生，等 . QUAL2K 模型在西苕溪干流梅溪段水质模拟中的应用 [J] . 环境工程学报，2008，2 (7)：1000-1003.

[21] 张婷婷，王文勇 . QUAL2KW 模型在岷江流域乐山段水质模拟中的应用研究 [J] . 广东农业科学，2010，37 (6)：247-249.

[22] 周东风，杨金海 . 应用 WASP_5 水质模型划分水库水源保护区 [J] . 山西水利科技，1998 (4)：84.

[23] 贾海峰，程声通，杜文涛 . GIS 与地表水水质模型 WASP5 的集成 [J] . 清华大学学报（自然科学版），2001，41 (8)：125-128.

[24] 廖振良 . 感潮河流河网水质模型研究及苏州河水环境整治目标分析 [D] . 上海：同济大学，2002.

[25] 杨家宽，肖波，刘年丰，等 . WASP6 预测南水北调后襄樊段的水质 [J] . 中国给水排水，2005，21 (9)：103-104.

[26] 李军，井艳文，潘安君，等 . MIKE11 模型结构及其在南沙河流域规划中的应用 [J] . 北京水利，1998 (5)：5-10.

[27] 丛翔宇，倪广恒，惠士博，等 . 基于 SWMM 的北京市典型城区暴雨洪水模拟分析 [J] . 水利水电技术，2006，37 (4)：64-67.

[28] 董欣，杜鹏飞，李志一，等 . SWMM 模型在城市不透水区地表径流模拟中的参数识别与验证 [J]. 环境科学，2008，29 (6)：1495-1501.

[29] 王磊，周玉文 . 微粒群多目标优化率定暴雨管理模型（SWMM）研究 [J] . 中国给水排水，2009，25 (5)：70-74.

[30] 邢可霞，郭怀成，孙延枫，等 . 基于 HSPF 模型的滇池流域非点源污染模拟 [J] . 中国环境科学，2004，24 (2)：229-232.

[31] 梅立永，赵智杰，黄钱，等 . 小流域非点源污染模拟与仿真研究——以 HSPF 模型在西丽水库流域应用为例 [J] . 农业环境科学学报，2007，26 (1)：64-70.

[32] 薛亦峰，王晓燕，王立峰，等．基于 HSPF 模型的大阁河流域径流量模拟 [J]．环境科学与技术，2009，32 (10)：103 - 107.

[33] 王亚军，周陈超，贾绍凤，等．基于 SWAT 模型的湟水流域径流模拟与评价 [J]．水土保持研究，2007，14 (6)：428 - 432.

[34] 胡远安，程声通，贾海峰．非点源模型中的水文模拟——以 SWAT 模型在芦溪小流域的应用为例 [J]．环境科学研究，2003，16 (5)：29 - 32.

[35] 丁京涛，姚波，许其功，等．基于 SWAT 模型的大宁河流域污染物负荷分布特性分析 [J]．环境工程学报，2009，3 (12)：2153 - 2158.

[36] 张雪刚，毛媛媛，董家瑞，等．SWAT 模型与 MODFLOW 模型的耦合计算及应用 [J]．水资源保护，2010，26 (3)：49 - 52.

[37] 马占青，杨宏杰．城市污水排放的灰色马尔柯夫预测模型 [J]．河海大学学报（自然科学版），2000，28 (5)：49 - 53.

[38] 钱家忠，吴剑锋，朱学愚，等．时序马尔可夫模型和有限元模型在中国北方型岩溶水资源评价中的应用——以徐州市张集水源地裂隙岩溶水为例 [J]．地质论评，2003，49 (1)：107 - 112.

[39] 朱新国，张展羽，祝卓．基于改进型 BP 神经网络马尔科夫模型的区域需水量预测 [J]．水资源保护，2010，26 (2)：28 - 31.

[40] 王开章，刘福胜，孙鸣．灰色模型在大武水源地水质预测中的应用 [J]．山东农业大学学报（自然科学版），2002，33 (1)：66 - 71.

[41] 杨士建．灰色模型在确定关键污染因子中的应用 [J]．中国环境监测，2003，19 (1)：40 - 42.

[42] 刘孟兰，余汉生．用灰色模型理论预测珠江口污染趋势的可行性 [J]．海洋环境科学，2005，24 (2)：36 - 38.

[43] 张海峰，卢云晓．灰色理论及神经网络组合模型在水质预测中的应用 [J]．给水排水，2010，36 (s1)：436 - 439.

[44] 张光玉，田晓刚，彭士涛，等．灰色动态层次分析模型在海洋环境评价预测中的开发及应用——以渤海湾天津段为例 [J]．海洋环境科学，2010，29 (5)：683 - 688.

[45] 李莹，邹经湘，张宇羽，等．自适应神经网络在水质预测建模中的应用 [J]．系统工程，2001，19 (1)：89 - 93.

[46] 郭劲松，霍国友，龙腾锐．BOD - DO 耦合人工神经网络水质模拟的研究 [J]．环境科学学报，2001，21 (2)：140 - 143.

[47] 李占东，林钦．BP 人工神经网络模型在珠江口水质评价中的应用 [J]．南方水产科学，2005，1 (4)：47 - 54.

[48] 欧素英，杨清书．人工神经网络模型在航道、港口潮水位预报中的应用 [J]．水利水运工程学报，2008 (2)：67 - 70.

[49] 赵棣华，李褆来，陆家驹．长江江苏段二维水流-水质模拟 [J]．水利学报，2003 (6)：72 - 77.

[50] 张智，李灿，曾晓岚，等．QUAL2E 模型在长江重庆段水质模拟中的应用研究 [J]．环境科学与技术，2006，29 (1)：1 - 3.

[51] Lin C E, Chen C T, Kao C M, 等．Development of the sediment and water quality management strategies for the Salt - water River, Taiwan [J]．Marine Pollution Bulletin, 2011, 63 (5 - 12)：528 - 534.

[52] 史铁锤，王飞儿，方晓波．基于 WASP 的湖州市环太湖河网区水质管理模式 [J]．环境科学学报，2010，30 (3)：631 - 640.

[53] Wang X, Hao F, Cheng H, 等．Estimating non - point source pollutant loads for the large - scale basin of the Yangtze River in China [J]．Environmental Earth Sciences, 2010, 63 (5)：1079 - 1092.

[54] 冯民权，郑邦民，周孝德．水环境模拟与预测 [M]．北京：科学出版社，2009.

［55］ 王敏捷. 渭河水环境问题与治理对策［J］. 灾害学，2000，15（1）：47 – 50.

［56］ 冯民权，邢肖鹏，薛鹏松. BP 网络马尔可夫模型的水质预测研究——基于灰色关联分析［J］. 自然灾害学报，2011，20（5）：169 – 175.

［57］ Babu M T，Das V K，Vethamony P. BOD – DO modeling and water quality analysis of a waste water outfall off Kochi，west coast of India［J］. Environment International，2006，32（2）：165 – 73.

［58］ 杨杰军，王琳，王成见，等. 中国北方河流环境容量核算方法研究［J］. 水利学报，2009，40（2）：194 – 200.

［59］ 袁作新. 流域水文模型［M］. 北京：水利电力出版社，1990.

［60］ Williams J R，Berndt H D. Sediment Yield Prediction Based on WatershedHydrology［J］. Agricultural Engineering，1977，20（6）：1100 – 1104.

［61］ Wischmeier W H，Smith D D. Predicting rainfall erosion losses – a guide to conservation planning［J］. United States. dept. of Agriculture. agriculture Handbook，1978，537.

［62］ Vol. N. The future of RUSLE：Inside the new Revised Universal Soil LossEquation［J］. Journal of Soil & Water Conservation，1995，50（5）：484 – 489.

［63］ Brown L C，Barnwell T O. The enhanced stream water quality models QUAL2E and QUAL2E – UNCAS：documentation and usermanual［M］. Epa Office of Research & Development Environmental Research Laboratory，1987.

第6章 流域城镇污水处理厂建设方案优选评估模型

流域城镇污水处理厂建设项目是流域规划较为重要的一项内容，此类项目的建设方案是否科学合理将直接影响到流域规划各项目标的完成程度。因此，研究制定流域规划城镇污水处理厂建设的优化方案，将为我国目前的流域管理决策以及水环境质量改善工作提供科学和系统的支撑，具有重要的现实意义。流域污水处理厂建设方案的优选决策涉及到经济、技术、环境与社会等诸方面，是一个多目标的优化决策问题。各影响因素之间存在矛盾性与不可公度性，它们之间的复杂关系难以通过简单的线性等式（或不等式）约束以及非线性等式（或不等式）约束表述，难以被归并为单目标问题，因此国内外大部分研究者采用多目标决策工具进行污水处理厂建设方案的优选决策。本章从流域宏观尺度上污水处理厂建设方案优化决策的角度出发，提出流域规划城镇污水处理厂建设规划决策研究的理论和方法基础，综合考虑经济、社会、环境等方面的影响因素，目标约束设置更为细化和全面，建立具有科学性、实用性的流域城镇污水处理厂建设方案优化决策模型，并设计相应的多目标智能优化算法进行求解。研究选取松花江流域为对象开展示范研究，以验证该优化模型的科学性、实用性以及设计算法在求解时的有效性，为该模型在其他流域规划决策中的应用提供重要参考，同时为流域水污染防治规划决策方法体系的构建提供基础支持。

6.1 研究背景

城镇污水处理设施是重要的市政设施，具有污染防治与城镇减排、资源化利用等基本功能。近年来，我国实施了"节能减排"政策，中央和地方政府加大对城镇污水处理设施建设的投资力度，同时积极引入市场机制，建立健全政策法规和标准体系，城市污水处理取得了令人瞩目的成果，扭转了城镇污水处理设施建设滞后于城市化发展的局面。目前，许多城镇污水处理厂在建设时由于缺乏综合性考虑，仅仅根据当地城市的规划布局，结合规范条文的基本因素及城市的实际发展情况综合选择确定建设方案。但是，这种作法的弊端主要体现在目前规范条文较为简要，在具体工作中只能作为指导性纲要，而且忽略了流域整体的污水排放量、环境容量、财政实力和运行总费用等因素，因此往往并不是较优的建设方案。流域内城市污水处理厂的布局非常关键，合理的城市污水处理厂建设方案选择关系着整个流域水污染防治规划决策方案的合理性。

针对当前流域水污染防治规划方案筛选技术方法薄弱的问题，进一步加强流域水污染防治规划决策方案的费用效益分析方法研究，以城镇污水处理厂建设方案为突破点，系统分析我国流域规划管理的决策需求和科学问题，借鉴国内外有关流域环境管理优化技术的研究，提出流域城镇污水处理厂建设规划决策研究的理论和方法基础，在此基础上建立流域城镇污水处理厂建设方案的优化决策模型，并设计完成基于智能算法的多目标求解方法，选取松花江流域为对象开展示范研究，为流域水污染防治规划决策平台的构建提供基础支持，为我国目前的流域管理决策提供科学和系统的支撑。

6.2 国内外研究进展

6.2.1 污水处理厂费用函数模型

建立污水处理设施的费用函数，对于一个地区水污染控制和规划的制定具有重要作用。在寻求全局最优方案时，必须求得污水处理设施的费用函数，才能建立系统最优化模型。水污染防治系统规划以最优化理论为基本工具，合理利用水体的自净能力，调节水污染防治系统各组成部分之间的关系，在满足水体水质要求的约束下，使得整个水污染防治系统的污染物治理费用最低。因此水污染防治系统规划的核心就是求解费用函数使其在满足约束条件下取得最小值。在进行污水处理厂建设规划时，常常需要根据污水处理厂费用函数进行最优化求解以确定最为经济的处理规模和污染物去除率，这就需要用一定的方法确定污水处理厂的建设和运行费用函数。

6.2.1.1 国外污水处理厂费用函数研究

自 20 世纪 60 年代开始，国外环境界对污水处理厂的费用函数进行了深入的研究，建立了一系列的费用模型。

Minnehen（1968）研究了污水处理厂治理投资和废水处理量、生化需氧量去除率之间的函数关系[1]。Michel（1969）通过调查 1500 个污水处理厂的运行数据，得出了运行费用（包括劳力、公用事业、化学药剂等）的函数形式[1]。美国 Robert Smith 对城镇污水处理厂的运行费用进行分析，得到建设费用和运行费用与处理厂规模之间的关系[2]。Arthur G. Frass 和 Vincent G. Munleg 用经验方法估计了污水处理厂功能、污水处理量对建设投资、设备运行和维修费用的影响[2]。Fraas 和 Munleg 以美国环保局所研究的数据为基础，计算建设费用与运行费用，根据 178 个污水处理厂的资料，用 OLS 法求出费用函数中的参数估值[2]。Gillot 等（1999）[3]建立了动态模拟系统 Moss - CC，该系统基于费用计算模型，对污水处理厂运行期内的历史经济数据进行评估，在评估不同处理情况时综合考虑变化的运行成本，以总费用最小化实现污水处理厂的最优化设计，并可以进行当实施大量控制策略时取得的潜在效益的调查分析。Tsagarakis 等（2003）[4]以希腊为例，对不同人口当量、不同处理工艺流程的污水处理厂，从土地费用、建设成本及运行维护费用等方面进行分析，并运用生病周期分析对不同处理工艺的经济费用进行评估。David 等（2003）[5]通过生命周期经济模型对美国城市污水湿地系统进行了研究，论证了湿地系统在经济及生态效益方面的优势。Dogot T 和 Xanthoulis Y（2010）[6]对比利时瓦隆地区集体污水处理成本进行了研究，构建的综合分析模型除考虑了投资成本和运营成本之外，对每个独立的过程进行了分析，以探讨投资成本结构和影响因素，然后将模型用于预测 36 个地区污水处理厂的未来使用费用，为决策者提供了决策依据。

从国外污水处理费用模型的研究成果来看，方法逐渐多样化，由经验法发展到生命周期分析，研究的污水处理工艺涉及物化法、活性污泥法、滴滤池、湿地处理系统等。研究目的逐渐由理论研究上升到实践应用，实现对污水处理厂规划设计到优化运行、实时控制的宏观指导。

6.2.1.2　国内污水处理厂费用函数研究

国内在过去很长一段时间内，由于污水处理费用的实际资料甚少，建立费用模型相对困难。近年来，随着污水处理工作的迅速发展，国内学者在污水处理厂费用函数模型的开发方面开展了大量分析研究工作。

尹军等（1988）[7]在幂函数形式 $C = aQ^b$ 的基础上，以污水处理构筑物系列设计所得数据，采用 OLS 法进行曲线拟合，求得各单元构筑物费用函数的参数。Li X. W.（1995）[8]在收集的国内 7 处稳定塘试验基地经济数据的基础上，着重对基建投资组成进行了分析。Wen 和 Lee（1999）[9]将模糊线性回归引入污水处理厂费用模型的研究中，并对中国台湾地区 26 座污水处理厂的费用进行分析与建模，但所得结果不尽如人意，误差远远超过所能接受的范围。邵玉林（1999）[10]利用天津市工业污染治理设施运行数据，依据环境工程学原理，研究了厂级污染费用函数和边际削减费用函数。张鸣等（2000）[11]在分析城镇污水处理厂费用组成的基础上，建立了各个污染物治理运行费用的回归方程。蒋惠忠（2000）[12]综述了污水处理单元构筑物费用模型的研究，提出了处理效度的概念，用此处理效率能较全面地反映构筑物的处理特性，在此基础上拟合的费用函数比较符合实际，作者还对费用模型拟合涉及的一些概念进行了规范探讨。何秉宇（2001）[13]等针对干旱区的实际和工业行业分布状况，对新疆地区的部分废水治理设施进行了调查，按企业类别、废水特性将所调查污水处理工程分为四种类型（纺织废水处理设施、造纸废水处理设施、生活污水处理设施、化工废水处理设施），并以 $C = k_1 Q^{k_2} + k_3 Q^{k_2} \eta^{k_4}$ 为基本函数，分别计算了各种类型的费用函数。Chen 和 Chang（2002）[14]结合中国台湾 48 个城市污水处理厂以及 29 个工业废水治理厂的数据资料，建立包括传统最小二乘回归、模糊线性回归和模糊目标回归在内的比较框架，研究表明在不确定性环境下模糊目标回归模型的费用预测值最稳健。林澍与黄平（2007）[15]以 $C = k_1 Q^{k_2} + k_3 Q^{k_2} \eta^{k_4}$ 为函数模型，采用遗传算法、牛顿法及其改进方法，用收集到的 16 个污水处理厂的设计建设费用进行费用函数的参数估计，通过计算结果的比较，说明运用遗传算法进行污水处理厂费用函数拟合是可行的。曹东等（2009）[16]以计量经济模型为手段，利用全国上千家重点污染源数据，从微观角度对工业企业的污染行为进行了经济分析，建立了企业污染物联合削减费用函数，并对水污染物削减费用函数进行了回归。

总体上，国内对污水处理费用模型的研究缓慢，方法基本还停留在传统的统计分析、系列设计和参数分析等经验方法；计算标准没有统一，没有充分考虑时间和地区的价差影响，可比性不强，研究中主要着重于工业废水治理费用函数，涉及城镇污水处理及其污染工艺的费用模型研究的很少。

6.2.2　污水处理厂优选决策模型

污水处理厂建设方案的优选决策涉及经济、技术、环境与社会等诸方面，因此是一个多目标的优化决策问题。各影响因素之间存在矛盾性与不可公度性，它们之间的复杂关系难以通过简单的线性等式（或不等式）约束以及非线性等式（或不等式）约束表述，难以被归并为单目标问题,因此国内外大部分研究者采用多目标决策工具进行污水处理厂建设方案的优选决策。从研究视角来看,更多侧重于针对备选方案集的多目标优选评估决策方法,而在连续变量的优化决策模型上则更加侧重于污水处理系统内部工艺参数优化设计研究,在流域或区域尺度上的有关直接优化决策模型研究相对较少,大多在水污染治理规划与管理中有所体现。

6.2.2.1 国外污水处理厂优选决策研究

从针对备选方案集的多目标优选评估决策研究来看,许多学者从多角度、全方位来综合考虑污水处理厂备选方案多目标优选评估体系的构建。Balkema 等[17]在现有四种评估方法(熵分析、经济分析、生命周期评价、系统分析)的基础上,从经济、环境、社会三方面提出适应可持续发展的综合指标,另外也对当前研究中的一些决定性指标进行了统计归类。Palme 等[18]选取污泥处理的四种方式来进行评价,借助多目标决策(MCA)从生命周期评估、经济评估、风险及不确定性分析等方面进行优选评估指标的确定及探讨。Alsina 等[19]针对污水处理厂的评估目标大多比较单一的缺点,开始从经济、技术、可行性等方面对污水处理厂进行了较为全面的分析评估,确定了 12 项评估指标。Lim 等[20]将污水处理厂从分散式处理到最终处理阶段的数学优化模型作为一个废水处理网络系统,通过生命周期评价和生命周期成本方法,从经济与环境的可行性两方面来对不同污水处理厂建设方案进行比较分析。可见,在进行污水处理厂建设方案的多目标优选评估的同时,国外很多学者已将生命周期评价方法很好地应用到污水处理的评价当中,真正使得生命周期评价作为政府和企业的一项行之有效的管理工具[21,22]。

从针对连续决策变量的多目标优化决策模型研究来看,国外更加侧重于污水处理系统内部工艺参数优化设计研究,更加强调完整的污水和污泥处理子系统构成的大系统,以及子系统内部和子系统相互之间错综复杂的联系,如 Tyteca(1981)[23]、Dick 等(1984)[24]、Tang 等(1987)[25]的研究工作,系统目标也由单一的最小投资费用向包括系统最大可靠性等优化设计子目标的多目标转变。随着计算机技术的不断升级以及新的数学优化理论的出现,20 世纪末期和 21 世纪的研究者获得了更为广阔的空间来对污水处理厂优化设计理论及应用进行相关的研究。其中具代表性的有 Kao J. J.(1993)[26]利用计算机强大的图像功能显示及计算功能,首次开发出具有人机交互友好界面的辅助设计模型;同时还有 Alderman 等(1998)[27]对中小型污水厌氧预处理设施所进行的优化设计模型研究等。而在流域或区域尺度上的有关直接研究相对较少,大多在水污染治理规划与管理中有所体现,如:Ching - Gung Wean 等(1998)[28]构建了多目标水质管理最优化模型,并采用神经网络算法来实现水污染最优控制。Rauch(1999)[29]以水污染程度最小作为目标函数,对城市污水系统最优规划问题进行研究。Cho(2004)[30]通过 GA 与非线性水质模型耦合的方法,构建水质管理优化决策模型,使污水处理费用最低并且流域水质达到国家规定的标准。还有一些学者将多目标优化决策理论及其智能算法应用于流域规划与管理决策中,如 Srivastava(2002)[31]、Re-hana 等(2009)[32]、Maringanti 等(2009)[33]的研究工作。

6.2.2.2 国内污水处理厂优选决策研究

从针对备选方案集的多目标优选评估决策研究来看,我国学者也开展了大量研究工作。自 1999 年张松滨等[34]提出将多指标相关分析法应用于污水处理厂建设方案综合性能评估以来，越来越多的学者开始针对污水处理厂建设方案优选评估进行探索研究。如王国平等[35]运用集对分析法，全面分析经济、技术、管理及环境效益等因素的影响，建立了一套适合城市污水处理厂建设方案综合评估模型，并论证了该模型的实用性及其应用特点。胡天觉等[36]应用层次分析法，选取了经济效益、技术性能、管理效益三方面来选择合适的霞湾污水厂处理工艺。龚宏伟[37]利用模糊数学方法，建立了污水处理厂运行效果的综合评价模型。李军红[38]将层次分析法和模糊接近度法相结合，建立包括经济、社会、环境效益三方面的评估指标体系，通过多目标模糊评价模型来优化选择污水处理工艺。蒋茹[39]分别建立了多层次模糊灰色耦合模型和多属性集对分析模型，对某污水处理厂的四种候选工艺方案进行了模型验证，并确定了最优决策方案。唐然[40]构建了城镇污水处理厂工艺优选决策指标体系与量化方法，并设计了基于模糊聚类的改进遗传算法用于求解决策指标权值，最后建立模糊-灰色关联法用于实现方案优选。魏丽[41]将多种评估方法进行耦合，即灰色系统、模糊数学、层次分析法相结合，对经济、环境、技术、管理等不确定性因素进行了探讨，建立了结合 AHP 法的模糊灰色耦合模型用于污水处理工艺优化设计。纪楠（2010）[42]在全面研究生命周期评价方法和清洁生产理论的基础上，对污水处理厂在污水处理过程中产生的各种影响进行分析，从资源能耗消耗、环境影响、人类健康、经济效益及技术性能等方面选取评价指标，建立了一套适合我国城市污水处理厂的多目标综合评估指标体系。

从针对连续决策变量的多目标优化决策模型研究来看，国内对于污水处理系统内部工艺参数优化设计研究有所涉足，但并不深入，目前的研究状况还滞后于国外的研究水平。傅国伟（1985）[43]于 20 世纪 80 年代初建立了一个简单的连续决策变量的工艺系统优化设计模型，彭永臻等（1989）[44]在此基础上对活性污泥法污水处理厂进行了最优化设计研究，但其优化结论难以得到验证。郑传宁等（1999）[45]在设计研究中引入两步优化理论，采用动态规划对单元建筑物进行寻优，获得了较为满意的工艺设计方案。林玉鹏等（2000）[46]在已有研究成果的基础上引入区间数的概念，着重研究了入流水质、水量的不确定性对污水处理厂优化设计的影响。庞煜等（2004）[47]将非线性规划方法和系统最优化思想引入活性污泥法 A²/O 工艺系统的优化设计中，采用序列二次规划方法寻优求解，试图寻求一个"最优"工艺设计方案的近似数值解，但仍处于理论可行阶段。近年来，国内在流域或区域尺度上的水污染治理规划决策模型研究日益增多，其中大多优化决策模型中的决策变量涉及污水处理厂建设规模、处理效率、回用率等。如刘永（2007）[48]构建了湖泊-流域生态经济多目标优化决策模型，该模型以经济效益最大、流域经济结构最优、水土流失最小等为优化目标，以污水处理厂扩展规模、污染物排放总量、森林覆盖率等为约束，并成功应用于邛海流域案例研究中。许碧霞等（2007）[49]以污水利用率最大、产业用水经济效益最大为目标函数，以污水回用量为约束条件，建立污水多目标优化模型，并以天津市开展案例研究。郑莹等（2011）[50]针对感潮河流水质时空变化的特点，将 NSGA-Ⅱ算法与流域污水处理费用函数、动态水质模型相耦合，建立感潮河流水污染控制多目标优化方法，并以深圳河为例进行了案例研究。孙晓（2011）[51]以污水治理项目净现值最大、主要污染物去除率最大为目标函数，以污水设计处理量、实际处理量、主要污染物进出口浓度、投资利润不小于期望值等为约束条件，构建了多目标规划模型，并设计了相应的求解算法，最后将其应用于我国东北地区水污染治理投资决策中。

6.2.3 存在的问题

目前，国内外对于污水处理厂建设投资运行成本、系统优化设计、优选决策模型等方面的研究取得了诸多研究成果，多目标决策理论、水污染治理投资等相关理论研究较多。对于污水处理厂建设方案的优选决策研究主要从技术工艺优选评估、系统参数优化设计、宏观尺度上的污水处理厂建设方案优化模型等方面开展。此外，多目标规划模型的求解算法研究比较成熟。但国内外对于污水处理厂建设方案优选的研究仍然存在一些问题：

（1）国内外关于污水处理厂备选建设方案优选评估、系统内部优化设计模型研究相对较多，但基于多目标规划的污水处理厂建设方案的优化决策模型在具体某个流域或区域的研究较少，特别是直接研究很少，大多在水污染治理规划与管理决策中有所涉及，但影响因素考虑明显不足。

（2）当多目标决策理论引入到污水处理厂建设方案优选评估研究中时，目标函数比较单一，主要从国家或者财政部的角度，只考虑环境方面因素如 COD、BOD、氨氮等指标的总排放量、入河排放量、出入境控制量等，而较少考虑污水处理项目建成之后的运营，此外目标约束条件及参数的设定还不够完善，该领域需要做进一步的研究。

（3）污水处理系统很复杂，具有非线性和多变性，在建模时需要大量可靠的基础数据，除经济费用数据外，还需要大量的包括设计污水处理量、实际污水处理量、主要污染物的进出口浓度、污泥处置量等相关数据，加上统计口径与标准不同，数据就有很大的不确定性，给模型构建的准确性带来了困难。

（4）污水处理厂优化决策模型具有多目标、多变量、非线性等复杂性特征，如何求解与分析这样的一个模型及其内部的运行机制往往成为优化决策的核心。从现有的相关研究成果来看，有些虽然在理论上构建了较完整的优化决策模型，但由于模型本身的复杂性而对求解算法设计要求很高，计算过程复杂，很难保证解的最优性及可行性，且更不能明确说明所得结论的可靠性程度与稳定性大小。近年来，遗传算法、粒子群等智能优化算法已应用于复杂优化问题的求解中，但在求解精度、效率、稳定性等方面仍存在一定的局限性。

6.3 研究思路与框架

本研究拟在"十一五"城镇污水污染控制投资和运行费用函数研究的基础上，以松花江流域为示范，深入进行流域规划城镇污水处理厂建设方案优选的研究，探索并研究流域规划与管理优化决策方法，为流域规划决策支持平台的构建做好基础工作。具体研究内容包括以下三个方面：

（1）理论研究。在系统总结分析国内外相关研究的基础上，识别我国流域规划管理决策的需求和科学问题，以城镇污水处理厂建设方案为突破点，从流域规划决策模型概论、多目标决策模型理论以及多目标智能优化算法等方面提出流域城镇污水处理厂建设规划决策研究的理论和方法基础，为流域城镇污水处理厂建设方案优化决策模型的构建提供理论支撑。

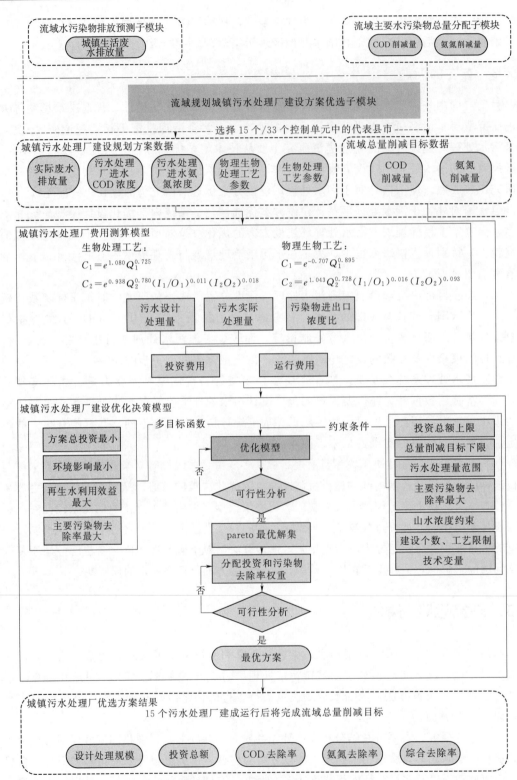

图 6-1　流域污水处理厂建设方案优选评估技术路线

（2）流域城镇污水处理厂建设优化决策模型的构建。在"十一五"城镇污水污染控制投资和运行费用函数研究的基础上，进一步开展城镇污水治理现状分析与数据补充调查，完善城镇污水治理技术经济数据，建立不同规模、处理效率和处理工艺城镇污水治理投资与运行费用函数，综合分析经济、社会和环境等方面的影响因素，基于多目标决策理论方法，以投资成本与运行成本最小、环境影响最小和主要污染物去除率最大为目标函数，以投资总额限制、污染物总量控制、污水实际处理量、污染物处理率、进出水浓度、建设个数以及工艺限制等为约束条件，构建多目标流域城镇污水处理厂建设方案的优化决策理论模型，并设计完成基于遗传算法的多目求解方法。

（3）流域规划城镇污水处理厂建设方案优选评估示范研究。基于流域城镇污水处理厂建设方案优化决策模型，重点选择嫩江流域各控制单元为示范对象，收集相关数据资料，建立嫩江流域城镇污水处理厂建设方案优选模型，并利用本课题设计的多目标遗传算法进行求解，最终给出示范区域城镇污水处理厂建设方案的 Pareto 最优解集，在此基础上，通过优选评估方法（基于决策者偏好的目标加权法或专家打分法等）对最优解集进行优选排序，给出最佳适应性决策方案。

研究技术路线如图 6-1 所示。

6.4 流域规划决策理论基础

6.4.1 流域规划决策模型概述

流域规划决策模型采用最优化建模的方法，确定流域内决策变量、目标函数和约束条件以及相关参数值，通过局部或者全局、确定性或者随机、线性或者非线性、整数或者实数优化算法求解满足约束条件并且达到目标（目标函数最大或最小）的决策变量的结果，用于指导流域规划决策过程。流域规划决策模型的发展历程贯穿于流域污染控制的发展阶段和优化模型建模及求解能力的发展过程之中。由于以流域为水污染防治、水生态恢复和社会经济可持续发展的基本单元这一理念的形成时间很短，将优化建模求解方法应用于流域综合管理的历史也并不长远，因而流域规划决策模型研究从时间上看并没有十分明晰的界线，许多经典的优化算法如求解线性规划的单纯形法、对偶单纯形法和求解非线性规划的梯度算法、牛顿法、拟牛顿法等，以及较先进的启发式搜索算法进化算法（遗传算法）、禁忌算法、模拟退火法、蚁群算法、粒子群优化算法等随机搜索算法等都曾被应用于流域规划决策的实际问题求解中。

此外，在面对流域规划决策过程中存在的不确定性问题时，根据问题的实际情况，可以降随即优化、模糊优化或者基于区间数的不确定性优化应用其中，将较为刚性的优化决策问题柔化，从而让优化问题的建模和求解过程变得更加灵活。而对于多目标优化问题，传统的解法包括主要目标法、线性加权和法、平方和加权法、理想点法、乘除法和几何平均法等将多目标问题转化成单目标问题求解，目前则更多地用非支配排序的遗传算法（NSGA-Ⅱ）来求解得到多目标问题的 Pareto 最优前沿面，为决策者做出有偏好的决策提供了更加直观的思路。另外，由环境问题的复杂性导致的环境系统输入输出响应的不确定性，也对不确定性规划方法的研究和发展起着促进作用。常规的不确定性优化模型主要有 3 类：随机规划、模糊规划和区间数规划，其解法通常是依据随机数学理论、模糊数学理论以及区间数学理论将不确定优化问题转化成确定性优化问题进行求解。为了研究的方便，本文不以优化模型的类型和求解方法作为分类准则，仅仅从优化模型在流域规划的应用层面对已有的流域规划决策模型相关文献进行筛选和分析，并从逻辑的角度将其发展历程划分为以下 3 个部分。

（1）简单流域系统决策模型。流域是一个水文气象、地质地貌、社会经济、资源环境相互作用的一个系统。以这个系统为研究对象，在特定的水文气象和地质地貌条件下，如何实现流域社会经济发展的最大化同时又不导致资源的耗竭和环境的退化，是流域规划决策模型需要回答的一个重要问题。针对这一问题，早期的研究主要将流域这个大系统划分成各个子系统，包括社会子系统、经济子系统、资源子系统和环境子系统，分析各个子系统间和子系统内部各个要素间的相互关系，并在此基础上以资源的可利用性和环境的可恢复性（输入环境的污染负荷不超过环境容量或者最大允许排放量）为约束条件，以流域的社会（主要指人口）和经济（包括农业、工业和第三产业）发展的最大化为目标函数构建优化模型进行求解[52-54]。简单的流域规划决策模型在水质规划、饮用水水源地规划、水利设施优化调度、水污染控制与治理、监测布点、环境经济系统优化、经济结构调整、生态环境承载力计算等许多实际问题中得到了广泛的应用。建模时主要采用的模型方法是一般的线性规划、非线性规划、目标规划、动态规划等方法，当然，在具体的问题上，考虑的因素不同，那么求解过程的难易程度及结果的表现形式也不一样。

此外，为了考虑并度量流域规划决策过程中的不确定性，简单流域规划决策模型中还常常引入基于随机、模糊和区间数的单/多目标不确定性规划方法，以增加对实际问题的适应性和模型求解的灵活度。

（2）模拟与优化联合模型。对于简单流域规划决策模型，其"简单"并非指其流域系统分析的过程或者建立的优化模型简单（如较少的决策变量、较少的约束条件和较为单一的目标函数），而是指优化模型并没有考虑系统的动态变化，或者没有考虑系统不同阶段之间的相互关系而使得不同的阶段相对独立。为了反映流域系统动态变化过程，流域水质模拟模型便引入到流域规划决策模型框架之中。

流域系统模拟模型主要包括两大类：一类是反映流域社会经济发展和污染负荷相互关系的社会系统模拟模型；另一类是反映污染物在流域内迁移转化及其生态效应的自然系统模拟模型。为了衡量流域系统优化的结果是否能够有效地控制污染负荷或者改善水环境质量，需要将其作为模拟模型的输入条件，并进行动态模拟以评估其效果，这种方式称为"先优化后模拟"。在很多流域系统优化的过程中，模型的参数是很难从现有的统计和规划数据中获取的，只有借助于模拟模型的系统动态模拟过程，模拟模型为优化模型参数的获得提供便利条件，这种方式简称为"先模拟后优化"。

上述模拟优化问题中，优化模型并没有真实地反映流域系统的非线性特征，也没有反映其动态变化特性，因而其所得到的最优解与真实的最优解存在一定的差异性。为解决这一问题，研究者将这类问题定性为"模拟-优化"问题，并提出了"模拟-优化"耦合模型，将模拟模型看作为一个含有时间、空间以及相关输入的函数直接嵌入到优化模型中，作为一个约束条件或者作为目标函数的一部分直接求解这个模型[55,56]。对于简单的甚至可以显示表达的模拟模型，可以采用"直接耦合"的方式通过经典的启发式搜索算法（如遗传算法）求出其近似解。但是对于复杂的高度非线性的模拟模型，直接耦合的方法在求解的过程中容易陷入"维数灾难"因而具有较高的时间复杂度和空间复杂度，不易求出最优解并且解的最优性也容易受到质疑。

虽然对直接耦合方法进行了大量深入研究，但始终无法克服其致命弱点，即这类方法在应用于中到大型模拟优化问题时常常无法在可行的计算条件下完成模型求解。面对直接耦合方法的缺陷，在世界范围内大量的研究人员探索了"间接耦合"的方法来克服计算瓶颈，即将模拟模型中对输出结果起着显著作用的输入条件进行固定或者随机抽样，通过模拟模型计算其对应的输出结果，然后采用数据建模（机器学习，包括统计建模、人工神经网络、支持向量机、决策树等方法）的方法建立其输入输出响应关系，从而得到原始模拟模型的替代模型。由于替代模型一般具有很高的计算效率，因此将其代入优化模型中进行求解就可能较大地提高模拟优化问题的计算效率并获得原始模拟优化模型的近优解。然而，不可忽视的是这类间接耦合方法在避开计算瓶颈的同时，又带来了另一些问题，即其所获得的最优解的可靠性往往不能保证[57]。而且当原始模拟模型计算量比较大且决策变量过多时，即使是产生替代模型本身就面临计算瓶颈的局限，所以间接耦合方法也不能为大型的流域模拟优化决策模型提供可靠高效的数学工具。因此，要使流域模拟优化方法成为实现流域管理高效性与可靠性的技术基础，高效的求解复杂耦合模型体系的数学方法仍然需要更加深入地研究。

（3）时空尺度复杂优化模型。流域规划决策的核心部分是流域水环境规划，而流域水环境规划则是在一定时间范围内，在不同的空间尺度上对流域内对人类的生产、生活活动以及水环境保护措施进行合理的安排。对人类的生产生活活动的安排，主要是约束人口的过度增长和经济的过度发展，从源头上控制污染负荷的产生；此外，也可以通过实施一定的环境保护措施，从污染物迁移转化的途径或末端进行控制和治理，从而达到水环境保护的要求。这些都要求流域系统优化模型能够动态的获得不同时空尺度下的最优环境保护策略。"模拟-优化"耦合模型的框架体系为实现这一过程提供了条件。然而，"模拟-优化"模型在解决与空间分布相关度较弱的流域点源污染控制方面较为成熟，而对于非点源污染的控制与治理还存在一定的局限性。目前，在非点源污染控制方面，流域水质管理优化决策模型主要有两类：其一是土地利用空间优化模型，另一是最佳管理措施（best management practices，BMPs）优化模型。

综上可知，流域规划模型在流域水质管理优化决策方面的研究较为成熟，已经逐渐从简单的流域系统优化模型发展为流域模拟与优化联合模型，甚至时空尺度复杂优化模型。本研究所涉及的流域污水处理厂建设方案属于典型的流域规划方案，而在流域尺度上的污水处理厂建设方案优化决策方面的研究还较少，且不够深入，所以，本研究将在已有的流域规划模型框架的基础上，在流域规划的层面上细化研究污染处理厂建设方案的优选，针对城镇污水处理厂系统的复杂性、非线性、多目标等特征，基于多目标优化决策理论构建流域城镇污水处理厂建设方案优化决策模型。

6.4.2　多目标决策模型理论

现实问题愈加复杂，决策问题愈加困难，往往是考虑多方面的目标，因此多目标决策方法越来越被重视，本研究将多目标决策理论与方法与环境规划方案筛选相结合，拟建立环境规划方案的多目标决策模型方法理论基础。着力研究多目标的决策基本理论层面，为环境规划方案筛选技术方法的决策提供坚实理论基础；加大提升多目标决策技术层级，深度拓展多目标方法应用层面，借助决策技术，实现环境规划方案多目标优选方法的决策。

6.4.2.1　多目标决策的特点

社会、经济的发展和管理的实践表明，实际生活中广泛存在的是多目标决策问题，对此单目标决策方法已经无能为力；"最优化原则"只是一种理想的原则，而"满意化原则"才是一种现实的原则[58]。人们在解决生产、科学实验、工程建设和经济管理等方面的问题时，经常需要判断或选择方案，在这个过程中，如果只考虑一个重要准则时，应用人们熟知的单目标最优化方法即可找出最佳方案。然而在实际中，特别是在大系统和巨系统中，往往需要同时考察多个准则才能判断和选择方案，在这种情况下，只有应用多目标决策方法，才能解决问题。例如进行产品计划研究时，公司的经理不再满足于极小化生产成本，而是同时考虑多个品性，包括生产成本、短期和长期资本需求、工人的满意程度与绩效、产品的适应性、能源消耗等。在可持续发展的背景下，企业在追求经济利益最大化的同时，还必须考虑社会效益、环境效益等目标。在经济管理工作中，需要同时考虑费用、质量、利润等目标，要求费用最小、质量最好、利润最大。

多目标决策的理论和方法，是由于解决大量现实问题的需要而发展起来的；而现有的数学和计算工具，使这种发展成为可能。

多目标决策是指在多个目标间互相矛盾、相互竞争的情况下所进行的决策。决策者面对的系统具有层次性、联系性和多维性等复杂性质，是多目标决策存在的根本原因。近代多目标决策理论与技术的产生和发展最直接的原因在于作为科学决策工具的单目标数学模型忽视了客观事物普遍存在的多目标性[59]，因而，除了简单的问题外，单目标决策很难满足个人和群体决策的要求。在现代工农业生产、能源开发、城市交通、企业管理、社会经济发展和各种有限资源合理分配等复杂问题中考虑多目标决策具有如下必要性与优越性：①采用多目标决策方法其结果更合理，更逼真，易被人们所接受；②有利于减少决策失误，促进决策的科学化和民主化；③能适应问题的各种决策要求和扩大决策范围，有利于决策者选出最佳均衡方案。

从经济与管理的角度看，自从亚当·斯密开始，西方经济学家的一个基本假设就是认为企业的决策者是"经济人"，他们的行为只受"利润最大化"行为准则所支配，他们从事经济活动没有其他动机，只以追求最大经济利益（实现企业的最大利润）为唯一的目标，而且这个目标通常是固定不变的，不受环境的影响。由此产生的数学工具就是单目标最优化模型。但是，社会、经济的发展已经证明，"经济人"的假设根本不适应现代管理的需求。西蒙着眼于现代企业的管理职能，否定了"经济人"的概念和"利润最大化"行为准则，提出了"管理人"和"令人满意行为"准则。他指出现代管理决策的两个基本假设是：①决策者必须考虑决策环境，希望达到一个满意的目标水平；②各种经济组织是一个合作系统，组成它的各个团体也许会有不同的、甚至是矛盾的目标，但是他们必须互相协调，共同对策。这样两个基本假设很自然地把现代经济管理的决策问题用多目标决策模型来描述。

多目标决策问题最显著的特点有两个：目标间的不可公度性和目标间的矛盾性。所谓目标间的不可公度性是指各个目标没有统一的度量标准，因而难于进行比较，对多目标决策问题中行动方案的评价只能根据多个目标所产生的综合效用来进行。所谓目标间的矛盾性是指如果采用一种方案去改进某一目标的值，可能会使另一目标的值变坏。由于多目标决策问题的上述两个特点，因此一般来说不能把多个目标直接归并为单个目标，再使用单目标决策问题的方法去解决多目标决策问题。多目标之间相互依赖、相互矛盾的关系反映了所研究问题的内部联系和本质，也增加了多目标决策问题求解的难度和复杂性。

多目标决策问题可简单地根据求解问题过程中，在优化之前（事先宣布偏好）、在优化之中（逐步宣布偏好）、在优化之后（事后宣布偏好）获取决策人的偏好信息来分类。由于多目标决策问题中目标之间的矛盾性，多目标决策问题一般不存在通常意义下的最优解，即不存在一个这样的解，在满足约束条件的情况下，使各个目标分别达到各自的最优值。多目标决策问题的解，在数学规划中称为非劣解；一些统计学家和经济学家称之为有效解；而福利经济学家则称之为 Pareto 最优解。

6.4.2.2 多目标决策研究进展

最早提出多目标问题的是法国经济学家帕累托，他从政治经济学的角度，把很多本质上不可比的目标转换为单一的目标去寻优，并提出帕累托最优的概念。Neumann 和 Morgenatem 从对策论角度提出了有多个决策者、彼此之间相互矛盾的多目标决策问题。柯普曼从生产、分配的活动分析中提出了多目标最优化问题，并且引入了 "Pareto 最优" 的概念；马考维茨研究了投资方案的选择问题。20 世纪 50 年代多目标决策问题的研究，分别在运筹学、经济学和心理学三个学科内展开。在运筹学领域内，Kuhn 和 Thcker 从数学规划角度提出了向量极值问题，并给出了非线性规划最优解存在的必要条件，即著名的 Kuhn - Thcker 定理，为后继的数学规划的研究提供了算法基础；经济学家关心的是以多目标为特征的有限资源合理分配问题；心理学家对多目标决策问题的贡献是如何从多维方案中做出自己的选择，Torgenson 提出了许多 "标度方法" 用于帮助个人进行决策。Keeney 和 Raiffa 提出的多属性效用理论，将上述三个学科的发展融为一体进行决策分析。在美国，由洛克菲勒基金会等单位资助哈佛水资源项目，在多目标决策的理论、方法和应用方面起了重大的作用，自 20 世纪 60 年代以来有大量研究成果问世。20 世纪 60 年代，目的规划法是一个主要多目标决策方法。查德从控制论角度提出了多指标最优化问题，并给出了一些基本概念。

20 世纪 70 年代是多目标决策理论和应用研究的重要时期，研究的主题是向量优化算法和非劣解的获得[60]。但由于非劣解集的规模使得最终解不易得出，大量的交互式方法被提出。这一时期多目标决策研究成果不断涌现，大量关于多目标（准则）决策的专著也相继出版，1975 年召开了第一届国际多目标决策会议。人们提出的多目标决策方法主要有四类：①基于 Bemard Roy 的开创性工作的级别高于（Outranking）方法，这种方法在 ELECTRE 法和 PROMETHEE 法里得到实现，为多属性决策问题提供了强有力的解决工具；②价值和效用理论方法。这种方法首先由 Keeney 和 Raiffa 提出，其中一种特殊的方法是由 Saaty 提出的层次分析法，并在 Expert Choice 软件包中实现；③交互式多目标规划方法，由 Yu, Stanley Zionts, Milan Zeleny, Ralph Steuer 等做出开创性工作。最好的交互式方法是由 Pekka Kothonen 开发的 VIG 软件包；④基于群决策和谈判理论的方法，它将决策理论研究引入了新的更广泛的领域。

20 世纪 80 年代后，研究者的注意力从多准则优化转向了对决策者提供多准则决策支持，"优化"的概念变成了"满意"，研究者们考虑的不再主要是建立在对决策人偏好结构和行为的不现实假设基础上的良好定义和结构的问题，而是决策者的实际和决策行为，因为有了好的人机通信接口，问题求解的组织背景等成为研究的主要方面，而计算机科学、认知科学、通信技术、网络技术的发展，为这种研究提供了可能。

就非线性多目标决策问题的研究而言，常用的方法为：①多目标线性加权法；②ε 约束方法；③代理值折中法和人机交互式方法等。多目标加权法简单易用，但权值选取的合理与否，很可能造成机时浪费或者多目标非劣解的遗漏。再者，若多目标函数之间存在非凸关系，该方法可能产生目标函数间补偿或抵消现象。ε 约束方法允许决策者以序贯的方式指定目标的界限，但仅在具体的条件集给定的情况下，该方法才能导致非劣解。代理值折中法和人机交互式方法将决策者的思考过程和个人偏好融入决策中，通过估计多目标之间的折中函数来选择满意的解。虽然该方法能解决非凸性多目标问题，但对于大系统问题，决策者所需要的折中函数的数目可能是巨大的。

我国对多目标决策的研究和应用是 20 世纪 70 年代中后期才开始的，1981 年第一次全国多目标决策会议在北京召开。虽然起步较晚，但 70 年代以来，很多学者（如顾基发、宣家骥、应玫茜、陈光亚、陈挺、胡毓达等）在多目标规划方面做了成果卓著的工作。近年来关于多目标规划的研究成果更是不胜枚举。如蒋尚华等[61]提出了多目标决策中衡量目标方案的两个指标：目标达成度和目标综合度，并设计了基于这两个指标的一种交互式多目标决策方法。

6.4.2.3　多目标问题理论基础

在多目标问题中，决策的目的在于使决策者获得最满意的方案，或取得最大效用的后果。为此，在决策过程中，必须考虑两个基本问题：其一是问题的结构或决策态势，即问题的客观事实；其二是决策规则或偏好结构，即人的主观作用。前者要求各个目标（或属性）能够实现最优，即多目标的优化问题；后者要求能够直接或间接地建立所有方案的偏好序列，借以最终择优，这就是效用理论的问题。

从数学规划的角度来看，多目标决策问题是一个向量优化问题或多目标优化问题。多目标优化与单目标优化的解是不同的。在单目标优化问题中，对任何两个函数的解，只要比较它们的函数大小，总可以从中找出一个最优解，并且能排出各个函数值的顺序；而多目标优化问题的解是非劣解，并且不是唯一的，孰优孰劣，很难直接做出判断。

所谓非劣解，可以粗略地解释如下：在所有可行解集中没有一个解优于它，或者说，它不劣于可行解集中的任意一个解。多目标优化计算得不出同时满足各个目标的最优解，只能求得非唯一的一组解，称为非劣解集。就非劣解集中的某一个非劣解而言，要想改进一个目标函数的效益，必以牺牲另一个或另几个目标函数的利益为代价。这是非劣解的一个重要特性。

求解多目标优化问题非劣解的途径，常见的是将向量优化问题转化为标量优化问题来求解，即将多目标问题转化为单目标问题来求解。这样就可以利用现有求解单目标优化的方法来求解多目标的优化问题。将向量问题转化为标量问题的常用方法有如下几个：

（1）权重法。它的基本思想是先将向量问题的各个目标函数赋予一定的权重，构成一个单目标的优化问题，然后再通过改变各个目际的权重值，从而生成多目标优化问题的非劣解集。

（2）约束法。它是将多目标中的任意一个目标选为基本目标，而将其余的目标转化为不等式约束，再不断变换约束水平，从而生成多目标问题的非劣解集。

（3）拉格朗日乘子法。它的基本思想与权重法差别不大，但它涉及驻点与鞍点的重要概念，也是一种将向量问题转化为标量问题的方法。

此外，还有固定等式约束、权重范数和权重与约束混合法等。多目标问题解的非劣性已由 Kuhn - Tucker 非劣充要条件所证明，并且为直接生成非劣解方法的基础，在多目标非劣解生成技术中广泛应用。

向量优化理论是生成多目标问题的非劣解的基础，但是在非劣解生成之后，如何从中选出最终解（或方案），这在很大程度上取决于决策者对某个方案的偏好（喜爱）、价值观和对风险的态度。测度这种偏好或价值的尺度，就是所谓的效用。它是能用实数表示决策者偏好程度的量化指标，或量化的度量。当各方案的效用确定后，就可比较、评价各个方案的优劣，从而做出最终的抉择。

在任何决策过程中，都直接或间接地含有能够排列方案的序列关系。如果这种序列关系反映了决策者的偏好，则称这种关系为偏好序。对于单目标决策问题，偏好序与该目标（或属性）数量的大小是一致的。例如，当采用人们认识一致的费用最小准则选择工程设计方案时，无须事先了解决策者的偏好序，只要应用适当的优化技术就可解决。这就是说，相应目标函数值小的方案就是决策者偏好的方案，或偏好序中的最优方案。

然而，对于多目标决策问题，则需另外了解决策者的偏好和建立某种序列关系，并将其直接地显示出来。建立这种在可行集上的序列关系的形式便称为偏好结构。它是两两元素（或方案）之间的比较关系，能使决策者对各个可行方案两两相比，选出他偏好的那个方案，或者两者无差别，或者一个方案不劣于另一个方案等。显然，决策者的偏好结构应能用实函数来表示，或者说，这种偏好序要与一个有序的实函数相对应，这个实函数便是效用函数。一旦建立了这种效用函数，最终方案的选择就相对得容易了。例如，对确定性决策问题，选取具有最大效用函数值的相应方案，便是决策者最满意的解；对于不确定性决策问题，具有最大期望效用值的相应方案，也就是最终的决策方案。

研究决策者的偏好关系、偏好结构和构造效用函数的理论基础就是效用理论。在效用理论中，偏好序是一个重要的概念和成分。在许多决策问题中，作为偏好结构基础的不劣于（≥）的存在假设是合乎理性的，但能否假设不劣于存在，还要取决于直接或间接地找到构造这种不劣于的方法，这就涉及偏好序的测度问题。在多目标决策情况下，用什么作测度的尺度，并不是都很清楚的。若没有合适的测度尺度（如标称、序数的、区间的和比率的），则偏好关系可以借用效用的概念来度量（效用实际是用序数尺度来测度的）。

效用理论是符合人类思维规律的一种公理化的理论，是多目标决策评价技术的基础。效用理论的研究一般从序列关系入手，研究确定性效用函数的存在性、表现形式和构造方法等，从而为多目标问题的决策服务。

6.4.2.4　多目标问题求解技术

多目标问题的求解技术，到目前为止，已有二三十种方法，大多是在 20 世纪 70 年代发展起来的。为了把握各种方法的基本特征，许多学者从不同的观点提出了一些不同的分类方法，如根据决策者与分析者在求解过程中的联系方式可分为交互式多目标决策和非交互式多目标决策；根据从决策者那里获得的偏好信息情况可分为有偏好的多目标决策和无偏好的多目标决策；根据决策方式可分为个体决策和群体决策；根据决策变量是连续的、方案无限的还是离散的、方案有限的可分为离散多目标决策和连续多目标决策等。

考虑到多目标决策问题的客观决策态势和主观的决策规则，以及获得决策者偏好信息的情况（包括联系方式），可将多目标决策技术分为三大类：第一类是非劣解的生成技术，第二类是结合偏好的评价决策技术，第三类是结合偏好的交互式生成决策技术。

（1）非劣解的生成技术。这类方法的特点是生成多目标问题的全部非劣解，决策态势起着决定性的作用。因此，它并不需要知道决策者的偏好。如果需要，则只有在求出非劣解集后，决策者作最终决策时，隐性的偏好才起作用。然而，这一步的实现是由第二类技术来承担的。因此，这类技术的基本任务是生成问题的非劣解集（或方案集）。但是，它是第二类和第三类技术中许多方法的基础，是决策者确定偏好和做出决策的有力信息和依据。

非劣解的生成技术最常用的方法有权重法、约束法、多目标线性规划法和多目标动态规划法。前两个方法是把多目标问题转换成单目标规划的形式，然后通过参数的变动来影响这个转换，便可以生成非劣解集。当目标函数和约束全是或其中之一是非线性时，可以用加权方法和 ε 约束方法得到非劣解。多目标线性规划法仅对线性模型生成非劣解集，然而，这种方法不需要把问题转化为单目标规划的形式，可以直接作用在目标向量上以获得非劣解。多目标动态规划由 Tauxe 于 1979 年提出，张玉新和冯尚友（1986）[62] 已将其发展为多维决策变量的多目标动态规划，并发展了算法，于 1987 年又提出了多目标动态规划迭代算法。

（2）结合偏好的评价决策技术。这类方法的基本特点是决策者的偏好明确已知，决策规则起着明显的作用，由于决策者的偏好不同，所以采用的决策规则也不同，而且决策者的偏好是一次性给出的。这类方法目前已发展成许多不同的类属。

按决策者的偏好结构差异来看，这类结合偏好的决策（评价）方法有以权重、优先权、目的和理想点为基础的方法，如权重法、目的规划法、理想点法等；以目标之间的权衡关系为基础的方法，如替代价值权衡法等。对这一类属的方法，基本上方案是无限的，方案集是未知的，决策变量是连续的。然而，对目的规划法，变量可以是连续的，也可是离散的；而对替代价值权衡法，变量必须是连续可微的。

按方案有限、方案集已知和决策变量离散的观点来看，这类方法有层次分析法、线性分配法、方案成对比较法、ELECTRE Ⅰ和Ⅱ法、TOPSIS法、LINMAP法等。这种类属的方法细分也有不同的特点，如 ELECTRE 法是根据和谐变量对方案进行排序的，TOPSIS法是根据一般理想点法形成的。

（3）结合偏好的交互式生成决策技术。这类方法的特点是决策者的偏好只是部分地明确，并用以导向生成非劣解，如决策者认为满意，则计算可告终结；否则，根据决策人的改进偏好（或意见）进行重复计算，直至求出满意解为止。这类决策技术在决策过程中，分析者与决策者始终通过对话交流信息，因此，称为交互式（或对话式）技术，而第二大类的决策技术，从分析者与决策者的联系方式来说，称为非交互式技术，即在决策过程中，只需决策者给出一次性的偏好意见，就可做出最终决策，而无须进行多次对话。

这类交互式的决策技术有步骤法、均衡规划法、概率权衡法、Geoffrion 法等。这些方法也均有各自的特点及适用范围。各种求解连续方案的多目标决策问题的方法的主要区别在于如何去诱导和使用决策者的偏好和信息。在求解过程中，获取决策者的偏好信息在时间上可分为优化之前、优化之中和优化之后，相应地，也可把多目标决策方法分成三大类：事先宣布偏好的方法、逐步宣布偏好的方法和事后宣布偏好的方法。

6.5 规划方案评估模型方法

6.5.1 影响因素分析

流域规划尤其是流域水污染防治规划通常有总体目标、水质目标、总量目标和生态目标等多个目标，规划编制及规划项目设计中应考虑对多个目标任务进行统筹安排，以实现投资效益最大化。目标规划应全面分析流域的基本特点和经济社会的发展需求，考虑项目目标的系统性和协调性，突出重点，兼顾一般。城镇污水处理厂建设项目是流域规划项目中较为重要的一项内容，此类项目的建设方案是否科学合理将直接影响到流域规划各个目标的完成程度。本课题结合当前流域规划污水处理厂建设过程中所涉及的流域水质保障、区域总量控制和社会经济制约等多方面因素，从经济、社会和环境等方面综合考虑，分析流域规划城镇污水处理厂建设方案优化决策的主要影响因素。

（1）建设和运行投资成本。任何工程项目的建设都必须有资金的支持，污水处理厂的建设和运行需要大量的投资，因此需要进行科学合理的投资建设，优化建设方案的资金配置，使污水处理厂建设方案能够取得较高的投入产出比。城镇污水污染控制费用包括建设投资和运行费用两大部分，建设投资包括土建工程费、安装工程费、设备费等，运行费主要由污水处理厂正常运转所需的费用组成，包括人员费、药剂费、能源费、维修费等。影响城镇污水污染控制投资和运行费用大小因素有污水处理规模、污水处理水平、所采用的处理工艺、污染物等标负荷量、污染物去除率、污泥处置量、污水回用量、使用年限等，上述影响因素对各种费用模型的影响存在相互制约关系，某个或几个因素的变化会造成各种费用模型剧烈变化。

（2）流域城镇污水处理能力。城镇污水处理设施建设作为环境公共基础设施建设其中一项重要内容，是提升基本环境公共服务、改善水环境质量的重大环保民生工程也是建设资源节约型、环境友好型社会的重要工作任务。一个流域的污水处理水平直接反映了流域内各级地方人民政府对国家及产业政策的落实情况，反映了对解决广大人民群众息息相关的环境问题的解决力度，反映了该流域污染治理设施的建设水平等。同时，流域污水处理能力要与流域内经济社会发展水平相协调，与城镇发展总体规划相衔接，与环境改善要求相适应，与环保产业发展相促进，因此，合理确定建设规模、内容和布局，以流域城镇污水处理能力作为评价流域规划城镇污水处理厂建设方案的目标之一是十分必要的。

（3）处理工艺。污水处理厂建设设计时应结合当地实际进、出水要求选择合适处理工艺。一般城市污水与城镇污水水质不同，需要不同的处理工艺。我国城市和城镇污水处理采用的工艺主要有：SBR 工艺系列、氧化沟工艺系列、传统活性污泥法、BIOLAK 工艺、BAF 工艺以及人工湿地等。其中，SBR 工艺系列、氧化沟工艺系列和活性污泥法是最为常见的工艺类型。

（4）污染物总量控制。"十一五"期间，国家明确提出实施污染物排放总量控制计划管理，将化学需氧量作为流域水污染物总量控制的指标，提出到 2010 年排放总量比 2005 年减少 10％的控制目标。"十二五"期间，除化学需氧量外，又增加氨氮作为水污染物总量控制指标，提出到 2015 年，化学需氧量和氨氮两项指标污染物排放总量比 2010 年分别减少 8％和 10％的控制目标。因此，"十二五"流域规划中增设化学需氧量和氨氮两项总量控制指标作为约束性指标。根据"十一五"的污染物排放数据显示，化学需氧量和氨氮两项污染物排放量 70％来自生活源（不考虑农业源的影响），而城镇污水处理厂的建设和运行是削减生活源中化学需氧量和氨氮两项污染物最有效的措施。因此，流域规划城镇污水处理厂建设方案评估目标要以流域规划总量控制目标为约束，确保方案实施后，流域污染物排放总量能够达到流域规划所设置的总量目标。

（5）对环境的影响。污水处理厂建设从环保角度而言，一般要求不要对周围环境（指自然资源、水域、地下水、耕地、森林、水产、风景、名胜、自然保护区等）造成不可恢复的破坏，一般不宜设置在城市或居民区的上风向、城市水源的近距离上游。同时，污水处理厂建成投产后，对周围特别是下游城镇的水源保护区、养殖区等生态环境敏感区的环境影响应尽量小，不能超过地方环境容量所容许的范围。

（6）回水的利用。21 世纪排水系统的定位应从以前的防涝减灾、防污减灾逐步转向污水的资源化，从而恢复健康水循环和良好水环境、维持水资源可持续利用。随着水资源的日益减少，污水回用日渐成为解决水资源短缺的一个重要途径。经深度处理后的污水达到规定的水质标准后可作为农田灌溉水、工业工艺用水或厕所冲洗、园林浇灌、道路保洁等生活杂用水。所以，污水深度处理与再生回用是恢复水环境的必由之路。因此污水处理厂的回水利用（如工业回用或农业灌溉）效益也是确定建设方案时必须考虑的问题。

6.5.2 污水处理厂费用函数

6.5.2.1 函数形式

本研究借鉴"十一五"城镇污水污染控制投资和运行费用函数形式，即以污水设计处理规模、污水实际处理规模、主要污染物进出口浓度之比为变量，来考虑污水治理费用。其中污水处理厂的建设费用主要和污水设计处理量有关，运行费用主要受实际污水处理量、主要污染物进出口浓度的影响。投资和运行费用函数形式分别如式（6-1）和式（6-2）所示。

$$C_1 = a_0 Q_1^{a_1} \qquad\qquad (6-1)$$

式中：C_1 为投资成本；Q_1 为污水设计处理量，t/d；a_0、a_1 为参数。

$$C_2 = b_0 Q_2^{b_1} \prod_{i=1}^{2} (I_i/O_i)^{d_i} \qquad\qquad (6-2)$$

式中：C_2 为运行成本；Q_2 为污水实际处理量，t/d；I_i/O_i 为第 i 种污染物的进出口浓度之比；b_0、b_1、d_i 为参数。

6.5.2.2 投资函数

运用多元回归等统计分析方法，对 2010 年北方城镇污水处理技术经济基础数据进行统计分析、数理回归，拟合出城市水污染控制投资费用函数，求出城镇污水典型处理工艺投资费用与主要参数之间的关系，建立不同工艺类型的城镇水污染控制投资费用函数。这里，污水处理工艺主要按大类划分，具体而言，各大类处理工艺包括内容如下：

物理处理工艺主要包括：过滤、离心、沉淀分离、上浮分离等工艺；

化学处理工艺主要包括：化学混凝法、化学混凝沉淀法、化学混凝气浮法、中和法、化学沉淀法、氧化还原法等工艺；

物理化学处理工艺主要包括：吸附、离子交换、电渗析、反渗透、超过滤等工艺；

生物处理法主要包括：好氧生物处理、活性污泥法、普通活性污泥法、高浓度活性污泥法、接触稳定法、氧化沟、SBR、生物膜法、普通生物滤池、生物转盘、生物接触氧化法、厌氧生物处理法、厌氧滤器工艺、上流式厌氧污泥床工艺、厌氧折流板反应器工艺、厌氧/好氧生物组合工艺、两段好氧生物处理工艺、A/O 工艺、A²/O 工艺、A/O² 工艺等。

考虑到采用实际数据对费用函数进行拟合时，对样本的数量存在最低要求，从已有可用样本数据情况来看，通过可用样本能够直接进行拟合的投资费用函数包括以下两类：城镇污水生物处理工艺投资费用函数（样本量335），城镇污水物理＋生物处理工艺投资费用函数（样本量234）。

（1）北方地区城镇污水生物处理工艺投资费用函数。由于此处的投资费用函数只考虑设计处理能力和投资费用之间的关系，因此可以直接采用一元线性回归方法对设计处理能力对数和总投资费用进行回归，表6-1～表6-3分别给出了回归结果的拟合优度分析、方差分析以及相关系数分析结果。

表6-1 模型拟合优度分析

模型	R	R 平方	调整的 R 平方	标准误差
1	0.846①	0.716	0.715	0.7275

① Predictors：（Constant），设计处理能力对数。

表6-2 方差分析①

	模型	平方和	自由度	均方差	F	显著性
	Regression	444.975	1	444.975	840.743	0.000②
1	Residual	176.245	333	0.529		
	Total	621.220	334			

① Dependent Variable：总投资对数。

② Predictors：（Constant），设计处理能力对数。

表6-3 相关系数分析①

模 型	非标准化系数		标准化系数	t	显著性
	B	标准误差	$Beta$		
1（Constant）	1.080	0.254		4.245	0.000
污水设计处理能力对数	0.725	0.025	0.846	28.996	0.000

① Dependent Variable：总投资对数。

拟合优度衡量的是回归方程整体的拟合度，是表达因变量与所有自变量之间的总体关系。拟合优度指标 R 等于回归平方和在总平方和中所占的比率，即回归方程所能解释的因变量变异性的百分比。从回归结果的拟合优度分析来看，方程的拟合优度为 0.715，可以较好的拟合已有数据。

对回归结果进行的方差分析主要用来检验方程整体的显著性，显著性检验主要通过 F 检验进行。回归结果方差分析表中的 F 检验显著性为 0.000，表明方程中的所有自变量作为一个整体与因变量之间存在显著的相关关系，即回归方程总体是显著的。

进一步地，可以通过相关系数分析得出各因变量的系数以及相应的显著性水平，从上述的相关系数分析表中可以看出，自变量"污水设计处理能力对数"的系数为 0.725，显著性为 0.000，通过了显著性检验，即污水设计处理能力对总投资具有较好的解释作用。

从上述回归结果可以得到对数形式的投资费用函数为

$$\ln C_1 = 1.080 + 0.725 \ln Q_1 \tag{6-3}$$

进一步地，将上述函数转化成一般形式，可得如下的投资费用函数：

$$C_1 = e^{1.080} Q_1^{0.725} \tag{6-4}$$

式中：C_1 为总投资，万元；e 为自然对数，约为 2.72；Q_1 为污水设计处理能力，t/d。

从上述费用函数中可以看出北方采用生物处理工艺污水处理厂的总投资额主要受到污水设计处理能力的影响，具体而言，污水设计处理能力与总投资费用呈幂函数关系，即总投资与污水设计处理能力的 0.725 次幂成正比。

（2）北方地区城镇污水物理＋生物处理工艺投资费用函数。同样采用一元线性回归方法对设计处理能力对数和总投资费用进行回归，表6-4～表6-6分别给出了回归结果的拟合优度分析、方差分析以及相关系数分析结果。

表 6-4　　　　　　　　　　模型拟合优度分析

模型	R	R 平方	调整的 R 平方	标准误差
1	0.899①	0.809	0.808	0.4989

① Predictors：（Constant），设计处理能力对数。

表 6-5　　　　　　　　　　方　差　分　析①

模型		平方和	自由度	均方差	F	显著性
1	Regression	244.448	1	244.448	982.135	0.000②
	Residual	57.744	232	0.249		
	Total	302.192	233			

① Dependent Variable：总投资对数。

② Predictors：（Constant），设计处理能力对数。

表 6-6　　　　　　　　　　相　关　系　数　分　析①

模型		非标准化系数		标准化系数	t	显著性
		B	标准误差	$Beta$		
1	（Constant）	-0.707	0.303		-2.334	0.020
	污水设计处理能力对数	0.895	0.029	0.899	31.339	0.000

① Dependent Variable：总投资对数。

从回归结果的拟合优度分析来看，方程的拟合优度为 0.808，可以较好的拟合已有数据。

回归结果方差分析表中的 F 检验显著性为 0.000，表明方程中的所有自变量作为一个整体与因变量之间存在显著的相关关系，即回归方程总体是显著的。

进一步地，可以通过相关系数分析得出各因变量的系数以及相应的显著性水平，从上述的相关系数分析表中可以看出，自变量"污水设计处理能力对数"的系数为 0.895，显著性为 0.000，通过了显著性检验，即污水设计处理能力对总投资具有较好的解释作用。

从上述回归结果可以得到对数形式的投资费用函数为

$$\text{In}C_1 = -0.707 + 0.895\text{In}Q_1 \qquad (6-5)$$

进一步地，将上述函数转化成一般形式，可得如下的投资费用函数：

$$C_1 = e^{-0.707}Q_1^{0.895} \qquad (6-6)$$

式中：C_1 为总投资，万元；e 为自然对数，约为 2.72；Q_1 为污水设计处理能力，t/d。

从上述费用函数中可以看出北方采用物理＋生物处理工艺的污水处理厂的总投资额主要受到污水设计处理能力的影响，具体而言，污水设计处理能力与总投资费用呈幂函数关系，即总投资与设计处理能力的 0.895 次幂成正比。

6.5.2.3　运行函数

与投资函数构建过程类似，运用多元回归等统计分析方法，对 2010 年城镇污水处理技术经济基础数据进行统计分析、数理回归，拟合出城市水污染控制运行费用函数，求出城镇污水典型处理工艺运行费用与主要参数之间的关系，建立不同工艺类型的城镇水污染控制运行费用函数。

同时考虑到采用实际数据对费用函数进行拟合时，对样本的数量存在最低要求，运行费用函数中包括污水实际处理量、COD 进出口浓度比以及氨氮进出口浓度比等相关变量，在这种情况下，从已有可用样本数据情况来看，通过可用样本能够直接进行拟合的投资费用函数包括以下两类：北方地区城镇污水生物处理工艺运行费用函数（样本量 242），北方地区城镇污水物理＋生物处理运行费用函数（样本量 194）。

（1）北方地区城镇污水生物处理工艺运行费用函数。考虑采用偏最小二乘法进行回归，偏最小二乘法是一种多因变量对多自变量的回归建模方法。偏最小二乘法可以较好地解决许多以往用普通多元回归无法解决的问题，特别当各变量内部高度线性相关时，用偏最小二乘回归法更有效。在变量污水实际处理量对数、COD 进出浓度比对数和氨氮进出浓度比对数全部进入回归方程的情况下，可以得到回归结果见表 6 - 7 和表 6 - 8。

表 6 - 7　　　　　　　　　　方 差 解 释 比 例

因子	统 计 量				
	自变量方差	累计自变量方差	因变量方差	R 平方	调整的 R 平方
1	0.386	0.386	0.756	0.756	0.755
2	0.374	0.760	0.034	0.790	0.789
3	0.240	1.000	0.002	0.792	0.790

表 6 - 8　　　　　　　　　　回 归 系 数

自 变 量	因 变 量
	年运行费用
（Constant）	0.938
污水实际处理量对数	0.780
COD 进出浓度比对数	0.011
氨氮进出浓度比对数	0.018

从回归结果中可以看出，采用偏最小二乘法时，所得到的回归方程拟合优度为 0.790，拟合效果较好。同时从回归结果可以看出，该方法在保证系数显著的同时，得到的回归函数包含的变量相对更多，有利于在此基础上进行相应的分析。从上述回归结果可以得到对数形式的运行费用函数为

$$\ln C_2 = 0.938 + 0.780 \ln Q_2 + 0.011 \ln(I_1/O_1) + 0.018 \ln(I_2/O_2) \qquad (6-7)$$

进一步地，将上述函数转化成一般形式，可得如下的运行费用函数：

$$C_2 = e^{0.938} Q_2^{0.780} (I_1/O_1)^{0.011} (I_2/O_2)^{0.018} \qquad (6-8)$$

从最终的回归结果可以看出，北方采用生物处理工艺的污水处理厂的运行费用主要受污水实际处理量、COD 进出口浓度比以及氨氮进出口浓度比的影响，运行费用与这三者的幂均呈正比关系。污水实际处理量越大，年运行费用越高；COD 进出口浓度比越大，

年运行费用越高；氨氮进出口浓度比越大，年运行费用也越高。

（2）北方地区城镇污水物理＋生物处理运行费用函数。采用 PLS（偏最小二乘法）进行回归，在变量污水实际处理量对数、COD 进出浓度比对数和氨氮进出浓度比对数全部进入回归方程的情况下，可以得到如下回归结果，见表 6-9 和表 6-10。

表 6-9　　　　　　　　　　　方 差 解 释 比 例

因子	统　计　量				
	自变量方差	累计自变量方差	因变量方差	R 平方	调整的 R 平方
1	0.389	0.389	0.690	0.690	0.688
2	0.395	0.783	0.027	0.717	0.714
3	0.217	1.000	0.003	0.720	0.715

表 6-10　　　　　　　　　　　回　归　系　数

自　变　量	因　变　量
	年运行费用
（Constant）	1.043
污水实际处理量对数	0.728
COD 进出浓度比对数	0.116
氨氮进出浓度比对数	0.093

从回归结果中可以看出，采用偏最小二乘法时，所得到的回归方程拟合优度为 0.715，可以较好的拟合已有数据。同时从回归结果可以看出，该方法在保证系数显著的同时，得到的回归函数包含的变量相对更多，有利于在此基础上进行相应的分析。从上述回归结果可以得到对数形式的运行费用函数为

$$\ln C_2 = 1.043 + 0.728 \ln Q_2 + 0.116 \ln(I_1/O_1) + 0.093 \ln(I_2/O_2) \tag{6-9}$$

进一步地，将上述函数转化成一般形式，可得如下的运行费用函数：

$$C_2 = e^{1.043} Q_2^{0.728} (I_1/O_1)^{0.116} (I_2/O_2)^{0.093} \tag{6-10}$$

从最终的回归结果可以看出，北方采用物理＋生物处理工艺的污水处理厂的运行费用主要受污水实际处理量、COD 进出口浓度比以及氨氮进出口浓度比的影响，运行费用与这三者的幂均呈正比关系。污水实际处理量越大，年运行费用越高；COD 进出口浓度比越大，年运行费用越高；氨氮进出口浓度比越大，年运行费用也越高。

6.5.3　优化模型的建立及相关参数

在上述研究的基础上，基于多目标优化决策理论方法，以投资成本与运行成本最小、环境影响最小、再生水利用效益最大和主要污染物去除率最大为目标函数，以投资总额限制、污染物总量控制、污水实际处理量、污染物处理率、进出水浓度、建设个数以及工艺限制等为约束条件，构建多目标流域城镇污水处理厂建设方案的优化决策理论模型，并设计完成基于遗传算法的多目标求解方法。

（1）目标函数包括：

方案总投资（包括初始投资成本与运行成本）最小

$$\min f_1 = \sum_{k=1}^{K}\sum_{i=1}^{I}\sum_{j=1}^{J} C_{1j}(Q_{1ki},\mu_{1ki},\mu_{2ki})y_{kij}x_{ki} + \sum_{k=1}^{K}\sum_{i=1}^{I}\sum_{j=1}^{J} C_{2j}(Q_{2ki},\mu_{1ki},\mu_{2ki})y_{kij}x_{ki}$$

$$(6-11a)$$

环境影响最小

$$\min f_2 = \sum_{k=1}^{K}\sum_{i=1}^{I} \delta_{ki}x_{ki} \qquad (6-11b)$$

再生水利用效益最大

$$\max f_3 = \sum_{k=1}^{K}\sum_{i=1}^{I} E_{ki}\lambda_{ki}Q_{2ki}x_{ki} \qquad (6-11c)$$

主要污染物去除率最大

$$\max f_4 = \sum_{k=1}^{K}\sum_{i=1}^{I} \mu_{1ki}x_{ki}$$

$$(6-11d)$$

$$\max f_5 = \sum_{k=1}^{K}\sum_{i=1}^{I} \mu_{2ki}x_{ki}$$

（2）约束条件包括：

投资总额约束

$$\sum_{k=1}^{K}\sum_{i=1}^{I}\sum_{j=1}^{J} C_{1j}(Q_{1ki},\mu_{1ki},\mu_{2ki})y_{kij}x_{ki} \leqslant M \qquad (6-11e)$$

目标总量控制约束

$$\left(\sum_{i=1}^{I} Q_{2ki}x_{ki}\cdot v_{1inki} - \sum_{i=1}^{I} Q_{2ki}x_{ki}(1-\lambda_{ki})\cdot v_{1outki}\right)\cdot REC_{1k} \geqslant TEC_{1k}, \forall k$$

$$(6-11f)$$

$$\left(\sum_{i=1}^{I} Q_{2ki}x_{ki}\cdot v_{2inki} - \sum_{i=1}^{I} Q_{2ki}x_{ki}(1-\lambda_{ki})\cdot v_{2outki}\right)\cdot REC_{2k} \geqslant TEC_{2k}, \forall k$$

污水实际处理量约束

$$0.6Q_{1ki}x_{ki} \leqslant Q_{2ki}x_{ki} \leqslant Q_{1ki}x_{ki}, \forall k,i$$

$$(6-11g)$$

$$\sum_{i=1}^{I} Q_{2ki}x_{ki} = Q_{2k}\cdot RWT_k, \forall k$$

污染物处理率约束

$$\mu_{1kid} \leqslant \mu_{1ki} \leqslant \mu_{1kiu}, \forall k,i$$

$$(6-11h)$$

$$\mu_{2kid} \leqslant \mu_{2ki} \leqslant \mu_{2kiu}, \forall k,i$$

出水浓度约束

$$v_{1outki} < \eta_{1ki}, \forall k,i$$

$$(6-11i)$$

$$v_{2outki} < \eta_{2ki}, \forall k,i$$

建设个数、工艺限制

$$\sum_{i=1}^{I} x_{ki} \leqslant N_k \ , \ \sum_{j=1}^{J} y_{kij} = 1, \forall\, k, i \qquad (6-11j)$$

技术变量

$$Q_{1ki}, Q_{2ki}, \mu_{ki}, \mu_{kid}, \mu_{kiu} \geqslant 0, x_{ki}, y_{kij} = 0\, \text{or}\, 1 \qquad (6-11k)$$

上述模型中：

x_{ki}：子流域 k 内第 i 个待选点 A_i 是否为污水处理厂的情况：$x_{ki}=1$，则 A_i 是子流域 k 内污水处理厂的选择点，$x_{ki}=0$，则 A_i 不是子流域 k 内污水处理厂的选择点；

y_{kij}：子流域 k 内第 j 个处理工艺 T_j 是否被第 i 个处理厂 A_i 选用：$y_{kij}=1$，则 T_j 被 A_i 处理厂选用，$y_{kij}=0$，则 T_j 没有被 A_i 处理厂选用；

k，i，j：k 是子流域，i 是污水处理厂待选点，j 是污水处理工艺；

j：$j=1$ 为采用生物处理工艺，$j=2$ 为采用物理＋生物处理工艺，$j=3$ 为采用化学＋生物处理工艺，$j=4$ 为采用物理＋化学＋生物处理工艺；

Q_{1ki}：第 k 个子流域内污水处理厂 A_i 的设计处理规模（t/d）；

Q_{2ki}：第 k 个子流域内污水处理厂 A_i 的实际处理规模（t/d）；

μ_{1ki}，μ_{2ki}：分别表示第 k 个子流域内污水处理厂 A_i 的 COD 和氨氮处理效率；

$C_{1j}(Q_{1ki}, \mu_{1ki}, \mu_{2ki})$，$C_{2j}(Q_{2ki}, \mu_{1ki}, \mu_{2ki})$：分别表示第 j 种处理工艺的投资成本和运行成本函数，其中投资成本函数与 Q_{1ki}，μ_{1ki}，μ_{2ki} 有关，运行成本函数与 Q_{2ki}，μ_{1ki}，μ_{2ki} 有关；

δ_{ki}：表示子流域 k 内第 i 个污水处理厂待选点 A_i 对环境的影响，主要考虑污水处理厂的噪声、恶臭对周边居住用地和敏感点的影响。综合考虑各环境影响因素，利用模糊多属性方法生成决策者对子流域 k 内第 i 个待选点的评分值 δ_i，值越大表示其对环境的影响越大；

E_{ki}，λ_{ki}：分别表示子流域 k 内第 i 个污水处理厂中水回用率、单位中水回用产生的经济效益（元/t）；

M：总投资成本上限（万元）；

ν_{1inki}，ν_{2inki}：分别表示子流域 k 内第 i 个污水处理厂 COD 进口浓度（mg/L）和氨氮进口浓度（mg/L）；

ν_{1outki}，ν_{2outki}：分别表示子流域 k 内第 i 个污水处理厂 COD 出口浓度（mg/L）和氨氮出口浓度（mg/L）；

TEC_{1k}，TEC_{2k}：分别表示第 k 个子流域的 COD 总量削减目标（t/a）和氨氮总量削减目标（t/a）；

REC_{1k}，REC_{2k}：分别表示第 k 个子流域达到的对 TEC_{1k} 和 TEC_{2k} 的满足程度；

Q_{2k}：第 k 个子流域的实际污水排放量（t/d）；

RWT_k：子流域 k 的污水处理率；

μ_{1kid}，μ_{2kid}：分别表示第 k 个子流域内污水处理厂 A_i 的 COD 和氨氮去除率下限；

μ_{1kiu}，μ_{2kiu}：分别表示第 k 个子流域内污水处理厂 A_i 的 COD 和氨氮去除率上限；

η_{1ki}，η_{2ki}：分别为子流域 k 内第 i 个污水处理厂待选点设定的 COD 和氨氮出口浓度上限值；

N_k：第 k 个子流域内污水处理厂建设的最大个数限制。

6.5.4 算法实现

本研究所构建的流域规划决策模型是受约束的多目标非线性优化模型，其求解过程相对复杂。多目标优化要求算法在非劣解集中找到尽可能多且分布均匀的解，即 Pareto 前端。和传统的数学规划法相比，进化算法更适合求解多目标优化问题，因此选择非支配排序遗传算法（NSGA-Ⅱ）进行求解，具体流程如图 6-2 所示。NSGA-Ⅱ由 Kalyanmoy Deb 提出，它同时采用了精英策略和多样性保护方法，性能好、效率高且计算较简单，并经常成为其他多目标进化算法的比较对象。

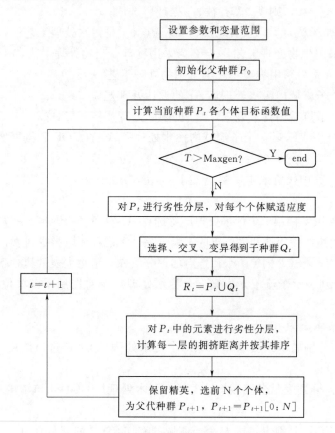

图 6-2　算法流程图

NSGA-Ⅱ的具体过程描述如下：

（1）随机产生初始种群 P_0，然后对 P_0 进行非劣排序并赋秩于每个个体；再对 P_0 进行选择、交叉和变异等遗传操作，得到新的种群 Q_0，令 $t=0$。

（2）形成新的群体 $R_t=P_t \bigcup Q_t$，对种群 R_t 进行非劣排序，得到非劣前端 F_1，F_2，…。

（3）对所有 F_i 按拥挤距离进行排序，并按锦标赛法选择其中最好的 N 个个体形成种群 P_{t+1}。

（4）对种群 P_{t+1} 执行遗传操作，形成种群 Q_{t+1}。

（5）如果终止条件成立，输出种群中的非支配解集，算法结束；否则令 $t＝t＋1$，转到（2）。

对种群 R 进行非劣排序的具体过程：（1）种群 R 中的每个解 x（或个体 x），x 的支配数 n_x 定义为 R 中个体劣于解 x 的个数，x 的支配集合 S_x 定义为 R 中个体劣于解 x 的个体组成的集合。首先设 x 的支配数 $n_x＝0$，x 的支配集合 S_x 为空集。然后对种群 R 中每个个体 x'（除解 x 外）与 x 进行比较，当 x' 劣于 x 时，x' 进入 S_x，且 $n_x＝n_x＋1$。将 $n_x＝0$ 的个体放入到 Pareto 前端 F_1 中，且令解 x 的秩 $x_{rank}＝1$。（2）令 $i＝1$。（3）令 Ω 为空集，对 F_i 中每个解 x 执行的操作为如果 x 属于 S_x，则 $n_x＝n_x-1$；如果 $n_x＝0$，则 $x_{rank}＝i＋1$ 且 x 进入 Ω。（4）如果 Ω 不为空集，则 $i＝i＋1$，且 $F_i＝\Omega$，转到（3），否则停止迭代。

Pareto 前端 F_i 的拥挤距离是用来估计一个解周围其他解的密集程度。对每个目标函数，先对非劣解集中的解根据该目标函数的大小进行排序，然后对每个解 i，计算由解 $i＋1$ 和 $i-1$ 构成的超立方体的平均边长，即为解 i 的拥挤距离 $i_{distance}$。其中，边界解的拥挤距离为无穷大。对 F_i 中个体按拥挤距离进行排序的具体方法为解 x 排序首先按秩 x_{rank} 排序，秩越小，解 x 的排序越靠前；当秩相等时，再按拥挤距离 $i_{distance}$ 排序，拥挤距离越大，解 x 的排序越靠前。

6.6　实证研究

6.6.1　研究区域概况

松花江是我国第三大河流，全长 2214.3km，流域涉及黑龙江、吉林两省大部分地区和内蒙古自治区东部地区及辽宁省部分地区，共 26 个市（州、盟）105 个县（市、区、旗），流域总面积约 56.12 万 km^2。其中，嫩江为松花江北源，发源于大兴安岭支脉伊勒呼里山中段南侧，由北向南流经黑河市、大兴安岭地区、嫩江县、讷河市、富裕县、齐齐哈尔市、大庆市等县（市、区），在肇源县三岔河附近与第二松花江汇合后，流入松花江干流，河道全长 1370km，流域面积 29.85 万 km^2，约占松花江全流域面积的 53%。嫩江流域内工业门类较齐全，有冶金、重型机器制造、机床、发电设备、汽车和拖拉机、石油、化工、煤炭、森林工业、冶金矿山设备、机械等重工业企业，轻工业有亚麻、棉纺、制糖、饲料、食品、化纤等，交通基础设施较为发达，是国家重要老工业基地之一，形成了以齐齐哈尔市、大庆市为核心的松嫩平原经济圈。2012 年嫩江流域总人口 1636 万人，流域内城镇化率低于全国平均水平，为 50%，GDP 为 3895 亿元，人均 GDP 为 23813 元。嫩江中游沿线各市、县经济产值均以第一产业为主，下游各市、县以第二产业为主。齐齐哈尔市经济产值相对较高，集中了嫩江干流沿线 19.65% 的人口，44.65% 的第三产业、42.3% 的第二产业产值和 35.17% 的第一产业产值。

本研究将以嫩江流域 7 个控制单元开展案例研究，各控制单元划分详见表 4-1，以 2012 年为基准年，2020 年为规划目标年。根据子课题二《基于污染减排与环境质量改善的流域水环境预测模拟研究》关于废水产生量预测结果及子课题四《松花江流域主要污染物总量分配方法及实证研究报告》关于各控制单元污染物削减分配方案，对于城镇生活污水，嫩江流域所有控制单元到 2020 年新增废水产生量为 14404 万吨，需合计减排COD16847 吨，氨氮 3315 吨。本研究选取阿伦河呼伦贝尔市控制单元（控制区 1）和甘河呼伦贝尔市控制单元（控制区 2）的研究结果进行探讨，构建城镇污水处理厂建设方案优化决策模型，其他各控制单元求解过程类似，在此不赘述。

6.6.2　模型构建

基于 6.5.3 节研究构建各子控制区城镇污水处理厂建设方案优化决策模型，该模型以式（6-11a）和式（6-11d）为目标函数，其中投资和运行函数为 6.5.2 节确定的函数表达式，去除率 μ_1、μ_2 分别指 COD 和氨氮的去除率；以式（6-11e）～式（6-11k）为约束条件，其中控制区 1（阿伦河呼伦贝尔市控制单元）的城镇 COD 和氨氮的控制量分别为154t/年和 78t/年，控制区 2（甘河呼伦贝尔市控制单元）的城镇 COD 和氨氮的控制量分别为 71t/年和 151t/年，预测两控制区的 COD 和氨氮实际进口浓度均分别为 210mg/L 和30mg/L，去除率范围为 [0.6，1]，预测两控制区的实际处理量分别为 353 万 t/年和 688万 t/年，主要污染物出口浓度标准执行一级 B 标准，即 COD 出口浓度不大于 60mg/L，氨氮出口浓度不大于 8mg/L。针对两控制区分别构建的城镇污水处理厂建设方案优化决策模型如下：

（1）阿伦河呼伦贝尔市控制单元城镇污水处理厂建设方案优化决策模型

$$\min f_1 = (e^{-0.707}Q_1^{\,0.895}/10 + e^{1.043} \times 353^{0.728}(v_{1in}/v_{1out})^{0.116}(v_{2in}/v_{2out})^{0.093})y_1$$
$$+ (e^{1.080}Q_1^{\,0.725}/10 + e^{0.938} \times 353^{0.780}(v_{1in}/v_{1out})^{0.011}(v_{2in}/v_{2out})^{0.018})y_2$$

$$\max f_2 = \mu_1 + \mu_2$$

$$\text{s.t.}\begin{cases} (e^{-0.707}Q_1^{\,0.895}/10 + e^{1.043} \times 353^{0.728}(v_{1in}/v_{1out})^{0.116}(v_{2in}/v_{2out})^{0.093})y_1 \\ + (e^{1.080}Q_1^{\,0.725}/10 + e^{0.938} \times 353^{0.780}(v_{1in}/v_{1out})^{0.011}(v_{2in}/v_{2out})^{0.018})y_2 \leqslant 1000 \\ 353 \times (210 - v_{1out})/100 \geqslant 154 \\ 353 \times (30 - v_{2out})/100 \geqslant 78 \\ 0.6Q_1 \leqslant 353 \times 10^4/365 \leqslant Q_1 \\ 0 \leqslant v_{1out} \leqslant 60 \\ 0 \leqslant v_{2out} \leqslant 8 \\ 0.6 \leqslant \mu_i \leqslant 1,\ i = 1,\ 2 \\ \mu_1 = 1 - v_{1out}/210 \\ \mu_2 = 1 - v_{2out}/30 \\ \sum\limits_{j=1}^{2} y_j = 1,\ j = 1,\ 2 \\ y_j = 0\ or\ 1,\ j = 1,\ 2 \\ Q_1,\ \mu_1,\ \mu_2 \geqslant 0 \end{cases}$$

$$(6-12)$$

（2）甘河呼伦贝尔市控制单元城镇污水处理厂建设方案优化决策模型

$$\min f_1 = (e^{-0.707} Q_1^{0.895}/10 + e^{1.043} \times 688^{0.728} (v_{1in}/v_{1out})^{0.116} (v_{2in}/v_{2out})^{0.093}) y_1$$
$$+ (e^{1.080} Q_1^{0.725}/10 + e^{0.938} \times 688^{0.780} (v_{1in}/v_{1out})^{0.011} (v_{2in}/v_{2out})^{0.018}) y_2$$

$$\max f_2 = \mu_1 + \mu_2$$

$$\text{s. t.} \begin{cases} (e^{-0.707} Q_1^{0.895}/10 + e^{1.043} \times 688^{0.728} (v_{1in}/v_{1out})^{0.116} (v_{2in}/v_{2out})^{0.093}) y_1 \\ + (e^{1.080} Q_1^{0.725}/10 + e^{0.938} \times 688^{0.780} (v_{1in}/v_{1out})^{0.011} (v_{2in}/v_{2out})^{0.018}) y_2 \leqslant 1500 \\ 688 \times (210 - v_{1out})/100 \geqslant 71 \\ 688 \times (30 - v_{2out})/100 \geqslant 151 \\ 0.6 Q_1 \leqslant 688 \times 10^4/365 \leqslant Q_1 \\ 0 \leqslant v_{1out} \leqslant 60 \\ 0 \leqslant v_{2out} \leqslant 8 \\ 0.6 \leqslant \mu_i \leqslant 1, \ i = 1, 2 \\ \mu_1 = 1 - v_{1out}/210 \\ \mu_2 = 1 - v_{2out}/30 \\ \sum\limits_{j=1}^{2} y_j = 1, \ j = 1, 2 \\ y_j = 0 \text{ or } 1, \ j = 1, 2 \\ Q_1, \ \mu_1, \ \mu_2 \geqslant 0 \end{cases}$$

$$(6-13)$$

6.6.3 模型优化结果分析

利用 matlab 遗传算法工具箱中的 NSGA-Ⅱ算法分别对 6.6.2 节两个控制子区城镇污水处理厂建设方案优化决策模型进行求解，其参数设置为：种群规模 100，进化代数 200，遗传操作采用推荐值（锦标赛规模 $U=2$、交叉分布系数 $\eta_c=20$、变异分布系数 $\eta_m=20$），求解得到的各控制子区不同工艺类型下的污水处理厂建设方案 Pareto 最优解集（最优方案集）见表 6-11 和表 6-12，Pareto 前沿面如图 6-3 和图 6-4 所示。

表 6-11　　不同污水处理工艺类型下的 **Pareto** 最优解集（阿伦河呼伦贝尔市控制单元）

Pareto 解集	物理＋生物处理工艺下的优化结果					生物处理工艺下的优化结果				
	目标值1/万元	目标值2	Q/(t/d)	mu1	mu2	目标值1/万元	目标值2	Q/(t/d)	mu1	mu2
1	451.55	1.453	9876.3	0.715	0.738	487.37	1.464	9741.3	0.718	0.747
2	451.55	1.453	9876.3	0.715	0.738	487.37	1.464	9741.3	0.718	0.747
3	451.92	1.457	9876.3	0.715	0.742	487.59	1.485	9741.3	0.738	0.747
4	455.66	1.493	9876.8	0.715	0.777	487.80	1.501	9742.4	0.753	0.748
5	459.89	1.522	9918.1	0.757	0.765	488.29	1.542	9741.3	0.796	0.747
6	463.65	1.553	9909.3	0.731	0.822	488.77	1.561	9742.5	0.781	0.779
7	470.27	1.600	9930.5	0.772	0.827	489.10	1.588	9742.8	0.819	0.769

续表

Pareto 解集	物理＋生物处理工艺下的优化结果					生物处理工艺下的优化结果				
	目标值1 /万元	目标值2	$Q/(t/d)$	mu1	mu2	目标值1 /万元	目标值2	$Q/(t/d)$	mu1	mu2
8	472.99	1.617	9931.7	0.780	0.838	489.28	1.602	9741.5	0.843	0.759
9	480.44	1.665	9883.7	0.829	0.835	489.68	1.621	9742.8	0.848	0.773
10	481.99	1.673	9898.7	0.825	0.848	489.98	1.629	9742.5	0.820	0.808
11	485.63	1.693	9879.6	0.837	0.856	490.07	1.641	9741.4	0.877	0.764
12	493.11	1.715	10011.6	0.861	0.854	490.44	1.656	9743.2	0.853	0.803
13	499.39	1.734	10080.9	0.879	0.855	491.20	1.688	9742.7	0.862	0.826
14	516.33	1.797	10076.9	0.898	0.899	491.56	1.705	9743.0	0.887	0.817
15	521.00	1.817	9934.8	0.894	0.924	491.87	1.717	9742.6	0.895	0.822
16	531.98	1.841	9900.6	0.929	0.913	492.33	1.733	9742.8	0.900	0.834
17	531.98	1.841	9900.6	0.929	0.913	492.53	1.734	9748.8	0.916	0.818
18	540.60	1.857	10063.4	0.921	0.936	493.13	1.748	9762.8	0.898	0.850
19	551.38	1.874	10025.5	0.944	0.929	493.33	1.763	9742.7	0.929	0.834
20	556.38	1.887	9931.5	0.942	0.945	493.81	1.780	9743.5	0.912	0.868
21	563.96	1.896	10023.1	0.944	0.951	494.74	1.795	9765.2	0.931	0.864
22	575.26	1.906	9921.9	0.964	0.942	495.11	1.808	9756.6	0.936	0.872
23	584.04	1.917	9980.4	0.965	0.952	495.62	1.820	9756.9	0.938	0.882
24	592.86	1.919	10166.2	0.941	0.978	496.03	1.830	9745.6	0.954	0.876
25	598.55	1.933	9921.8	0.959	0.974	496.74	1.841	9750.8	0.960	0.881
26	609.06	1.938	10121.5	0.967	0.971	497.73	1.853	9761.6	0.968	0.885
27	619.12	1.945	10059.0	0.974	0.971	497.90	1.866	9759.9	0.947	0.919
28	637.77	1.954	10190.9	0.973	0.981	498.85	1.877	9753.4	0.971	0.906
29	651.54	1.959	10160.4	0.983	0.976	499.41	1.890	9753.1	0.953	0.937
30	666.22	1.966	10176.3	0.984	0.982	500.98	1.909	9755.8	0.959	0.950
31	671.46	1.968	10181.1	0.982	0.986	502.02	1.920	9756.7	0.975	0.945
32	680.58	1.971	10194.4	0.984	0.986	503.50	1.934	9749.4	0.981	0.953
33	689.75	1.973	10191.9	0.984	0.989	505.16	1.936	9758.3	0.957	0.979
34	705.56	1.977	10208.4	0.988	0.989	505.21	1.946	9759.3	0.976	0.971
35	731.74	1.982	10194.4	0.991	0.991	506.40	1.954	9758.8	0.978	0.975
36	740.53	1.983	10194.5	0.991	0.992	508.90	1.966	9768.0	0.987	0.979
37	754.16	1.985	10229.0	0.992	0.993	510.76	1.973	9757.2	0.990	0.984
38	762.97	1.986	10266.6	0.992	0.994	512.34	1.977	9769.6	0.993	0.985
39	773.36	1.987	10244.9	0.994	0.993	514.10	1.982	9759.9	0.991	0.991
40	782.71	1.988	10284.7	0.993	0.995	516.64	1.987	9761.6	0.994	0.993
41	793.35	1.989	10284.7	0.994	0.995	518.58	1.989	9772.9	0.994	0.995
42	807.03	1.990	10296.3	0.995	0.995	518.58	1.989	9772.9	0.994	0.995

表 6 - 12　　　　不同污水处理工艺类型下的 Pareto 最优解集（甘河呼伦贝尔市控制单元）

Pareto 解集	物理＋生物处理工艺下的优化结果					生物处理工艺下的优化结果				
	目标值1 /万元	目标值2	Q/(t/d)	mu1	mu2	目标值1 /万元	目标值2	Q/(t/d)	mu1	mu2
1	768.75	1.449	19243.7	0.714	0.735	803.86	1.447	18849.0	0.714	0.733
2	777.00	1.486	19338.3	0.747	0.738	803.86	1.447	18849.0	0.714	0.733
3	781.92	1.518	19312.6	0.722	0.796	804.34	1.472	18849.0	0.735	0.737
4	788.90	1.538	19411.3	0.787	0.751	804.71	1.490	18849.3	0.749	0.740
5	794.49	1.572	19302.9	0.722	0.849	805.02	1.506	18849.0	0.767	0.739
6	802.20	1.611	19274.3	0.761	0.849	805.70	1.525	18856.4	0.769	0.757
7	808.34	1.623	19249.5	0.738	0.884	805.85	1.542	18851.8	0.803	0.738
8	812.93	1.643	19339.0	0.836	0.807	806.10	1.552	18850.5	0.813	0.739
9	818.48	1.659	19339.0	0.852	0.807	806.97	1.566	18863.7	0.786	0.780
10	830.11	1.690	19424.5	0.788	0.902	807.07	1.585	18851.8	0.827	0.758
11	833.34	1.712	19333.3	0.823	0.889	807.27	1.588	18861.9	0.843	0.745
12	842.08	1.722	19554.1	0.875	0.847	808.03	1.607	18855.8	0.812	0.795
13	850.65	1.751	19416.5	0.840	0.910	808.47	1.624	18860.7	0.841	0.783
14	872.37	1.797	19419.4	0.876	0.921	808.93	1.639	18859.6	0.855	0.784
15	889.06	1.825	19410.6	0.914	0.912	810.48	1.678	18853.7	0.849	0.829
16	899.51	1.837	19430.8	0.927	0.910	811.17	1.692	18868.2	0.900	0.792
17	914.91	1.840	19439.7	0.874	0.966	811.46	1.704	18855.0	0.903	0.802
18	918.66	1.865	19391.5	0.924	0.942	811.80	1.715	18849.7	0.888	0.827
19	927.08	1.872	19548.9	0.929	0.943	812.83	1.727	18864.7	0.867	0.860
20	944.99	1.890	19422.4	0.944	0.947	813.30	1.736	18870.6	0.924	0.812
21	960.43	1.902	19540.5	0.945	0.957	813.99	1.754	18855.3	0.928	0.827
22	991.45	1.922	19422.9	0.949	0.973	815.05	1.769	18866.5	0.936	0.833
23	999.18	1.924	19555.4	0.950	0.975	815.94	1.787	18871.5	0.908	0.879
24	1009.90	1.932	19546.7	0.962	0.970	816.45	1.798	18860.1	0.934	0.864
25	1021.00	1.937	19517.6	0.967	0.970	817.87	1.814	18874.5	0.945	0.869
26	1039.20	1.943	19491.7	0.962	0.981	818.50	1.825	18872.7	0.945	0.879
27	1060.70	1.948	19493.9	0.982	0.966	819.23	1.838	18860.8	0.934	0.904
28	1083.20	1.959	19566.1	0.977	0.982	823.71	1.877	18925.7	0.953	0.924
29	1109.50	1.965	19576.4	0.978	0.986	824.81	1.894	18863.8	0.962	0.932
30	1126.60	1.965	19550.0	0.973	0.992	825.45	1.898	18871.2	0.965	0.933
31	1139.40	1.971	19573.6	0.984	0.987	826.96	1.909	18874.8	0.965	0.943
32	1167.20	1.975	19573.6	0.984	0.991	827.68	1.913	18874.8	0.969	0.944
33	1194.60	1.977	19578.5	0.983	0.994	829.68	1.925	18879.1	0.971	0.954
34	1212.50	1.981	19559.1	0.988	0.993	831.73	1.928	18885.1	0.957	0.972
35	1217.40	1.981	19573.2	0.990	0.991	832.52	1.938	18879.2	0.970	0.968
36	1253.60	1.985	19559.6	0.990	0.994	834.77	1.947	18918.4	0.980	0.967

续表

Pareto 解集	物理＋生物处理工艺下的优化结果					生物处理工艺下的优化结果				
	目标值1 /万元	目标值2	Q/(t/d)	mu1	mu2	目标值1 /万元	目标值2	Q/(t/d)	mu1	mu2
37	1289.60	1.987	19567.8	0.992	0.995	839.37	1.957	18950.5	0.975	0.982
38	1306.50	1.988	19571.4	0.993	0.995	844.70	1.970	18923.4	0.980	0.990
39	1317.90	1.989	19580.3	0.994	0.995	849.80	1.981	18956.2	0.990	0.991
40	1335.90	1.990	19581.5	0.995	0.995	853.46	1.986	18972.2	0.995	0.991
41	1340.30	1.990	19581.5	0.995	0.995	855.42	1.987	18972.2	0.995	0.993
42	1340.30	1.990	19581.5	0.995	0.995	858.97	1.990	18972.2	0.995	0.995

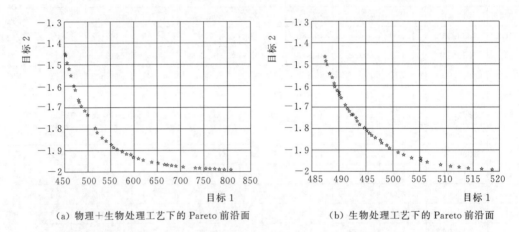

（a）物理＋生物处理工艺下的 Pareto 前沿面　　　　（b）生物处理工艺下的 Pareto 前沿面

图 6-3　多目标遗传算法求得的 Pareto 前沿面（阿伦河呼伦贝尔市控制单元）

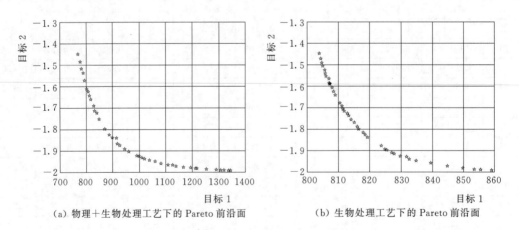

（a）物理＋生物处理工艺下的 Pareto 前沿面　　　　（b）生物处理工艺下的 Pareto 前沿面

图 6-4　多目标遗传算法求得的 Pareto 前沿面（甘河呼伦贝尔市控制单元）

计算结果表明，本研究设计的 NSGA-Ⅱ算法可以得到稳定、足够多且分布均匀的 Pareto 前沿面，算法具有简便性。表 6-11 和表 6-12 分别给出了控制区 1 和控制区 2 不同工艺类型下的最优解集（按费用函数从低到高排序），显然，对于阿伦河呼伦贝尔市控制单元而言，当 COD 和氨氮的总去除率小于 1.71 时，物理＋生物处理工艺下的污水处理厂建设方案 Pareto 最优解集的费用目标值低于生物处理工艺下的费用目标值，当 COD 和氨氮的总去除率不小于 1.71 时，随着总去除率的增加，物理＋生物处理工艺下的污水处理厂建设方案 Pareto 最优解集的费用目标值呈快速增长趋势，特别是当总去除率不小于 1.9 时增速更为显著，而生物处理工艺下的费用目标值增速一直相对缓慢，且明显低于物理＋生物处理工艺下的费用目标值，因此当决策目标 COD 和氨氮的总去除率小于 1.71 时，该控制区的污水处理厂建设方案工艺类型应选择物理＋生物处理工艺，当决策目标 COD 和氨氮的总去除率不小于 1.71 时，应选择生物处理工艺。与其类似，对于甘河呼伦贝尔市控制单元而言，当决策目标 COD 和氨氮的总去除率小于 1.64 时，该控制区的污水处理厂建设方案工艺类型应选择物理＋生物处理工艺，当决策目标 COD 和氨氮的总去除率不小于 1.64 时，应选择生物处理工艺。

由以上图表可见，费用目标和污染物处理效率目标是一对相互对立的目标，费用的减小将导致处理效率的减小。表 6-11 和表 6-12 及图 6-3 和图 6-4 中不同控制区不同处理工艺下的 Pareto 解集都是总投资和污染物处理效率的非劣组合，决策者可根据当地实际情况针对不同控制区分别选择一个非劣组合作为最优建设方案。当决策目标以总投资最小为主时，可在曲线上半支选择；当决策目标以污染物处理效率最大为主时，可在曲线下半支选择。

本研究通过基于决策者偏好的目标加权优选评估方法对最优解集进行优选排序，分别给出两个控制子区（桦川县和桦南县）基于三种决策者偏好情景下的最佳适应性决策方案。这里，定义权衡因子 α 来反映决策者的偏好，即 $\alpha=$ 目标 1（总投资）的权重/目标 2（处理效率）的权重。当权衡因子 $\alpha=1$ 时，表示总投资最小和污染物处理效率最大两个目标同等重要；当权衡因子 $\alpha>1$ 时，表示决策者偏好于总投资最小目标的程度大小，权衡因子 α 越大表示偏好总投资最小目标的程度越大；当 $0\leqslant\alpha<1$ 时，表示决策者偏好于污染物处理效率最大目标的程度大小，α 越小表示偏好污染物处理效率最大目标的程度越大。

当权衡因子 $\alpha=1$ 时，即决策者认为总投资最小和污染物处理效率最大两个目标同等重要时，各控制单元污水处理厂的最优建设方案如表 6-13 所示。到 2020 年，嫩江流域建设 15 个污水处理厂，设计总处理规模约为 397377t/d，工艺类型均为生物处理工艺，COD 去除率平均为 0.993，氨氮去除率平均为 0.992，总投资目标约为 15093.13 万元/年，总污染物去除率约为 1.985。

表 6-13　　　　　　　情景一——嫩江流域各控制单元污水处理厂建设方案

序号	控制单元	县（市、区）	目标值 1 /万元	目标值 2	Q/(t/d)	mu1	mu2	工艺类型
1	阿伦河呼伦贝尔市控制单元	阿荣旗	516.64	1.987	9761.6	0.994	0.993	2
2	甘河呼伦贝尔市控制单元	鄂伦春自治旗	853.46	1.986	18972.2	0.995	0.991	2
3	讷谟尔河黑河齐齐哈尔市控制单元	讷河市	572.42	1.986	11200.6	0.995	0.991	2
4	嫩江黑河市控制单元	嫩江县	420.22	1.984	7454.8	0.993	0.990	2

续表

序号	控制单元	县(市、区)	目标值 1 /万元	目标值 2	Q/(t/d)	mu1	mu2	工艺类型
5	嫩江齐齐哈尔市控制单元	龙江县	1215.77	1.985	30259.6	0.994	0.991	2
6		甘南县	986.25	1.985	22906.1	0.992	0.993	2
7		泰来县	1510.16	1.987	40201.4	0.993	0.993	2
8		齐齐哈尔市辖区	4013.23	1.987	146105.1	0.994	0.994	2
9	乌裕尔河黑河齐齐哈尔市控制单元	北安市	1536.67	1.981	41799.8	0.992	0.989	2
10		克东县	456.66	1.987	8268.3	0.994	0.993	2
11		克山县	771.87	1.985	16586.6	0.995	0.990	2
12		依安县	664.27	1.982	13721.0	0.990	0.992	2
13		富裕县	550.27	1.985	10586.2	0.993	0.992	2
14		拜泉县	617.24	1.982	12418.0	0.993	0.990	2
15	雅鲁河呼伦贝尔市控制单元	扎兰屯市	408.00	1.984	7135.6	0.992	0.992	2

当权衡因子 $\alpha=0.5$ 时，即决策者偏好于污染物处理效率最大目标时，各控制单元污水处理厂的最优建设方案如表 6-14 所示。到 2020 年，嫩江流域建设 15 个污水处理厂，设计总处理规模约为 398174t/d，工艺类型均为生物处理工艺，COD 去除率平均为 0.994，氨氮去除率平均为 0.994，总投资目标约为 15171.41 万元/年，总污染物去除率平均约为 1.988。

表 6-14　　　　情景二——嫩江流域各控制单元污水处理厂建设方案

序号	控制单元	县(市、区)	目标值 1 /万元	目标值 2	Q/(t/d)	mu1	mu2	工艺类型
1	阿伦河呼伦贝尔市控制单元	阿荣旗	518.58	1.989	9772.9	0.994	0.995	2
2	甘河呼伦贝尔市控制单元	鄂伦春自治旗	858.97	1.990	18972.2	0.995	0.995	2
3	讷谟尔河黑河齐齐哈尔市控制单元	讷河市	575.77	1.990	11200.6	0.995	0.995	2
4	嫩江黑河市控制单元	嫩江县	424.34	1.988	7554.8	0.994	0.994	2
5	嫩江齐齐哈尔市控制单元	龙江县	1223.01	1.989	30259.6	0.994	0.995	2
6		甘南县	992.31	1.990	22945.0	0.995	0.995	2
7		泰来县	1516.81	1.990	40204.4	0.995	0.995	2
8		齐齐哈尔市辖区	4020.79	1.988	146105.3	0.994	0.995	2
9	乌裕尔河黑河齐齐哈尔市控制单元	北安市	1560.84	1.990	42402.7	0.995	0.995	2
10		克东县	458.55	1.990	8268.4	0.995	0.995	2
11		克山县	771.87	1.985	16586.6	0.995	0.990	2
12		依安县	664.27	1.982	13721.0	0.990	0.992	2
13		富裕县	553.42	1.989	10587.1	0.995	0.995	2
14		拜泉县	621.85	1.988	12457.8	0.994	0.993	2
15	雅鲁河呼伦贝尔市控制单元	扎兰屯市	410.03	1.989	7135.6	0.995	0.994	2

当权衡因子 $\alpha=2$ 时，即决策者偏好于总投资最小目标时，各控制单元污水处理厂的最优建设方案如表 6-15 所示。到 2020 年，嫩江流域建设 15 个污水处理厂，设计总处理规模约为 397020t/d，工艺类型均为生物处理工艺，COD 去除率平均为 0.990，氨氮去除率平均为 0.985，总投资目标约为 14954.31 万元/年，总污染物去除率平均约为 1.974。

表 6-15　　　情景三——嫩江流域各控制单元污水处理厂建设方案

序号	控制单元	县（市、区）	目标值1/万元	目标值2	$Q/(t/d)$	mu1	mu2	工艺类型
1	阿伦河呼伦贝尔市控制单元	阿荣旗	510.76	1.973	9757.2	0.990	0.984	2
2	甘河呼伦贝尔市控制单元	鄂伦春自治旗	849.80	1.981	18956.2	0.990	0.991	2
3	讷谟尔河黑河齐齐哈尔市控制单元	讷河市	565.82	1.971	11196.7	0.989	0.981	2
4	嫩江黑河市控制单元	嫩江县	415.87	1.971	7414.4	0.993	0.978	2
5	嫩江齐齐哈尔市控制单元	龙江县	1199.45	1.968	30222.4	0.988	0.980	2
6		甘南县	979.27	1.978	22903.1	0.991	0.987	2
7		泰来县	1492.03	1.973	40199.4	0.986	0.987	2
8		齐齐哈尔市辖区	3969.82	1.977	146055.9	0.993	0.985	2
9	乌裕尔河黑河齐齐哈尔市控制单元	北安市	1535.97	1.980	41799.8	0.992	0.989	2
10		克东县	451.20	1.973	8256.4	0.986	0.987	2
11		克山县	765.22	1.975	16579.5	0.991	0.984	2
12		依安县	656.40	1.972	13568.7	0.988	0.984	2
13		富裕县	545.02	1.973	10586.7	0.992	0.982	2
14		拜泉县	611.77	1.970	12388.1	0.984	0.985	2
15	雅鲁河呼伦贝尔市控制单元	扎兰屯市	405.91	1.978	7135.6	0.994	0.984	2

6.6.4　结论与建议

6.6.4.1　主要结论

结合我国当前流域规划管理的决策需求和科学问题以及国际上有关流域环境管理优化技术的前沿理论和方法，更好地为流域水污染防治规划决策平台的构建提供决策支持，本研究开展流域规划城镇污水处理厂建设方案优化决策方法研究，提出了流域城镇污水处理厂建设规划决策研究的理论和方法基础，综合考虑经济、社会和环境等方面的影响因素，构建了流域城镇污水处理厂建设方案优化决策模型，并设计完成基于遗传算法的多目标求解方法，并对该算法在求解多目标非线性优化问题时的搜索质量和效率进行评价。将该优化决策模型应用于嫩江流域控制单元污水处理厂建设方案的优选评估中，验证该优化模型的科学性、实用性以及设计算法在求解时的有效性。本研究得到的具体结论如下：

（1）在系统总结分析国内外有关污水处理厂建设的费用函数模型、优选决策模型等理论方法研究的基础上，识别目前污水处理厂建设方案优选研究在模型构建、数据获取、算法实现等方面存在的一些问题。在此基础上，以城镇污水处理厂建设方案为突破点，从简单流域系统决策模型、模拟与优化联合模型、时空尺度复杂优化模型等流域规划决策模型，多目标决策研究进展、理论基础、求解技术等多目标决策模型理论，多目标遗传算法、粒子群算法、模拟退火算法等智能求解算法三个方面提出流域城镇污水处理厂建设规划决策研究的理论和方法框架，为流域城镇污水处理厂建设方案优化决策模型的构建以及后续案例分析提供了指导，并为我国目前的流域管理决策提供理论支撑。

（2）本研究从流域宏观尺度上污水处理厂建设方案优化决策的角度出发，综合考虑经济、社会、环境等方面的影响因素，基于多目标优化决策理论，以投资成本与运行成本最小、环境影响最小和主要污染物去除率最大为目标函数，以投资总额限制、污染物总量控制、污水实际处理量、污染物处理率、进出水浓度、建设个数以及工艺限制等为约束条件，建立了流域规划城镇污水处理厂建设方案优化决策模型，并设计了相应的 NSGA-Ⅱ求解算法。该模型能够充分体现流域规划中城镇污水处理厂建设方案的决策需求，将工艺类型选择引入优化模型中，使决策更为细化和全面。

（3）将所构建的优化模型应用于嫩江流域各控制单元的城镇污水处理厂建设方案优化决策中，获得了两种不同工艺类型下稳定、足够多且分布均匀的污水处理厂建设方案 Pareto 最优解集，并通过基于决策者偏好的目标加权优选评估方法对最优解集进行优选排序，分别给出了不同控制单元基于三种决策者偏好情景下的最佳适应性决策方案。基于 NSGA-Ⅱ算法不但实现了各目标之间的制约和协调，而且能充分体现决策者的主观意愿。结果表明，该模型能够为决策者提供更多的选择空间，为流域水污染防治规划与管理决策提供理论支持和决策依据。

6.6.4.2　政策建议

本章研究了流域宏观尺度上城镇污水处理厂建设方案优化决策模型，取得了一些创新性的成果，为更科学、全面地实现污水处理厂建设方案的优化决策提供了指导。但由于流域污水处理厂建设系统模型的复杂性，其构建与求解需要考虑多方面的知识，尚存在以下问题有待深入研究：

（1）本研究所构建的流域城镇污水处理厂建设方案优化决策模型尚未考虑污染负荷削减与水质目标响应模拟模型的耦合，未来研究中有必要建立流域规划管理决策的模拟-优化耦合模型，为流域管理决策以及水环境改善提供更加科学和系统的支撑。

（2）本研究基于统计分析所构建的针对不同规模、处理效率和处理工艺下的污水处理厂建设的投资与运行费用函数，受数据局限性等因素影响，其反映的影响因素尚不够全面，有待进一步细化处理工艺等方面的影响因素，充分考虑费用函数的时空差异性特征。

（3）本研究所构建的优化决策模型反映了流域规划决策系统的多目标性、非线性等复杂性特征，但考虑到模型构建以及求解的复杂性，尚未体现流域污水处理厂建设方案的时空分布等动态特征以及模型参数的不确定性特征。因此，需进一步开展构建反映污水处理厂建设方案时空分布特征的不确定性流域城镇污水处理厂优化决策模型的研究。

（4）污水处理厂优化决策模型具有多目标、多变量、非线性、不确定性等复杂性特征，如何设计较高求解精度和效率的智能算法成为优化决策模型实现的难点。本研究设计的多目标遗传算法虽然能够得到较为稳定、足够多且分布均匀的 Pareto 前沿面，但仍缺乏对参数设置的灵敏度测试等更深入的分析，无法保证解的最优性，存在一定的局限性。针对大规模、多目标、非线性、不确定性流域优化模型的求解，其计算过程更加复杂，如何设计更高效的智能算法以保证解的最优性、可行性和稳定性将成为未来研究的重点方向。

参 考 文 献

［1］ 左玉辉．环境系统工程导论［M］．南京：南京大学出版社，1985：209－211.

［2］ 上海市政工程设计研究院．给水排水设计手册（第 10 册 技术经济）［M］．北京：中国建筑工业出版社，2000：475－485.

［3］ Gillot S，Vermeire P，Jacquet P，et al．Integration of wastewater treatment plant investment and operation costs for scenario analysis using simulation［EB/OL］．http：//biomath. ugent. be/~Peter/ftp/pvr226. pdf，1999.

［4］ Tsagarakis K P，Mara D D，Angelakis A．Application of cost criteria for selection of municipal wastewater treatment systems［J］．Water，Air and Soil Pollution，2003，142（2）：187－210.

［5］ David S，Todd A，Lauchlan F．Life－cycle economic model of small treatment wetlands for domestic wastewater disposal［J］．Ecological Economics，2003，44（2）：359－369.

［6］ Dogot T，Xanthoulis Y，Fonder N．Estimating the costs of collective treatment of wastewater：the case of Walloon Region（Belgium）［J］．Water Science and Technology，2010（62），3：640－648.

［7］ 尹军，李晓君，宫正．城市污水二级处理系统费用函数研究［J］．水处理技术，1988，14（4）：226－229.

［8］ Li X W．Technical economics analysis of stabilization ponds［J］．Water Science and technology，1995，31（12）：103－110.

［9］ Wen C G，Lee C S．Development of a cost functions for wastewater treatment systems with fuzzy regression［J］．Fuzzy Sets and Systems，1999，106（11）：143－153.

［10］ 邵玉林．天津市工业污染治理费用函数研究［J］．城市环境与城市生态，1999，12（1）：29－32.

［11］ 张鸣，杨玲，张晓鸣，等．城市污水处理厂治理费用回归方程的建立［J］．环境保护科学，26（97）：23－26.

［12］ 蒋惠忠，卢旭阳．污水处理单元构筑物费用函数研究［J］．环境经济，2000，（8）：41－43.

［13］ 何秉宇，阿屯古丽，白山，等．干旱区水污染控制工程费用函数研究——以新疆为例［J］．干旱区地理，2001，24（1）：90－93.

［14］ Chen H W，Chang N B．A comparative analysis of methods to represent uncertainty in estimating the cost of constructing wastewater treatment plants［J］．Journal of Environmental Management，2002，65（4）：383－409.

［15］ 林澍，黄平．运用遗传算法进行污水厂费用函数拟合［J］．四川环境，2007，26（6）：123－126.

［16］ 曹东，宋存义，王金南，等．污染物联合削减费用函数的建立及实证分析［J］．环境科学研究，2009，22（3）：371－376.

［17］ Balkema A J，Preisig H A，Otterpohl R，et al．Indicators for the sustainability assessment of wastewater treatment systems［J］．Urban Water，2002，4：153－161.

［18］ Palme U，Lundin M，Tillman A M，et al．Sustainable development indicators for wastewater systems－researchers and indicator users in a co－operative case study［J］．Resources，Conservation and Recycling，2005，43：293－311.

［19］ Alsina X F，Gallego A，Feijoo G，et al．Multiple－objective evaluation of wastewater treatment plant control alternatives［J］．Journal of Environmental Management，2010，91：1193－1201.

[20]　Lim S R, Park D, Park J M. Environmental and economic feasibility study of a total wastewater treatment network system [J]. Journal of Environmental Management, 2008, 88: 564 – 575.

[21]　Oscar O, Francesc C, Guido S. Sustainability in the construction industry: a review of recent developments based on LCA [J]. Construction and Building Materials, 2009, 23 (1): 28 – 39.

[22]　Enrico B, Christiane D, Patrick R. Integrating fuzzy multi – criteria analysis and uncertainty evaluation in life cycle assessment [J]. Environmental Modeling and Software, 2008, 23 (12): 1461 – 1467.

[23]　Tyteca D. Nonlinear programming model of wastewater treatment plant [J]. Journal of the Environmental Engineering Division, ASCE, 1981, 107 (4): 747 – 766.

[24]　Dick R I. Intergration of sludge management processes [A]. In: Proc Int Symp On Wastewater Engrg and Mgmt [C]. Society of Environmental Science of Guangdong, People's Republic of China, Mar., 1984.

[25]　Tang C C, Brill E D jr, Pfetter J T. Optimization techniques for secondary wastewater treatment system [J]. Journal of the Environmental Engineering Division, ASCE, 1987, 113 (5): 935 – 951.

[26]　Kao J J, Brill E D jr., Pfetter J T, et al. Computer – based environment for wastewater treatment plant design [J]. Journal of the Environmental Engineering Division, ASCE, 1993, 119 (5): 931 – 945.

[27]　Alderman B J, Theis T L, Collins A G. Optimal design for anaerobic pretreatment of municipal wastewater [J]. Journal of the Environmental Engineering Division, ASCE, 1998, 124 (1): 4 –10.

[28]　Ching – Gung Wean, Chih – shang Lee. A neural network approach to multiobjective optimization for water qualiy management in a river basin [J]. Water Research, 1998, 34 (3): 427 – 436.

[29]　Rauch W. Genetic algorithm sin real time control applied tominimize transient pollution from urban wastewater systems [J]. Water Research, 1999, 33 (5): 1265 – 1277.

[30]　Cho J H. A river water quality management model for optimizing regional wastewater treatment using a genetic algorithm [J]. Environmental Management, 2004, 74: 229 – 242.

[31]　Srivastava P, Hamlett J M, Robillard P D, et al. Watershed optimization of best management practices using AnnAGNPS and a genetic algorithm [J]. Water resources research. 2002, 38 (3): 1 – 3.

[32]　Rehana S, Mujumdar P P. An imprecise fuzzy risk approach for water quality management of a river system [J]. Journal of environmental management. 2009, 90 (11): 3653 – 3664.

[33]　Maringanti C, Chaubey I, Popp J. Development of a multiobjective optimization tool for the selection and placement of best management practices for nonpoint source pollution control [J]. Water Resources Research. 2009, 45 (6).

[34]　张松滨, 李万海, 王红. 污水处理设施性能评价中的赋权相关分析 [J]. 环境工程, 1999, 17 (5): 55 – 58.

[35]　王国平, 王洪光. 集对分析用于污水处理厂的综合评价 [J]. 江苏环境科技, 2002, 15 (1): 16 – 19.

[36]　胡天觉, 陈维平, 曾光明, 等. 运用层次分析法对株洲霞湾污水处理厂污水处理工艺方案择优 [J]. 环境工程, 2000, 18 (1): 61 – 63.

[37]　龚宏伟. 污水处厂运行效果的模糊综合评价 [J]. 河北建筑工程学院学报, 2005, 23 (4): 10 – 13.

[38]　李军红. 城镇污水处理工艺综合效益评价模型的建立 [J]. 南开大学学报, 2007, 40 (5): 15 – 20.

[39]　蒋茹, 曾光明, 黄国和. 基于不确定性理论与方法的城市污水处理厂优化决策研究 [D]. 长沙: 湖南大学, 2007: 50 – 71.

[40]　唐然. 城镇污水处理工艺优选决策模型研究 [D]. 重庆: 重庆大学, 2008.

［41］ 魏丽．基于 AHP 的模糊灰色耦合理论在污水处理工艺优化设计中的应用研究［D］.兰州：兰州理工大学，2009：35－40.

［42］ 纪楠．城市污水处理厂综合指标体系和评价方法的研究［D］.哈尔滨：哈尔滨工业大学，2010.

［43］ 傅国伟，程声通．水污染控制系统规划［M］.北京：清华大学出版社，1985，46－47.

［44］ 彭永臻，于颂明．活性污泥法污水处理厂最优化设计的研究［J］.哈尔滨建筑工程学院学报，1989，22（4）：68－75.

［45］ 郑传宁，等．系统论在污水厂设计中的应用［J］.合肥工业大学学报（自然科学版），1999，22（1）：48－52.

［46］ 林玉鹏．考虑不确定性因素影响的城市污水处理厂优化设计的理论和方法研究［D］.长沙：湖南大学，2000，42－49.

［47］ 庞煜，龙腾锐，张承刚，等．非线性规划在活性污泥系统方案优化设计中的应用［J］.给水排水，2004，30（3）：32－35.

［48］ 刘永，郭怀成．湖泊—流域生态系统管理研究［M］.北京：科学出版社，2008.

［49］ 许碧霞，李兆江．基于循环经济的城市污水多目标优化配置分析［J］.中国农村水利水电，2007：20－23.

［50］ 郑莹，秦华鹏．基于 GA 的感潮河流水污染控制多目标优化［J］.环境科学与技术，2011，34（3）：134－137.

［51］ 孙晓．基于多目标规划的水污染治理投资决策研究［D］.哈尔滨：哈尔滨工业大学，2011.

［52］ 黄国和．厦门市饮用水源流域农业环境污染控制系统的规划研究［J］.环境科学学报，1986，6（3）：306－313.

［53］ 刘玉生，郑丙辉，朱学庆．滇池水污染控制系统规划［J］.环境科学研究，1992，5（2）：1－7.

［54］ 曹瑞钰，顾国维．水环境治理工程费用优化模型［J］.同济大学学报（自然科学版），1997，25（5）：548－552.

［55］ Kuo J T, Wang Y Y, Lung W S. A hybrid neural－genetic algorithm for reservoir water quality management［J］. Water Research，2006，40（7）：1367－1376.

［56］ Reichold L, Zechman E M, Brill E D. Simulation－optimization framework to support sustainable watershed development by mimicking the predevelopment flow regime［J］. Journal of Water Resources Planning and Management－Asce，2010，136（3）：366－375.

［57］ 邹锐，张祯祯，刘永，等．神经网络模型用于数值水质模型逼近的适用性及非敏感参数的欺骗效应［J］.环境科学学报，2010，30（10）：1964－1970.

［58］ Buckley J J. Multiobjective possibilistic linear programming［J］. Fuzzy Sets and Systems，1990，35（1）：23－28.

［59］ Ishibuchi H, Tanaka H. Multiobjective programming in optimization of the interval objective function［J］. European Journal of Operational Research，1990，48（2）：219－225.

［60］ Sakawa M, Yano H. Feasibility and pareto optimality for multiobjective nonlinear programming problems with fuzzy parameters［J］. Fuzzy Sets and Systems，1991，43（1）：1－15.

［61］ 蒋尚华，徐南荣．基于目标达成度和目标综合度的交互式多目标决策方法．系统工程理论与实践［J］，1999，（1）：9－14.

［62］ 张玉新，冯尚友．多维决策的多目标规划及其应用［J］.水利学报，1986，17（7）：1－10.

第7章 流域水污染防治规划投入效益测算模型

水污染防治规划投入作为以政府为主导、以企业为主体的财政投入将发挥极大的基础保障作用，为我国水污染防治事业，特别是对流域污染物总量控制和水质改善起到了较为关键的作用。目前水污染治理投入所带来的环境效应已经得到广泛认可，但其经济社会溢出效应却往往被忽视。如此巨大的水污染治理投入究竟对经济社会的发展产生什么样的贡献效应？是正面贡献还是负面贡献？对经济社会各方面的贡献分别是多少？因此，在关注水污染防治规划投入巨大的环境改善效应同时，需要关注这些投入及措施对松花江流域经济发展以及结构调整优化的经济溢出效应。由于规划投入措施具有较大的经济属性和经济耦合特征，需对其倒逼经济结构优化的作用机理进行深入、定量化研究。从理论和实践的角度来说，增加水污染治理投入和基础设施建设投资不仅不会阻碍经济发展，相反会刺激经济启动和拉动经济增长。水污染治理投资对经济增长的拉动主要表现在引领市场化经济发展、优化结构、吸纳更多就业（尤其是农业就业人口）增加居民收入、拉动内需等方面。尤其在经济萧条时，可直接刺激偏淡的市场、扩张偏冷的需求、产生"立竿见影"的效果。

本章节以松花江流域为示范研究对象，基于松花江流域环境经济投入产出表，构建规划投入对经济发展和环境改善的贡献作用模型，并以"十三五"期间松花江流域水污染治理投入为数据基础，定量化测算分析"十三五"期间松花江流域污染治理投入措施对流域经济发展以及污染减排的贡献作用，从而为松花江流域"十三五"污染防治规划提供科学借鉴意义。

7.1 研究思路

7.1.1 技术路线

本章节基于投入产出模型，定量化测算"十三五"期间松花江流域规划投入措施对该流域总产出、GDP、居民收入以及就业等经济社会的贡献效应以及经济结构优化效果。

本章节的研究思路如图7-1所示，主要分为数据收集、模型构建、结果测算等三个步骤：首先，对松花江流域的规划投入措施数据进行整理收集。本章节中所指规划投入措施主要包括工程减排（治理投资、治理运行费）；第二，基于环境-经济投入产出表以及其他外部相关参数和系数，构建规划投入对经济贡献作用测算模型。其中环境-经济投入产出表需在松花江流域投入产出表基础上加入废水和废气治理部门以及规划投入投资等内容，从而能够反映规划投入措施对经济发展及结构的影响，并结合劳动力占用系数、行业劳动平均报酬以及边际居民消费倾向等参数，构建规划投入经济作用测算模型，具体构建原理和数学表达式见本章节7.2节。第三，测算规划投入对松花江流域经济发展（总产出、GDP、居民收入、就业）的贡献效应。

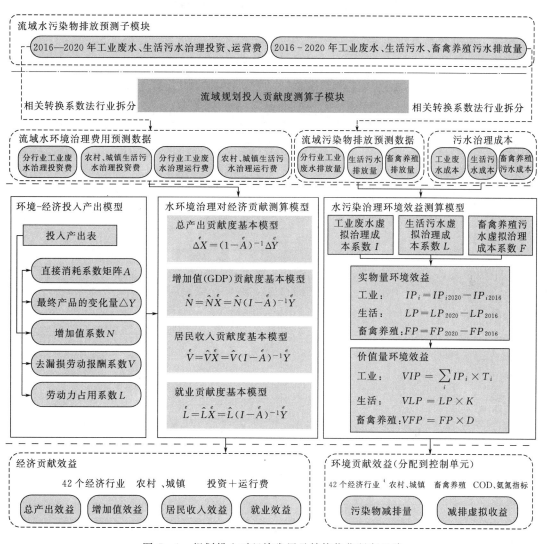

图 7-1 规划投入对经济发展及结构优化研究思路

7.1.2 研究范围

7.1.2.1 区域范围

松花江流域区域范围主要包括黑龙江、吉林两省大部分地区和内蒙古自治区部地区，共 25 个地（市、州、盟）105 个县（旗、区、市），流域总面积 55.68 万 km²。

7.1.2.2 行业范围

本研究的行业划分在 42 部门投入产出表中的行业划分基础上，一方面拆分废水、废气两个虚拟部门，另一方面，合并部分相关行业（见表 7-1），从而得到规划投入对经济社会贡献效应测算的行业范围（见表 7-2）。

表 7-1 　　　　　　　　　　　　行 业 合 并 对 照 表

合 并 行 业	投入产出表原行业
金属、非金属矿采选业	金属矿采选业
	非金属矿及其他矿采选业
电气、通信、电子、仪器等设备制造业	电气机械及器材制造业
	通信设备、计算机及其他电子设备制造业
	仪器仪表及文化办公用机械制造业
工艺品、其他制造业、废品废料	工艺品及其他制造业
	废品废料
服务业	交通运输及仓储业
	批发和零售业
	住宿和餐饮业
	金融业
	房地产业
	邮政业
	信息传输、计算机服务和软件业
	租赁和商务服务业
	研究与试验发展业
	综合技术服务业
	水利和公共设施管理业
	居民服务和其他服务业
	教育
	卫生、社会保障和社会福利业
	文化、体育和娱乐业
	公共管理和社会组织

表 7-2 　　　　　　　规划投入对经济社会贡献效应测算的行业范围

行业代码	行 业 名 称	行业代码	行 业 名 称
1	农林牧渔业	12	非金属矿物制品业
2	煤炭开采和洗选业	13	金属冶炼及压延加工业
3	石油和天然气开采业	14	金属制品业
4	金属、非金属矿采选业	15	通用、专用设备制造业
5	食品制造及烟草加工业	16	交通运输设备制造业
6	纺织业	17	电气、通信、电子、仪器等设备制造业
7	纺织服装鞋帽皮革羽绒及其制品业	18	工艺品、其他制造业、废品废料
8	木材加工及家具制造业	19	电力、热力的生产和供应业
9	造纸印刷及文教体育用品制造业	20	燃气生产和供应业
10	石油加工、炼焦及核燃料加工业	21	水的生产和供应业
11	化学工业	22	服务业

7.2 测算方法与数据来源

7.2.1 环境经济投入产出模型

7.2.1.1 投入产出模型介绍

（1）投入产出的产生与发展。投入产出表是运用投入产出技术，将国民经济各部门生产中投入的各种费用的来源与产出的各种产品和服务的使用去向，组成纵横交错的棋盘式平衡表，全面而系统地反映国民经济各部门在生产过程中互相依存、互相制约的经济技术联系。投入产出表的投入是指各部门在生产货物和服务时的各种投入，包括中间投入的最初投入。产出是指各部门的产出及其使用去向，包括中间使用和最终使用。

投入产出表于 20 世纪 30 年代产生于美国，它是由美国经济学家、哈佛大学教授瓦西里·列昂惕夫（W. Leontief）在前人关于经济活动相互依存性的研究基础上首先提出并研究和编制的。列昂惕夫从 1931 年开始研究投入产出技术，编制投入产出表，目的是研究当时美国的经济结构。为此，他利用美国国情普查资料编制了 1919 年和 1929 年美国投入产出表，并分析美国的经济结构和经济均衡问题。1936 年他在美国《经济学和统计学评论》上发表了投入产出法的第一篇论文"美国经济制度中投入产出数量关系"，标志着投入产出分析的诞生。1941 年他出版了《美国经济结构 1919—1929》一书，他在该书中详细阐述了投入产出技术的主要内容。1951 年该书在增加了 1939 年投入产出表和一些论文后再版。1953 年，列昂惕夫与他人合作，出版了《美国经济结构研究》一书。通过这些论著，列昂惕夫提出了投入产出表的概念及其编制方法，阐述了投入产出技术的基础原理，创立了投入产出技术这一科学理论。正是在投入产出技术方面的卓越贡献，列昂惕夫于 1973 年获得了第五届诺贝尔经济学奖。

投入产出方法在西方产生并非偶然，而是具有一定历史背景，主要是为了适应当时资本主义经济发展的需要。1929 年爆发的震撼资本主义世界的经济危机是资本主义国家历史上最严重、持续时间最长的一次经济危机，传统的西方经济理论已无法解释这个问题，这一冲击在资本主义社会产生了极大的反响。一方面，在三十年代中期出现了凯恩斯主义理论，主张国家干预，特别是财政干预，进行投资，人为地刺激消费，扩大需求，以减少失业和预防经济危机的发生，这一理论，曾成为资本主义国家政府制订经济政策的依据。另一方面，促使一些经济学家在原来的数理经济基础上，利用数学和统计资料对资本主义经济发展中的问题进行分析、研究和经济预测，以便找到医治资本主义痼疾的药方。在这种背景下，产生了投入产出分析和经济计量学。当时列昂惕夫曾认为"今天的经济学出现了这样一种情况：一方面，理论高度集中而没有事实；另一方面，事实堆积如山而没有理论"，而投入产出分析是把经济事实和理论结合起来，把质的分析和量的分析结合起来研究经济问题。按列昂惕夫自己的描述，投入产出分析是"用新古典学派的全部均衡理论对各种错综复杂的经济活动之间在数量上相互依赖关系进行经验研究[1]"。

投入产出技术从诞生到现在的七十多年里，经过经济学家的研究和辛勤探索，无论是在理论方面，还是在实践方面都得到了很大的发展，取得了丰硕的成果。早期的投入产出模型，只是静态的投入产出模型。后来，随着研究的深入，开发了动态投入产模型，投入产出模型由静态扩展到动态。近期，随着投入产出技术与数量经济方法等经济分析方法日益融合，投入产出分析应用领域不断扩大。目前世界上已有 100 多个国家都在定期编制投入产出表。

20 世纪 50 年代末 60 年代初，我国开始引进投入产出技术。1980 年按照国家统计局要求，山西省统计局编制了山西省 1979 年投入产出表。1987 年国务院办公厅发出了《关于进行全国投入产业调查的通知》，在全国进行投入产出调查，编制中国 1987 年投入产出表。这是我国编制的第一张投入产出表。投入产出分析技术在我国开始得到广泛应用，投入产出表成为宏观经济调控、决策和管理的重要工具。从 1987 年投入产出表开始，中国投入产出表编制工作开始规范化，确定逢 2 逢 7 年份编制基本表，逢 0 逢 5 年份编制延长表。迄今为止，国家统计局先后编制了 1992 年、1997 年、2002 年、2007 年、2012 年投入产出表和 1990 年、1995 年、2000 年、2005 年、2010 年投入产出延长表。在地区表方面，全国各省级行政区，都已经与国家同步编制了本地区投入产出表。

1）投入产出表的类型。投入产出模型按照分析和研究的时期不同，可分为静态模型和动态模型两大类。静态模型研究与分析某一个时期（如某一个年度）某个系统的投入产出关系与系统的各种活动等。动态模型则研究与分析若干时期（如若干年度）系统的投入产出与系统的活动，以及各个时期之间的相互联系。因而静态模型中的内生变量往往只涉及某一个时期，而动态模型中的内生变量则涉及几个时期（年份）。在静态模型中投资往往是事先给定的，经常作为外生变量处理，而在动态模型中投资通常取决于本期以及今后若干时期产量变动的函数，因而它不是事先给定的，而是通过模型求解来确定。

静态模型分为静态开模型、静态闭模型和静态局部闭模型三类。在投入产出技术中这三类模型有其特定的含义。静态开模型已很成熟，应用很广泛。在这个模型中通常把最终产品作为外生变量，即由模型以外的因素来确定其数值的变量；静态闭模型中假定没有外生变量，所有变量都是内生变量，即都是通过模型的计算来确定其数值的变量。但是在实践中可以发现，一部分变量的数值，如出口数额、最终消费中的国防开支数值和基建投资数值等在静态模型中往往无法由此模型本身来确定，而应作为外生变量来处理，所以静态闭模型至今没有得到实际应用；静态局部闭模型是把最终需求中居民消费内生化，而其他最终需求仍作为外生变量处理的一种模型。这是由于居民消费的数量与结构取决于经济发展水平。某个部门支付的劳动报酬数额与该部门消耗的材料和动力一样，可以看作该部门产出的函数，把居民部门内生化后就形成静态局部闭模型。静态局部闭模型应用很广泛。

投入产出模型按照计量单位的不同，可以分为价值型投入产出模型、混合型投入产出模型。在价值型投入产出模型中，所有数值都按价值单位计量，计量单位只有 1 个。在实物型投入产出模型中计量单位为实物单位，由于实物单位种类很多，所以实物型投入产出模型中各部门的单位不一致。这时，大部分部门采用实物单位，一部分部门可以采用价值单位，或劳动单位和能量单位等。

投入产出模型按照模型编制的范围可分为世界投入产出模型、国家投入产出模型、地区投入产出模型、部门投入产出模型、企业投入产出模型、地区（国家）间投入产出模型等。

投入产出模型按照编制的时期不同可分为章节期投入产出模型和规划期投入产出模型两大类。前者是对过去年份利用统计资料编制的，后者是为了进行计划和预测，对今后某一个时期编制的。

投入产出模型按照研究的对象可以分为资源能源投入产出模型、环境投入产出模型、劳动力（人口）投入产出模型、教育投入产出模型、农业投入产出模型等。

表 7-3   投 入 产 出 表 类 型

分 类 标 准	种 类
分析时期	开模型
	静态/动态闭模型
	局部闭模型
计量单位	价值型
	实物型
	混合型
研究范围	世界投入产出模型
	国家投入产出模型
	地区投入产出模型
	部门投入产出模型
	企业投入产出模型
	地区(国家)间投入产出模型
研究时间	章节期投入产出模型
	规划期(预测期)投入产出模型
研究对象	资源、能源投入产出模型
	环境投入产出模型
	劳动力(人口)投入产出模型
	教育投入产出模型
	农业投入产出模型

资料来源：陈锡康，杨翠红[2].

2）投入产出表的基本结构。投入产出分析通过编制投入产出表来实现的。投入产出表是指反映各种产品生产投入来源和去向的一种棋盘式表格，由投入表与产出表交叉而成的。前者反映各种产品的价值，包括物质消耗、劳动报酬和剩余产品；后者反映各种产品的分配使用情况，包括投资、消费、出口等。投入产出表可以用来揭示国民经济中各部门之间经济技术的相互依存、相互制约的数量关系。表 7-4 是一个简化的价值型投入产出表，可以按行或者列建立数学模型。

表 7 - 4　　　　　　　　　　　　　一般价值型投入产出表简化框架

投入 \ 产出		中间产品			最终产品			进口	总产出
		部门1	…	部门 n	最终消费	资本形成	出口		
中间投入	部门1	x_{ij} Ⅰ象限			Y_i Ⅱ象限				X_i
	…								
	部门 n								
最初投入	劳动者报酬	N_{ij} Ⅲ象限							
	生产税净额								
	固定资产折旧								
	营业盈余								
总投入		X_j							

从表 7 - 4 可以看出，投入产出表由三部分组成，按照左上、右上、左下的排列顺序，分别称为第Ⅰ、第Ⅱ、第Ⅲ象限。

第Ⅰ象限是由名称相同、排列顺序相同、数目一致的 n 个产品部门纵横交叉而成的，其主栏为中间投入、宾栏为中间使用。矩阵中每个数字 x_{ij} 都具有双重意义：沿行方向看表明某产品部门生产的货物或服务提供给各产品部门使用的价值量；沿列方向看，反映某产品部门在生产过程中消耗各产品部门生产的货物或服务的价值量。第Ⅰ象限充分揭示了国民经济各部门之间相互依存、相互制约的技术经济联系，反映了国民经济各部门之间相互依赖、相互提供劳动对象供生产和消耗的过程，是投入产出表的核心。

第Ⅱ象限是第Ⅰ象限在水平方向上的延伸，其主栏与第Ⅰ象限的主栏相同，也是 n 个产品部门；其宾栏由最终消费、资本形成总额、净出口等最终使用项目组成。这部分反映各产品部门生产的货物或服务用于各种最终使用的价值量及其构成。体现了国内生产总值经过分配和再分配后的最终使用。

第Ⅲ象限是第Ⅰ象限在垂直方向上的延伸，主栏是劳动者报酬、固定资产折旧、生产税净额、营业盈余等增加值项组成；宾栏与第Ⅰ象限的宾栏相同，它反映各产品部门增加值的构成情况。

第Ⅰ和第Ⅱ象限联结在一起组成的横表，反映国民经济各部门生产的货物和服务的使用去向。第Ⅰ和第Ⅲ象限联结在一起组成的竖表，反映国民经济各部门在生产经营活动中的各种投入来源及产品价值构成，体现了国民经济各部门货物和服务的价值形成过程。

上述投入产出表满足下列平衡：

从横向看，中间产出＋最终产出－进口＝总产出，反映各部门的产出及其使用去向，即"产品分配"过程。

从列向看，中间投入＋最初投入＝总投入，映各部门的投入及其提供来源，即"价值形成"过程。

从总量看，总产出＝总投入；中间产出＝中间投入；最终产出＝最初投入。

横表和竖表各自存在一定的平衡关系，彼此之间又在总量上相互制约，构成投入产出表建模分析的基础框架。

（2）投入产出表编制方法。投入产出表的编制方法主要指编制产品部门×产品部门表的方法。产品部门×产品部门表有两种编制方法，一种是间接推导法，另一种是直接分解法。

间接推导法是以产业活动单位为统计单位，按照产业活动单位主产品的性质将其划分到某一产业部门，并编制包括全部产业部门在内的使用表和供给表，然后利用使用表和供给表，依据一定的假定，采用数学方法推导出产品部门×产品部门表的方法。

间接推导法使用的假定有两种，一是产品工艺假定，即假定不管由哪个产业部门生产，同一种产品具有相同的投入结构；二是产业部门工艺假定，即假定同一产业部门不论生产何种产品，都具有相同的投入结构。

直接分解法与间接推导法不同，其统计单位不是产业活动单位，而是一个企业。一个企业，特别是大中型企业，往往同时生产几种、甚至几十种不同质的产品，它们的投入构成不同，根据产品部门的要求，将该企业生产的各种产品，按其性质划归到相应产品部门中，利用企业按产品部门直接分解后的投入构成资料，编制产品部门×产品部门表的方法。

目前我国采用的是以直接分解法为主，间接推导法为辅的编表方法。

（3）投入产出表的主要系数。投入产出系数是进行投入产出分析的重要工具。投入产出系数包括直接消耗系数、完全消耗系数、感应度系数、影响力系数和各种诱发系数。由于直接消耗系数和完全消耗系数是最基本的投入产出系数，这里只介绍直接消耗系数和完全消耗系数的定义和计算方法。

1）直接消耗系数。直接消耗系数，也称为投入系数，记为 $a_{ij}(i, j=1, 2, \cdots, n)$，它是指在生产经营过程中第 j 产品（或产业）部门的单位总产出所直接消耗的第 i 产品部门货物或服务的价值量，将各产品（或产业）部门的直接消耗系数用表的形式表现就是直接消耗系数表或直接消耗系数矩阵，通常用字母 A 表示。

直接消耗系数的计算方法为：用第 j 产品（或产业）部门的总投入 X_j 去除该产品部门（或产业）生产经营中所直接消耗的第 i 产品部门的货物或服务的价值量 X_{ij}，用公式表示为

$$a_{ij}=\frac{X_{ij}}{X_j} \quad (i, j=1, 2, \cdots, n) \tag{7-1}$$

直接消耗系数体现了列昂惕夫模型中生产结构的基本特征，是计算完全消耗系数的基础。它充分揭示了国民经济各部门之间的技术经济联系，即部门之间相互依存和相互制约关系的强弱，并为构造投入产出模型提供了重要的经济参数。

从直接消耗系数的定义和计算方法可以看出，直接消耗系数的取值范围在 $0 \leqslant a_{ij} < 1$ 之间，a_{ij} 越大，说明第 j 部门对第 i 部门的直接依赖性越强；a_{ij} 越小，说明第 j 部门对第 i 部门的直接依赖性越弱；$a_{ij}=0$ 则说明第 j 部门对第 i 部门没有直接的依赖关系。

2）完全消耗系数。完全消耗系数是指第 j 产品部门每提供一个单位最终使用时，对第 i 产品部门货物或服务的直接消耗和间接消耗之和。将各产品部门的完全消耗系数用表的形式表现出来，就是完全消耗系数表或完全消耗系数矩阵，通常用字母 B 表示。

完全消耗系数的计算公式为

$$b_{ij}=a_{ij}+\sum_{k=1}^{n}a_{ik}a_{kj}+\sum_{s=1}^{n}\sum_{k=1}^{n}a_{is}a_{sk}a_{kj}+\sum_{t=1}^{n}\sum_{s=1}^{n}\sum_{k=1}^{n}a_{it}a_{ts}a_{sk}a_{kj}+\cdots(i,\ j=1,\ 2,\ \cdots,\ n)$$

$$(7-2)$$

式中的第一项 a_{ij} 表示第 j 产品部门对第 i 产品部门的直接消耗量；式中的第二项 $\sum_{k=1}^{n}a_{ik}a_{kj}$ 表示第 j 产品部门对第 i 产品部门的第一轮间接消耗量；式中的第三项 $\sum_{s=1}^{n}\sum_{k=1}^{n}a_{is}a_{sk}a_{kj}$ 为第二轮间接消耗量；式中的第四项 $\sum_{t=1}^{n}\sum_{s=1}^{n}\sum_{k=1}^{n}a_{it}a_{ts}a_{sk}a_{kj}$ 为第三轮间接消耗量；依此类推，第 $n+1$ 项为第 n 轮间接消耗量。按照公式所示，将直接消耗量和各轮间接消耗量相加就是完全消耗系数。

完全消耗系数矩阵可以在直接消耗系数矩阵的基础上计算得到的，利用直接消耗系数矩阵计算完全消耗系数矩阵的公式为

$$B=(I-A)^{-1}-I \tag{7-3}$$

式中的 A 为直接消耗系数矩阵，I 为单位矩阵，为完全消耗系数矩阵。

完全消耗系数，不仅反映了国民经济各部门之间直接的技术经济联系，还反映了国民经济各部门之间间接的技术经济联系，并通过线性关系，将国民经济各部门的总产出与最终使用联系在一起。

3）影响力系数。影响力系数是指国民经济某一个产品部门增加一个单位最终产品时，对国民经济各部门所产生的生产需求波及程度。影响力系数越大，该部门对其他部门的拉动作用也越大。影响力系数一般用符号 F_j 表示，计算公式为

$$F_j=\frac{\sum_{i=1}^{n}\overline{b}_{ij}}{\frac{1}{n}\sum_{i=1}^{n}\sum_{j=1}^{n}\overline{b}_{ij}}\quad(j=1,\ 2,\ \cdots,\ n) \tag{7-4}$$

式中 $\sum_{i=1}^{n}\overline{b}_{ij}$ 的为列昂惕夫逆矩阵的第 j 列之和；$\frac{1}{n}\sum_{i=1}^{n}\sum_{j=1}^{n}\overline{b}_{ij}$ 为列昂惕夫逆矩阵列和的平均值。$F_j>1$ 时，则表示第 j 部门的生产对其他部门所产生的波及影响程度超过社会平均影响水平（即各部门所产生的波及影响的平均值），$F_j=1$ 时，则表示第 j 部门的生产对其他部门所产生的波及影响程度等于社会平均的影响力水平；当 $F_j<1$ 时，则表示第 j 部门的生产对其他部门所产生的波及影响程度低于社会平均影响力水平。显然，影响力系数 F_j 越大，第 j 部门对其他部门的拉动作用越大。

4）感应度系数。感应度系数是指国民经济各部门每增加一个单位最终使用时，某一部门由此而受到的需求感应程度，也就是需要该部门为其他部门生产而提供的产出量。系数大说明该部门对经济发展的需求感应程度强，反之，则表示对经济发展需求感应程度弱。其计算公式为

$$E_i=\frac{\sum_{j=1}^{n}\overline{b}_{ij}}{\frac{1}{n}\sum_{i=1}^{n}\sum_{j=1}^{n}\overline{b}_{ij}} \tag{7-5}$$

式中，分子为完全需要系数矩阵各行元素之和，分母为完全需要系数矩阵各列元素之和的平均数。当感应度系数大于 1 时，表示该部门受到的感应程度高于社会平均感应度水平；当感应度系数小于 1 时，表示该部门受到的感应程度低于社会平均感应度水平。

（4）需求拉动的投入产出模型。将投入产出表按行建立投入产出行模型，其可以反映各部门产品的生产与分配使用情况，描述最终产品与总产品之间的价值平衡关系。其方程表达式如下：

$$\sum_{j=1}^{n} a_{ij} \cdot x_j + y_i = x_i \quad (i=1, 2, \cdots, n) \tag{7-6}$$

其可以进一步写成矩阵式

$$(I-A)X = Y \tag{7-7}$$

$$X = (I-A)^{-1}Y \tag{7-8}$$

式中：A 为直接消耗系数矩阵；X 为总产值；Y 为最终产品。

投入产出行模型反映了最终需求（最终产品）拉动总产出的经济机制，所以又称为需求拉动模型。这样便可以定量研究最终产品变化（最终需求变化）ΔY 时对总产出的影响 ΔX，即 $\Delta X = (I-A)^{-1}\Delta Y$。

（5）投入产出表校准与更新。投入产出的编制需要花费大量的人力、物力和财力，所以，世界各国的投入产出表一般每隔 5 年编制一次，而各 5 年期间的投入产出表则是在前一次投入产出表的基础上采用一定的方式进行调整。调整的方法主要是通过对直接消耗系数进行修正。直接消耗系数的修正方法按修正的全面程度，可分为全面修正法和局部修正法。全面修正法通过重新编制投入产出表来全面修正直接消耗系数；局部修正法只选择变化较大的直接消耗系数，根据技术、经济、自然等因素和有关统计资料，局部地进行调整。世界大部分国家一般都在 5 年左右重新编制，在编制新表期间则采取局部调整，RAS 法（也称适时修正法）是由英国经济计量学家 R·斯通提出的一种对直接消耗系数进行局部调整的常用方法[3]。

RAS 法的基本原理是首先假设部门间直接消耗系数矩阵 A 的每一个元素 a_{ij} 受到两个方面的影响，其一是替代的影响，即生产中作为中间消耗的一种产品，代替其他产品或被其他产品所替代的影响，它体现在流量表的行乘数 R 上；其二是制造的影响，即产品在生产中所发生的中间投入对总投入比例变化的影响，它体现在列乘数 S 上。设基期的直接消耗系数矩阵为 A_0，以后年份的直接消耗系数矩阵为 A_1：

$$A_1 = \hat{R} A_0 \hat{S} \tag{7-9}$$

其中
$$\hat{R} = \begin{bmatrix} r_1 & \cdots & 0 \\ \vdots & \ddots & \vdots \\ 0 & \cdots & r_n \end{bmatrix}, \quad \hat{S} = \begin{bmatrix} s_1 & \cdots & 0 \\ \vdots & \ddots & \vdots \\ 0 & \cdots & s_n \end{bmatrix}$$

然而在矩阵 $A_1 = \hat{R} A_0 \hat{S}$ 中，只有 A_0 是已知量，求解比较困难，需要用多次迭代进行求解。求解的前提条件是已知基期直接消耗系数矩阵 A，章节期总产出列向量 X，章节期中间消耗矩阵行合计数 UT 和列合计数 VT。

（6）投入产出模型在环境经济效应分析中的应用。自 1970 年开始，一批投入产出研究者，如 Leontief、Hetteling 等开始利用投入产出技术研究资源和环境问题，并取得了良好的成效。Cumberland（1966）通过对环境、效益和成本的比较把经济与环境的相互作用结合起来[4]。Isard（1969）提出把环境和生态环境结合在一起的最宽泛的框架[5]。Leontief（1970）拓展了投入产出表，使表中纵向投入中包括了污染物消除，横向产出中包括了污染物产生。利用这一模型，可以分析限制公害的产生会给部门结构、价格结构造成什么样的影响，或者为了达到一定的环境标准，社会经济需要付出多么大的代价[6]。Leontief（1973）进一步扩大了投入产出表中普通商品与服务在各部门之间的流量，并把污染物的产生与消除包含了进来[7]。20 世纪 80 年代，Hetteling 在投入产出模型中增加了不同类别能源转换矩阵，分析了电力、石油、煤等能源组成对于环境与经济的影响[8]。McNicoll 和 Blackmore（1993）计算了 1989 年苏格兰 12 种污染物在 29 个（初级）部门的投入—产出表中的排放系数。并将模型应用于污染排放影响的评价的模拟研究[9]。

　　20 世纪 80 年代以后，国内一些地区也按照列昂惕夫的公害模型编制了投入产出表。如天津市的《天津市编制环境经济投入产出表的理论与实践》、山西省的《环境经济投入产出分析》等。雷明在北京社科"九五"规划基金的支持下，从投入产出核算的角度探索建立和完善集资源、经济、环境为一体的绿色综合核算体系的方法，并在此基础上对煤、石油、天然气等能源进行核算，并对诸如绿色 GDP 核算、绿色税费等进行了深入分析[10-12]。李立（1994）将投入产出模型引入能源环境的领域[13]。薛伟（1996）利用投入产出模型分析了经济活动的环境费用问题[14]。曾国雄（1998）以混合式投入产出分析为基础，将所有产业部门分成非能源部门和能源部门，构建多目标规划模型预测 2000 年台湾地区的能源、环境、经济情况[15]。李林红（2001）根据包含了污染排放及治理、水资源使用等数据的昆明市环境保护投入产出表，建立了一个多目标投入产出模型，并用此模型对滇池流域经济与环境协调发展的问题作了分析[16]。李林红（2002）集中研究了滇池流域可持续发展投入产出的基本组成，包括系统动力学模型，最优控制模型，绿色 GDP核算以及信息决策控制系统[17]。王德发（2005）等应用能源-环境-经济投入产出模型测算了 2000 年及 2002 年上海市工业部门的绿色 GDP[18]。姜涛等（2002）从我国的基本国情出发，在进行定性分析的基础上，构建出我国人口-资源-环境-经济总体分析框架模型，建立了基于动态投入产出原理的可持续发展多目标发展最优规划框架模型[19]。陈铁华等（2008）在江苏省 2005 年投入产出表的基础上，构造出一张新的绿色投入产出表，并对各行业的资源动用率、资源恢复贡献、污染排放量和对污染治理贡献进行比较和分析[20]。

7.2.1.2　环境-经济投入产出表

　　为了研究规划投入措施对社会经济发展的贡献，需在一般投入产出表基础上构建环境-经济投入产出表。一方面，在最终使用中将规划投入投资从资本形成总额中拆分出来，并按照我国环保投资的分类分为规划投入投资和其他最终使用。另一方面，在第一象限的中间矩阵中拆分出两个虚拟的污染治理部门，分别为水污染治理、大气污染治理。其中，污染治理部门的行向分别代表生产最终产品需要投入的污染治理费用，其数据来源于环境统计年报中废水和废气治理运行费；列向分别代表污染治理部门对生产部门产品的消耗，其数据来源于实际测算数据。表 7－5 是本研究构建的环境-经济投入产出表基本框架。

表 7 - 5 环境-经济投入产出表基本框架

			中间使用						最终使用		总使用
			生产部门				环境治理部门		污染治理投资	其他最终使用	
			1	2	…	n	废水	废气			
中间投入	生产部门	1	x_{11}	x_{12}	…	x_{1n}	e_{11}	e_{12}	r_1	w_1	x_1
		2	x_{21}	x_{22}	…	x_{2n}	e_{21}	e_{22}	r_2	w_2	x_2
		⋮	⋮	⋮	⋮	⋮	⋮	⋮	⋮	⋮	⋮
		n	x_{n1}	x_{n2}	…	x_{nn}	e_{n1}	e_{n2}	r_n	w_n	x_n
	污染治理部门	废水	k_{11}	k_{12}	…	k_{1n}	h_{11}	h_{12}	z_1	$\bar{w}_1$	$\bar{x}_1$
		废气	k_{21}	k_{22}	…	k_{2n}	h_{21}	h_{22}	z_2	$\bar{w}_2$	$\bar{x}_2$
最初投入	劳动者报酬		v_1	v_2	…	v_n	$\bar{v}_1$	$\bar{v}_2$			
	生产税净额		p_1	p_2	…	p_n	$\bar{p}_1$	$\bar{p}_2$			
	固定资产折旧		d_1	d_2	…	d_n	$\bar{d}_1$	$\bar{d}_2$			
	营业盈余		m_1	m_2	…	m_n	$\bar{m}_1$	$\bar{m}_2$			
	增加值		n_1	n_2	…	n_n	$\bar{n}_1$	$\bar{n}_2$			
总投入			x_1	x_2	…	x_n	$\bar{x}_1$	$\bar{x}_2$			

资料来源：参考雷鸣、廖明球等研究[21-22]，作者编制整理。

表 7 - 5 中各符号含义如下：

x_{ij}—第 j 生产部门生产过程中消耗第 i 生产部门产品价值量；

e_{ij}—第 j 个污染治理部门在消除污染过程中所消耗的第 i 部门产品价值量；

k_{ij}—第 j 生产部门生产过程中需要第 i 污染治理部门投入的污染治理运行费；

h_{ij}—第 j 污染治理部门在消除污染过程中需要第 i 污染治理部门投入的污染治理运行费；

r_i—第 i 生产部门生产的最终产品用于减排投资的产品价值量；

z_i—第 i 污染治理部门的最终产品用于减排投资的价值量；

w_i—第 i 生产部门的最终产品用于其他最终需求的价值量；

$\bar{w}_i$—第 i 污染治理部门的最终产品用于其他最终需求的价值量；

v_j、$\bar{v}_j$—第 j 生产部门和第 j 污染治理部门劳动报酬项；

p_j、$\bar{p}_j$—第 j 生产部门和第 j 污染治理部门生产税净额项；

d_j、$\bar{d}_j$—第 j 生产部门和第 j 污染治理部门固定资产折旧项；

m_j、$\bar{m}_j$—第 j 生产部门和第 j 污染治理部门营业盈余项；

n_j、$\bar{n}_j$—第 j 生产部门和第 j 污染治理部门增加值项；

x_j—第 j 生产部门总产出项；

$\bar{x}_j$—第 j 污染治理部门污染治理运行费总量。

从表 7 - 5 的水平方向来看，有两组平衡方程，一组是生产部门产品的生产与消耗的平衡方程，其中包括规划投入运行费在中间流量矩阵中对生产部门的中间产品消耗以及规划投入投资在最终产品中对生产部门最终产品的消耗需求；另一组是规划投入运行费的形成方程，其中包括污染治理部门对生产部门的运行费投入以及对最终产品领域运行费的投入，即：

$$\sum_j x_{ij} + \sum_j e_{ij} + \sum_j r_{ij} + w_i = x_i \quad (i=1, 2, \cdots, n) \qquad (7-10)$$

$$\sum_j k_{ij} + \sum_j h_{ij} + \sum_j z_{ij} + \overline{w}_i = \overline{x}_i \quad (i=1, 2) \qquad (7-11)$$

公式（7-10）说明各生产部门生产的产品除用于其他生产部门中间使用以及其他最终使用外，还要用于污染治理部门的中间消耗以及规划投入投资使用。公式（7-11）说明各污染治理部门治理污染的运行费用主要用于生产部门的污染治理以及最终需求领域的污染治理。

从表7-5的垂直方向来看，同样有两组平衡方程，一组是生产部门产品的生产与投入的平衡方程；另一组环境治理部门消除污染以及对其他部门产品消耗的平衡方程，即：

$$\sum_i x_{ij} + \sum_i k_{ij} + n_j = x_j \quad (i=1, 2, \cdots, n) \qquad (7-12)$$

$$\sum_i e_{ij} + \sum_i h_{ij} + \overline{n}_j = \overline{x}_j \quad (i=1, 2) \qquad (7-13)$$

公式（7-12）说明各生产部门生产的产品除需要其他生产部门为其提供中间原料外以及初始投入为其投入劳动报酬、税收以及固定资产折旧等，还需要污染治理部门为其投入污染治理运行费用于其生产产品过程中产生的污染物。公式（7-13）说明各污染治理部门为了完成治理污染的工作任务，一方面需要各生产部门为其提供中间原料，如电力、试剂、专用治污设备等，还需要污染治理部门为其提供运行费用以及最初投入领域为其提供人工、设备维护以及税收等要素。

7.2.1.3　规划投入贡献度测算模型

（1）规划投入（投资）测算模型。根据宏观经济学理论可知，规划投入投资将会引起最终产品需求增加，从而对国民经济产生拉动作用。利用投入产出模型可以从最终产品产量的变化来测算规划投入投资对国民经济（总产出、GDP、居民收入和就业）的影响。

1）总产出贡献度基本模型。以 $a_{ij} = x_{ij}/x_j$ 表示生产部门的直接消耗系数，以 $\hat{e}_{ij} = e_{ij}/\overline{x}_j$ 表示污染治理部门的消耗系数，以 $\hat{k}_{ij} = k_{ij}/x_j$ 表示各生产部门污染治理费投入系数，以 $\hat{h}_{ij} = h_{ij}/\overline{x}_j$ 表示各污染治理部门污染治理费投入系数，则设定：

$$\overset{e}{a}_{ij} = \begin{bmatrix} a_{28\times28} & \hat{e}_{28\times2} \\ \hat{k}_{2\times28} & \hat{h}_{2\times2} \end{bmatrix} (i, j=1, 2, \cdots, 24) \qquad (7-14)$$

$$\overset{e}{y}_{ij} = \begin{bmatrix} r_{28\times2} \\ z_{2\times2} \end{bmatrix} (i=1, 2, \cdots, 24; j=1, 2) \qquad (7-15)$$

$$\overset{e}{x}_i = \begin{bmatrix} x_{28\times1} \\ \overline{x}_{2\times1} \end{bmatrix} = (x_{1\times28} \quad \overline{x}_{1\times2})^T = \overset{e}{x}_j (i, j=1, 2, \cdots, 24) \qquad (7-16)$$

$$\overset{e}{w}_{ij} = \begin{bmatrix} w_{28\times1} \\ \overline{w}_{2\times1} \end{bmatrix} (i=1, 2, \cdots, 24; j=1)$$

在公式（7-10）的基础上可以按照行向构建模型：

$$\sum_{j=1}^{28} \overset{e}{a}_{ij} \cdot \overset{e}{x}_j + \sum_{j=1}^{2} \overset{e}{y}_{ij} = \overset{e}{x}i; \quad (i=1,\ 2,\ \cdots,\ 24) \tag{7-17}$$

可进一步写成矩阵式：

$$\overset{e}{A}\overset{e}{X} + \overset{e}{Y} = \overset{e}{X} \ \text{以及}\ \overset{e}{X} = (I - \overset{e}{A})^{-1}\overset{e}{Y} \tag{7-18}$$

进一步，可以得到

$$\Delta\overset{e}{X} = (I - \overset{e}{A})^{-1}\Delta\overset{e}{Y} \tag{7-19}$$

式中：$\Delta\overset{e}{X}$ 为规划投入投资引起总产出变化量；$\overset{e}{A}$ 为加入环境污染治理部门的直接消耗矩阵；$\Delta\overset{e}{Y}$ 为规划投入投资变化量所引起的最终产品的变化量。

公式（7-19）表示规划投入投资引起的最终产品的变化量（$\Delta\overset{e}{Y}$）所引起的国民经济总产出 $\Delta\overset{e}{X}$ 的变化情况。上述模型表明了规划投入投资对国民经济总产出的拉动作用。

2）增加值（GDP）贡献度基本模型。由于增加值是国民总产出减去中间产出的剩余值，如果假设各产业部门增加值占其总产出的比例保持不变的话，规划投入投资导致总产出的变化同样会引起增加值的变化，这样可以通过总产出间接测算出规划投入投资对增加值的贡献度。在此引入增加值系数：$N_j = n_j/x_j$，$j=1,\ 2,\ \cdots,\ n$，其中 N_j 为第 j 部门的增加值系数，n_j 为第 j 部门的增加值，x_j 为第 j 部门的总产出。设 $\hat{N}$ 为增加值系数的对角矩阵向量，那么可以得到：

$$\overset{e}{N} = \hat{N}\overset{e}{X} = \hat{N}(I - \overset{e}{A})^{-1}\overset{e}{Y} \tag{7-20}$$

式（7-20）揭示了规划投入投资与增加值（GDP）之间的数量关系，其中 $\overset{e}{N}$ 为列向量矩阵，表示由于规划投入投资（$\Delta\overset{e}{Y}$）引起的各行业部门增加值的变化量（$\Delta\overset{e}{N}$），即规划投入投资对 GDP 变化的贡献度。

3）居民收入贡献度基本模型。经济部门的生产过程既是对燃料动力、原材料、服务的消耗过程，同样也是对劳动力的消耗过程。对劳动力消耗的多少可以用支付劳动报酬的数量或劳动者的劳动收入来反映。因此，在创造生产需求的同时，也就增加了居民收入。依据增加最终产品→扩大生产规模→增加居民收入的内在逻辑关系，可以定量地计算规划投入中加大污染治理投资对国民经济所产生的收入影响。

在此引入劳动者报酬系数：$V_j = v_j/x_j$，$j=1,\ 2,\ \cdots,\ n$，其中 V_j 为第 j 部门的劳动者报酬系数，表明各行业部门劳动报酬占总产出的比重，v_j 为第 j 部门的劳动报酬，x_j 为第 j 部门的总产出。设 $\hat{V}$ 为劳动者报酬系数的对角矩阵向量，那么可以得到：

$$\overset{e}{V} = \hat{V}\overset{e}{X} = \hat{V}(I - \overset{e}{A})^{-1}\overset{e}{Y} \tag{7-21}$$

式（7-21）揭示了规划投入投资与居民收入之间的数量关系，其中 $\overset{e}{V}$ 为列向量矩阵，表示由于规划投入投资（$\Delta\overset{e}{Y}$）引起的各行业部门居民收入的变化量（$\Delta\overset{e}{V}$），即规划投入对居民收入变化的贡献度。

4）就业贡献度基本模型。规划投入的就业贡献度是从劳动力占用的角度反映增加规划投入措施对国民经济所产生的就业需求变动量。计算就业贡献度的前提假设是：各部门千元总产出占用的劳动力数量在短期内是基本稳定的。那么，由规划投入投资导致最终产品需求变化就会引起全社会总产出的变化，进而引起劳动力数量的相应变化，即增加环保投资→增加最终产品需求→扩大生产规模→增加劳动力需求。

在此引入劳动力投入系数：$L_j = l_j / x_j$，$j = 1，2，\cdots，n$，其中 L_j 为第 j 部门的劳动力投入系数，表明各行业部门万元总产出需要投入的劳动力数量（人/万元·年），l_j 为第 j 部门的劳动力数量，x_j 为第 j 部门的总产出。设 $\hat{L}$ 为劳动力投入系数的对角矩阵向量，那么可以得到：

$$\overset{e}{L} = \hat{L}\overset{e}{X} = \hat{L}(I - \overset{e}{A})^{-1}\overset{e}{Y} \tag{7-22}$$

式（7-22）揭示了规划投入与劳动力就业之间的数量关系，其中 $\overset{e}{L}$ 为列向量矩阵，表示由于规划投入投资（$\Delta\overset{e}{Y}$）引起的各行业部门劳动力就业的变化量（$\Delta\overset{e}{L}$），即规划投入投资对劳动力就业的贡献度。

5）总产出贡献度扩展模型。在基本模型中只考虑了规划投入投资导致的最终产出变化在生产领域内对国民经济各部门直接贡献作用和间接贡献作用，而不包括消费领域中由规划投入投资引起的居民消费变化对生产领域国民经济各生产部门再次的诱发贡献作用。实际上，在我国现阶段，这种由居民消费引起的诱发作用有时是不可忽视的，甚至是相当重要的，其对国民经济的影响占有相当的比重，影响的地域范围和行业范围更加广泛，持续时间更长。

因此，本研究将对测算基本模型进行扩展，使其能够反映居民消费的诱发贡献效应。在此，需要引进其他相关系数，并在测算诱发贡献效应时扣除居民消费的经济漏损。一般主要有三种漏损：储蓄、税收和进口[23]。因此，在进行规划投入区域经济贡献效应分析时需要扣除相应的漏损，使分析结果更加科学合理。

在此需要引入以下系数和参数：

居民直接消费系数——$F_i = f_i / \sum_i f_i$，$i = 1，2，\cdots，n$。

其中，f_i 为环境投入产出表中第 i 部门居民消费，表明居民对各部门最终产品的消费比重。

最终产品国内满足率——$h_i = y_i / x_i$，$i = 1，2，\cdots，n$。

其中，h_i 为环境投入产出表中第 i 部门最终产品国内满足率，y_i 和 x_i 分别为第 i 部门最终产品和总产品。利用最终产品国内满足率可以去除进口漏损。

边际消费倾向——$C = \Delta csm / \Delta icm$。

其中，Δcsm 表示居民消费支出增量；Δicm 表示居民收入增量。边际消费倾向 C 表示收入增加一个单位时，消费支出增加的数量，也就是消费增量占收入增量的比例。它的数值通常是大于0而小于1的正数，这表明，消费是随收入增加而相应增加的，但消费增加的幅度低于收入增加的幅度，即边际消费倾向是随着收入的增加而递减的。利用边际消费倾向可以去除储蓄漏损。

边际税收倾向——$t = \Delta tax / \Delta icm$。

其中，t 表示边际税收倾向，或称边际税率，它是指收入增量 Δicm 与其引致的税收增量 Δtax 的比率。利用边际税收倾向可以去除税收漏损。

在公式（7-21）的基础上，可以获得规划投入（投资、淘汰落后产能）与各部门的劳动报酬关系：

$$\mathring{V} = C(1-t)\hat{V}\mathring{X} \qquad (7-23)$$

式中：$\hat{V}$ 为劳动报酬系数的对角矩阵；C 为边际消费倾向；t 为边际税收倾向；$\mathring{V}$ 为剔除了储蓄和税收漏损后各行业部门可用于消费的劳动报酬向量。该行向量中的每个元素各自表示在存在闲置生产能力的条件下，假定劳动者报酬系数不变，规划投入对最终产品的变化经过生产部门内部的反馈，可能引起的该行业部门用于最终消费的居民收入增量。然后，引入最终产品国内满足率和居民直接消费系数，则得到公式（7-24）：

$$\mathring{Y}_c = C(1-t)\hat{h}Fi'\hat{V}\mathring{X} \qquad (7-24)$$

式中：$\hat{h}$ 为最终产品国内满足率对角矩阵，用于扣除进口漏损，$i' = (1, 1, \cdots, 1)$ 表示单位行向量；F 为居民直接消费系数列向量；$\mathring{Y}_c$ 为规划投入措施引起的居民最终消费变化量列向量。

消费、投资和出口是拉动经济增长的三驾马车。居民消费的变化同样会对国民经济增长具有较大影响作用，其同样适用于公式（7-24）。因此，可以进一步获得最终消费的变化对经济（总产出）的影响作用：

$$\mathring{X}' = (I-\mathring{A})^{-1}\mathring{Y}_c = C(1-t)(I-\mathring{A})^{-1}\hat{h}Fi'\hat{V}\mathring{X} \qquad (7-25)$$

式中：$\mathring{X}'$ 表示规划投入措施引起的第一轮国民总产出变化量引起的居民收入变化量转变为消费增量后，对国内生产体系形成反馈，所带动的总产出的新增加，即居民消费部门的诱发作用下的第二轮总产出增加。第二轮总产出增加同样会带来第二轮劳动报酬的增加，通过居民消费部门的诱发作用引起总产出的第三轮增长，从而带动居民收入新的一轮增加，生产（供给）与消费（需求）就这样互为条件，互相促进，这种生产—消费—生产的循环将继续进行下去，直至经济系统重新达到平衡[23]。可以继续用公式进行推导：

$$\overline{\mathring{X}} = \mathring{X} + \mathring{X}' + \mathring{X}'' + \cdots + \mathring{X}^n \qquad (7-26)$$

式中：$\overline{\mathring{X}}$ 代表规划投入投资对总产出的总的贡献效应；$\mathring{X}$、$\mathring{X}'$、$\mathring{X}''$、$\mathring{X}^n$ 分别代表在消费诱发作用下规划投入投资对总产出的第 1、2、3 和 n 轮贡献效应。

进一步可以得到

$$\overline{\mathring{X}} = (I-\mathring{A})^{-1}(\mathring{Y} + \mathring{Y}_c + \mathring{Y}'_c + \mathring{Y}''_c + \cdots + \mathring{Y}_c^n) \qquad (7-27)$$

$$\overline{\mathring{X}} = (I-\mathring{A})^{-1}\{\mathring{Y} + C(1-t)\hat{h}Fi'\hat{V}(I-\mathring{A})^{-1}\mathring{Y} + C(1-t)\hat{h}Fi'\hat{V}(I-\mathring{A})^{-1}$$

$$C(1-t)\hat{h}Fi'\hat{V}(I-\mathring{A})^{-1}\mathring{Y} + \cdots\} \qquad (7-28)$$

设定 $\overline{A} = (I-\mathring{A})^{-1}$，$\overline{B} = C(1-t)\hat{h}Fi'\hat{V}$，$\overline{K} = \overline{B}\,\overline{A}$，则公式（7-28）可以写为

$$\overset{e}{\overline{X}}=\overline{A}(I+\overline{K}+\overline{K}^2+\cdots+\overline{K}^n)\overset{e}{Y} \tag{7-29}$$

其中，$(I+\overline{K}+\overline{K}^2+\cdots+\overline{K}^n)=(I-\overline{K})$ $(I+\overline{K}+\overline{K}^2+\cdots+\overline{K}^n)$ $(I-\overline{K})^{-1}=$ $(I-\overline{K})^{-1}$ $(I-\overline{K}^{n+1})$

由于 $\overline{K}$ 中的元素均大于 0 小于 1，则随着 n 趋向于无限大，$\overline{K}^{n+1}$ 将趋向于 0，那么将得到 $(I+\overline{K}+\overline{K}^2+\cdots+\overline{K}^n)=(I-\overline{K})^{-1}$，那么由公式（7 - 29）可以进一步推导出：

$$\overset{e}{\overline{K}}=\overline{A}(I-\overline{K})^{-1}\overset{e}{Y} \tag{7-30}$$

将 $\overline{A}$ 和 $\overline{K}$ 带入上式可得

$$\overset{e}{\overline{X}}=(I-\hat{A})(I-C(1-t)\hat{h}Fi'\hat{V}(I-\hat{A})^{-1})^{-1}\overset{e}{Y} \tag{7-31}$$

公式（7 - 31）就是考虑了居民消费的诱发贡献效应以及扣除经济漏损情况下规划投入投资 $\overset{e}{Y}$ 与国民经济总产出 $\overset{e}{\overline{X}}$ 之间的相互作用关系的总产出贡献度扩展模型。这样可以测算出由于治污减投资对最终需求的影响变化量（$\Delta\overset{e}{Y}$）而引起的国民经济总产出的变化（$\Delta\overset{e}{\overline{X}}$）量，也就是考虑消费诱发的规划投入对国民经济发展的贡献度。

6）增加值、居民收入、就业贡献度扩展模型。与基本模型原理相同，增加值等贡献度扩展模型同样可以通过增加值系数、劳动者报酬系数以及劳动力投入系数等与总产出计算求得：

$$\overset{e}{\overline{N}}=\hat{N}\overset{e}{\overline{X}}=\hat{N}\overline{A}(I-\overline{B}\overline{A})^{-1}\overset{e}{Y} \tag{7-32}$$

$$\overset{e}{\overline{V}}=\hat{V}\overset{e}{\overline{X}}=\hat{V}\overline{A}(I-\overline{B}\overline{A})^{-1}\overset{e}{Y} \tag{7-33}$$

$$\overset{e}{\overline{L}}=\hat{L}\overset{e}{\overline{X}}=\hat{L}\overline{A}(I-\overline{B}\overline{A})^{-1}\overset{e}{Y} \tag{7-34}$$

其中，$\overline{A}=(I-\hat{A})^{-1}$，$\overline{B}=C(1-t)\hat{h}Fi'\hat{V}$。公式（7 - 32）～公式（7 - 34）分别是考虑了居民消费的诱发贡献效应以及扣除经济漏损情况下规划投入投资 $\overset{e}{Y}$ 与增加值 $\overset{e}{\overline{N}}$、居民收入 $\overset{e}{\overline{V}}$ 和就业 $\overset{e}{\overline{L}}$ 之间的相互作用关系的贡献度扩展模型。

（2）规划投入（运行费）测算模型。规划投入运行费与规划投入投资对经济的贡献原理不同，规划投入投资主要是由于增加了最终需求从而引起经济总量及其他各方面的连锁反应，而规划投入运行费是指由于规划投入的需要，将部分最初投入（增加值）用于消耗电力、化学试剂以及其他材料等，加大了产品生产的中间消耗。这一方面将直接导致增加值以及居民收入的减少，对国民经济产生一定的负面影响；但另一方面将促进电力、化学试剂等行业产生的生产，扩大了内需，从而间接地对国民经济产生正面影响。因此，在测算规划投入运行费的经济贡献度时，需综合考虑其正、负面影响，同时在测算正面影响是也应考虑正面影响的消费诱发贡献，最终基于本研究构建的环境-经济投入产出表，科学合理地测算规划投入运行费对经济的总贡献度。

规划投入运行费主要包括设备折旧、能源消耗、设备维修、人员工资、管理费、药剂费等几项内容，其中设备折旧、人员工资仍增加值的内容，分别对应于投入产出表最初投入中劳动报酬和固定资产折旧等子项；而能源消耗（电力）、管理费以及设备维修则属于中间投入领域，分别对应于电力生产、环境管理以及通用、专用设备制造等行业，可以认为是将这些行业本属于最终使用领域的产品用于了中间消耗领域。

直接贡献：从国民经济总产出来看，规划投入运行费就是将最终使用领域的产品用于了中间投入，从投入产出横向平衡关系来看，总产出保持不变。从增加值（GDP）来看，规划投入运行费将本属于增加值的价值用于中间消耗领域，从而对增加值来说是减少的，减少量等于污染治理部门对各生产部门的消耗量，即环境投入产出表中的 e_{ij}。

设定 θ_{ij} 表示第 i 污染治理部门投入到第 j 生产部门的中间投入（能源消耗、管理费以及设备维修）占污染治理费总量的比重，其中 i 主要表示废水、废气环境治理部门，则

$$\overset{e}{N}_j = -\sum_{i=1}^{2}\theta_{ij}\times k_{ij} \quad j=1,2,\cdots,28 \tag{7-35}$$

式中：$\overset{e}{N}_j$ 表示第 j 生产部门规划投入运行费的投入对 GDP 的直接贡献度。

设定 $\hat{V}$ 代表第 j 生产部门劳动报酬占增加值的比重对角矩阵，$\hat{L}$ 表示第 j 生产部门平均劳动报酬向量，则

$$\overset{e}{V}=\overset{e}{N}\hat{V},\quad \overset{e}{L}=\overset{e}{V}/\hat{L} \tag{7-36}$$

式中：$\overset{e}{V}$、$\overset{e}{L}$ 分别表示规划投入运行费投入对各生产部门居民收入和劳动就业的直接贡献。

间接贡献：规划投入运行费的中间消耗部分用于购买电力、化学试剂、环境管理和设备维修等产品和服务，从而带动了相关行业部门的生产，对部门总产出具有促进带动作用，将这部分带动影响作为规划投入运行费的间接贡献。对这种间接贡献的测算与规划投入投资的贡献度测算类似，需要做一些修改。

根据构建的环境-经济投入产出表，以 $a_{ij}=x_{ij}/x_j$ 表示生产部门的直接消耗系数；e_{i1}、e_{i2} 分别表示废水、废气治理部门在消除污染过程中所消耗的第 i 部门产品价值量。那么设定 A 表示生产部门直接消耗系数矩阵，E_1、E_2 表示废水、废气治理部门对生产部门消耗价值量列向量，可得

$$\overset{e}{X}=(I-A)^{-1}(E_1+E_2) \tag{7-37}$$

式中：$\overset{e}{X}$ 表示规划投入治理费用对总产出的间接贡献，此处的间接贡献为正值。那么可以获得规划投入治理费用对增加值、居民收入、就业的间接贡献分别为

$$\overset{e}{N}=\hat{N}\overset{e}{X},\quad \overset{e}{V}=\hat{V}\overset{e}{X},\quad \overset{e}{L}=\hat{L}\overset{e}{X} \tag{7-38}$$

诱发贡献：进一步可以测算出考虑居民消费和经济漏损扣除下的规划投入治理费用对总产出的诱发贡献：

$$\overset{e}{X}=(I-A)^{-1}(I-C(1-t)\hat{h}Fi'\hat{V}(I-A)^{-1})^{-1}(E_1+E_2) \tag{7-39}$$

此处的总产出诱发贡献已包括了间接贡献，同样也为正值。

$$\overset{e}{N}=\hat{N}\overset{e}{X},\quad \overset{e}{V}=\hat{V}\overset{e}{X},\quad \overset{e}{L}=\hat{L}\overset{e}{X} \tag{7-40}$$

7.2.2　水污染治理的环境效益模型

实物量和价值量两方面建立规划投入对环境效益贡献度的测算方法。实物量是指水污染防治规划投入导致废水和主要污染物排放量的减少，重点针对水污染治理工程投入（分为生活污水处理工程投入和工业污水处理工程投入），基于产排放系数法和工程治理投入的减排贡献度响应模型进行污染物排放量实物量测算。价值量是指由于工程治理投入直接减少了污染物的排放，进而避免了污染物排放带来的环境污染损失，采用绿色GDP核算中的污染损失评估法或治理成本法（关键是获得单位污染物的治理成本）进行测算。

水污染治理工程减排量实物量的公式为

$$IP_i^t = IP_{i2020}^t - IP_{i2016}^t \tag{7-41}$$

$$LP_i^t = LP_{i2020}^t - LP_{i2016}^t \tag{7-42}$$

式中：IP 表示工业水污染治理工程的废水污染物（COD和氨氮）减排量；LP 表示生活水污染治理工程的废水污染物减排量，其主要由2016年废水排放量与2020年废水排放量的差值；i 表示工业行业；t 表示污染物（COD和氨氮）。

水污染治理工程减排量价值量的公式为

$$VIP = \sum_t \sum_i IP_i^t \times T_i^t \tag{7-43}$$

$$VLP = \sum_t LP^t \times K^t \tag{7-44}$$

式中：VIP 表示工业水污染物治理工程的虚拟治理价值；VLP 表示生活水污染物治理工程的虚拟治理价值；T_i^t 表示第 i 行业第 t 种污染物单位治理成本；K^t 表示生活废水中第 t 种污染物单位治理成本。

7.2.3　基础数据来源

7.2.3.1　环保投资数据

本研究在第三章研究成果基础上，抽取松花江流域（包括黑龙江、吉林以及内蒙古部分地区）"十三五"期间及历年规划投入数据，估算出"十三五"期间我国松花江流域工程减排投资和运行费（见表7-6和表7-7）。

表7-6　　　　　　松花江流域"十三五"分行业工业废水治理投资　　　　　单位：亿元

行　业　名　称	2016年	2017年	2018年	2019年	2020年	"十三五"合计
煤炭开采和洗选业	0.45	0.62	0.79	0.96	1.30	4.12
石油和天然气开采业	1.27	1.35	1.42	1.50	1.65	7.19
黑色金属矿采选业	0.05	0.06	0.08	0.09	0.12	0.40
有色金属矿采选业	0.08	0.10	0.13	0.15	0.20	0.67
非金属矿采选业	0.01	0.01	0.01	0.01	0.02	0.06
其他采矿业	0.20	0.26	0.32	0.38	0.49	1.65

续表

行 业 名 称	2016 年	2017 年	2018 年	2019 年	2020 年	"十三五"合计
农副食品加工业	0.22	0.28	0.34	0.39	0.51	1.74
食品制造业	0.19	0.21	0.24	0.26	0.31	1.20
饮料制造业	0.05	0.06	0.07	0.07	0.09	0.34
烟草制品业	0.03	0.04	0.05	0.06	0.07	0.25
纺织业	0.06	0.08	0.09	0.10	0.13	0.46
纺织服装、鞋、帽制造业	0.01	0.01	0.01	0.02	0.03	0.08
皮革、毛皮、羽毛(绒)及其制品业	0.03	0.05	0.06	0.08	0.11	0.32
木材加工及木、竹、藤、棕、草制品业	0.00	0.01	0.01	0.01	0.01	0.04
家具制造业	0.11	0.14	0.16	0.18	0.23	0.83
造纸及纸制品业	0.09	0.10	0.11	0.12	0.14	0.58
印刷业和记录媒介的复制业	0.00	0.00	0.00	0.00	0.01	0.02
文教体育用品制造业	0.07	0.09	0.10	0.11	0.13	0.50
石油加工、炼焦及核燃料加工业	0.48	0.55	0.62	0.70	0.84	3.20
化学原料及化学制品制造业	0.60	0.81	1.01	1.21	1.61	5.24
医药制造业	0.18	0.22	0.26	0.29	0.37	1.32
化学纤维制造业	0.01	0.01	0.01	0.01	0.02	0.06
橡胶制品业	0.01	0.02	0.02	0.03	0.04	0.12
塑料制品业	0.05	0.07	0.09	0.11	0.15	0.47
非金属矿物制品业	0.24	0.29	0.34	0.39	0.50	1.75
黑色金属冶炼及压延加工业	0.40	0.48	0.56	0.65	0.81	2.90
有色金属冶炼及压延加工业	0.13	0.18	0.22	0.27	0.36	1.15
金属制品业	0.07	0.10	0.14	0.17	0.24	0.72
通用设备制造业	0.03	0.04	0.05	0.06	0.08	0.27
专用设备制造业	0.07	0.07	0.08	0.08	0.09	0.38
交通运输设备制造业	0.03	0.04	0.04	0.05	0.06	0.21
电气机械及器材制造业	0.03	0.04	0.05	0.06	0.08	0.25
通信设备、计算机及其他电子设备制造业	0.00	0.01	0.01	0.01	0.02	0.05
仪器仪表及文化办公用机械制造业	0.01	0.01	0.02	0.03	0.04	0.11
工艺品及其他制造业	0.00	0.00	0.01	0.01	0.01	0.04
废弃资源和废旧材料回收加工业	0.05	0.06	0.07	0.08	0.10	0.35
电力、热力的生产和供应业	0.41	0.54	0.68	0.81	1.08	3.52
燃气生产和供应业	0.01	0.01	0.01	0.01	0.02	0.06
水的生产和供应业	0.01	0.01	0.01	0.02	0.02	0.08
工业合计	5.77	7.03	8.29	9.55	12.06	42.69

表 7-7松花江流域"十三五"生活污水治理投资　　　　单位：亿元

年　　份	2016	2017	2018	2019	2020	"十三五"合计
城镇	17.26	17.26	17.26	17.26	17.26	86.30
农村	9.49	9.49	9.49	9.49	9.49	47.47
合计	26.75	26.75	26.75	26.75	26.75	133.77

7.2.3.2　污水治理运行费数据

污水治理运行费包含松花江流域 39 个工业行业 2016—2020 年废水治理运行费以及城镇和农村污水治理运行费（见表 7-8 和表 7-9）

表 7-8　　　　松花江流域"十三五"分行业工业废水治理运行费　　　　单位：亿元

行业名称	2016 年	2017 年	2018 年	2019 年	2020 年	"十三五"合计
煤炭开采和洗选业	1.85	2.97	4.09	5.21	6.33	20.47
石油和天然气开采业	15.75	16.04	16.33	16.62	17.20	81.93
黑色金属矿采选业	0.29	0.38	0.47	0.57	0.75	2.46
有色金属矿采选业	0.52	0.70	0.88	1.06	1.42	4.59
非金属矿采选业	0.05	0.07	0.09	0.11	0.16	0.47
其他采矿业	0.00	0.00	0.00	0.00	0.01	0.02
农副食品加工业	0.90	1.12	1.34	1.56	2.01	6.94
食品制造业	2.01	2.26	2.51	2.76	3.26	12.80
饮料制造业	2.85	3.21	3.58	3.94	4.66	18.24
烟草制品业	0.28	0.38	0.48	0.58	0.78	2.52
纺织业	0.65	0.78	0.90	1.03	1.28	4.64
纺织服装、鞋、帽制造业	0.10	0·17	0.24	0.30	0.44	1.25
皮革、毛皮、羽毛(绒)及其制品业	0.34	0.52	0.71	0.89	1.26	3.71
木材加工及木、竹、藤、棕、草制品业	0.34	0.44	0.53	0.62	0.81	2.75
家具制造业	0.23	0.35	0.47	0.59	0.82	2.46
造纸及纸制品业	0.95	1.08	1.21	1.35	1.61	6.20
印刷业和记录媒介的复制业	0.07	0.09	0.12	0.14	0.18	0.60
文教体育用品制造业	0.06	0.10	0.13	0.17	0.24	0.70
石油加工、炼焦及核燃料加工业	5.54	5.93	6.33	6.72	7.51	32.03
化学原料及化学制品制造业	1.55	2.06	2.58	3.10	4.13	13.42
医药制造业	2.97	3.28	3.58	3.88	4.49	18.21
化学纤维制造业	0.30	0.36	0.41	0.46	0.56	2.09
橡胶制品业	0.06	.0.08	0.10	0.13	0.17	0.54
塑料制品业	0.40	0.60	0.80	0.99	1.39	4.18
非金属矿物制品业	0.54	0.70	0.85	1.01	1.33	4.43
黑色金属冶炼及压延加工业	0.79	0.97	1.15	1.33	1.69	5.94

续表

行 业 名 称	2016 年	2017 年	2018 年	2019 年	2020 年	"十三五"合计
有色金属冶炼及压延加工业	0.49	0.66	0.82	0.99	1.32	4.28
金属制品业	1.46	2.08	2.69	3.30	4.52	14.05
通用设备制造业	1.14	1.50	1.87	2.23	2.96	9.71
专用设备制造业	0.28	0.35	0.42	0.49	0.62	2.16
交通运输设备制造业	2.60	2.80	3.01	3.21	3.62	15.25
电气机械及器材制造业	0.94	1.33	1.71	2.10	2.87	8.95
通信设备、计算机及其他电子设备制造业	0.47	0.63	0.78	0.94	1.25	4.07
仪器仪表及文化办公用机械制造业	0.68	1.22	1.75	2.29	3.36	9.30
工艺品及其他制造业	0.07	0.12	0.17	0.22	0.31	0.89
废弃资源和废旧材料回收加工业	0.02	0.03	0.03	0.03	0.04	0.16
电力、热力的生产和供应业	0.80	1.04	1.28	1.52	1.99	6.64
燃气生产和供应业	0.48	0.68	0.88	1.08	1.48	4.61
水的生产和供应业	0.11	0.15	0.20	0.25	0.34	1.05
工业合计	48.97	57.24	65.51	73.78	89.21	334.70

表 7 - 9　　　　　松花江流域"十三五"生活污水治理运行费　　　　　单位：亿元

年　　份	2016 年	2017 年	2018 年	2019 年	2020 年	"十三五"合计
城镇	3.36	3.36	3.36	3.36	3.36	16.80
农村	1.85	1.85	1.85	1.85	1.85	9.24
合计	5.21	5.21	5.21	5.21	5.21	26.04

7.2.3.3　污水削减量及环境效益

松花江流域 2016—2020 年 39 个工业行业废水排放量以及各行业废水治理成本见表 7 - 10～表 7 - 13。

表 7 - 10　　　　松花江流域"十三五"工业行业废水 COD 排放量　　　　单位：万 t

行 业 名 称	2016 年	2017 年	2018 年	2019 年	2020 年
煤炭开采和洗选业	5.8	5.5	5.2	4.9	4.6
石油和天然气开采业	0.5	0.5	0.4	0.4	0.3
黑色金属矿采选业	0.3	0.3	0.3	0.3	0.3
有色金属矿采选业	0.9	0.8	0.7	0.7	0.6
非金属矿采选业	0.7	0.7	0.7	0.7	0.6
其他采矿业	0.0	0.0	0.0	0.0	0.0
农副食品加工业	13.7	14.2	14.7	15.2	15.7

续表

行 业 名 称	2016 年	2017 年	2018 年	2019 年	2020 年
食品制造业	10.8	11.4	12.0	12.6	13.2
饮料制造业	43.6	41.5	39.4	37.4	35.3
烟草制品业	0.3	0.3	0.3	0.3	0.3
纺织业	36.7	36.3	35.9	35.5	35.2
纺织服装、鞋、帽制造业	2.4	2.4	2.4	2.4	2.3
皮革毛皮羽毛(绒)及其制品业	5.2	5.4	5.5	5.7	5.8
木材加工及木竹藤棕草制品业	1.6	1.6	1.6	1.6	1.6
家具制造业	0.1	0.1	0.1	0.1	0.1
造纸及纸制品业	73.5	74.7	75.9	77.1	78.3
印刷业和记录媒介的复制	0.3	0.3	0.3	0.3	0.3
文教体育用品制造业	0.2	0.2	0.2	0.2	0.2
石油加工、炼焦及核燃料加工业	5.5	5.2	4.8	4.5	4.1
化学原料及化学制品制造业	48.4	45.3	42.3	39.2	36.1
医药制造业	16.8	16.3	15.8	15.3	14.8
化学纤维制造业	15.9	15.8	15.7	15.6	15.5
橡胶制品业	1.1	1.2	1.3	1.4	1.5
塑料制品业	0.8	0.8	0.8	0.8	0.8
非金属矿物制品业	1.6	1.5	1.4	1.4	1.3
黑色金属冶炼及压延加工业	4.0	4.1	4.3	4.5	4.6
有色金属冶炼及压延加工业	1.3	1.3	1.3	1.3	1.3
金属制品业	3.8	4.0	4.1	4.2	4.4
通用设备制造业	1.5	1.4	1.4	1.4	1.3
专用设备制造业	0.6	0.6	0.6	0.6	0.6
交通运输设备制造业	0.6	0.7	0.7	0.7	0.8
电气机械及器材制造业	0.5	0.5	0.5	0.6	0.6
通信计算机及其他电子设备制造业	3.6	3.2	2.9	2.5	2.2
仪器仪表及文化办公用机械制造业	0.3	0.3	0.3	0.2	0.2
工艺品及其他制造业	0.4	0.4	0.4	0.5	0.5
废弃资源和废旧材料回收加工业	0.2	0.2	0.2	0.2	0.2
电力、热力的生产和供应业	1.2	1.2	1.3	1.3	1.3
燃气生产和供应业	0.5	0.6	0.7	0.7	0.8
水的生产和供应业	0.4	0.4	0.4	0.3	0.3

表7-11　　　　　　　松花江流域"十三五"工业行业废水氨氮排放量　　　　　单位：t

行 业 名 称	2016年	2017年	2018年	2019年	2020年
煤炭开采和洗选业	114.4	107.1	99.8	92.5	85.2
石油和天然气开采业	422.0	364.3	306.6	248.9	191.2
黑色金属矿采选业	15.9	18.1	20.3	22.4	24.6
有色金属矿采选业	22.3	22.7	23.1	23.6	24.0
非金属矿采选业	4.7	4.6	4.5	4.4	4.3
其他采矿业	0.5	0.4	0.4	0.3	0.2
农副食品加工业	856.4	804.0	751.7	699.3	647.0
食品制造业	561.7	504.7	447.8	390.8	333.8
饮料制造业	229.1	210.7	192.4	174.0	155.6
烟草制品业	12.1	12.2	12.3	12.3	12.4
纺织业	100.8	100.2	99.6	98.9	98.3
纺织服装、鞋、帽制造业	8.4	9.7	11.0	12.3	13.7
皮革毛皮羽毛(绒)及其制品业	47.5	50.2	53.0	55.7	58.5
木材加工及木竹藤棕草制品业	13.3	12.1	10.9	9.6	8.4
家具制造业	3.5	3.5	3.5	3.4	3.4
造纸及纸制品业	242.7	243.3	244.0	244.6	245.2
印刷业和记录媒介的复制	1.2	1.1	1.0	0.9	0.8
文教体育用品制造业	0.6	0.7	0.8	0.9	1.0
石油加工、炼焦及核燃料加工业	1883.9	1689.5	1495.2	1300.8	1106.5
化学原料及化学制品制造业	3207.7	3142.8	3078.0	3013.1	2948.2
医药制造业	212.8	174.0	135.3	96.5	57.7
化学纤维制造业	50.7	48.1	45.4	42.8	40.2
橡胶制品业	9.3	9.9	10.6	11.2	11.9
塑料制品业	8.6	9.0	9.4	9.8	10.2
非金属矿物制品业	20.9	19.1	17.4	15.6	13.9
黑色金属冶炼及压延加工业	425.3	418.7	412.2	405.6	399.0
有色金属冶炼及压延加工业	100.1	100.1	100.1	100.0	100.0
金属制品业	30.7	31.3	32.0	32.6	33.2
通用设备制造业	12.9	11.3	9.7	8.2	6.6
专用设备制造业	11.6	11.2	10.8	10.4	10.0
交通运输设备制造业	32.4	30.5	28.6	26.7	24.8

续表

行 业 名 称	2016 年	2017 年	2018 年	2019 年	2020 年
电气机械及器材制造业	5.3	4.9	4.5	4.1	3.7
通信计算机及其他电子设备制造业	4.9	5.2	5.5	5.8	6.1
仪器仪表及文化办公用机械制造业	3.6	3.4	3.3	3.1	2.9
工艺品及其他制造业	2.9	2.7	2.4	2.2	2.0
废弃资源和废旧材料回收加工业	0.7	0.6	0.5	0.5	0.4
电力、热力的生产和供应业	53.8	47.7	41.6	35.5	29.5
燃气生产和供应业	14.8	12.6	10.3	8.1	5.9
水的生产和供应业	23.3	22.5	21.8	21.0	20.2

表 7 - 12　　　　　　　各工业行业单位 COD 和氨氮治理成本　　　　单位：元/kg

行 业 名 称	氨　氮	COD
煤炭开采和洗选业	0.01	0.36
石油和天然气开采业	0.00	0.00
黑色金属矿采选业	0.00	0.92
有色金属矿采选业	0.00	0.42
非金属矿采选业	0.00	0.73
其他采矿业	0.00	0.00
农副食品加工业	0.12	2.61
食品制造业	1.06	2.25
饮料制造业	0.08	1.33
烟草制品业	0.58	0.76
纺织业	0.08	1.56
纺织服装、鞋、帽制造业	0.37	1.32
皮革毛皮羽毛(绒)及其制品业	0.23	4.75
木材加工及木竹藤棕草制品业	0.22	5.27
家具制造业	0.03	0.95
造纸及纸制品业	0.07	1.35
印刷业和记录媒介的复制	0.02	1.30
文教体育用品制造业	0.06	1.35
石油加工、炼焦及核燃料加工业	0.85	0.58
化学原料及化学制品制造业	0.59	0.89
医药制造业	0.17	1.71

续表

行 业 名 称	氨 氮	COD
化学纤维制造业	0.24	1.36
橡胶制品业	0.21	0.60
塑料制品业	0.05	3.14
非金属矿物制品业	0.15	1.21
黑色金属冶炼及压延加工业	0.14	0.13
有色金属冶炼及压延加工业	0.24	0.15
金属制品业	0.01	0.29
通用设备制造业	0.08	.1.01
专用设备制造业	1.47	1.56
交通运输设备制造业	32.4	30.5
电气机械及器材制造业	5.3	4.9
通信计算机及其他电子设备制造业	4.9	5.2
仪器仪表及文化办公用机械制造业	3.6	3.4
工艺品及其他制造业	2.9	2.7
废弃资源和废旧材料回收加工业	0.7	0.6
电力、热力的生产和供应业	53.8	47.7
燃气生产和供应业	14.8	12.6
水的生产和供应业	23.3	22.5

表 7 - 13　　　　生活污水及畜禽养殖污水 COD 和氨氮单位治理成本系数

类　　型	COD 单位治理成本/(元/kg)	氨氮单位治理成本/(元/kg)
农村生活污水	0.89	0.10
城镇生活污水	0.54	0.06
畜禽养殖污水	10.35	1.15

7.2.3.4　相关参数数据

相关参数数据见表 7 - 14～表 7 - 17。

表 7 - 14　　　　　　　工业污水治理投资流入的行业和比重

支 出 类 别	所占比重/%	流入行业
污水处理设备购置费	50	通用、专用设备制造业
建筑工程费	40	建筑业
环境管理相关费用	10	环境管理业

表 7 – 15　　　　　　　　　**生活污水处理厂投资流入的行业和比重**

支 出 类 别	所占比重/%	影 响 行 业
建筑工程费	35	建筑业
设备及工器具购置费	47	专用设备制造业
安装工程费	11	专用设备制造业
工程建设其他费(设计、咨询、评估、环评)	7	综合技术服务业

表 7 – 16　　　　　　　　　**各工业行业污水处理运行费支出分解**　　　　　　　　　%

行 业 名 称	电耗	药剂	人工	设备折旧	设备维修
煤炭开采和洗选业	45	15	10	25	5
石油和天然气开采业	45	15	10	25	5
金属矿采选业	45	15	10	25	5
非金属矿及其他矿采选业	45	15	10	25	5
食品制造及烟草加工业	45	15	10	25	5
纺织业	40	35	5	15	5
纺织服装鞋帽皮革羽绒及其制品业	60	15	6	12	7
木材加工及家具制造业	45	15	10	25	5
造纸印刷及文教体育用品制造业	45	15	10	25	5
石油加工、炼焦及核燃料加工业	45	15	10	25	5
化学工业	50	20	10	15	5
非金属矿物制品业	45	15	10	25	5
金属冶炼及压延加工业	45	15	5	25	10
金属制品业	40	25	10	20	5
通用、专用设备制造业	45	15	5	25	10
交通运输设备制造业	45	15	5	25	10
电气机械及器材制造业	45	15	5	25	10
通信计算机及其他电子设备制造业	45	15	5	25	10
仪器仪表及文化办公用机械制造业	45	15	5	25	10
工艺品及其他制造业	45	15	10	25	5
废弃资源和废弃旧材料回收加工业	45	15	10	25	5
电力、热力的生产和供应业	45	15	10	25	5
燃气生产和供应业	45	15	10	25	5
水的生产和供应业	45	15	10	25	5

表 7 - 17　　　　　　　　生活污水处理厂运行费分解及影响行业

类　　别	所占比重/%	影　响　行　业
电耗	45	电力、热力的生产和供应业
药剂	15	化学工业
人工	10	—
设备折旧	25	—
设备维修	5	通用、专用设备制造业

7.2.3.5　投入产出表数据

由于黑龙江和吉林两省经济和人口占松花江流域的 93% 和 88%，因此，为简化起见，通过合并黑龙江和吉林两省 2012 年 42 部门投入产出表，获得我国松花江流域投入产出表。并在此基础上拆分废水治理和废气治理两个虚拟环境部门，从而构建出中国松花江流域环境经济投入产出表，为规划投入环保投资和运行费的贡献度测算提供基础数据和方法模型。

7.3　测算结果分析

7.3.1　经济发展贡献效应

7.3.1.1　总贡献分析

通过测算表明，"十三五"松花江流域水污染治理投入对松花江地区经济发展起到了较为显著的贡献作用，增加国民总产出 1247 亿元，拉动 GDP 增长约 373 亿元，增加居民收入 121 亿元，新增 35606 个就业岗位，见表 7 - 18。这其中污染治理投资对松花江流域国民经济产生较为积极的贡献作用，拉动总产出、增加值、居民收入和就业分别增加 521 亿元、129 亿元、41 亿元、13901 个就业岗位。污染治理运行费同样对松花江流域国民经济产生积极贡献，分别拉动总产出、增加值、居民收入和就业增加 726 亿元、244 亿元、80 亿元、21706 个就业岗位。从整体情况来看，水污染治理投入在大幅削减污染物排放的同时，仍然起到了促进经济发展的积极的贡献作用。

表 7 - 18　　　　"十三五"水污染治理投入对松花江流域经济社会贡献效应

投　入　类　型	来源	总产出/亿元	增加值/亿元	居民收入/亿元	就业岗位/个
污染治理投资	工业	126	43	13	3423
	生活	395	86	27	10477
	合计	521	129	41	13901
污染治理运行费	工业	676	227	75	20189
	生活	50	17	6	1516
	合计	726	244	80	21706
总计		1247	373	121	35606

从分行业总产出来看（见图 7-2），水污染治理投入主要的总产出影响行业分别是电力热力生产供应业、服务业、通用专用设备制造业、化学工业、石油加工业以及金属冶炼压延加工业等行业，这其中，电力热力生产供应业、化学工业、煤炭开采选洗业、石油和天然气开采业等行业主要受水污染治理运行费影响，而通用专用设备制造业、电器通信电子仪器设备制造业、建筑业、非金属矿物制品业等行业受水污染治理投资影响更加显著。服务业、食品制造业、金属制品业以及农林牧渔业等行业受运行费和投资的影响基本相当。

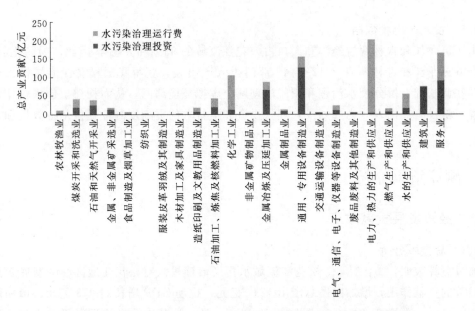

图 7-2 松花江流域"十三五"水污染治理投入对各行业总产出贡献

从分行业增加值来看（见图 7-3），水污染治理投入主要的增加值影响行业分别是服务业、电力热力生产供应业、通用专用设备制造业、金属冶炼压延加工业、矿采业、石油和天然气开采业等。这其中服务业受到投资和运行费的影响基本相当。电力、食品制造、石油天然气开采业等受运行费影响更加显著，并且食品制造及烟草加工业、石油加工及炼焦业、金属制品业、交通设备制造业等行业受到水污染治理运行费的负面影响。

从分行业居民收入贡献来看，水污染治理投入对居民收入影响的行业分别是服务业、电力热力生产供应业、通用专用设备制造业、农林牧渔业、建筑业、煤炭开采业等行业。这其中，电力行业、煤炭开采业以及金属冶炼加工业等行业受到水污染治理运行费的影响更加明显。石油炼焦业、食品制造业以及交通设备制造业等行业受到水污染治理运行费的负面影响。

从分行业就业贡献来看，水污染治理投入主要的就业影响行业分别是服务业、通用专用设备制造业、建筑业、电力热力生产供应业等行业。这其中，服务业主要以投资影响为主，建筑业和通用专用设备制造业的就业影响几乎全部来自投资影响。

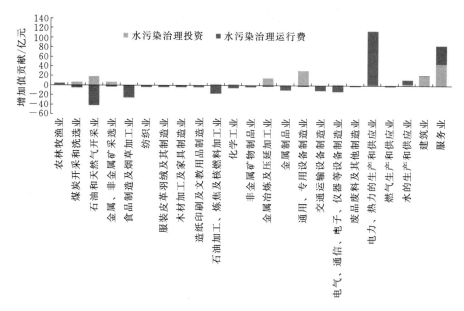

图 7-3 松花江流域"十三五"水污染治理投入对各行业增加值贡献

7.3.1.2 工业水污染治理投入的贡献效应

工业污水治理投入是松花江"十三五"水污染治理投入的主要方面。通过测算表明，"十三五"松花江流域工业水污染治理投入对松花江地区经济发展起到了较为显著的贡献作用，如图 7-4 和图 7-5 所示。"十三五"期间增加国民总产出 649.6 亿元，拉动 GDP 增长 42.7 亿元，增加居民收入 28.0 亿元，新增 6257 个就业岗位，见表 7-19。这其中，工业污水治理运行费拉动总产出、增加值、居民收入和就业岗位分别为 529.3 亿元、0 亿

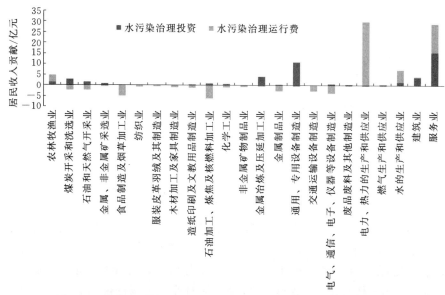

图 7-4 松花江"十三五"水污染治理投入对各行业居民收入贡献

元、15.8亿元、3525个。工业污染治理投资拉动总产出、增加值、居民收入和就业岗位
分别为120.3亿元、42.7亿元、12.3亿元和2732个。

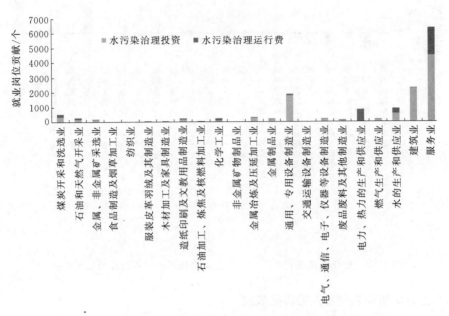

图7-5　松花江"十三五"水污染治理投入对各行业就业贡献

表 7-19　　　　　　　　　　松花江流域污水治理投资的宏观经济贡献

类　型	类　别	2016 年	2017 年	2018 年	2019 年	2020 年	"十三五"合计
工业污水治理投资	总产出/亿元	16.3	19.8	23.4	26.9	34.0	120.3
	增加值/亿元	5.8	7.0	8.3	9.5	12.1	42.7
	居民收入/亿元	1.7	2.0	2.4	2.7	3.5	12.3
	就业岗位/个	369	450	530	611	772	2732
工业污水治理运行费	总产出/亿元	76.9	90.2	103.5	116.8	141.8	529.3
	增加值/亿元	0.0	0.0	0.0	0.0	0.0	0.0
	居民收入/亿元	3.0	3.1	3.1	3.2	3.4	15.8
	就业岗位/个	512	601	690	778	944	3525
合计	总产出/亿元	93.2	110.0	126.9	143.8	175.8	649.6
	增加值/亿元	5.8	7.0	8.3	9.5	12.1	42.7
	居民收入/亿元	4.7	5.1	5.5	5.9	6.9	28.0
	就业岗位/个	881	1050	1220	1389	1716	6257

　　从分行业贡献来看，松花江流域污水治理工业投资对服务业影响最大，总产出、增加
值、居民收入和非农就业岗位分别增加了21.6亿元、11.8亿元、4.3亿元、1141个。其
次影响最大的是通用专用设备制造业，总产出、增加值、居民收入和非农就业岗位分别增
加了27.5亿元、6.8亿元、2.4亿元、393个。建筑业、金属冶炼压延加工业受工业水污
染治理影响也较大。松花江流域污水治理工业投资对各行业的宏观经济贡献见表7-20。

表 7-20　　　　　　　　松花江流域污水治理工业投资对各行业的宏观经济贡献

行 业 名 称	总产出/亿元	增加值/亿元	居民收入/亿元	非农就业岗位/个
农林牧渔业	0.7	0.4	0.4	0
煤炭开采和洗选业	4.5	1.8	0.7	85
石油和天然气开采业	6.1	4.9	0.5	44
金属、非金属矿采选业	3.0	1.4	0.2	29
食品制造及烟草加工业	0.5	0.1	0.0	3
纺织业	0.1	0.0	0.0	3
服装皮革羽绒及其制品业	0.1	0.0	0.0	6
木材加工及家具制造业	0.3	0.1	0.0	10
造纸印刷及文教用品制造业	1.3	0.4	0.1	34
石油加工、炼焦及核燃料加工业	4.5	0.9	0.2	10
化学工业	2.7	0.7	0.2	17
非金属矿物制品业	0.4	0.1	0.0	6
金属冶炼及压延加工业	14.8	3.6	1.0	63
金属制品业	1.9	0.4	0.1	42
通用、专用设备制造业	27.5	6.8	2.4	393
交通运输设备制造业	0.8	0.2	0.1	7
电气、通信、电子、仪器等设备制造业	2.7	0.8	0.2	36
废品废料及其他制造业	1.0	0.3	0.1	26
电力、热力的生产和供应业	0.8	0.5	0.0	6
燃气生产和供应业	1.5	0.5	0.1	25
水的生产和供应业	3.6	0.9	0.4	128
建筑业	19.9	6.0	1.1	616
服务业	21.6	11.8	4.3	1141
合计	120.3	42.7	12.3	2732

　　从分行业贡献来看，松花江流域污水治理工业运行费对电力热力生产业影响最大，总产出、增加值、居民收入和非农就业岗位分别增加了 183.9 亿元、103.4 亿元、27.6 亿元、745 个。其次影响最大的是服务业，总产出、增加值、居民收入和非农就业岗位分别增加了 69.5 亿元、35.1 亿元、12.4 亿元、1739 个。另外部分行业增加值影响为负值，如食品制造、石油和天然气开采、石油加工炼焦业以及电气通信电子设备制造业、交通运输设备制造业等。松花江流域污水治理工业运行费对各行业的宏观经济贡献见表 7-21。

表 7 - 21　　　　松花江流域污水治理工业运行费对各行业的宏观经济贡献

行 业 名 称	总产出/亿元	增加值/亿元	居民收入/亿元	非农就业岗位/个
农林牧渔业	6.5	3.5	3.1	0
煤炭开采和洗选业	21.8	−4.8	−2.4	161
石油和天然气开采业	13.1	−42.6	−2.3	78
金属、非金属矿采选业	4.6	−2.8	−0.6	22
食品制造及烟草加工业	3.2	−25.5	−4.8	5
纺织业	0.9	−3.4	−0.8	6
服装皮革羽绒及其制品业	0.6	−3.9	−0.6	9
木材加工及家具制造业	0.8	−3.2	−0.8	7
造纸印刷及文教用品制造业	6.2	−3.1	−1.3	47
石油加工、炼焦及核燃料加工业	22.1	−16.4	−6.2	10
化学工业	86.6	−5.7	−1.4	149
非金属矿物制品业	1.4	−2.5	−0.7	5
金属冶炼及压延加工业	20.7	−2.1	−0.5	22
金属制品业	3.2	−9.1	−2.6	16
通用、专用设备制造业	27.5	−1.5	−0.6	97
交通运输设备制造业	1.7	−10.2	−2.7	4
电气、通信、电子、仪器等设备制造业	11.2	−12.4	−3.8	42
废品废料及其他制造业	0.8	−0.5	−0.2	5
电力、热力的生产和供应业	183.9	103.4	27.6	745
燃气生产和供应业	7.3	−0.6	−0.2	41
水的生产和供应业	35.3	8.2	5.2	311
建筑业	0.4	0.1	0.1	4
服务业	69.5	35.1	12.4	1739
合计	529.3	0.0	15.8	3525

7.3.1.3　生活水污染治理投入的贡献效应

生活水污染治理是松花江"十三五"水污染治理投入的另外一个主要方面。通过测算表明，"十三五"松花江流域生活水污染治理投入对松花江地区经济发展起到了较为显著的贡献作用，见表 7 - 22。"十三五"期间增加国民总产出 429.7 亿元，拉动 GDP 增长 150.7 亿元，增加居民收入 42.6 亿元，新增 8619 个就业岗位。这其中生活水污染治理投资拉动总产出、增加值、居民收入和就业岗位分别为 390.5 亿元、133.8 亿元、37.4 亿元、8358 个。生活水污染治理投资拉动总产出、增加值、居民收入和就业岗位分别为 39.2 亿元、16.9 亿元、5.2 亿元和 261 个。总体来看，对宏观经济的影响主要仍以生活污水治理投资为主。

表 7 - 22　　　　　　松花江流域生活污水治理投资的宏观经济贡献

类 型	类 别	2016 年	2017 年	2018 年	2019 年	2020 年	"十三五"合计
生活污水治理投资	总产出/亿元	78.1	78.1	78.1	78.1	78.1	390.5
	增加值/亿元	26.8	26.8	26.8	26.8	26.8	133.8
	居民收入/亿元	7.5	7.5	7.5	7.5	7.5	37.4
	就业岗位/个	1672	1672	1672	1672	1672	8358
生活污水治理运行费	总产出/亿元	7.8	7.8	7.8	7.8	7.8	39.2
	增加值/亿元	3.4	3.4	3.4	3.4	3.4	16.9
	居民收入/亿元	1.0	1.0	1.0	1.0	1.0	5.2
	就业岗位/个	52	52	52	52	52	261
合计	总产出/亿元	85.9	85.9	85.9	85.9	85.9	429.7
	增加值/亿元	30.1	30.1	30.1	30.1	30.1	150.7
	居民收入/亿元	8.5	8.5	8.5	8.5	8.5	42.6
	就业岗位/个	1724	1724	1724	1724	1724	8619

从分行业贡献来看，松花江流域污水治理生活投资对服务业影响最大，总产出、增加值、居民收入和非农就业岗位分别增加了 68.9 亿元、34.8 亿元、11.3 亿元、3343 个。其次影响最大的是通用专用设备制造业，总产出、增加值、居民收入和非农就业岗位分别增加了 98.6 亿元、24.5 亿元、8.6 亿元、1407 个。建筑业、金属冶炼压延加工业受工业水污染治理影响也较大。松花江流域污水治理生活投资对各行业的宏观经济贡献见表 7 - 23。

表 7 - 23　　　　松花江流域污水治理生活投资对各行业的宏观经济贡献

行 业 名 称	总产出/亿元	增加值/亿元	居民收入/亿元	非农就业岗位/个
农林牧渔业	2.6	1.4	1.3	0
煤炭开采和洗选业	13.8	5.4	2.2	261
石油和天然气开采业	17.8	14.5	1.4	130
金属、非金属矿采选业	10.1	4.6	0.8	98
食品制造及烟草加工业	1.7	0.5	0.1	11
纺织业	0.5	0.1	0.1	11
服装皮革羽绒及其制品业	0.4	0.1	0.0	22
木材加工及家具制造业	1.0	0.2	0.1	37
造纸印刷及文教用品制造业	4.9	1.4	0.4	132
石油加工、炼焦及核燃料加工业	14.7	2.9	0.8	33
化学工业	9.0	2.4	0.6	58
非金属矿物制品业	1.4	0.4	0.1	20
金属冶炼及压延加工业	50.0	12.2	3.3	214
金属制品业	6.3	1.4	0.4	141

续表

行业名称	总产出/亿元	增加值/亿元	居民收入/亿元	非农就业岗位/个
通用、专用设备制造业	98.6	24.5	8.6	1407
交通运输设备制造业	2.8	0.7	0.2	24
电气、通信、电子、仪器等设备制造业	8.4	2.5	0.7	116
废品废料及其他制造业	3.2	0.9	0.3	79
电力、热力的生产和供应业	2.8	1.7	0.1	20
燃气生产和供应业	5.0	1.7	0.4	84
水的生产和供应业	12.1	3.1	1.4	426
建筑业	54.6	16.4	3.1	1692
服务业	68.9	34.8	11.3	3343
合计	390.5	133.8	37.4	8358

从分行业贡献来看，松花江流域污水治理工业运行费对电力热力生产业影响最大，总产出、增加值、居民收入和非农就业岗位分别增加了14.1亿元、8.3亿元、2.2亿元、57个。其次影响最大的是服务业，总产出、增加值、居民收入和非农就业岗位分别增加了5.1亿元、2.6亿元、0.9亿元、127个。松花江流域污水治理生活投资对各行业的宏观经济贡献见表7-24。

表7-24　　　　　　　松花江流域污水治理生活投资对各行业的宏观经济贡献

行业名称	总产出/亿元	增加值/亿元	居民收入/亿元	非农就业岗位/个
农林牧渔业	0.5	0.3	0.2	0
煤炭开采和洗选业	1.6	0.6	0.3	12
石油和天然气开采业	1.0	0.8	0.0	6
金属、非金属矿采选业	0.3	0.2	0.0	2
食品制造及烟草加工业	0.2	0.1	0.0	0
纺织业	0.1	0.0	0.0	0
服装皮革羽绒及其制品业	0.0	0.0	0.0	1
木材加工及家具制造业	0.1	0.0	0.0	0
造纸印刷及文教用品制造业	0.5	0.1	0.1	3
石油加工、炼焦及核燃料加工业	1.6	0.3	0.1	1
化学工业	6.2	1.7	0.4	11
非金属矿物制品业	0.1	0.0	0.0	0
金属冶炼及压延加工业	1.5	0.4	0.1	2
金属制品业	0.2	0.0	0.0	1
通用、专用设备制造业	1.8	0.5	0.2	7
交通运输设备制造业	0.1	0.0	0.0	0
电气、通信、电子、仪器等设备制造业	0.8	0.2	0.1	3

行 业 名 称	总产出/亿元	增加值/亿元	居民收入/亿元	非农就业岗位/个
废品废料及其他制造业	0.1	0.0	0.0	0
电力、热力的生产和供应业	14.1	8.3	2.2	57
燃气生产和供应业	0.5	0.2	0.1	3
水的生产和供应业	2.7	0.7	0.4	23
建筑业	0.0	0.0	0.0	0
服务业	5.1	2.6	0.9	127
合计	39.2	16.9	5.2	261

7.3.2 环境贡献效益

水污染治理投入带来的环境效益主要包括对污染物减排转换为价值量的虚拟治理效益。通过分析可以看出，"十三五"期间，松花江水污染治理投入带来的环境效益为 22.67 亿元（见表 7 - 25），其中 COD 环境效益 19.86 亿元，占 87.6%；氨氮环境效益 2.81 亿元，占 12.4%。从三种来源来看，畜禽养殖污染治理的环境效益最大，为 17.65 亿元，占总环境效益的 77.9%；其次是工业水污染治理的环境效益，为 4.19 亿元，占 18.5%；生活废水污染治理的环境效益为 0.82 亿元，仅占 3.6%。

表 7 - 25   松花江流域污水治理投入的环境贡献效益测算结果   单位：亿元

类 别	COD 环境效益	氨氮环境效益	总环境效益
畜禽养殖	14.87	2.78	17.65
工业	4.18	0.01	4.19
生活	0.81	0.02	0.82
合计	19.86	2.81	22.67

从工业行业贡献效益看，"十三五"期间，工业 COD 和氨氮分别减少 17.79 万 t 和 0.20 万 t，其中工业 COD 治理的环境贡献效益为 41773.1 万元，工业氨氮治理的环境贡献效益为 134.5 万元，两者合计为 41907.6 万元，见表 7 - 26 和表 7 - 27。

表 7 - 26   "十三五"松花江流域废水治理投入对工业行业的环境贡献效益

行 业 名 称	减 排 量		环境贡献效益/万元		
	COD/万 t	氨氮/t	COD	氨氮	合计
煤炭开采和洗选业	1.18	29.14	1927.2	0.15	1927.4
石油和天然气开采业	0.21	230.77	269.9	2.22	272.1
黑色金属矿采选业	−0.03	−8.71	−49.5	0.00	−49.5
有色金属矿采选业	0.28	−1.75	306.1	0.00	306.1
非金属矿采选业	0.05	0.40	70.4	0.00	70.4
其他采矿业	0.00	0.24	0.0	0.00	0.0

续表

行业名称	减排量		环境贡献效益/万元		
	COD/万 t	氨氮/t	COD	氨氮	合计
农副食品加工业	−1.98	209.41	−5024.7	2.55	−5022.1
食品制造业	−2.40	227.87	−6497.6	29.05	−6468.5
饮料制造业	8.28	73.54	38608.7	2.10	38610.8
烟草制品业	0.03	−0.30	27.7	−0.02	27.6
纺织业	1.51	2.51	5233.5	0.04	5233.6
纺织服装、鞋、帽制造业	0.07	−5.31	108.0	−0.23	107.8
皮革毛皮羽毛(绒)及其制品业	−0.58	−11.03	−2071.6	−0.19	−2071.8
木材加工及木竹藤棕草制品业	−0.02	4.92	−34.5	0.04	−34.5
家具制造业	0.02	0.12	28.7	0.00	28.7
造纸及纸制品业	−4.76	−2.52	−18560.4	−0.05	−18560.5
印刷业和记录媒介的复制	0.02	0.41	11.0	0.00	11.0
文教体育用品制造业	−0.05	−0.40	−81.0	0.00	−81.0
石油加工、炼焦及核燃料加工业	1.41	777.43	805.2	64.88	870.1
化学原料及化学制品制造业	12.30	259.47	19781.1	27.84	19809.0
医药制造业	2.01	155.06	3855.9	2.99	3858.9
化学纤维制造业	0.39	10.52	1081.7	0.51	1082.2
橡胶制品业	−0.33	−2.63	−337.5	−0.09	−337.6
塑料制品业	−0.07	−1.56	−105.5	0.00	−105.5
非金属矿物制品业	0.37	7.01	314.9	0.07	315.0
黑色金属冶炼及压延加工业	−0.66	26.34	−241.4	1.03	−240.3
有色金属冶炼及压延加工业	−0.01	0.08	−0.9	0.00	−0.9
金属制品业	−0.56	−2.47	−109.9	0.00	−109.9
通用设备制造业	0.13	6.22	285.3	0.10	285.4
专用设备制造业	0.07	1.67	111.9	0.24	112.2
交通运输设备制造业	−0.14	7.63	−166.5	0.13	−166.3
电气机械及器材制造业	−0.12	1.56	−348.2	0.03	−348.2
通信计算机及其他电子设备制造业	1.36	−1.20	2783.1	−0.02	2783.1
仪器仪表及文化办公用机械制造业	0.08	0.73	152.5	0.05	152.6
工艺品及其他制造业	−0.11	0.89	−79.9	0.00	−79.9
废弃资源和废旧材料回收加工业	0.03	0.35	22.4	0.00	22.4
电力、热力的生产和供应业	−0.03	24.31	−75.3	0.22	−75.1
燃气生产和供应业	−0.21	8.95	−251.7	0.76	−251.0
水的生产和供应业	0.05	3.09	23.8	0.11	23.9
合计	17.79	2032.76	41773.1	134.5	41907.6

表 7‑27　松花江流域"十三五"生活和农业废水污染物减排量及环境贡献效益

类　　型	减排量/万 t		环境贡献效益/万元		
	COD	氨氮	COD	氨氮	合计
农村	1.28	0.32	1140	32	1172
城镇	12.82	2.09	6923	125	7048
合计	14.10	2.41	8063	157	8220

7.4　结论与建议

（1）水污染治理投入对松花江流域经济发展拉动作用显著。"十三五"松花江流域水污染治理投入对松花江地区经济发展起到了较为显著的贡献作用，增加国民总产出 1247 亿元，拉动 GDP 增长约 373 亿元，增加居民收入 121 亿元，新增 35606 个就业岗位。这其中污染治理投资对松花江流域国民经济产生较为积极的贡献作用，拉动总产出、增加值、居民收入和就业岗位分别为 521 亿元、129 亿元、41 亿元、13901 个。污染治理运行费同样对松花江流域国民经济产生积极贡献，拉动总产出、增加值、居民收入和就业岗位分别为 726 亿元、244 亿元、80 亿元、21706 个。从整体情况来看，水污染治理投入在大幅削减污染物排放的同时，仍然起到了促进经济发展的积极的贡献作用。

（2）继续加大规划投入力度，发挥优化经济结构的积极贡献。通过实际测算表明，水污染治理投入均对松花江流域经济发展贡献明显。因此，"十三五"期间，松花江流域应继续加大水污染治理投入力度，继续加大生活、工业污水处理以及管网等基础设施建设，不断提高污水处理率水平，在处理 COD 和氨氮等常规污染物基础上应进一步加大重金属、有毒有害有机物等日益突出的污染问题。

（3）加快健全有利于污染减排的激励政策。逐步健全落实减排目标责任机制、绩效考核评估机制、减排公众参与机制、排污权交易、流域生态补偿机制、绿色信贷和绿色投融资等减排政策机制，不断健全有利于污染减排的激励政策体系。如完善资源环境价格使用政策，加快推进矿产、电、油、气等资源性产品价格体系改革，提高资源使用价格，建立能够反映能源稀缺程度和环境成本等完全成本的价格形成机制，对钢铁、水泥、化工、造纸、印染等重污染行业实行差别电价；继续完善排污收费政策，根据经济发展水平、污染治理成本以及企业承受能力，合理调整排污收费标准；开展企业环境信用评级制度，对环保信用优良的企业在环境管理给予各种倾斜与优惠政策，并安排节能减排专项奖励资金，对污染排放严重的企业依法采取治理措施，取消各种优惠措施，加大处罚力度，并向社会公众发布，督促企业主动积极投入污染减排；逐步开展政府环境责任审计，对政府执政行为是否符合生态环境保护法律要求进行责任审计，对因决策失误、未正确履行职责、监管不到位等问题，造成群众利益受到侵害、生态环境质量受到严重破坏等后果的，依法依纪追究相关人员责任。

参 考 文 献

［1］　里昂惕夫．投入产出经济学［M］．商务印书馆，1980.

［2］　陈锡康，杨翠红．投入产出技术［M］．北京：科学出版社，2011.

［3］　Stone R，Brown A. A Computable model of economic growth［M］. London：Cambridge Growth Project，1962.

［4］　Cumberland J H. A regional interindustry model for analysis of development objectives［J］. Papers in Regional Science. 1966，17（1）：65 – 94.

［5］　Isard W. Some notes on the linkage of the ecologic and economic systems［J］. Papers in Regional Science. 1969，22（1）：85 – 96.

［6］　Leontief W. Environmental repercussions and the economic structure：an input – output approach［J］. The review of economics and statistics. 1970：262 – 271.

［7］　Leontief W. National income，economic structure，and environmental externalities［M］. The Measurement of Economic and Social Performance，NBER，1973，565 – 576.

［8］　Hettelingh J P. Modelling and Information Systerm for Environmental Policy in the Netherlands［D］. 1985，Amsterdam Free University.

［9］　Mcnicoll I H，Blackmore D，Enterprise S. A Pilot Study on the Construction of a Scottish Environmental Input – output System：Report to Scottish Enterprise［M］. University of Strathclyde，1993.

［10］　雷明．资源-经济一体化核算研究（Ⅰ）——整体架构、连接账户设计［J］. 系统工程理论与实践. 1996（9）：43 – 51.

［11］　雷明．资源-经济一体化核算研究（Ⅱ）——指标形成［J］. 系统工程理论与实践. 1996（10）：91 – 98.

［12］　雷明．资源-经济一体化核算研究（Ⅲ）——投入-占用-产出分析［J］. 系统工程理论与实践. 1998（1）：23 – 32.

［13］　李立．试用投入产出法分析中国的能源消费和环境问题［J］［J］. 统计研究. 1994，5：56 – 61.

［14］　薛伟．经济活动中环境费用的投入产出分析［J］［J］. 数学的实践与认识. 1996，4：5.

［15］　曾国雄．模糊多目标规划应用于经济-能源-环境模型之研究［J］. 管理学报. 1998，4：25 – 27.

［16］　李林红，介俊，吴莉明．昆明市环境保护投入产出表的多目标规划模型［J］. 昆明理工大学学报. 2001，26（1）.

［17］　李林红．滇池流域可持续发展投入产出系统动力学模型［J］. 系统工程理论与实践. 2002，8：89 – 94.

［18］　王德发，阮大成，王海霞．工业部门绿色 GDP 核算研究——2000 年上海市能源—环境—经济投入产出分析［J］. 财经研究. 2005（2）：66 – 75.

［19］　姜涛，袁建华，何林，等．人口-资源-环境-经济系统分析模型体系［J］. 系统工程理论与实践. 2002（12）：67 – 72.

［20］　陈铁华，白晓云．江苏省绿色投入产出核算及其应用研究［J］. 经济师. 2008（2）：273 – 275.

［21］　廖明球．绿色 GDP 投入产出表的编制方法［J］. 统计与决策，2011，（03）：12 – 14.

［22］　雷明．绿色投入产出核算［J］. 中国统计，2003，（11）：24 – 26.

［23］　刘保．投入产出乘数分析［J］. 统计研究，1999，（5）：55 – 58.

第8章　流域水污染防治规划决策支持平台系统

水污染防治规划决策支持平台是集成水环境形势分析与诊断模型、水污染预测模拟模型、总量目标分配模拟模型、水质预测模拟模型、水环境规划方案评估模型以及水环境规划投入贡献度测算模型系统的信息平台。平台采用 SOA C/S 架构，按数据层、应用层和表现层的规范设计。系统的数据层包括基础地形数据、水文数据、重点污染源监测数据、水质监测数据、气象数据、经济效益数据等；应用层包括对数据的处理和分析，提供 GIS 查询分析服务等。应用层的核心包括水环境形势综合指数模型、水污染预测模拟模型、总量目标分配模拟模型、水质预测模拟模型、水环境规划方案评估模型以及水环境规划投入贡献度测算模型。模型的表现层包括模型模拟结果展示、决策支持应用展示等。该系统和平台以松花江流域为示范，为水污染防治规划决策管理提供了实用的工具[1]。

8.1　平台概述

流域水污染防治规划决策支持平台结合流域水污染防治工作特点，以满足水环境近期和中长期规划编制、大时空尺度上统筹水环境的管理工作需要为目标，应用先进的软件工程技术、网络技术、数据库技术、数据挖掘技术等手段，以松花江流域统计数据为基础，集成环境形势诊断模型、水污染预测模拟模型、水环境规划目标分配模拟模型、水环境质量预测模拟模型、水环境规划方案优选评估模型、水环境规划投入贡献度测算模型，构成一个丰富、自主灵活的规划决策支持平台。

建立平台的步骤为：①完成流域经济社会、水环境质量、水文水资源、污染物排放等数据，地理数据及入河数据等的时空分布基础数据库的建立，实现以控制单元、子单元为单位的输入-响应关系的数字化和图形化；②完善流域水污染控制规划技术经济分析数据库；③根据综合指标体系和水环境形势诊断分析模型，对松花江流域水环境经济形势进行诊断与预警；④采用复杂方法或简单方法分别预测 GDP、人口（农村、城镇）、城镇化率、各行业增加值，以此为基础进行流域水污染预测模拟；⑤采用基尼系数法，根据目标函数和约束条件优化求解总量分配方案；⑥利用流域水文模型，结合污染源数据输入，模拟计算该流域的水量和水质；⑦根据构建的多目标优化模型，设计基于 matlab 的多目标遗传算法进行求解，从而确定各控制单元污水处理厂建设方案的最优解集；⑧利用投入产出表，计算环保投资和运行费对流域的宏观经济的贡献。

平台对多个模型进行了无缝集成，提高了复杂模型的运行效率。建成后的流域水污染防治规划决策支持平台能有效组织信息资源，有助于为国家流域水环境管理提供基本保障，使得流域水环境管理工作具有系统性和前瞻性以及增强对未来水环境变化的预警和应对能力。大大提高流域水环境管理的科学性，避免以往中长期水环境保护战略制定过程的"拍脑袋"型决策，使流域的水环境管理工作具有科学依据和一定程度的规范性，同时有利于形成国家水环境保护和水污染防治的长效机制。平台以松花江流域为示范,进行模拟运行,以实现松花江流域的水污染控制及科学有效地对流域水环境进行管理的目的[2,3]。平台登录界面如图8-1所示。

图8-1　平台登录界面

8.2　典型流域规划决策支持平台框架设计

流域水污染防治规划决策系统是一个极其复杂的动态变化系统,其中存在着许多不确定因素。因此,人们对于未来社会发展作出的预测总是存在着或大或小的偏差。在流域规划的实施过程中,需要不断地将规划状态与实际环境状况以及未来发展趋势进行比较,然后进行决策,提出相应的对策。当偏差较大时,必须及时根据实际情况对环境规划进行修订,保证环境规划的科学性。因此,环境规划的制订、实施是一个动态过程。环境规划过程是一个科学决策过程,其编制程序一般分为调查评价、污染趋势预测、功能区划分、制定目标、拟订方案和优化方案5个步骤。应该能够以各种不同的方式在以上各步骤中给规划人员提供支持和辅助,同时还能够对水环境管理人员实施流域规划提供支持,辅助管理人员对流域规划进行修订。

由于流域水污染防治规划具有较强的空间属性。因此,基于GIS空间分析技术的流域规划决策支持系统,建立"现状-情景-预测-规划"动态实时反馈响应链接,通过在地图上拖拽、参数设定等方式,将发展情景设定、质量模拟、目标调整、处理设施选址等内容均实现地图交互操作和实时动态显示反馈,将使得规划更加"生动形象",更加具体,实现真正的空间分析而非仅仅地图展示,从而提高规划的编制水平和效率,达到"半自动化"规划。为了能够体现更好地操作性,下面以流域规划为例,建立流域规划决策支持系统的基本框架,包括业务需求、核心功能设计、框架构建及软硬件设计等内容。

8.2.1　基于 GIS 的流域规划决策支持业务流程

传统的流域规划遵循一般的环境规划的业务流程，即现状分析→趋势预测→制定目标→优化方案→完成规划。其主要规划目标在于污染物总量控制和流域水质控制两大类，落脚点在于污染物减排手段，如末端治理和结构调整等。本研究在传统的规划流程的基础上进行了优化，增加了流域发展情景设定环节以及规划优化反馈机制，从而实现规划流程的动态"可逆"，基本流程（见图 8-2）如下：

首先，收集流域历史相关数据，包括经济、社会、人口、资源、环境等方面，并将数据以空间、时间两种形式梳理，从而明确流域现状，识别环境问题，尤其时期空间分布特征。

第二，预测流域未来社会经济以及资源环境发展趋势。这其中需要建立多方案情景，例如高经济发展模式、城市化快速发展模式等，根据流域内各区域未来经济，尤其是产业发展规划，设定情景方案。同时建立多种预测模型，包括趋势分析、回归分析、马尔科夫法等。在这里，同时对目标年份各种相关参数系数给予合理预测，如污水处理率、人均用水量、中水使用率等。最终可以预测到未来污染物产生量以及排放量等定量化数据，并将这些预测值按照区域、流域、行业等方面进行分配。

第三，借助流域水质预测模型（如 Sparrow 模型、SWAT 模型），根据上一步骤中污染物排放总量预测结果，合理预测流域水质状况，并将其分配到流域水系中。这其中需要流域水质、水文、地形等多源数据。

第四，根据流域环境容量以及环境功能分区，制定多种流域规划方案，方案包括流域污染物排放控制目标（如 COD 和氨氮）、流域水质目标以及投资方案。

第五，将方案污染物总量目标与预测排放量进行比较，获得污染物削减目标；通过设

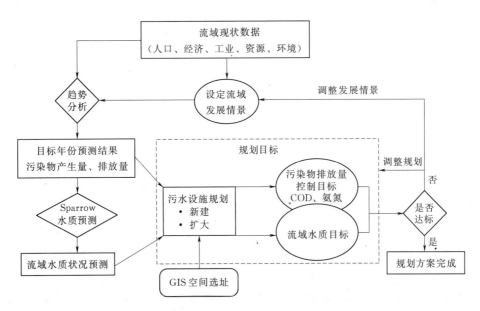

图 8-2　基于 GIS 的流域规划决策支持业务流程

定流域污水设施建设规划目标，实现削减目标；借助 GIS 空间分析功能，对污水处理设施选址进行合理布局，达到流域水质目标。对方案目标和投资目标进行分析，如果达到方案当初设定标准，规划方案完成；如果未达到，对规划方案进行或流域发展情景进行调整，重新模拟预测污染物排放总量及水质状况，并于方案再次比较，直至达到方案目标为止。

由于上述流程需要实现流程各步骤的无缝链接和反复回馈，因此，借助 GIS 强大的空间功能，利用人图交互方式，有利于方案的不断优化。

8.2.2　流域水污染防治规划决策系统的一般框架

环境规划决策支持系统一般主要包括环境现状评价子系统、环境经济趋势预测子系统、环境功能区划分子系统、环境目标制定子系统、环境方案制定及优选子系统、环境规划费用效益分析子系统等（见图 8-3）。EPDSS 具有很强的专业性和业务性。其需要涉及环境规划业务流程中的数据的输入输出、查询功能、预测分析、空间分析、辅助决策、推理判断、决策成果展示和比较等多项功能。需要结合专家系统、GIS、DSS 进行决策分析，这是因为专家系统是人工智能中的一个重要领域。利用模型与某一领域专家的知识进行推理，从而做到方案的选取、多方案选优等决策机制。它面对的问题大多为非结构化问题，难以用结构化的过程性语言来描述，而要用到专家的经验和知识。专家系统的最大特点是能利用自然的语言或简单的脚本语言同系统交互，系统内部根据用户提供的信息，进行分析、模拟、预测等信息处理过程。由此，环境决策支持系统可以借助于专家系统来控制信息的推理，以达到同决策者交互的目的。

在环境规划决策支持系统中，当前最新的"3S"技术可以为环境规划管理的空间决策提供全面的技术支持。遥感（RS）技术是迅速获取环境信息的有效途径；全球定位系统（GPS）技术可以提供研究范围内特征物的定位信息；地理信息系统（GIS）技术是充分处理、分析与表现环境信息的良好手段。结合专家系统（ES）的方案决策评估、指导作用，共同组成了可人机交互的、具有较强空间分析和处理能力的环境决策支持系统。

环境规划决策支持系统由 5 个部分组成：数据库、模型库、方法库、知识库和用户界面。

数据库、数据仓库是系统的数据管理和支持部分，主要为各功能模块提供所需的数据。环境数据仓库是通过数据仓库管理系统（DWMS）和数据库管理系统（DBMS）进行管理的。通过决策支持界面协调数据库、数据仓库及数据管理系统之间的数据调度，有效地对数据进行检索、查询等操作。

模型库、知识库是决策支持的基础，决策支持功能的强弱取决于环境模型的科学与高效，它们是决策支持系统研发的主体，也是难点和特点所在，直接影响系统的决策支持能力以及实用性和灵活性。模型库的建立要符合实际，知识库是计算机进行推理的基础和前提，关键技术在于知识的获取和解释、知识的表示、知识的推理以及知识库的管理和维护。

方法库是实现模型库和知识库工作的"原材料"。将方法库中的各种数学模型和方法应用于环境规划管理中，通过计算机和程序化方式包装成解决特定环境问题的环境模型。作为常见的方法，联机分析、空间分析是数据分析、模型（知识）推理的工具；联机分析处理采用切片、切块、旋转等基本动作实现对数据的多维分析；空间分析通过叠加、缓冲、聚类、差值等分析手段获得有价值的环境信息，环境决策支持系统通过实现以上各种分析方法的集成，将模型和方法的有效结合，将数据挖掘与知识互补充，从而极大提高系统的分析能力。

在一个完整的环境规划决策支持系统中，环境系统的大量历史数据、实时数据都能通过计算机的数据库进行管理。环境决策支持系统是以数据中心的属性数据、空间数据以及相关参数为基础，利用方法库、模型库、知识库，通过数据（数据驱动）、模型（模型驱动）和知识（知识驱动）提供专家咨询和辅助决策，通过应用人机交互的辅助决策系统为决策制订方案提供科学依据。

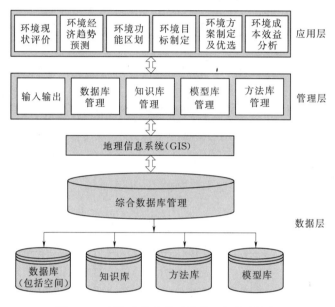

图 8-3　环境决策支持系统的一般构建框架

8.2.3　规划决策系统总体框架构建

图 8-4 是基于 GIS 的流域规划决策支持系统逻辑框架图。

（1）数据层。数据层主要指系统中所涉及的各种数据，包括社会经济数据库、基础地理数据库、资源环境数据库以及法律标准规范文档库。

社会经济数据库主要用于存储流域内各区域历年 GDP、总人口、城市人口、城市化率、工业总产值、工业增加值等数据。

资源环境数据库主要用于存储流域内历年资源消耗量和环境污染物排放量数据，其中资源包括土地、水；能源主要指煤炭、石油、可再生能源等；污染物主要包括 COD、氨氮等数据。

基础地理数据库主要用于实现各种空间分析和展示的数据，包括行政区划、DEM、遥感、河湖水系、监测断面点位以及土地利用等空间数据，同时空间数据应与人口、经济及资源环境数据实现连接。

（2）数据管理层。数据管理层主要指系统中所涉及到的软件支持，主要包括用于存储

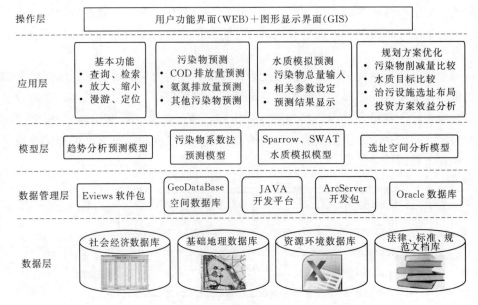

图 8-4　基于 GIS 的流域规划决策支持系统逻辑框架图

数据的 oracle 数据库；用于实现 WEBGIS 功能的 arcServer 开发包；实现 B/S 结构的 JAVA 开发平台；实现空间数据存储和管理的 GeoDatabase 空间数据库；实现统计计算分析的 Eviews 开发包。

（3）模型层。模型层是指系统中所涉及的各种抽象数学方法和模型，从而用于模拟、分析、预测等功能。主要包括用于污染物预测的趋势分析预测模型和系数法预测模型；用于水质模拟预测的 Sparrow 模型；用于污水治理措施选址的空间选址分析模型等。

（4）应用层。应用层主要指系统能够提供的主要应用功能，包括数据查询检索、放大缩小等基本 GIS 功能；COD、氨氮以及其他污染物预测功能；流域水质模拟预测、输出、展示等功能；方案目标比较、设施布局以及投资效益分析等规划优化功能。

（5）操作层。操作层主要指实现用于与系统相互交流的操作界面，主要包括基于 Flash 的网页界面和基于 ArcGIS 的地图界面两种交互模式。

8.3　流域规划决策支持平台开发技术路线

平台开发包括数据库建设、模型系统库建设、系统集成及模拟运行。松花江水污染防治规划决策支持系统开发技术路线如图 8-5 所示。

8.3.1　数据库建设

数据库建设系统采用 ODBC 数据源的方式调用数据库，可读取本地微软 Access 数据库或远程微软 SQL Server 数据库。

8.3.1.1　Access 数据库

Access 是微软公司推出的基于微软 Windows 的桌面关系数据库管理系统，它提供了

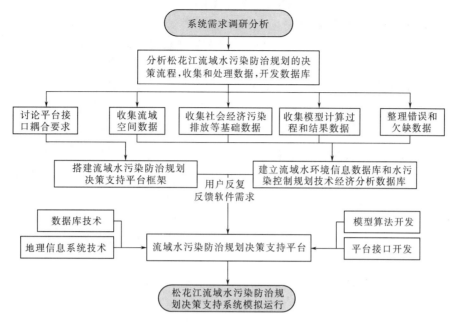

图 8-5 松花江水污染防治规划决策支持系统开发技术路线

表、查询、窗体、报表、页、宏、模块 7 种用来建立数据库系统的对象；为建立功能完善的数据库管理系统提供了方便使得普通用户不必编写代码，就可以完成大部分数据管理的任务。与其他数据库相比，其功能结构简单便于操作和维护[4,5]。

8.3.1.2 SQL Server 数据库

作为微软公司推出的一种关系型数据库系统，SQL Server 是一个可扩展的、高性能的、为分布式客户机/服务器计算所设计的数据库管理系统，实现了与 Windows 系统的有机结合，提供了基于事务的企业级信息管理系统方案。其主要特点如下：

（1）高性能设计，可充分利用 Windows Server 的优势。

（2）系统管理先进，支持 Windows 图形化管理工具，支持本地和远程的系统管理和配置。

（3）强壮的事务处理功能，采用各种方法保证数据的完整性。

（4）支持对称多处理器结构、存储过程、ODBC，并具有自主的 SQL 语言。SQL Server 以其内置的数据复制功能、强大的管理工具、与广域网的紧密集成和开放的系统结构为广大的用户、开发人员和系统集成商提供了一个出众的数据库平台。

8.3.2 模型库系统建设

8.3.2.1 水环境形势诊断分析模型

水环境形势诊断分析模型从松花江流域社会经济-污染排放-环境质量角度构建指标体系，其中社会经济和污染排放用以计算水污染排放指标，表征社会经济作用于流域水环境的形势；水环境质量形势指标通过地表水环境监测若干指标与地表水环境质量标准对比得出。通过水污染排放指标与水环境质量指标计算流域或者控制单元水环境形势现状；根据水环境形势现状，以及当年形势现状与上年形势现状的变化，对其形势进行预警。

8.3.2.2　水污染物预测模拟模型

采用复杂方法或简单方法分别预测 GDP、人口（农村、城镇）、城镇化率、各行业增加值。其中复杂方法根据主要经济变量的基准年数据的录入、全要素生产率的确定、计量经济方程的重新建立和完善、投入产出表的整合（按新的行业部门）、投入产出直接消耗系数计算；简单方法在现有各工业行业增加值基础上，通过不变价调整，算出现有各行业增加值增长率，通过趋势外推，并作适当调整，得出各项指标的增加值预测值（增长率）。

8.3.2.3　水环境总量规划目标分配模拟模型

水环境总量规划目标分配模拟模型，以各分配指标对应的基尼系数之和最小为目标函数，根据主要污染物削减的受限条件和各参量之间的计量模型，利用 lingo 编程软件，采用多约束单目标线性规划方法求取最优解，得到决策变量各分配对象的削减率，确定最终分配方案。将其核心模块编译生成 .EXE 文件，只需要传递其运行的必须数据即可方便、准确地运行。

8.3.2.4　水质预测模拟模型

8.3.2.4.1　子流域划分

水质模拟预测子流域是基于 SWAT（Soil and Water Assessment Tool）分布式水文模型，根据 DEM（Digital Elevation Map）数字高程信息进行数字河网的提取并完成子流域的划分。SWAT 模型对河网的仿真是基于 DEM，提取地形参数后进行填洼、流向计算、汇流等过程以完成河网生成。洼地填平后，SWAT 采用 D8 算法确定水流方向最初的分配，使得水流始终沿着最陡的一个坡度流向。汇流路径是在流向计算的基础上建立的，在全流域建立河网水系后根据最小汇水面积阈值与地形信息，生成多个相对独立的子流域，并建立了嫩江流域的河网水系以及独立编码的河段。

嫩江流域数字高程图如图 8-6 所示。由 SWAT 生成的嫩江流域河网、河段编码与子流域分布图 8-7 所示。嫩江流域共划分为 37 个子流域。

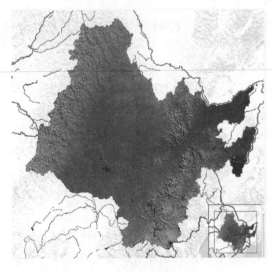

图 8-6　嫩江流域数字高程图

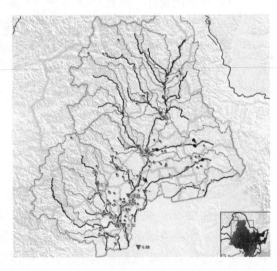

图 8-7　嫩江流域 37 个子流域划分及编号

8.3.2.4.2 水文数据空间分配

嫩江流域河段水文数据的分配是基于流域内 9 个水文站点数据，根据临近相似地形产流模数相近的原则以流域面积比例推算所有河段的流量数据。各站点水文数据时间序列与空间位置见表 8-1。

表 8-1 　　　　　　　　　　　嫩江流域现有水文站点情况

编号	水文站名称	经度/(°)	纬度/(°)	数据年限
1	博霍头(繁荣新村)	124.81	49.01	2012
2	讷谟尔河口	124.58	48.37	2012
3	查哈阳乡(古城子)	124.22	48.54	2012
4	新发(兴鲜)	123.41	48.12	2012
5	成吉思汗	122.81	47.70	2011—2012
6	绰尔河口(两家子水文站)	123.52	46.78	2012
7	江桥	123.70	46.78	2011—2012
8	白沙滩	124.17	46.29	2011—2012
9	浏园	123.88	47.45	2011—2012

每个河段内流量主要分为产流部分与汇流部分，在推算流量过程中假定每条河流最上游子流域内只有产流，河道流量即为该子流域内的产流量，有汇流的河道内的流量来源于上游河道的汇水流量与自身子流域内的产流流量。

没有水文数据的相近相似河道流量时，可根据产流模数近似相等原则，由面积比例推算流量，并依次完成流域内所有上游河段的自产流量的推算工作。根据汇流原理，上游河段流量相加即为下一段干流河道内的初始流量，在不考虑干流两侧产流条件下，汇流流量推算至水文站点处，根据推导流量与实测流量的对比，差额即干流河道两侧的汇流总量，以面积平摊法将差额的汇流流量分摊到干流各子流域内即完成了每一段河道产流、汇流的推算。以上的流量推算过程暂未考虑河道地形及水流的实际情况。根据高分辨率遥感数据对河道宽度的识别，提取每段河道的平均宽度。通过网络资料的搜集与地形的分析，估算每段河道的平均深度。结合流量推导每段河道的平均流速。通过对推导流速值数量级的判断来修正流量值。

通过水文站点实测流量数据的反向推导与修正，得到了各河段内较符合实际情况的流量数据。

8.3.2.4.3 计算单元划分与点源入河计算

将河道进行剖分，每 200m 概化为一个计算单元。各个计算单元之间进行传递计算，主要根据污染源的稀释和降解原理，计算河道中的不同位置的污染物浓度。

在处理点源污染时，计算点源流入河道的位置、距河道的距离。针对不同的点源排放方式，包括直排、部分直排、进入下水道、地渗/蒸发地、污灌农田等，设置不同的点源衰减系数。同时，模型考虑点源在进入河道中发生陆面衰减，设置陆面衰减系数。根据《全国水资源综合规划地表水资源保护补充技术细则》，采用一维水质模型计算水体的纳污能力。

8.3.2.5　污水处理厂规划方案优选评估模型

污水处理厂规划方案优选评估模型，是根据构建的多目标优化模型，设计基于matlab的多目标遗传算法进行求解，从而确定各控制单元污水处理厂建设方案的最优解集（其中决策变量包括待选点位置、工艺类型、处理规模、COD和氨氮处理效率等）。该模块为matlab软件编写的.m文件编译生成的.EXE文件，只需要传递其运行的必须数据即可方便、准确地运行。

8.3.2.6　水环境规划投入贡献度测算模型

该模型基于投入产出模型，定量化测算"十三五"期间松花江流域规划投入措施（减排工程投入和淘汰落后产能）对该流域总产出、GDP、居民收入以及就业等经济社会的贡献效应以及经济结构优化效果。

首先，对松花江流域的规划投入措施数据进行整理入库；其次，基于环境-经济投入产出表以及其他外部相关参数和系数，构建规划投入对经济贡献作用测算模型。其中环境-经济投入产出表需在松花江流域投入产出表基础上加入废水和废气治理部门以及规划投入投资等内容，从而能够反映规划投入措施对经济发展及结构的影响，并结合劳动力占用系数、行业劳动平均报酬以及边际居民消费倾向等参数，构建规划投入经济作用测算模型；最后，测算规划投入对松花江流域经济发展（总产出、GDP、居民收入、就业）的贡献效应。

8.3.3　系统集成

在软件工程设计中要求系统各模块具有高度的独立性和相对松散的耦合性，模块的独立性是指软件系统中每个模块只涉及软件要求的具体子功能，而和软件系统中其他的模块的接口是简单的。耦合是模块之间相互关联的度量标准，它取决于各个模块之间接口的复杂程度，调用模块的方式以及哪些信息通过接口。一般模块之间可能的连接方式有七种，对应的耦合类型也有七种，按其耦合性由低到高分为：非直接耦合、数据耦合、标记耦合、控制耦合、外部耦合、公共耦合、内容耦合。模块的独立性顺序则与之相反，为保证系统各个模块正常运行，系统各个模块应当保持松散的耦合关系。但是各个模块之间的通信又是不可避免的，因此"系统"开发采用了数据耦合的模式，通过开发语言的模块定义功能在其中定义系统各个窗体之间需要调用的公共变量，进行各个窗体之间的通信，以实现独立的功能。

8.4　数据库系统

8.4.1　系统概述

数据库系统包括属性数据库与空间数据库。属性数据库包括松花江流域基础信息数据库和费用效益数据库；空间数据库包括数字高程、土地利用、土壤等图件。数据库系统采用ODBC数据源的方式调用数据库，作为平台6个模型系统的输入数据，用于模型计算。

8.4.2 系统功能和成果

8.4.2.1 属性数据库管理

属性数据库包括基础信息数据库和费用效益数据库，如图 8-8 所示。其中基础信息数据库按类别分为经济社会数据、水文数据、水污染排放数据和水质监测数据。费用效益数据库分为投资费数据库和运行费数据库。

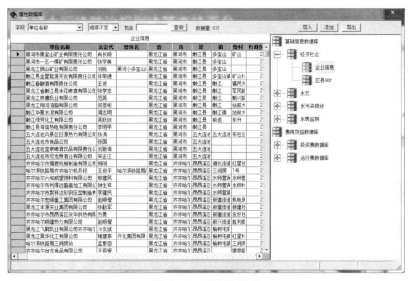

图 8-8 属性数据库

属性数据库可按字段进行查询。如在基础信息数据库-水污染排放-工业企业数据库中，按字段"市"从大到小的顺序进行排序，如图 8-9 所示。数据库按照"兴安盟""齐齐哈尔市"的顺序显示。系统可在当前排序下选择包含"兴安盟"的数据，则数据库可按照查询条件进行筛选。同时，系统可将所选数据进行导入、导出，以及添加新的数据。

图 8-9 工业企业数据库

8.4.2.2　空间数据库管理

空间数据库包括数字高程、土地利用、土壤等图件，如图 8 - 10 所示。系统支持对各个空间数据进行放大、缩小、选择、移动、保存成专题图等。

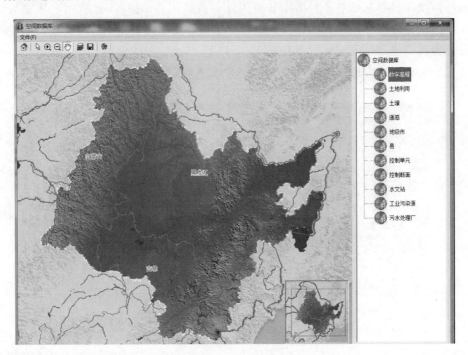

图 8 - 10　空间数据库

8.5　水环境形势诊断分析模型系统

8.5.1　系统概述

水环境形势诊断分析模型系统根据综合指标体系和指数计算模型，结合代数算法技术对松花江流域水环境形势进行分析和预警，进而为流域水污染防治规划决策平台提供基础支持。

8.5.2　系统原理

平台通过 Visual Studio 工具结合代数算法实现对水环境形势诊断分析模型系统的无缝集成，通过社会经济、污染排放以及水质数据的输入，以及计算阈值的设定，实现对水环境质量形势、水污染排放形势和水环境综合形势的诊断和预警。阈值的选取、指标体系的确定等内容已在第 2 章予以介绍，本章不再赘述。

水环境形势诊断和预警结果可通过数据表、时间序列图以及 GIS 专题图形势展示。GIS 专题图的展示融合了数据库技术、GIS 技术和软件工程技术，直观表达环境形式诊断和预警结果。专题图的生成过程中以结果数据库和 GIS 的数据识别 ID 作为关联，自由组合，以实现丰富的结果表达功能[6]，如图 8-11 所示。系统与平台接口采用 VB Model 模块类型实现。

图 8-11　专题图的 ID 关联结构

8.5.3　系统功能和成果

8.5.3.1　输入数据管理

水环境形势诊断输入数据模块包括社会经济、污染排放、水质以及诊断指数阈值四部分数据，如图 8-12 所示。该部分可对水环境形势诊断计算所需的输入数据进行统计分析及 GIS 展示。

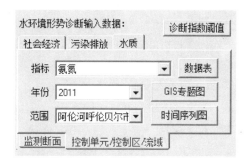

图 8-12　水环境形势诊断输入数据模块

如可查看控制单元的社会经济数据，如图 8-13 所示。可以查看 2011—2014 年各控制单元的 GDP 和人口数值，也可以进行数据导入与导出操作，支持格式均为 *.csv。

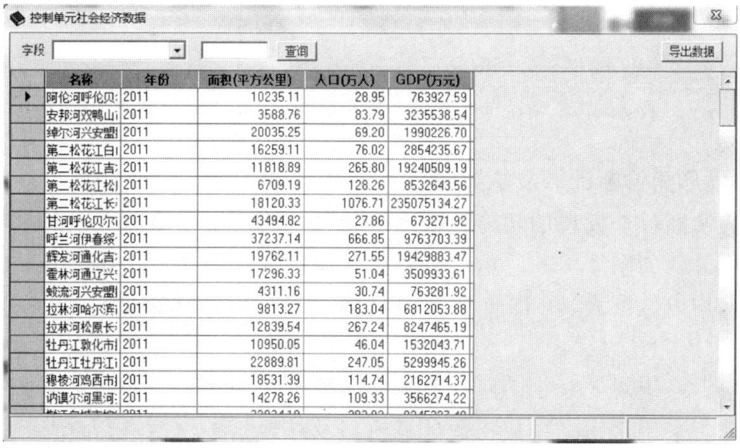

名称	年份	面积（平方公里）	人口（万人）	GDP（万元）
阿伦河呼伦贝	2011	10235.11	28.95	763927.59
安邦河双鸭山	2011	3588.76	83.79	3235538.54
绰尔河兴安盟	2011	20035.25	69.20	1990226.70
第二松花江白	2011	16259.11	76.02	2854235.67
第二松花江吉	2011	11818.89	265.80	19240509.19
第二松花江松	2011	6709.19	128.26	8532643.56
第二松花江长	2011	18120.33	1076.71	235075134.27
甘河呼伦贝尔	2011	43494.82	27.86	673271.92
呼兰河春碎	2011	37237.14	666.85	9763703.39
辉发河通化吉	2011	19762.11	271.55	19429883.47
霍林河通辽兴	2011	17296.33	51.04	3509933.61
蛟流河兴安盟	2011	4311.16	30.74	763281.92
拉林河尔南	2011	9813.27	183.04	6812053.88
拉林河松原双	2011	12839.54	267.24	8247465.19
牡丹江数化市	2011	10950.05	46.04	1532043.71
牡丹江牡丹江	2011	22889.81	247.05	5299945.26
穆棱河鸡西市	2011	18531.39	114.74	2162714.37
讷谟尔河黑河	2011	14278.26	109.33	3566274.22

图 8-13　社会经济数据表

同时，也可以进一步查看各控制单元 GDP 分布的 GIS 专题图和时间序列图，页面如图 8-14 和图 8-15 所示。

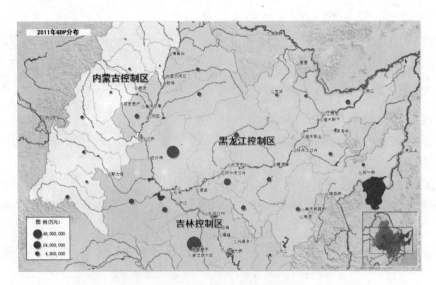

图 8-14　2011 年松花江流域各控制单元 GDP 分布 GIS 图

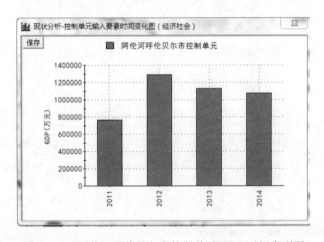

图 8-15　阿伦河呼伦贝尔市控制单元 GDP 时间序列图

8.5.3.2　水环境形势诊断计算及结果展示

水环境形势诊断计算模块的功能包括水质指数计算、水污染排放及综合指数计算及计算结果展示三部分，如图 8-16 所示。计算结果包括水环境质量、水污染排放以及综合三部分，每一部分均以数据表、GIS 专题图及趋势表形式对计算结果进行展示，如图 8-17 和图 8-18 所示。

在该模块中，系统对 8.3.1.1 所提供的输入数据采用水环境质量超标指数计算模型进行水质指数计算。采用水污染排放指数计算模型及综合指数模型进行水污染排放及综合指数计算。

系统以数据表、趋势表以及水环境质量形势 GIS 专题图三种形式展示水环境形势计算结果。包括 2011—2014 年各监测断面、控制单元、控制区以及流域的氨氮、DO、高锰酸盐指数、BOD、COD、TP 以及水环境形势。

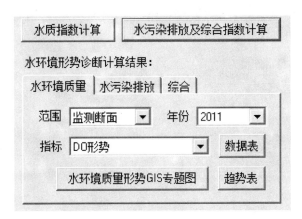

图 8-16　水环境形势诊断计算模块

名称	年份	DO形势	高锰酸盐形势	BOD形势	氨氮形势	COD形势	TP形势	水环境
白沙滩	2011	良	中	良	中	中	良	
白沙滩	2012	良	中	中	中	中	良	
白沙滩	2013	良	中	良	中	中	优	
白沙滩	2014	良	中	良	优	中	良	
阿什河口内	2011	很差	很差	很差	很差	很差	很差	
阿什河口内	2012	很差	很差	很差	很差	很差	差	
阿什河口内	2013	差	很差	很差	很差	很差	很差	
阿什河口内	2014	很差	很差	很差	很差	差	差	
呼兰河口内	2011	中	差	差	很差	差	中	
呼兰河口内	2012	中	差	差	很差	很差	中	
呼兰河口内	2013	中	差	差	很差	差	差	
呼兰河口内	2014	中	中	中	差	中	差	
苗家	2011	良	中	中	中	差	优	
苗家	2012	良	中	中	中	中	优	
苗家	2013	良	中	良	中	中	良	
苗家	2014	良	中	良	中	良	良	
兴盛乡	2011							

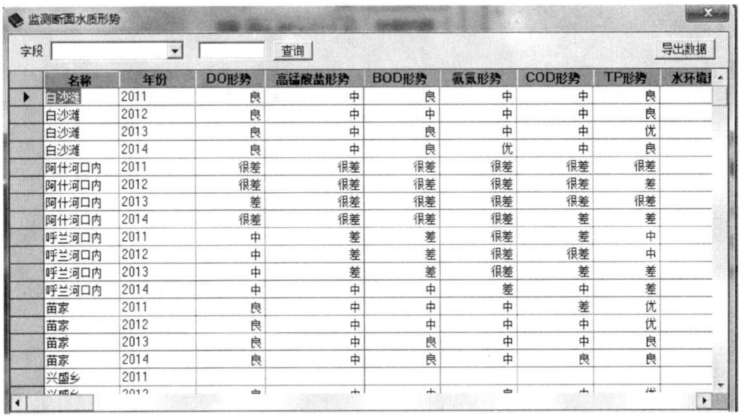

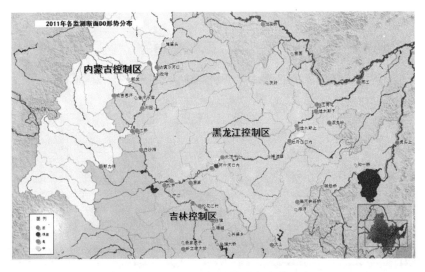

图 8-17　监测断面水质形势结果表

图 8-18　2011 年各监测断面溶解氧形势分布 GIS 图

从 GIS 图中可以看出 2011 年大部分监测断面溶解氧形势为“良”（见图 8－19），表明总体来说溶解氧形势相对较好。

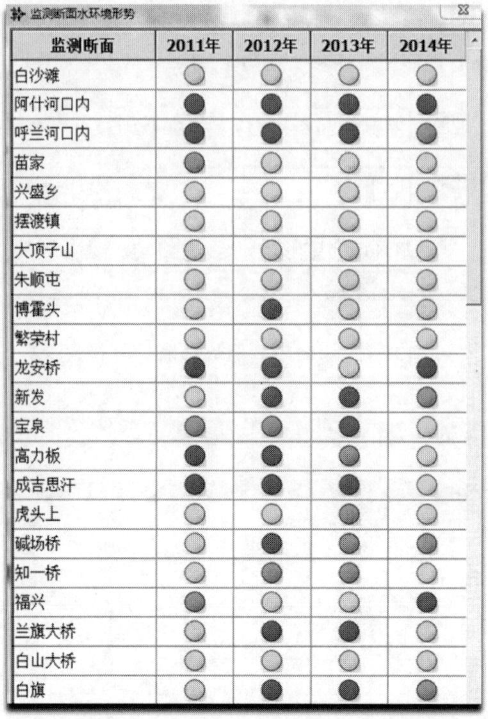

图 8－19　松花江流域监测断面水环境形势趋势图

同时可展示 2011—2014 年各控制单元、控制区以及流域的人均 COD 排放强度形势、人均氨氮排放强度形势、单位 GDP COD 排放强度形势、单位 GDP 氨氮排放强度形势、单位面积 COD 排放强度形势、单位面积氨氮排放强度形势以及水污染排放指数形势，如图 8－20 所示。

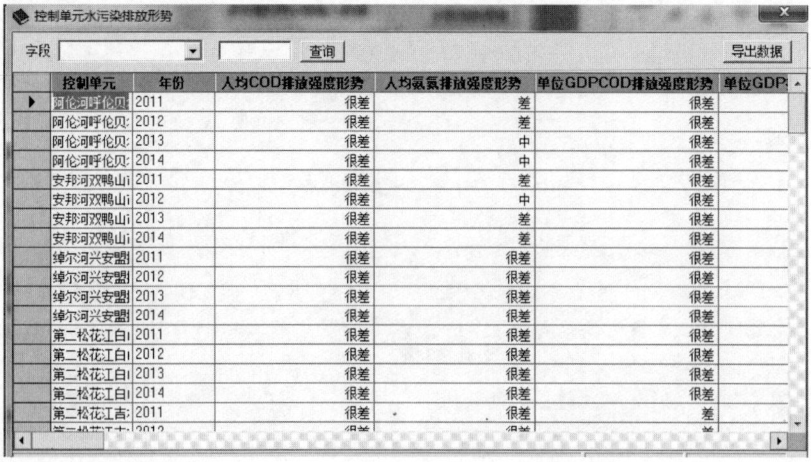

控制单元	年份	人均COD排放强度形势	人均氨氮排放强度形势	单位GDPCOD排放强度形势	单位GDP:
阿伦河呼伦贝:	2011	很差	差	很差	
阿伦河呼伦贝:	2012	很差	差	很差	
阿伦河呼伦贝:	2013	很差	中	很差	
阿伦河呼伦贝:	2014	很差	中	很差	
安邦河双鸭山i	2011	很差	差	很差	
安邦河双鸭山i	2012	很差	中	很差	
安邦河双鸭山i	2013	很差	差	很差	
安邦河双鸭山i	2014	很差	差	很差	
绰尔河兴安盟	2011	很差	很差	很差	
绰尔河兴安盟	2012	很差	很差	很差	
绰尔河兴安盟	2013	很差	很差	很差	
绰尔河兴安盟	2014	很差	很差	很差	
第二松花江白i	2011	很差	很差	很差	
第二松花江白i	2012	很差	很差	很差	
第二松花江白i	2013	很差	很差	很差	
第二松花江白i	2014	很差	很差	很差	
第二松花江吉:	2011	很差	很差	差	

图 8－20　控制单元水污染排放形势数据表

从 GIS 图中可以直观看出 2011 年大部分控制单元人均 COD 排放强度形势为"很差"（见图 8-21），表明区域 COD 污染形势不容乐观。

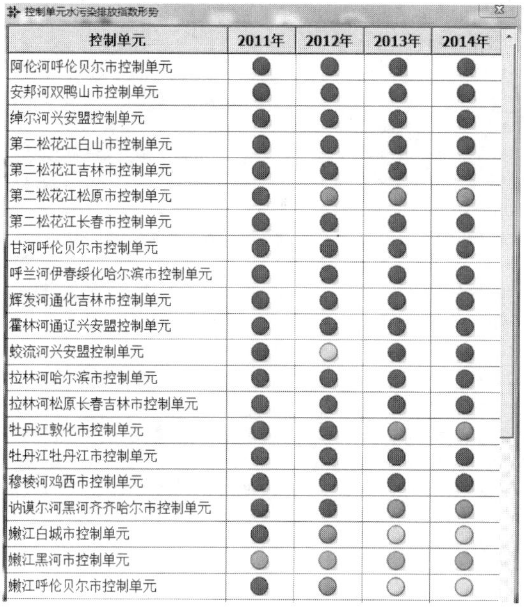

图 8-21 控制单元水污染排放指数形势趋势图

8.5.3.3 水环境形势预警计算及结果展示

系统可对各控制单元、控制区及流域的水环境形势进行预警。水环境形势预警模块包括水环境形势预警计算和水环境形势预警结果两部分，如图 8-22 所示。

图 8-22 水环境形势预警计算及结果展示模块

系统结合环境形势诊断的结果进行水环境形势预警计算。系统可对 2012—2014 年不同控制单元、控制区和流域的水环境质量形势、水污染排放形势以及水环境综合形势进行预警，预警结果以数据表、水环境形势预警 GIS 专题图形式展示，如图 8-23 所示。

从 2012 年各控制单元水环境质量形势预警 GIS 图中可以直观地看出 2012 年各控制区水环境形势有所不同。总的来说，各控制单元水环境质量形势都存在不同程度的预警状态，有个别控制单元甚至达到红色预警状态，需要水环境管理部门高度重视。

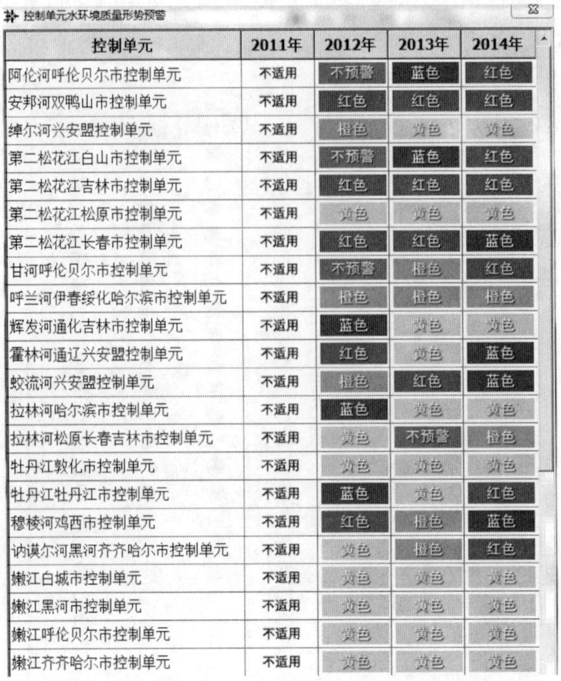

控制单元	2011年	2012年	2013年	2014年
阿伦河呼伦贝尔市控制单元	不适用	不预警	蓝色	红色
安邦河双鸭山市控制单元	不适用	红色	红色	红色
绰尔河兴安盟控制单元	不适用	橙色	黄色	黄色
第二松花江白山市控制单元	不适用	不预警	蓝色	红色
第二松花江吉林市控制单元	不适用	红色	红色	红色
第二松花江松原市控制单元	不适用	黄色	黄色	黄色
第二松花江长春市控制单元	不适用	红色	红色	蓝色
甘河呼伦贝尔市控制单元	不适用	不预警	橙色	橙色
呼兰河伊春绥化哈尔滨市控制单元	不适用	橙色	橙色	橙色
辉发河通化吉林市控制单元	不适用	蓝色	黄色	黄色
霍林河通辽兴安盟控制单元	不适用	红色	黄色	蓝色
蛟流河兴安盟控制单元	不适用	橙色	黄色	蓝色
拉林河哈尔滨市控制单元	不适用	蓝色	黄色	黄色
拉林河松原长春吉林市控制单元	不适用	黄色	不预警	橙色
牡丹江敦化市控制单元	不适用	黄色	黄色	黄色
牡丹江牡丹江市控制单元	不适用	蓝色	黄色	红色
穆棱河鸡西市控制单元	不适用	红色	橙色	蓝色
讷谟尔河黑河齐齐哈尔市控制单元	不适用	橙色	橙色	红色
嫩江白城市控制单元	不适用	黄色	黄色	黄色
嫩江黑河市控制单元	不适用	黄色	黄色	黄色
嫩江呼伦贝尔市控制单元	不适用	黄色	黄色	黄色
嫩江齐齐哈尔市控制单元	不适用	黄色	蓝色	黄色

图 8-23 控制单元水环境质量形势预警趋势图

8.5.3.4 生成报告

系统可对用户所进行的计算过程及结果自动生成报告，以文档形式保存。同时，用户可根据需要进行模板的编辑。

8.6 水污染物预测模拟模型系统

8.6.1 系统概述

在流域水环境形势诊断和预警工作完成的基础上，基于现状的诊断结果结合相关输入数据，采用合理的计算模型可完成对流域水资源消耗和水污染排放趋势的预测[7]。

8.6.2 系统原理

模型以流域水量、水质为基础数据，结合代数算法和代码开发技术，采用流域水资源消耗预测计算模型、水污染排放预测计算模型以及污染治理投入计算模型实现对松花江流域的社会经济、水资源消耗、水污染排放以及治理投资的预测。对应模型原理已在第3章进行介绍，本章不再赘述。

系统运行结果同样可以通过数据表、GIS 专题图和时间序列图的形势进行展示。专题图的生成过程以结果数据库和 GIS 的数据识别 ID 作为关联，自由组合，以实现丰富的结果表达功能。时间序列图则通过结果数据库以折线图的形式进行展示。系统与平台接口采用 VB Model 模块类型实现。

8.6.3 系统功能和成果

系统包括四部分：社会经济预测、水资源消耗预测、水污染排放预测以及对水污染的治理投资预测。系统根据社会经济指标等数据，预测水资源消耗量、污染物的产生量和排放量及治理投资费用等。系统界面如图8-24所示。

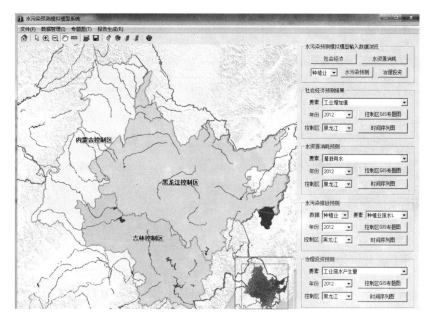

图8-24　水污染预测界面

8.6.3.1 输入数据管理

输入数据包括社会经济数据、水资源消耗预测所需数据、水污染预测所需数据及治理投资预测所需数据。该模块可实现对社会经济数据、水资源消耗预测所需数据、水污染预测所需数据及治理投资预测所需数据进行浏览、查询、数据导入导出等功能。模块界面如图8-25所示。

图8-25　水污染物预测模拟模型系统
输入数据模块

由于社会经济预测由用户提供预测结果，这里提供结果数据（包括各个控制区的工业增加值、农村人口、城镇人口）的浏览与查询功能，同时数据也可以以csv文件形式导出，如图8-26所示。

水资源消耗预测数据包含灌溉面积、灌溉系数、灌溉用水比、工业用水系数等一系列用于预测水资源消耗的参数，包括灌溉、工业、生态等用水系数。系统支持对该数据库进行浏览、按字段查询与数据导出操作，如图8-27所示。

水污染预测包括对四个来源污染的预测：种植业，畜禽养殖，工业，生活。如畜禽养殖行业的水污染排放预测数据中，包含计算不同控制区2012—2020年的水污染排放量所

年份	控制区	工业增加值	农村人口	城镇人口
2012	黑龙江	3645.67	1661.40	2174.40
2013	黑龙江	3858.69	1650.70	2188.30
2014	黑龙江	4096.87	1636.80	2205.20
2015	黑龙江	4364.49	1622.00	2221.00
2016	黑龙江	4705.92	1565.10	2278.90
2017	黑龙江	5136.09	1561.70	2283.30
2018	黑龙江	5675.07	1558.80	2293.60
2019	黑龙江	6349.84	1526.90	2326.10
2020	黑龙江	7196.78	1520.50	2334.30
2012	吉林	3338.05	1301.20	1428.60
2013	吉林	3621.71	1293.70	1443.60
2014	吉林	3943.87	1286.70	1460.70
2015	吉林	4311.06	1284.00	1480.00
2016	吉林	4731.11	1283.40	1495.00
2017	吉林	5213.41	1275.30	1512.10
2018	吉林	5769.29	1268.40	1523.30
2019	吉林	6412.48	1256.10	1538.30
2020	吉林	7159.64	1242.30	1555.40

图 8－26　社会经济预测数据表

年份	控制区	灌溉面积	灌溉系数	灌溉用水比	工业用水系	工业新鲜水	农民用水系	生态用水
2012	黑龙江	439.60	415.20	0.90	108.64	75.51	60.00	0.0
2013	黑龙江	447.80	410.15	0.90	110.07	75.55	61.00	0.0
2014	黑龙江	451.10	408.29	0.90	110.81	76.15	62.00	0.0
2015	黑龙江	454.40	407.00	0.90	113.05	77.58	63.15	0.0
2016	黑龙江	458.30	406.00	0.90	112.11	77.40	65.22	0.0
2017	黑龙江	460.70	405.00	0.90	111.19	76.88	66.68	0.0
2018	黑龙江	463.90	403.00	0.90	111.25	75.73	72.23	0.0
2019	黑龙江	467.20	401.00	0.90	109.21	71.63	75.66	0.0
2020	黑龙江	468.00	401.00	0.90	106.12	67.28	80.55	0.0
2012	吉林	185.37	296.00	0.90	95.21	65.30	55.32	0.0
2013	吉林	185.87	295.60	0.90	91.89	62.32	56.00	0.0
2014	吉林	189.66	290.00	0.90	89.05	59.98	58.00	0.0
2015	吉林	190.14	290.00	0.90	86.92	58.10	60.12	0.0
2016	吉林	194.45	285.00	0.90	83.69	55.86	63.45	0.0
2017	吉林	204.94	280.00	0.90	81.31	53.46	65.78	0.0
2018	吉林	207.14	279.00	0.90	79.57	51.23	68.34	0.0
2019	吉林	207.64	279.00	0.90	76.80	48.51	71.00	0.0

图 8－27　水资源消耗预测数据表

需的各项参数，包括废水产生量、废水回用率、废水处理率、COD、氨氮、TP、TN 产生量与干法清除量、污染物削减率等。废水处理率与污染物削减率包含 H（高）、M（中）、L（低）三个等级。系统支持对该数据库进行浏览、按字段查询与数据导出操作，界面如图 8－28 所示。

年份	控制区	猪废水产生	牛废水产生	奶牛废水产	肉鸡废水产	蛋鸡废水产	羊废水产生	猪废水回
2012	黑龙江	2640.88	1887.56	4154.47	1115.90	973.71	2446.05	48.
2013	黑龙江	2789.12	2222.77	4648.90	1193.78	1065.58	3028.93	54.
2014	黑龙江	3090.78	2755.96	5252.67	1265.65	1138.23	3820.23	68.
2015	黑龙江	3464.51	3460.40	5851.91	1295.75	1173.01	4210.02	77.
2016	黑龙江	3553.64	3691.98	6447.89	1333.26	1220.44	4347.25	83.
2017	黑龙江	3645.42	3865.38	6467.93	1403.18	1297.99	4579.18	85.
2018	黑龙江	3984.16	4321.83	7082.48	1474.03	1390.04	5227.21	87.
2019	黑龙江	4396.49	5124.03	8199.31	1504.40	1443.06	6189.51	92.
2020	黑龙江	4666.20	5920.40	8576.71	1563.60	1455.25	6718.82	95.
2012	吉林	2747.84	2623.99	476.10	1277.47	1114.69	1069.03	70.
2013	吉林	2777.16	2706.22	623.58	1364.70	1218.15	1208.01	75.
2014	吉林	2957.08	3163.67	454.28	911.96	820.15	1162.44	80.
2015	吉林	3225.20	3133.76	465.64	798.74	723.08	1114.32	85.
2016	吉林	3624.73	3031.02	437.79	844.07	772.65	1111.58	88.
2017	吉林	3928.72	3533.36	556.80	919.45	850.52	1225.19	90.
2018	吉林	4243.21	4112.14	709.79	993.82	937.19	1191.21	94.
2019	吉林	4645.17	4792.44	530.96	1058.07	1014.93	1202.01	98.

图 8－28　水污染排放预测数据表

水污染治理投资预测所需输入数据中包含对不同控制区 2012—2020 年进行水污染治理进行投资预测所需的各项参数，包括工业增加值、废水产生系数、废水处理率、投资系数及运行系数。废水处理率包括工业废水处理率与城镇废水处理率，均包含 H（高）、M（中）、L（低）三个等级。系统支持对该数据库进行浏览、按字段查询与数据导出操作，界面如图 8-29 所示。

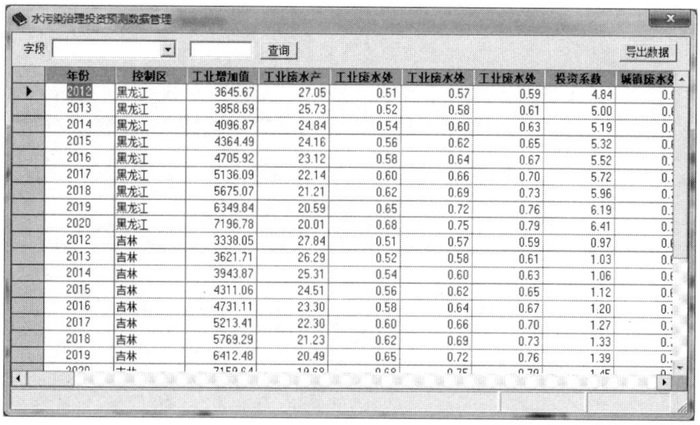

图 8-29　水污染治理投资预测数据表

8.6.3.2　社会经济预测及结果展示

该模块实现对社会经济进行预测，并将计算结果进行展示。其中，社会经济要素、年份及控制区均可根据用户需求进行选择。选择确定后，计算结果可以两种方式进行展示：一是控制区 GIS 专题图；二是时间序列图。如图 8-30 所示。

图 8-30　社会经济预测结果展示模块

社会经济预测结果以控制区 GIS 专题图形式展示，左侧地图部分显示相应结果，每个控制区某一年份某社会经济要素的大小以圆圈面积的大小来表示，如图 8-31 所示。

同时，预测结果以时间序列图形式展示。根据用户设定的控制区、社会经济要素，以折线图的形式显示相应的查询结果。图 8-32 为黑龙江控制区 2012—2020 年工业增加值的时间序列图。

8.6.3.3　水资源消耗预测及结果展示

该模块根据社会经济预测结果及相关系数进行计算，得到不同控制区水资源消耗量（包括灌溉用水、工业用水等 9 项，以下拉菜单形式显示）在各个年份（2012—2020 年，以下拉菜单形式显示）的预测值，如图 8－33 所示。

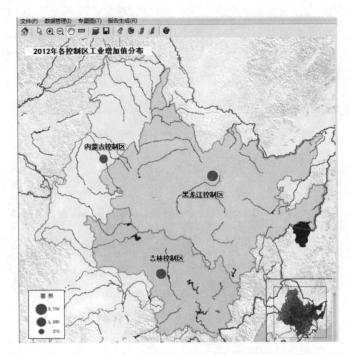

图 8－31 2012 年各控制区工业增加值分布

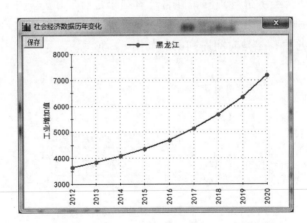

图 8－32 黑龙江控制区工业增加值时间序列图

图 8－33 水资源消耗预测结果展示模块

在水资源消耗预测模块里，系统按要素、年份、控制区对专题图进行选择设置。地图部分显示相应预测结果，其结果以圆圈面积的大小来表示。图 8 - 34 为三个控制区 2012 年灌溉用水分布图。

图 8 - 34　2012 年各控制区灌溉用水分布图

水资源消耗预测结果同样可以以时间序列图形式展示。系统根据用户设定的控制区、水资源要素的不同，以折线图的形式显示相应的预测结果。图 8 - 35 为黑龙江控制区 2012—2020 年灌溉用水的时间序列图。

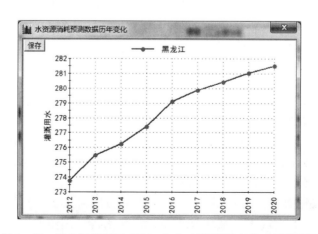

图 8 - 35　黑龙江控制区 2012—2020 年灌溉用水的时间序列图

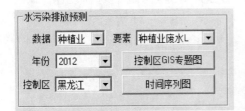

图 8-36　水污染排放预测结果展示模块

8.6.3.4　水污染排放预测及结果展示

该模块根据社会经济预测结果、水资源消耗预测结果及水污染排放相关系数进行计算，得到各个控制区不同污染来源（包括种植业、畜禽养殖、工业、生活 4 项，以下拉菜单形式显示）不同要素在各个年份（2012—2020 年，以下拉菜单形式显示）水污染排放的预测值，如图 8-36 所示[8]。

在水污染排放预测模块里，系统按数据、要素、年份、控制区对专题图进行选择设置，地图部分显示相应预测结果，其结果以圆圈面积的大小来表示。图 8-37 为三个控制区 2013 年猪废水排放量 L（低）分布图。

图 8-37　三个控制区 2013 年猪废水排放量 L（低）分布图

系统可实现水污染预测数据以时间序列图形式展示。系统根据用户设定的控制区、水污染来源、要素的不同，以折线图的形式显示相应的预测结果。图 8-38 为黑龙江控制区 2012—2020 年种植业废水 L（低）的时间序列图。

8.6.3.5　治理投资预测及结果展示

该模块根据社会经济预测结果、水资源消耗与水污染排放预测结果及水污染治理投资相关系数进行计算，得到各个控制区不同要素（包括废水产生量、废水处理量、运行费用、治理投资等，以下拉菜单形式显示）在各个年份（2012—2020 年，以下拉菜单形式显示）治理投资的预测值，如图 8-39 所示。

在治理投资预测模块里，系统根据用户设定的要素如工业废水产生量、年份如 2012 年、控制区的不同选择，以 GIS 专题图形式展示治理投资预测结果。地图部分显示相应预测结果，其结果以圆圈面积的大小来表示。图 8-40 为三个控制区 2012 年工业废水产生量分布图。

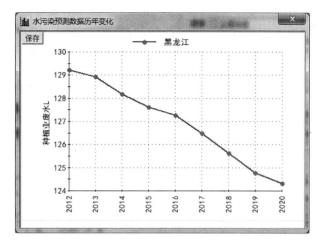

图 8-38 黑龙江控制区 2012—2020 年种植业废水 L（低）的时间序列图

图 8-39 治理投资预测结果展示模块

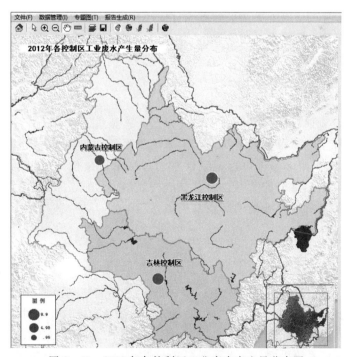

图 8-40 2012 年各控制区工业废水产生量分布图

同时，根据设定的控制区、治理投资要素的不同，系统以折线图的形式显示相应的预测结果。图 8-41 为黑龙江控制区 2012—2020 年运行费用 L（低）的时间序列图。

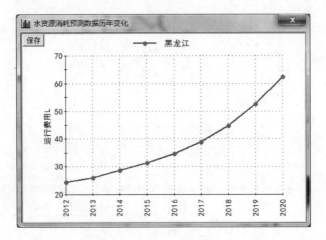

图 8-41　黑龙江控制区 2012—2020 年运行费用 L（低）的时间序列图

8.7　污染总量目标分配模拟模型系统

8.7.1　系统概述

在掌握水资源消耗、水污染排放和治理投资的变化趋势的基础上，需要对流域内污染物进行合理的削减分配。系统采用多约束单目标线性规划的方法，将经济学中常用的衡量收入分配公平的基尼系数法引入到流域主要污染物总量分配当中，在构建总量分配指标体系的基础上，建立了基于基尼系数法的流域主要污染物总量分配模型。

8.7.2　系统原理

平台对水环境规划目标分配模拟模型进行了无缝集成，以各分配指标对应的基尼系数之和最小为目标函数，根据主要污染物削减的受限条件和各参量之间的计量模型，利用 lingo 编程软件，采用多约束单目标线性规划方法求取最优解，得到决策变量各分配对象的削减率，确定最终分配方案。将其核心模块编译生成 .EXE 文件，只需要传递其运行的必须数据即可方便、准确的运行（模型系统开发具体公式见第 4 章，本章不再赘述）[9]。

8.7.3　系统功能和成果

系统可对水污染总量目标进行分配，具体包括水环境规划目标分配模拟模型输入数据，县、市分配要素分析，控制单元分配要素分析，污染物排放分配计算，按县优化分配结果及按控制单元优化分配结果等。单击平台主界面中总量目标分配按钮，进入水环境规划目标分配模拟模型系统界面。主界面如图 8-42 所示。

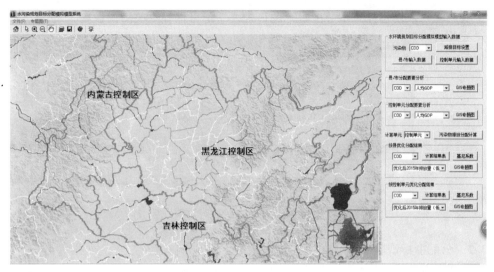

图 8-42　总量目标分配系统界面

8.7.3.1　输入数据管理

系统模拟的水质指标包括 COD 和氨氮两种。系统对输入数据进行管理，包括减排目标设置、县/市输入数据管理及控制单元输入数据管理，页面如图 8-43 所示。COD 规划目标分配模型输入数据表如图 8-44 所示。

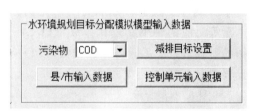

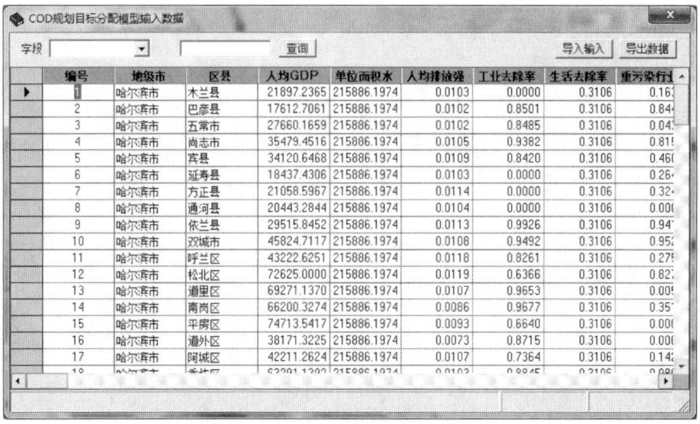

图 8-43　水污染总量目标分配模拟模型系统输入数据模块

在模型的输入数据中，用户可根据自身需求按字段查询相关数据。系统同时支持数据的导入、导出操作。

COD规划目标分配模型输入数据

字段　查询　导入输入　导出数据

编号	地级市	区县	人均GDP	单位面积水	人均排放强	工业去除率	生活去除率	重污染行业
1	哈尔滨市	木兰县	21897.2365	215886.1974	0.0103	0.0000	0.3106	0.16
2	哈尔滨市	巴彦县	17612.7061	215886.1974	0.0102	0.8501	0.3106	0.84
3	哈尔滨市	五常市	27660.1659	215886.1974	0.0102	0.8485	0.3106	0.04
4	哈尔滨市	尚志市	35479.4516	215886.1974	0.0105	0.9382	0.3106	0.81
5	哈尔滨市	宾县	34120.6468	215886.1974	0.0109	0.8420	0.3106	0.46
6	哈尔滨市	延寿县	18437.4306	215886.1974	0.0103	0.0000	0.3106	0.26
7	哈尔滨市	方正县	21058.5967	215886.1974	0.0114	0.0000	0.3106	0.32
8	哈尔滨市	通河县	20443.2844	215886.1974	0.0104	0.0000	0.3106	0.00
9	哈尔滨市	依兰县	29515.8452	215886.1974	0.0113	0.9926	0.3106	0.94
10	哈尔滨市	双城市	45824.7117	215886.1974	0.0108	0.9492	0.3106	0.95
11	哈尔滨市	呼兰区	43222.6251	215886.1974	0.0118	0.8261	0.3106	0.27
12	哈尔滨市	松北区	72625.0000	215886.1974	0.0119	0.6366	0.3106	0.82
13	哈尔滨市	道里区	69271.1370	215886.1974	0.0107	0.9653	0.3106	0.00
14	哈尔滨市	南岗区	66200.3274	215886.1974	0.0086	0.9677	0.3106	0.35
15	哈尔滨市	平房区	74713.5417	215886.1974	0.0093	0.6640	0.3106	0.00
16	哈尔滨市	道外区	38171.3225	215886.1974	0.0073	0.8715	0.3106	0.00
17	哈尔滨市	阿城区	42211.2624	215886.1974	0.0107	0.7364	0.3106	0.14

图 8-44　COD 规划目标分配模型输入数据表

用户可根据水污染排放量削减率预测结果对减排目标进行设置，如图 8-45 所示。其中水污染排放量削减率预测结果包括 2015 年、2020 年的 COD、氨氮两种水质指标排放量高、中、低三个水平的削减率的预测结果。总量分配目标设置包含 2015 年、2020 年的

COD、氨氮两种水质指标总量分配目标的设置。系统可保存更改后的设置。

图 8-45 减排目标设置

8.7.3.2 分配指标现状分析

污染排放现状分析模块（见图8-46）对不同指标包括人均 GDP、单位面积水资源量、人均排放强度、工业去除率、生活去除率、重污染行业比重、劣V类断面比例、排放总量等对应的污染物现状排放量以 GIS 专题图的形式进行展示。可分别按县/市和控制单元要素分析两种分类方式进行分析，如图8-47 和图 8-48 所示。

图 8-46 分配要素分析模块

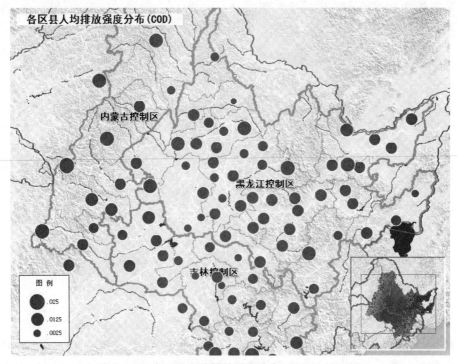

图 8-47 各区县人均排放强度分布（COD）GIS 图

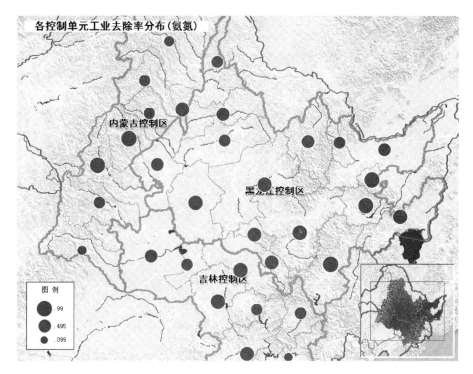

图 8-48 各控制单元工业去除率分布（氨氮）GIS图

8.7.3.3 污染物排放分配计算

系统根据输入数据、设置目标采用污染物总量分解模型进行污染物排放分配计算。

8.7.3.4 按县优化分配结果展示

按县优化分配的结果（见图 8-49）可以以表格、GIS专题图两种形式显示，并可展示基尼系数计算结果。污染物包括 COD、氨氮两种，以下拉菜单显示。结果指标包括排放总量、优化后 2015 年排放量、优化后 2020 年排放量、2015 年减排量、2020 年减排量、2015 年减排比例、2020 年减排比例，具体如图 8-50～图 8-52 所示。

图 8-49 按县优化分配结果展示模块

8.7.3.5 按控制单元优化分配结果展示

该模块的污染物及结果展示指标与按县优化分配结果相同。按控制区优化分配的结果同样可以以表格、GIS专题图两种形式显示，如图 8-53～图 8-56 所示。

COD污染物总量优化分配结果

字段 [编号 ▼] [大小排序] [小大排序] [导出数据]

编号	区县	排放总量	优化后2015	优化后2020	2015年减排	2020年减排	2015年减排	2020年减排
1	木兰县	2811.87	2783.75	2783.75	28.12	28.12	1.00%	1.00%
2	巴彦县	7212.49	7140.36	5769.99	72.12	1442.50	1.00%	20.00%
3	五常市	10263.43	8210.74	8210.74	2052.69	2052.69	20.00%	20.00%
4	尚志市	6527.82	6462.54	6462.54	65.28	65.28	1.00%	1.00%
5	宾县	6873.22	6804.49	5498.58	68.73	1374.64	1.00%	20.00%
6	延寿县	2768.33	2740.65	2740.65	27.68	27.68	1.00%	1.00%
7	方正县	2644.93	2618.48	2618.48	26.45	26.45	1.00%	1.00%
8	通河县	2656.18	2629.62	2629.62	26.56	26.56	1.00%	1.00%
9	依兰县	4586.32	4540.46	4540.46	45.86	45.86	1.00%	1.00%
10	双城市	8875.32	8786.57	7100.26	88.75	1775.06	1.00%	20.00%
11	呼兰区	7362.52	7288.90	5890.02	73.63	1472.50	1.00%	20.00%
12	松北区	1906.91	1887.84	1887.84	19.07	19.07	1.00%	1.00%
13	道里区	7333.80	7260.46	5867.04	73.34	1466.76	1.00%	20.00%
14	南岗区	11514.07	9211.26	9211.26	2302.81	2302.81	20.00%	20.00%
15	平房区	1791.36	1773.45	1773.45	17.91	17.91	1.00%	1.00%
16	道外区	7113.66	7042.52	7042.52	71.14	71.14	1.00%	1.00%
17	阿城区	6192.43	6130.51	6130.51	61.92	61.92	1.00%	1.00%
18	香坊区	8114.35	8033.20	6491.48	81.14	1622.87	1.00%	20.00%
19	齐齐哈尔市辖区	18536.91	14829.53	14829.53	3707.38	3707.38	20.00%	20.00%
20	龙江县	5018.15	4967.97	4967.97	50.18	50.18	1.00%	1.00%
21	讷河市	8274.75	6619.80	6619.80	1654.95	1654.95	20.00%	20.00%
22	克山县	2800.05	2772.05	2772.05	28.00	28.00	1.00%	1.00%
23	克东县	1477.96	1463.18	1463.18	14.78	14.78	1.00%	1.00%
24	富裕县	4780.11	4732.31	4732.31	47.80	47.80	1.00%	1.00%
25	依安县	5278.95	5226.16	5138.98	52.79	139.97	1.00%	2.65%
26	拜泉县	5177.77	5125.99	4142.22	51.78	1035.55	1.00%	20.00%
27	泰来县	4895.09	4846.14	3916.07	48.95	979.02	1.00%	20.00%
28		678.13	671.35	671.35	6.78	6.78	1.00%	1.00%

图 8-50　COD污染物总量优化分配结果数据表

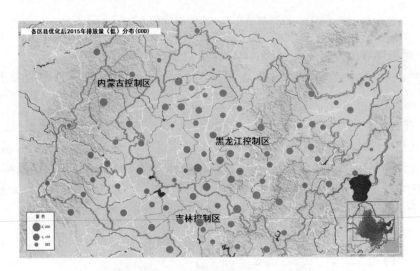

图 8-51　各区县优化后 2015 年排放量 COD 分布 GIS 图

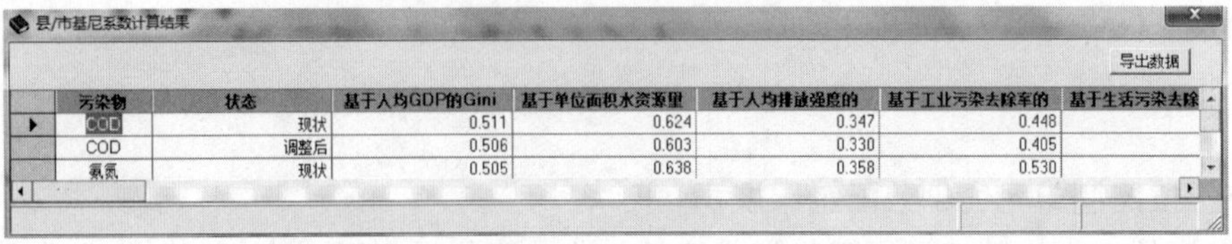

县/市基尼系数计算结果　　[导出数据]

污染物	状态	基于人均GDP的Gini	基于单位面积水资源量	基于人均排放强度的	基于工业污染去除率的	基于生活污染去除
COD	现状	0.511	0.624	0.347	0.448	
COD	调整后	0.506	0.603	0.330	0.405	
氨氮	现状	0.505	0.638	0.358	0.530	

图 8-52　县/市基尼系数计算数据表

图 8-53 按控制单元优化分配结果展示模块

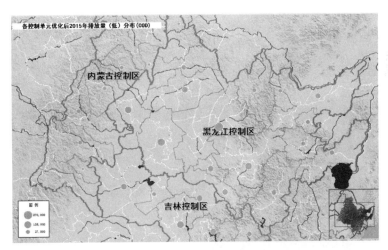

图 8-54 COD 控制单元污染物总量优化分配结果数据表

各控制单元优化后2015年排放量（低）分布(COD)

内蒙古控制区

黑龙江控制区

吉林控制区

图 8-55 各控制单元优化后 2015 年 COD 低排放量 GIS 分布图

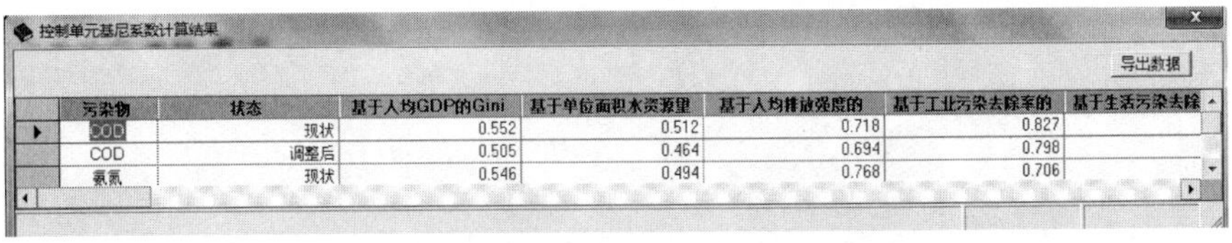

污染物	状态	基于人均GDP的Gini	基于单位面积水资源量	基于人均排放强度的	基于工业污染去除率的	基于生活污染去除
COD	现状	0.552	0.512	0.718	0.827	
COD	调整后	0.505	0.464	0.694	0.798	
氨氮	现状	0.546	0.494	0.768	0.706	

图 8-56 控制单元基尼系数计算结果表

8.8 水质预测模拟系统

8.8.1 系统概述

在掌握水资源消耗和水污染排放变化趋势后，可对流域水质的沿程变化进行模拟和预测。系统基于流域点源和面源污染数据、水质数据以及地理空间数据，将流域划分为若干个子流域，结合一维河网模型和离散化等方法对流域水质进行模拟和预测[10,11]。

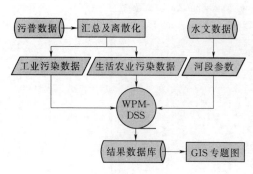

图 8-57　水质模型集成技术路线

8.8.2 系统原理

系统通过 SWAT （Soil and Water Assessment Tool）分布式水文模型，根据 DEM（Digital Elevation Map）数字高程信息进行数字河网的提取和子流域的划分。点源污染的入河计算是基于一维河网模型算法。面源污染利用数据空间统计和数据离散化方法，将行政区内面源污染物排放数据转化为子流域空间单元数据，最终得到各子流域的面源污染浓度，模型具体原理

见第5章，本章不再赘述。

系统对水质模拟进行了无缝集成，可快速模拟水环境质量，简化了模型操作过程。计算结果自动导入数据库，快速以 GIS 专题图的方式表达。水质模型集成技术路线如图 8-57 所示。

8.8.3 系统功能和成果

系统选择嫩江流域进行水环境质量预测模拟，主界面如图 8-58 所示。系统包括水质模拟与水质预测两部分。水质模拟部分包括数据输入、水质模拟计算及水质模拟计算结果展示等；水质预测部分包括规划情景选择、水质预测计算及水质预测计算结果展示等。

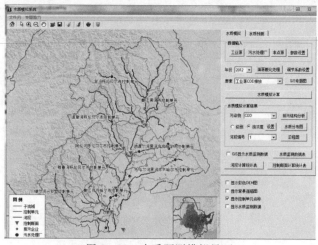

图 8-58　水质预测模拟界面

8.8.3.1 输入数据管理

输入数据管理模块包括工业源、污水处理厂、非点源以及参数的四部分数据管理。

（1）工业源数据部分，如图 8-59 所示。工业源数据表格的数据以"年"为单位进行更新，可以按照不同字段对表格中数据进行排序，可对该表格数据进行导入输入及导出数据操作。对于河道距离、工业废水排放量（吨）、氨氮排放量（吨）三个参数，可以进行直接赋值、加法、乘法三种方式的调整，调整系数可人为设置。另外，数据调整或导入新的数据后，可重新对表中所有点源排放至河流的位置进行计算。

![图8-59 工业源数据表]

图 8-59　工业源数据表

（2）污水处理厂数据部分，如图 8-60 所示。数据以"年"为单位进行更新，可以按照不同字段对表格中数据进行排序，可对该表格数据进行导入输入及导出数据操作。对于修改位置、污水排放量（万吨）、COD 排放量（吨）三个参数，可以进行直接赋值、加法、乘法三种方式的调整操作，调整系数可人为设置。另外，数据调整或导入新的数据后，可重新对表中所有污水处理厂排放源排放至河流的位置进行计算。

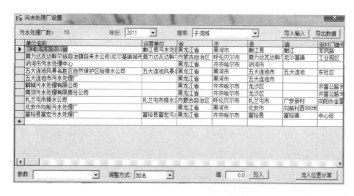

图 8-60　污水处理厂数据表

（3）非点源数据部分，如图 8-61 所示。数据以"年"为单位进行更新，可以按照不同字段对表格中数据进行排序，可对该表格数据进行导入输入及导出数据操作。对于表中种植业氨氮流失量（吨）等 15 项参数，可以进行直接赋值、加法、乘法三种方式的调整操作，调整系数可人为设置。另外，数据调整或导入新的数据后，可重新对表中所有非点源污染进行汇总计算。

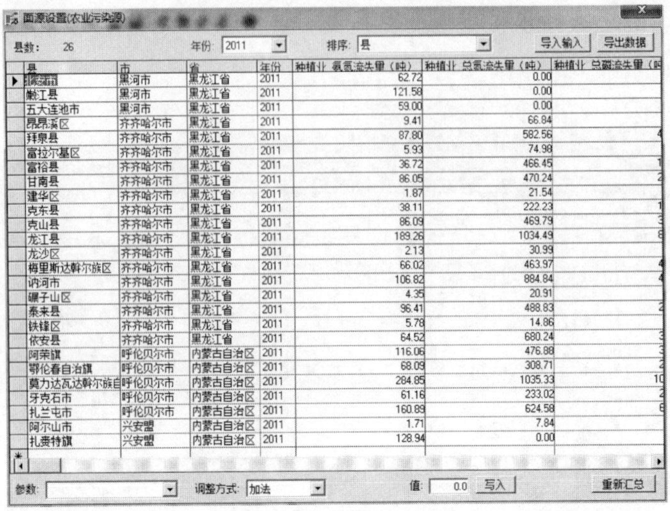

图 8-61　非点源数据表

（4）系统设置河段属性功能，如图 8-62 所示。用户可对河段属性包括流量、流速等重要水文参数属性进行设置。表格数据包含河段间产汇流关系、基本信息等，可以按照不同字段对表格中数据进行排序，可对表格数据进行导入输入及导出数据操作。对于表中点数等 8 项参数，可以进行直接赋值、加法、乘法三种方式的调整，调整系数可人为设置。数据调整或导入新的数据后，系统通过重新汇总，完成表中河段属性的重新设置。

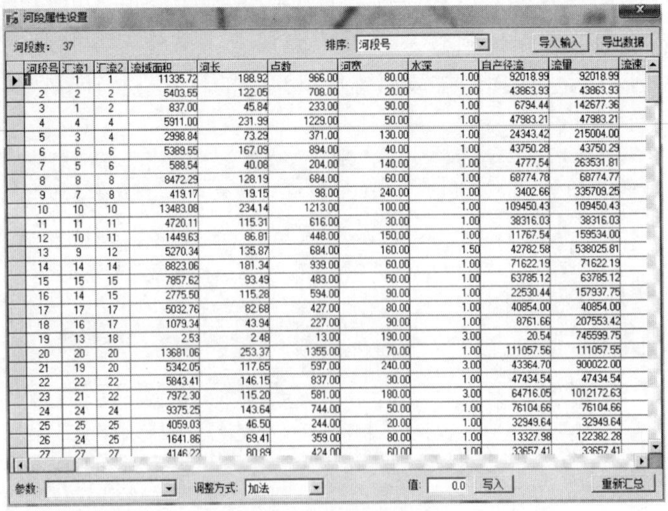

图 8-62　参数设置数据表

8.8.3.2 一维河网模型建立

系统的一维河网模型建立过程包括子流域划分、水文数据空间分配、计算单元划分与点源入河计算。

系统将河道进行剖分，每 200m 概化为一个计算单元。各个计算单元之间进行传递计算，主要根据污染源的稀释和降解原理，计算河道中的不同位置的污染物浓度。在处理点源污染时，计算点源流入河道的位置、距河道的距离。针对不同的点源排放方式，包括直排、部分直排、进入下水道、地渗/蒸发地、污灌农田、入其他单位及其他，设置不同的点源衰减系数。同时，模型考虑点源在进入河道中发生陆面衰减，设置陆面衰减系数。

系统通过设置调节系数模块对水质模拟过程进行系数调节，如图 8-63 所示。表格中显示的是河段基本信息、点源污染入河系数、面源污染入河系数、污染源降解系数等。系统可以按照不同字段对表格中数据进行排序，可对表格数据进行导入输入及导出数据操作。对于表中点源 COD 入河系数 k 等 8 项参数，可以进行直接赋值、加法、乘法三种方式的调整，调整系数可人为设置。同时，在计算过程中，可对点源排放、污水处理厂排放、非点源排放进行选择，选择其中一项或几项进行计算。其中，点源污染衰减系数可按其进入河流的方式赋予其不同的系数，同时考虑其路面衰减过程。

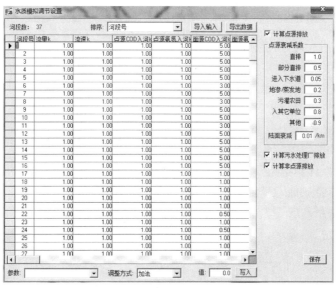

图 8-63 水质模拟调节设置

8.8.3.3 水质模拟计算

水质模拟计算模块如图 8-64 所示。在处理面源污染时，子流域是系统水环境质量模拟的空间单元，而面源污染物排放等数据均来自行政区的统计数据。系统将行政区级别的统计数据分配到各子流域空间范围内，即数据的空间离散化。系统利用数据空间统

图 8-64 水质模拟计算模块

计和数据离散化方法，将行政区内面源污染物排放数据转化为子流域空间单元数据。其离散过程均是先将统计资料离散到行政区子流域内的各斑块之后，再汇总到37个子流域中。基于ArcGIS软件，叠加行政区图层到子流域图层，切割出116个GIS空间斑块。对116个GIS斑块的统计数据进行分析，从全流域角度来看，空间分布较为均匀，因此可认为面源污染物排放数据与空间面积呈线性关系。利用上述线性关系，先将行政区数据离散到116个空间斑块内，归类加和得到37个子流域的面源污染物排放数据。

选择2011年或2012年为计算年份后，系统可实现行政区农业污染排放数据离散化到子流域及河段上，如图8-65所示。

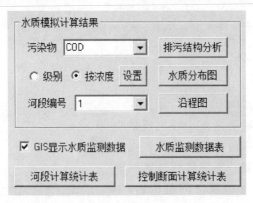

图8-65 面源离散化处理

模型建立及数据预处理完成后，系统采用一维河网模型进行水质模拟计算。

8.8.3.4 水质模拟计算结果展示

水质模拟计算结果展示模块如图8-66所示。水质模拟计算完成后，其水质模拟计算结果以排污结构分析GIS专题图、水质分布图GIS专题图和沿程图等方式进行展示。监测站点数据以监测数据表展示，同时，用户可查询河段计算统计表和控制断面计算统计表。

图8-66 水质模拟计算结果展示模块

8.8.3.4.1 排污结构分析 GIS 专题图

排污结构分析可分析各子流域的排污结构，可分别显示 COD、氨氮在各子流域的排放结构，以饼状图形式展示。从 GIS 图中可以看出，现状年嫩江流域几乎所有子流域 COD 排放结构中，非点源占比最大，如图 8-67 所示。说明，该流域以农业面源为主，因此未来流域农业面源污染控制将成为 COD 污染控制工作的重要内容。

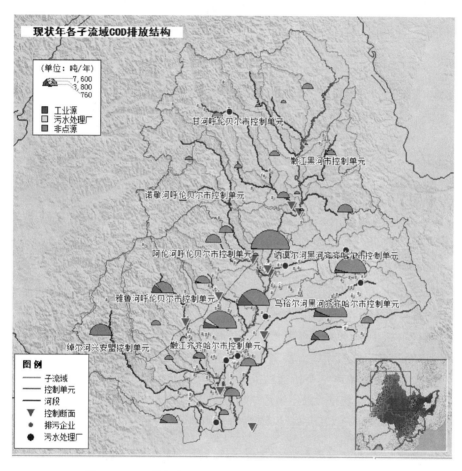

图 8-67 现状年各子流域 COD 排放结构分析 GIS 专题图

8.8.3.4.2 水质浓度分布 GIS 专题图

系统运用一维河网模型对嫩江流域河流水质模拟计算后，其水质浓度以 GIS 专题图形式展示，河流的不同颜色代表其水质浓度的不同。蓝色表明水质较好，红色代表水质相对较差。同时，系统开放水质模拟 GIS 显示设置功能，这里，用户可以进行包括 COD 和氨氮两种污染物最大值及显示步长的设置。

从 2011 年嫩江流域 COD 浓度的模拟结果中可以看出，流域水质从上游至下游呈富集趋势，上游右岸水质相对较好，而下游 COD 浓度逐渐升高，特别是下游左岸 COD 浓度最大，如图 8-68 所示。因此未来水环境管理部门需着重加强该区域的水污染防治工作，合理规划区域发展。

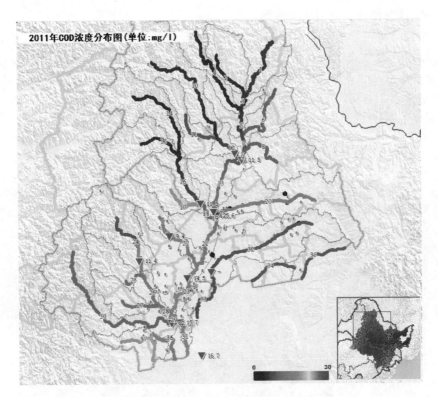

图 8-68　2011 年 COD 浓度分布 GIS 专题图

8.8.3.4.3　沿程浓度变化折线图

系统可对任一河段沿程水质情况以沿程图形式进行展示与输出。如该河段有实际监测断面数据，可同时显示在图中，方便用户进行模拟计算结果与实际监测数据的对比，包括流量、COD 浓度、氨氮浓度三个指标。以线状符号表示模拟值沿河段随着距离增加 COD 或氨氮浓度的变化，以点状符号表示该段中监测站点 COD 或氨氮浓度的监测值。如图 8-69 和图 8-70 所示，从图中 COD 和氨氮浓度的实测值和模拟值的对比可以看出，该系统对水质模拟效果较好。

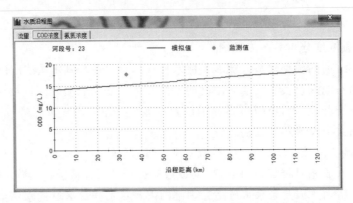

图 8-69　23 号河段 2011 年 COD 沿程模拟浓度分布图

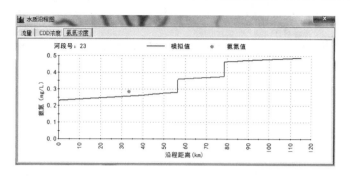

图 8-70 23 号河段 2011 年氨氮沿程模拟浓度分布图

同时，系统提供水质监测数据查询功能，如图 8-71 所示。水质监测数据以"年"为单位进行更新，可以按照不同字段对表格中数据进行排序。系统同时可对表中所有监测站点在河流中的位置进行计算。

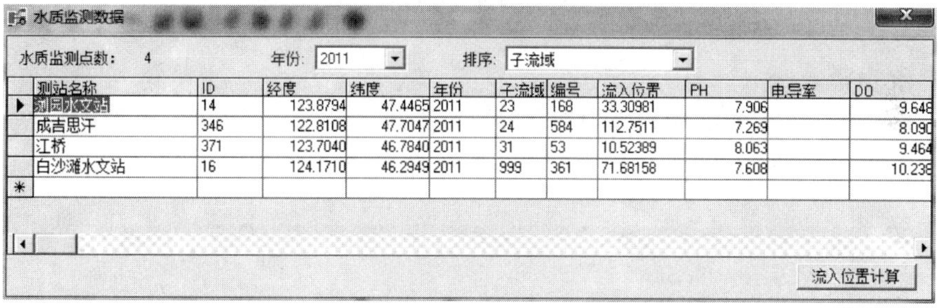

水质监测数据

水质监测点数：4   年份：2011   排序：子流域

测站名称	ID	经度	纬度	年度	子流域	编号	流入位置	PH	电导率	DO
测园水文站	14	123.8794	47.4465	2011	23	168	33.30981	7.906		9.648
成吉思汗	346	122.8108	47.7047	2011	24	584	112.7511	7.269		8.090
江桥	371	123.7040	46.7840	2011	31	53	10.52389	8.063		9.464
白沙滩水文站	16	124.1710	46.2949	2011	999	361	71.68158	7.608		10.238

流入位置计算

图 8-71 水质监测数据表

另外，系统提供河段计算统计表、控制断面计算统计表查询功能，如图 8-72 和图 8-73 所示。

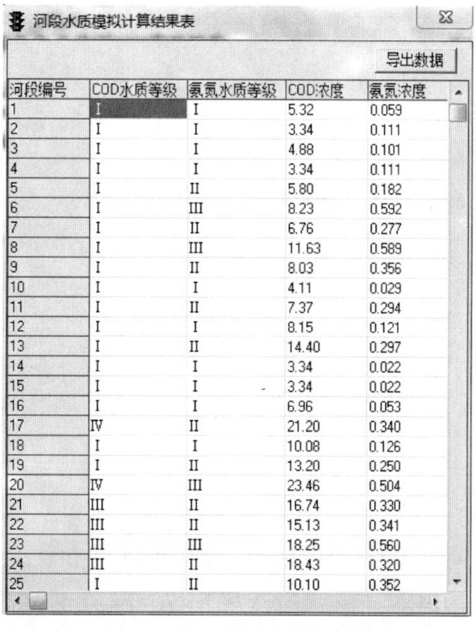

河段水质模拟计算结果表

导出数据

河段编号	COD水质等级	氨氮水质等级	COD浓度	氨氮浓度
1	I	I	5.32	0.059
2	I	I	3.34	0.111
3	I	I	4.88	0.101
4	I	I	3.34	0.111
5	I	II	5.80	0.182
6	I	III	8.23	0.592
7	I	II	6.76	0.277
8	I	III	11.63	0.589
9	I	II	8.03	0.356
10	I	I	4.11	0.029
11	I	II	7.37	0.294
12	I	I	8.15	0.121
13	I	II	14.40	0.297
14	I	I	3.34	0.022
15	I	I	3.34	0.022
16	I	I	6.96	0.053
17	IV	II	21.20	0.340
18	I	I	10.08	0.126
19	I	II	13.20	0.250
20	IV	III	23.46	0.504
21	III	II	16.74	0.330
22	III	II	15.13	0.341
23	III	III	18.25	0.560
24	III	II	18.43	0.320
25	III	II	10.10	0.352

图 8-72 河段水质模拟计算结果表

控制单元	COD水质等级	氨氮水质等级	水质目标等级	COD浓度	氨氮浓度
嫩江黑河市控制单元	I	II	III	8.02	0.356
讷谟尔河黑齐齐哈尔市控制单元	IV	III	III	23.48	0.506
诺敏河呼伦贝尔市控制单元	I	I	III	9.89	0.112
阿伦河呼伦贝尔市控制单元	III	III	III	16.08	0.297
雅鲁河呼伦贝尔市控制单元	III	III	III	19.70	0.342
绰尔河兴安盟控制单元	I	II	III	10.60	0.480
嫩江齐齐哈尔市控制单元（江桥）	III	III	III	17.28	0.549
嫩江齐齐哈尔市控制单元（浏园）	III	II	III	17.07	0.357
甘河呼伦贝尔市控制单元	I	I	III	5.69	0.103
嫩江呼伦贝尔市控制单元	I	II	III	14.35	0.297
乌裕尔河黑齐齐哈尔市控制单元	IV	III	IV	25.40	0.805

图 8-73　控制断面水质模拟计算结果表

8.8.3.5　水质预测模拟计算

系统可进行水环境质量预测模拟，预测模拟区域选择嫩江流域，主界面如图 8-74 所示。主要包括规划情景选择、水质预测计算和水质预测计算三部分。

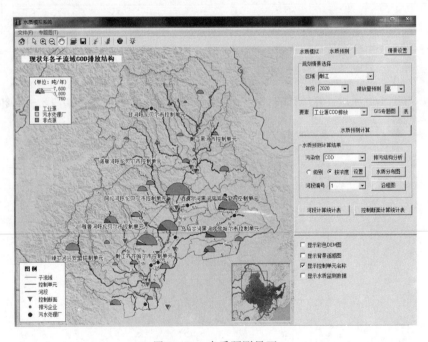

图 8-74　水质预测界面

8.8.3.5.1　情景设置

系统提供规划情景设置，可对水质预测计算情景进行参数设置，包括对工业污染排放（控制单元削减率）、污水处理厂（流域削减率）以及非点源（流域削减率）的 COD、氨氮削减方案进行修改，如图 8-75 所示。

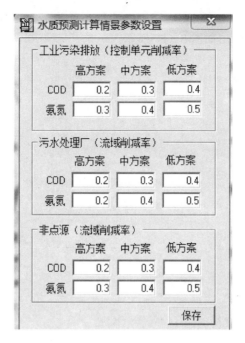

图 8-75 水质预测计算情景参数设置

8.8.3.5.2 规划情景选择

规划情景设置完成后，用户可进行规划情景选择，包括情景设置（高、中、低）、区域、年份、排放量预测选择等。

8.8.3.5.3 输入数据管理

（1）GIS 专题图展示。系统可对水质预测计算情景的输入数据进行 GIS 专题图展示。包括对不同区域、年份、排放量预测，不同要素包括工业源 COD（氨氮）排放、污水处理厂 COD（氨氮）排放、非点源 COD（氨氮）排放以及控制单元 COD（氨氮）排放等进行 GIS 专题图形式的展示。2020 年工业源 COD 排放 GIS 专题图如图 8-76 所示。

（2）数据表管理。系统对水质预测计算情景的输入数据包括不同区域、年份、排放量预测、不同要素包括工业源 COD（氨氮）排放、污水处理厂 COD（氨氮）排放、非点源 COD（氨氮）排放以及控制单元 COD（氨氮）排放进行管理，如图 8-77 所示。

8.8.3.5.4 水质预测计算

完成情景设置后，系统根据前述水质模拟计算模型进行水质预测模拟计算。

8.8.3.6 水质预测计算结果展示

水质预测计算结果展示模块如图 8-78 所示。水质预测计算结果展示包括排污结构分析、水质分布图和沿程图等几种方式。

（1）排污结构分析 GIS 专题图。排污结构分析可分析规划情景下各子流域的排污结构，可分别显示 COD、氨氮在各子流域的排放结构，如图 8-79 所示。

（2）水质浓度分布 GIS 专题图。系统运用一维河网模型对嫩江流域河流水质预测模拟计算后，其水质浓度以 GIS 专题图形式展示，河流的不同颜色代表其水质浓度的不同。蓝色表明水质较好，红色代表水质相对较差。同时，系统开放水质预测 GIS 专题图显示设置功能，这里，用户可以进行包括 COD 和氨氮两种污染物最大值及显示步长的设置。2020
年 COD 浓度分布 GIS 专题图如图 8 - 80 所示。

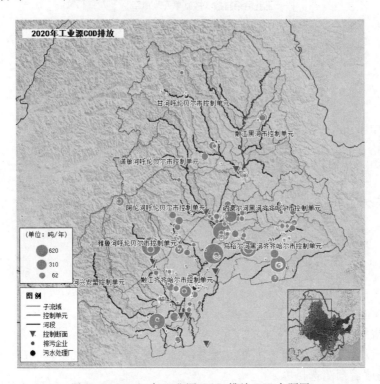

图 8 - 76　2020 年工业源 COD 排放 GIS 专题图

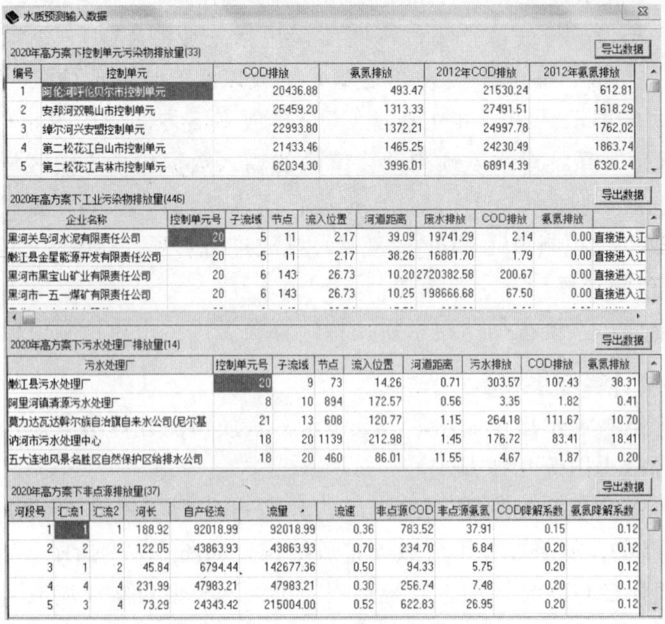

图 8 - 77　水质预测输入数据

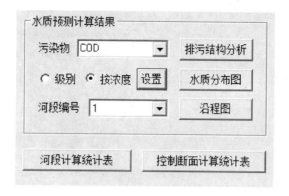

图 8-78 水质预测计算结果展示模块

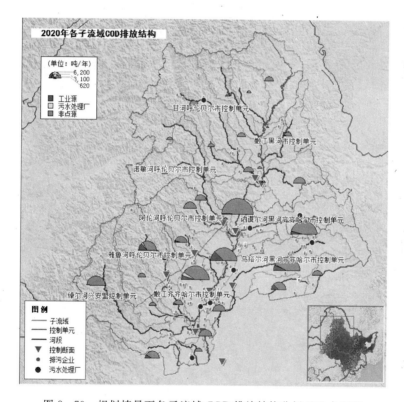

图 8-79 规划情景下各子流域 COD 排放结构分析 GIS 专题图

（3）沿程浓度变化折线图。系统可对任一河段沿程水质情况以沿程图形式进行展示与输出。如该河段有实际监测断面数据，可同时显示在图中，方便用户进行预测模拟计算结果与实际监测数据的对比，包括流量、COD 浓度、氨氮浓度三个指标。以线状符号表示预测模拟值沿河段随着距离增加 COD 或氨氮浓度的变化，以点状符号表示该段中监测站点 COD 或氨氮浓度的监测值。如图 8-81 和图 8-82 所示。

图 8-80　2020 年 COD 浓度分布 GIS 专题图

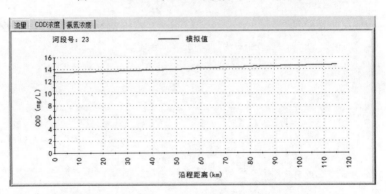

图 8-81　23 号河段 2020 年 COD 预测浓度沿程变化图

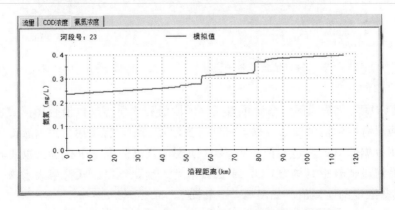

图 8-82　23 号河段 2020 年氨氮预测浓度沿程变化图

同时，系统提供水质监测数据查询功能及控制断面计算统计表查询功能，如图 8-83 所示。

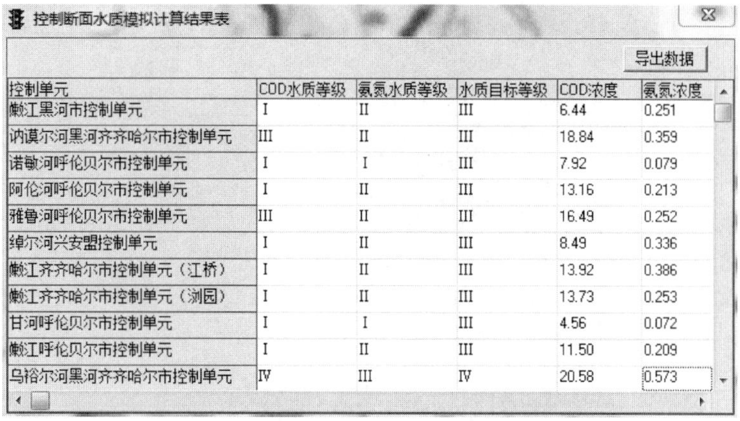

控制断面水质模拟计算结果表

导出数据

控制单元	COD水质等级	氨氮水质等级	水质目标等级	COD浓度	氨氮浓度
嫩江黑河市控制单元	I	II	III	6.44	0.251
讷谟尔河黑河齐齐哈尔市控制单元	III	II	III	18.84	0.359
诺敏河呼伦贝尔市控制单元	I	I	III	7.92	0.079
阿伦河呼伦贝尔市控制单元	I	II	III	13.16	0.213
雅鲁河呼伦贝尔市控制单元	III	II	III	16.49	0.252
绰尔河兴安盟控制单元	I	II	III	8.49	0.336
嫩江齐齐哈尔市控制单元（江桥）	I	II	III	13.92	0.386
嫩江齐齐哈尔市控制单元（浏园）	I	II	III	13.73	0.253
甘河呼伦贝尔市控制单元	I	I	III	4.56	0.072
嫩江呼伦贝尔市控制单元	I	II	III	11.50	0.209
乌裕尔河黑河齐齐哈尔市控制单元	IV	III	IV	20.58	0.573

图 8-83　控制断面水质模拟计算结果表

8.9　污水处理厂规划方案评估系统

8.9.1　系统概述

在各控制区污染物削减目标明确的基础上，需要对流域内各污水处理厂的污水处理效率进行规划方案评估。本系统采用基于多目标决策理论方法，以投资成本与运行成本最小、主要污染物去除率最大为目标函数，以投资总额限制、污染物总量控制、污水实际处理量、污染物处理率、进出水浓度以及工艺限制等为约束条件，构建多目标流域城镇污水处理厂建设方案的优化决策理论模型，为决策者制定合理的决策方案。

8.9.2　系统原理

模型系统基于多目标优化算法，在 MATLAB 工具下对目标函数和约束条件进行代码开发，开发涉及的计算公式、目标函数和约束条件参见第 6 章。开发完成后，系统将核心模块编译生成 .EXE 文件，只需要传递其运行的必须数据即可方便、准确地运行。

8.9.3　系统功能和成果

规划方案评估系统包括水环境规划方案优选评估模型输入数据、污水处理厂建设方案优化、GIS 专题图展示等。

系统选择江流域 7 个控制单元（包括阿伦河呼伦贝尔市控制单元、甘河呼伦贝尔市控制单元、讷谟尔河黑河齐齐哈尔市控制单元、嫩江黑河市控制单元、嫩江齐齐哈尔市控制单元、乌裕尔河黑河齐齐哈尔市控制单元、雅鲁河呼伦贝尔市控制单元）中目标污染物削减量较大的县（市、区）作为计算单元，共 15 个，主界面如图 8-84 所示。

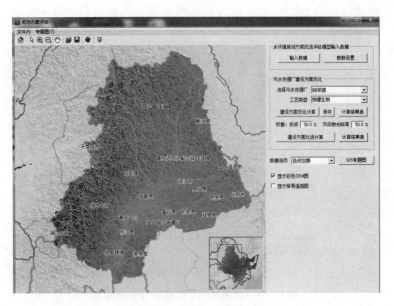

图 8-84 规划方案评估界面

8.9.3.1 输入数据管理

污水处理厂规划方案评估系统输入数据模块包括输入数据与参数设置两部分，如图 8-85 所示。

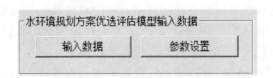

图 8-85 污水处理厂规划方案评估系统输入数据模块

8.9.3.1.1 输入数据

用户可对输入数据进行管理。系统显示当前选择计算的县的输入数据，包括实际废水排放量（万吨/年）、COD 削减量（吨/年）、污水处理厂进水 COD 浓度（毫克/升）、氨氮削减量（吨/年）、污水处理厂进水氨氮浓度（毫克/升）五个参数（见图 8-86），同时可对这些数据进行修改。右侧显示所有 15 个计算单元的基本信息与污水处理厂的相关数据。

图 8-86 优化计算输入数据

8.9.3.1.2 参数设置

用户可对污水处理厂规划方案评估系统输入数据进行参数设置，即对两种工艺（物理生物工艺、生物处理工艺）的参数进行设置，如图8-87所示。

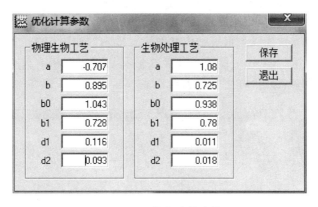

图8-87 优化计算参数

污水处理厂建设方案优化模块包括6部分：建设方案设置、建设方案优化计算、建设方案优化计算结果输出、建设方案比选权重设置、建设方案比选计算与建设方案比选计算结果输出，如图8-88所示。

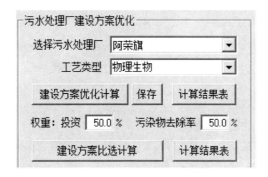

图8-88 污水处理厂建设方案优化比选计算模块

8.9.3.2 污水处理厂建设方案优化

8.9.3.2.1 建设方案设置

首先，用户可对建设方案进行选择，包括选择污水处理厂及选择工艺类型，二者均以下拉菜单方式进行选择，如图8-89所示。

图8-89 污水处理厂及工艺类型选择

8.9.3.2.2　建设方案优化计算

系统集成基于遗传算法的多目标求解方法，对所选污水处理厂及工艺类型的建设方案进行优化计算，得出一系列优化方案。

8.9.3.3　建设方案优化计算结果展示

建设方案优化计算结果以数据表和点状图形式展示，如图 8 - 90 所示。每个优化计算结果包括设计处理规模、COD 去除率、氨氮去除率、投资总额和总去除率 5 项指标。点状图则为污染物去除率和总投资之间的关系。

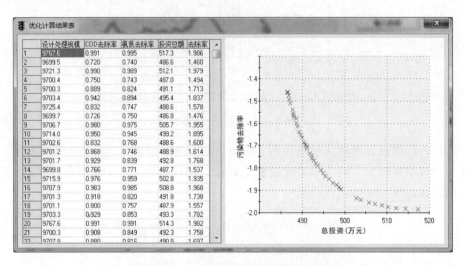

图 8 - 90　建设方案优化计算结果

8.9.3.4　建设方案比选计算

8.9.3.4.1　建设方案比选权重设置

基于系统优化计算结果解集，用户可以对投资与污染物去除率设置不同的权重，二者相加之和为 100%，进一步对优化方案进行比选计算，得到最优方案。

8.9.3.4.2　建设方案比选计算

设置权重后，单击建设方案比选计算按钮，系统对投资与污染物去除率两者不同的权重设置进行比选计算。

8.9.3.5　建设方案比选计算结果输出

建设方案比选计算结果以数据表和 GIS 专题图两种形式展示。同时，系统可对投资总额、废水排放量、COD 削减量、氨氮削减量、设计处理规模、COD 去除率、氨氮去除率、综合去除率等参数进行 GIS 专题展示。

8.10　水环境规划投入贡献度测算系统

8.10.1　系统概述

系统通过构建规划投入对经济发展和环境改善的贡献作用模型，以"十三五"期间松花江流域水污染治理投入为数据基础，定量化测算分析"十三五"期间松花江流域污染治理投入措施对流域经济发展以及污染减排的贡献作用，从而为松花江流域"十三五"污染防治规划提供科学借鉴意义。

8.10.2 系统原理

系统采用矩阵算法，利用松花江流域行业投入产出表在 MATLAB 和 EXCEL 环境下进行矩阵计算，计算原理、公式及计算过程可参见第 7 章对应内容，本章不再赘述。最后将计算结果以 .m 文件的形势进行封装并完成与平台的接口对接。

8.10.3 系统功能和成果

系统对流域水环境规划投入的贡献度进行计算，包括经济效益测算和环境效益测算两部分。经济效益测算窗口包括计算输入数据、经济贡献测算系数、预处理、水环境规划投入贡献度计算以及经济效益测算结果等；环境效益测算包括计算输入数据、环境效益测算系数、水环境规划投入贡献度计算、环境效益测算结果等。系统可自动生成报告，同时用户可根据实际工作需要对报告模板进行编辑。系统主界面如图 8-91 所示。

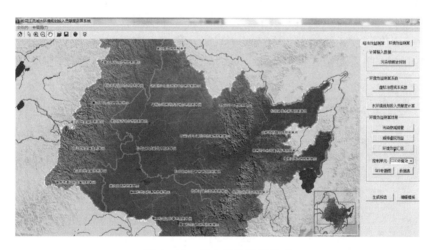

图 8-91 投入效益测算界面

8.10.3.1 经济效益测算

8.10.3.1.1 输入数据管理

经济效益测算中计算输入数据部分包含污水治理投资费和运行费数据。同时，根据输入数据，系统计算得到环境-经济投入产出表，如图 8-92 所示。

在污水治理投资费数据部分，系统可实现按字段进行查询功能，针对某一字段可进行大小排序或小大排序，如图 8-93 所

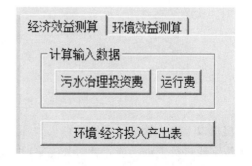

图 8-92 经济效益测算的输入数据模块

示。同时，系统可将该部分数据导出。

图 8-93 水环境投资预测数据表

在运行费数据部分，同样的，系统可实现按字段进行查询功能，针对某一字段可进行大小排序或小大排序，如图 8-94 所示。同时，系统可将该部分数据导出。

图 8-94 水环境运行费预测数据表

根据以上输入数据，系统计算得到环境-经济投入产出表，如图 8-95 所示。系统可实现按字段进行查询功能，针对某一字段可进行大小排序或小大排序。同时，系统可将该部分数据导出。

行业名称	农林牧渔产品和服务	煤炭采选产品	石油和天然气开采产品	金
电力、热力的生产和供应	290011	651755	562526	
电气机械和器材	45965	351102	49267	
房地产	2261	168145	1347	
纺织服装鞋帽皮革羽绒及其制品	41713	10491	30844	
纺织品	24366	32641	6649	
非金属矿和其他矿采选产品	6661	4577	588532	
非金属矿物制品	86720	35550	20991	
废品废料	15913	0	0	
公共管理、社会保障和社会组织	0	885	110	
固定资产折旧	2391354	834064	2782243	
化学产品	4627978	219028	319531	
建筑	53006	13750	9129	
交通运输、仓储和邮政	933417	621648	71140	
交通运输设备	1353707	6872	15419	
教育	26306	6317	2927	
金融	106980	159274	483574	
金属矿采选产品	0	4720	145	
金属冶炼和压延加工品	32097	214203	68296	
金属制品	178363	38157	62247	
金属制品、机械和设备修理服务	0	481354	829512	
居民服务、修理和其他服务	674475	188904	26339	
科学研究和技术服务	7636	77331	4169	
劳动者报酬	32047976	2010990	1983041	
煤炭采选产品	66189	2473031	7288	
木材加工品和家具	70862	24734	9595	
农林牧渔产品和服务	7852569	226796	2859	
批发和零售	2423212	237882	62852	
其他制造产品	1795	1056	13903	
燃气生产和供应	793438	0	0	

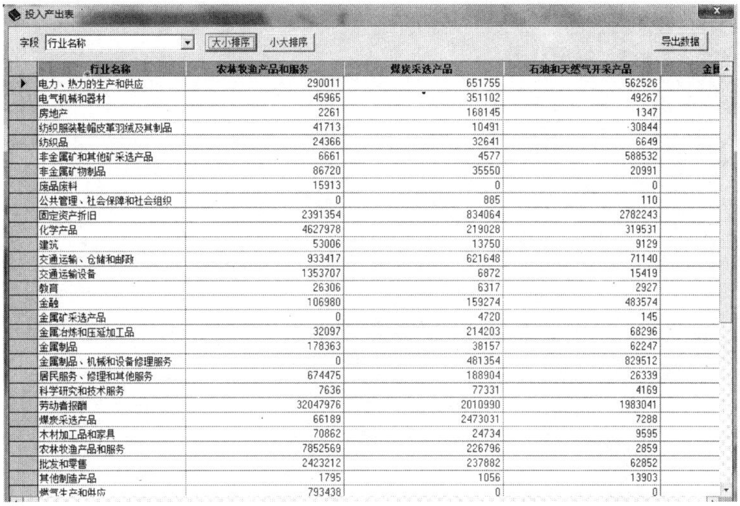

图 8-95　投入产出表

8.10.3.1.2　投入贡献测算系数计算

经济贡献测算系数部分包含劳动力占用系数和增加值系数，如图 8-96 所示。

系统计算得到劳动力占用系数、增加值系数。在劳动力占用系数表（见图 8-97）和增加值系数表（见图 8-98）中，系统可实现按字段进行查询功能，针对某一字段如行业名称可进行大小排序或小大排序。同时，系统可将该部分数据导出。

图 8-96　经济贡献测算系数计算结果

行业名称	行业代码	劳动力占用系数（万元/人）
农林牧渔产品和服务	01	79.84
煤炭采选产品	02	277.37
石油和天然气开采产品	03	284.86
金属矿采选产品	04	686.32
非金属矿和其他矿采选产品	05	669.46
食品和烟草	06	200.14
纺织品	07	433.58
纺织服装鞋帽皮革羽绒及其制品	08	164.79
木材加工品和家具	09	24.76
造纸印刷和文教体育用品	10	367.48
石油、炼焦产品和核燃料加工品	11	1567.64
化学产品	12	169.16
非金属矿物制品	13	700.07
金属冶炼和压延加工品	14	1104.42
金属制品	15	2333.95
通用设备	16	187.69
专用设备	17	685.47
交通运输设备	18	241.43
电气机械和器材	19	863.88
通信设备、计算机和其他电子设备	20	247.13
仪器仪表	21	176.43
其他制造产品	22	1370.28
废品废料	23	402.95
金属制品、机械和设备修理服务	24	449.51
电力、热力的生产和供应	25	1445.96
燃气生产和供应	26	4455.71
水的生产和供应	27	786.26
建筑	28	1552.84
批发和零售	29	592.68
交通运输、仓储和邮政	30	322.54

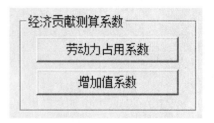

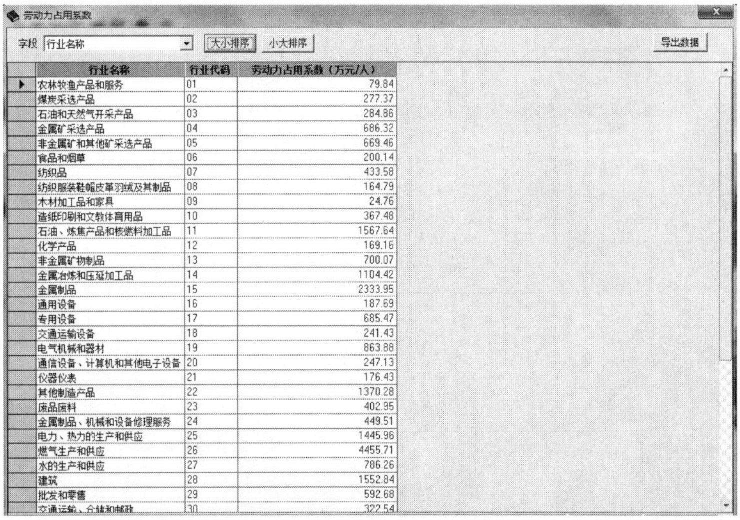

图 8-97　劳动力占用系数表

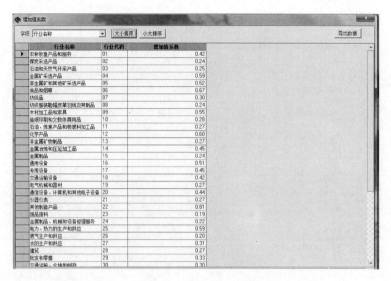

图 8-98　增加值系数表

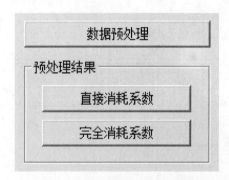

图 8-99　数据预处理及结果

8.10.3.1.3　数据预处理

数据预处理部分包含数据预处理计算按钮和预处理结果部分。预处理结果部分包括直接消耗系数和完全消耗系数，如图 8-99 所示。

系统可对经济效益测算所需数据进行预处理，计算直接消耗系数和完全消耗系数。二者的计算结果，如图 8-100 和图 8-101 所示。系统可实现按字段进行查询功能，针对某一字段可进行大小排序或小大排序。同时，系统可将该部分数据导出。

图 8-100　直接消耗系数表

完全消耗系数

行业名称	农林牧渔产品和服务	煤炭采选产品	石油和天然气开采产	金属矿采选产品	非金属矿和其他矿采
电力、热力的生产和供应	0.036	0.118	0.041	0.130	0.072
电气机械和器材	0.007	0.052	0.007	0.017	0.016
房地产	0.007	0.029	0.005	0.014	0.018
纺织服装鞋帽皮革羽绒及其制品	0.002	0.003	0.002	0.003	0.004
纺织品	0.003	0.007	0.002	0.003	0.004
非金属矿和其他矿采选产品	0.003	0.004	0.027	0.005	1.133
非金属矿物制品	0.005	0.010	0.004	0.007	0.024
饮品饮料	0.003	0.005	0.002	0.008	0.007
公共管理、社会保障和社会组织	0.000	0.001	0.000	0.001	0.001
化学产品	0.146	0.071	0.032	0.112	0.095
建筑	0.004	0.006	0.001	0.005	0.003
交通运输、仓储和邮政	0.053	0.114	0.019	0.094	0.063
交通运输设备	0.075	0.029	0.014	0.031	0.029
教育	0.001	0.002	0.001	0.002	0.001
金融	0.021	0.049	0.029	0.044	0.035
金属矿采选产品	0.008	0.021	0.007	1.210	0.026
金属冶炼和压延加工品	0.045	0.117	0.039	0.147	0.150
金属制品	0.010	0.018	0.008	0.021	0.016
金属制品、机械和设备修理服务	0.012	0.075	0.043	0.078	0.056
居民服务、修理和其他服务	0.019	0.031	0.005	0.018	0.017
科学研究和技术服务	0.002	0.010	0.001	0.005	0.005
煤炭采选产品	0.036	1.308	0.023	0.084	0.052
木材加工品和家具	0.004	0.006	0.002	0.007	0.005
农林牧渔产品和服务	1.209	0.042	0.005	0.018	0.014
批发和零售	0.074	0.057	0.014	0.050	0.049
其他制造产品	0.001	0.002	0.001	0.002	0.002
燃气生产和供应	0.018	0.002	0.000	0.002	0.001
石油、炼焦产品和核燃料加工品	0.062	0.097	0.037	0.075	0.110
石油和天然气开采产品	0.037	0.048	1.031	0.039	0.055

图 8-101　完全消耗系数表

8.10.3.1.4　投入贡献度计算及结果展示

　　系统对水环境规划投入贡献度进行计算，并将经济效益测算结果包括总产出效益、增加值效益、居民收入收益、就业效益和经济效益汇总进行展示，如图 8-102 所示。

　　经济效益测算结果的总产出效益部分、增加值效益部分、居民收入效益部分、就业效益部分，如图 8-103～图 8-106 所示。系统可实现按字段进行查询功能，针对某一字段可进行大小排序或小大排序。同时，系统可将该部分数据导出。

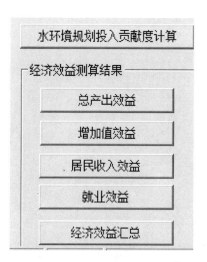

图 8-102　水环境规划投入
贡献度计算及结果

总产出效益

行业名称	行业代码	工业总产出（亿元）	农村总产出（亿元）	城镇总产出（亿元）
农林牧渔产品和服务	01	11.00	1.58	2.91
煤炭采选产品	02	84.82	6.55	11.87
石油和天然气开采产	03	19.78	2.84	5.32
金属矿采选产品	04	8.85	3.19	5.55
非金属矿和其他矿采选产品	05	2.34	0.82	2.27
食品和烟草	06	4.45	0.73	1.33
纺织品	07	1.26	0.20	0.38
纺织服装鞋帽皮革羽绒及其制品	08	0.87	0.18	0.35
木材加工品和家具	09	3.58	2.09	3.41
造纸印刷和文教体育用品	10	8.41	1.78	3.24
石油、炼焦产品和核燃料加工品	11	33.64	5.35	10.86
化学产品	12	96.12	8.72	15.68
非金属矿物制品	13	7.68	3.57	10.86
金属冶炼和压延加工品	14	50.70	18.37	31.93
金属制品	15	6.40	1.63	3.02
通用设备	16	11.88	3.29	5.15
专用设备	17	50.32	38.92	52.41
交通运输设备	18	13.74	1.63	2.90
电气机械和器材	19	13.83	2.04	3.92
通信设备、计算机和其他电子设备	20	2.94	0.67	1.27
仪器仪表	21	1.23	0.31	0.54
其他制造产品	22	0.67	0.11	0.20
饮品饮料	23	2.40	0.81	1.50
金属制品、机械和设备修理服务	24	29.20	2.58	4.61
电力、热力的生产和供应	25	197.60	10.32	18.67
燃气生产和供应	26	0.59	0.12	0.22
水的生产和供应	27	1.98	0.33	0.65
建筑	28	17.49	10.24	34.72
批发和零售	29	19.51	4.30	7.77
交通运输、仓储和邮政	30	29.15	5.85	10.92

图 8-103　总产出效益表

增加值效益

字段 行业名称 ▼	大小排序	小大排序		导出数据

行业名称	行业代码	工业增加值（亿元）	农村增加值（亿元）	城镇增加值（亿元）
农林牧渔产品和服务	01	6.01	0.14	1.59
煤炭采选产品	02	33.18	0.86	4.64
石油和天然气开采产品	03	16.10	0.38	4.32
金属矿采选产品	04	3.96	0.07	2.48
非金属矿和其他矿采选产品	05	1.21	0.02	1.18
食品和烟草	06	1.20	0.03	0.36
纺织品	07	0.38	0.01	0.11
纺织服装鞋帽皮革羽绒及其制品	08	0.20	0.01	0.08
木材加工品和家具	09	0.85	0.01	0.81
造纸印刷和文教体育用品	10	2.37	0.05	0.91
石油、炼焦产品和核燃料加工品	11	6.72	0.16	2.01
化学产品	12	25.61	0.62	4.18
非金属矿物制品	13	2.10	0.02	2.97
金属冶炼和压延加工品	14	12.34	0.23	7.77
金属制品	15	1.43	0.03	0.67
通用设备	16	2.95	0.06	1.28
专用设备	17	13.55	0.15	14.11
交通运输设备	18	3.73	0.09	0.79
电气机械和器材	19	4.28	0.10	1.21
通信设备、计算机和其他电子设备	20	0.94	0.02	0.41
仪器仪表	21	0.37	0.01	0.16
其他制造产品	22	0.13	0.00	0.04
废品废料	23	1.40	0.03	0.88
金属制品、机械和设备修理服务	24	9.69	0.25	1.53
电力、热力的生产和供应	25	49.65	1.32	4.69
燃气生产和供应	26	0.18	0.00	0.07
水的生产和供应	27	0.83	0.02	0.27
建筑	28	4.78	0.01	9.50
批发和零售	29	13.51	0.29	5.38
交通运输、仓储和邮政	30	12.12	0.27	4.56

图 8－104　增加值效益表

居民收入效益

字段 行业名称 ▼	大小排序	小大排序		导出数据

行业名称	行业代码	工业居民收入（亿元）	农村居民收入（亿元）	城镇居民收入（亿元）
农林牧渔产品和服务	01	5.46	0.13	1.44
煤炭采选产品	02	13.55	0.35	1.90
石油和天然气开采产品	03	1.51	0.04	0.41
金属矿采选产品	04	0.74	0.01	0.46
非金属矿和其他矿采选产品	05	0.15	0.00	0.15
食品和烟草	06	0.24	0.01	0.07
纺织品	07	0.14	0.00	0.04
纺织服装鞋帽皮革羽绒及其制品	08	0.04	0.00	0.02
木材加工品和家具	09	0.20	0.00	0.19
造纸印刷和文教体育用品	10	0.62	0.01	0.24
石油、炼焦产品和核燃料加工品	11	1.84	0.04	0.55
化学产品	12	5.95	0.14	0.97
非金属矿物制品	13	0.46	0.00	0.65
金属冶炼和压延加工品	14	3.33	0.06	2.09
金属制品	15	0.37	0.01	0.17
通用设备	16	1.04	0.02	0.45
专用设备	17	4.16	0.05	4.33
交通运输设备	18	0.97	0.02	0.20
电气机械和器材	19	1.13	0.03	0.32
通信设备、计算机和其他电子设备	20	0.26	0.01	0.11
仪器仪表	21	0.13	0.00	0.06
其他制造产品	22	0.04	0.00	0.01
废品废料	23	0.05	0.00	0.03
金属制品、机械和设备修理服务	24	2.53	0.06	0.40
电力、热力的生产和供应	25	22.52	0.60	2.13
燃气生产和供应	26	0.03	0.00	0.01
水的生产和供应	27	0.12	0.00	0.04
建筑	28	2.20	0.01	4.38
批发和零售	29	2.16	0.05	0.86
交通运输、仓储和邮政	30	3.92	0.09	1.47

图 8－105　居民收入效益表

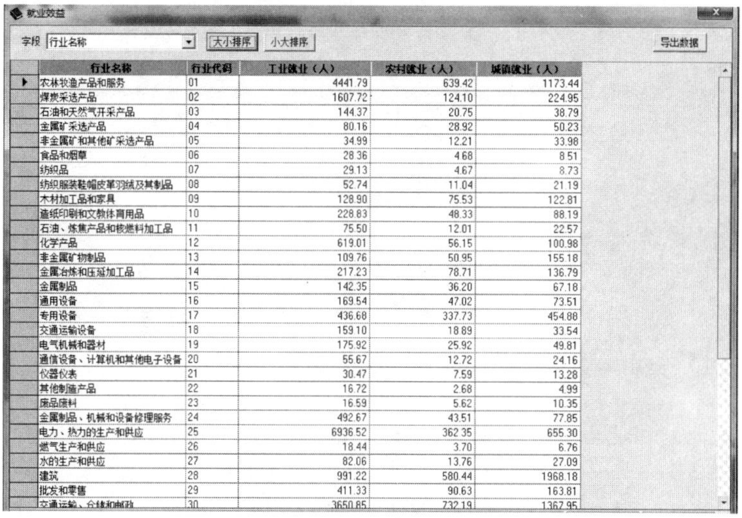

图 8－106 就业效益表

经济效益测算结果的经济效益综合部分，如图 8－107 所示。系统可将该部分数据导出。

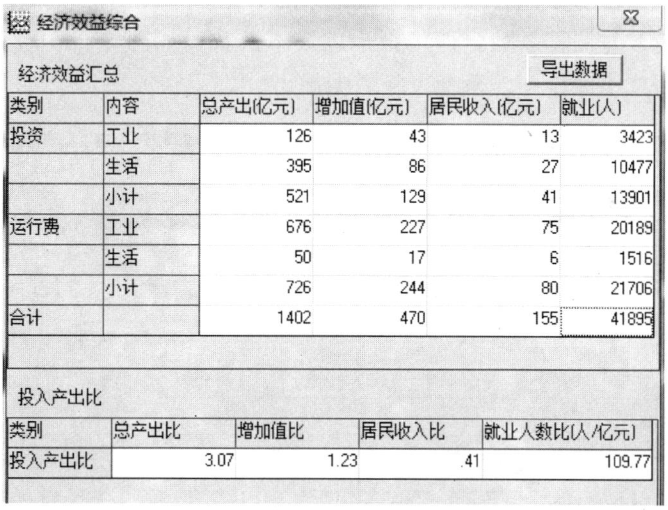

类别	内容	总产出(亿元)	增加值(亿元)	居民收入(亿元)	就业(人)
投资	工业	126	43	13	3423
	生活	395	86	27	10477
	小计	521	129	41	13901
运行费	工业	676	227	75	20189
	生活	50	17	6	1516
	小计	726	244	80	21706
合计		1402	470	155	41895

投入产出比

类别	总产出比	增加值比	居民收入比	就业人数比(人/亿元)
投入产出比	3.07	1.23	.41	109.77

图 8－107 经济效益综合表

8.10.3.2 环境效益测算

8.10.3.2.1 输入数据管理

系统对环境效益测算所需数据进行管理，计算输入数据包含污染物排放预测数据，如图 8－108 所示。

系统可对污染物排放预测数据实现按字段进行查询功能，针对某一字段如行业名称可进行大小排

计算输入数据

污染物排放预测

图 8－108 环境效益测算输入数据

序或小大排序，如图 8 - 109 所示。系统可将数据导出。

图 8 - 109　环境投入贡献度测算输入——污染物排放预测数据表

8.10.3.2.2　环境效益测算系数

　　环境效益测算系数部分包含虚拟治理成本系数数据。系统对环境效益测算所需数据进行计算，得到环境效益测算系数，即虚拟治理成本系数，如图 8 - 110 所示。针对某一字段可进行大小排序或小大排序。系统可将数据导出。

图 8 - 110　环境投入贡献度测算——虚拟治理成本系数表

8.10.3.2.3　水环境规划投入贡献度计算及结果展示

该模块包含水环境规划投入贡献度计算和环境效益测算结果展示，其中环境效益测算结果包括污染物减排量、减排虚拟效益、环境效益汇总，其结果以 GIS 专题图和数据表两种形式展示，如图 8-111 所示。

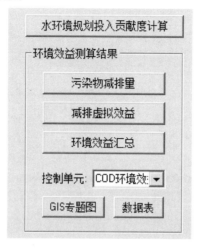

图 8-111　水环境规划投入贡献度计算及结果展示模块

该模块可对水环境规划投入贡献度计算。针对计算得到的环境效益测算结果中污染物减排量结果部分、减排虚拟效益结果部分，系统可实现按字段进行查询功能，针对某一字段可进行大小排序或小大排序，如图 8-112 和图 8-113 所示。系统可将数据导出。

环境投入贡献度测算结果-污染物减排量

工业行业污染物减排量　　字段 [行业名称 ▼]　[大小排序] [小大排序]　　[导出数据]

行业名称	COD减排量（万吨）	氨氮减排量（吨）
电力、热力的生产和供应业	0.03	-24.31
电气机械及器材制造业	0.12	-1.56
纺织服装、鞋、帽制造业	-0.07	5.31
纺织业	-1.51	-2.51
非金属矿采选业	-0.05	-0.40
非金属矿物制品业	-0.37	-7.01
废弃资源和废旧材料回收工业	-0.03	-0.35
工艺品及其他制造业	0.11	-0.89
合计	-17.79	-2032.76
黑色金属矿采选业	0.03	8.71
黑色金属冶炼及压延加工业	0.66	-26.34
化学纤维制造业	-0.39	-10.52
化学原料及化学制品制造业	-12.30	-259.47
家具制造业	-0.02	-0.12
交通运输设备制造业	0.14	-7.63
金属制品业	0.56	2.47
煤炭开采和洗选业	-1.18	-29.14
木材加工及木、竹、藤、棕、草制品业	0.02	-4.92
农副食品加工业	1.98	-209.41
皮革、毛皮、羽毛(绒)及其制品业	0.58	11.03
其他采矿业	0.00	-0.24
燃气生产和供应业	0.21	-8.95

城镇和农村生活、畜禽养殖污染物减排量

类别	COD减排量（万吨）	氨氮减排量（万吨）
城镇生活	12.82	2.09
农村生活	1.28	0.32
畜禽养殖	14.37	24.18

图 8-112　环境投入贡献度测算结果——污染物减排量表

图 8-113　环境投入贡献度测算结果——减排虚拟效益表

环境效益测算结果的环境效益汇总结果部分，如图 8-114 所示。系统可将该部分数据导出。

图 8-114　环境投入贡献度测算结果——环境效益汇总表

控制单元的环境效益计算结果可以以 GIS 专题图形式展示，结果如图 8-115 所示。

同时，系统可将控制单元的环境效益计算结果以数据表形式展示。图 8-116 为控制单元的 COD 环境效益计算结果表。系统可实现按字段进行查询功能，针对某一字段可进行大小排序或小大排序。系统可将该部分数据导出。

8.10.3.3　生成报告

系统可对用户所进行的计算过程及结果自动生成 word 格式报告，以文档形式保存。同时，用户可根据需要进行模板的编辑。该部分包括生成报告和编辑模板两个功能按钮。

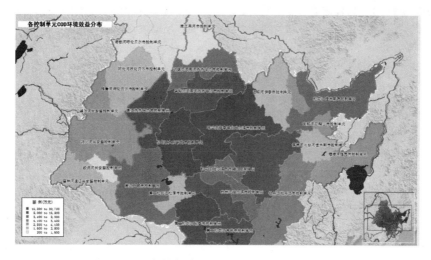

图 8－115　各控制单元 COD 环境效益分布 GIS 图

控制单元	COD环境效益	氨氮环境效益	环境效益
阿伦河呼伦贝尔市控制单元	2256.97	200.34	2457.32
安邦河双鸭山市控制单元	2877.97	290.68	3168.65
绰尔河兴安盟控制单元	3194.48	651.11	3845.59
第二松花江白山市控制单元	1687.28	177.87	1865.15
第二松花江长春市控制单元	16837.48	2965.99	19803.47
第二松花江吉林市控制单元	8063.99	867.13	8931.12
第二松花江松原市控制单元	2317.72	424.50	2742.22
甘河呼伦贝尔市控制单元	745.56	134.88	880.44
呼兰河伊春绥化哈尔滨市控制单元	30695.03	4924.48	35619.51
辉发河通化吉林市控制单元	8646.96	1227.27	9874.24
霍林河通辽兴安盟控制单元	1868.79	108.08	1976.87
蛟流河兴安盟控制单元	363.62	98.03	461.65
拉林河哈尔滨市控制单元	5856.78	738.79	6595.57
拉林河松原长春吉林市控制单元	9015.80	1561.11	10576.91
牡丹江敦化市控制单元	4124.16	513.32	4637.48
牡丹江牡丹江市控制单元	4260.20	490.98	4751.18
穆棱河鸡西市控制单元	3259.88	544.59	3804.47
讷谟尔河黑河齐齐哈尔市控制单元	5571.62	384.45	5956.07
嫩江白城市控制单元	7194.77	1052.69	8247.46
嫩江黑河市控制单元	538.69	162.65	701.35
嫩江呼伦贝尔市控制单元	427.99	98.37	526.36
嫩江齐齐哈尔市控制单元	12129.01	1574.74	13703.76
诺敏河呼伦贝尔市控制单元	275.29	53.51	328.80
松花江大庆绥化市控制单元	19213.06	2125.34	21338.40
松花江哈尔滨市市辖区控制单元	5538.79	607.89	6146.69
松花江哈尔滨市辖县控制单元	11109.28	2255.53	13364.81
松花江佳木斯市控制单元	5430.24	1332.72	6762.96
汤旺河伊春市控制单元	2059.18	227.05	2286.23
洮儿河兴安盟控制单元	3513.34	206.07	3719.41
倭肯河七台河佳木斯市控制单元	2469.77	461.09	2930.85

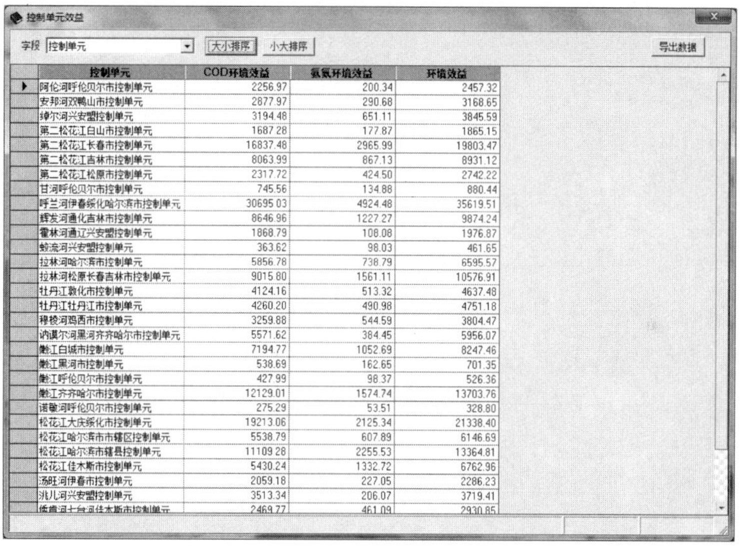

图 8－116　控制单元效益表

参　考　文　献

［1］ 杨阳，徐洁，何春银，等．基于水质模型的太湖水环境决策支持系统构建与应用［J］．环境科学与技术，2014，37（120）：517－521.

［2］ 翟俊，何强，肖海文，等．三下流域一体化水污染应急管理系统开发及应用［J］．土木建筑与环境工程，2010，32（2）：128－134.

［3］ 翟俊，何强，夏冰雪．水污染控制规划地理信息系统模型库的应用［J］．重庆大学学报，2006，29（7）：134－137.

［4］ 乔寿锁．海河流域天津市水污染防治系统［J］．环境保护，1997，（10）：44－45.

［5］　朱振清，朱重宁．汉江流域水污染防治规划 GIS 系统［J］．环境科学与技术，2001，(4)：43 - 46.

［6］　厉彦玲，朱宝林，王亮，等．基于综合指数法的生态环境质量综合评价系统的设计与应用［J］．测绘科学，2005，30 (1)：89 - 112.

［7］　杨孤竹，朱金安，李季．污水排放预测的多因素灰色模型 GM (1，N) 及其应用［J］．安全与环境工程，2004，11 (1)：26 - 28.

［8］　赵菊，李新，叶红．基于多因素灰色预测模型的生活污水量预测研究［J］．环境科学与管理，2014，39 (11)：71 - 73.

［9］　黎薇，郭雅芬，王琦，等．非点源污染的流域分配方法研究［J］．上海地质，2005，(3)：31 - 34.

［10］　谢作涛，罗景．长江口一、二维嵌套水流盐度数学模型［J］．武汉大学学报（工学版），2007，40 (2)：7 - 11.

［11］　张万顺，方攀，鞠美勤，等．流域水量水质耦合水资源配置［J］．武汉大学学报（工学版），2009，42 (5)：577 - 581.